中国科学院科学出版基金资助出版

U0203967

现代化学基础丛书　12

天然高分子科学与材料

Science and Materials in Natural Polymers

张俐娜　主编

科 学 出 版 社

北 京

内 容 简 介

本书较全面、系统地介绍了天然高分子的来源、结构(一级、二级和聚集态)、性能、功能及材料改性。主要内容包括天然高分子科学与材料领域的基本概念、理论、表征方法以及化学和物理改性途径。采用图文并茂的形式详细叙述了天然高分子及其改性物的化学结构、分子量及分布、链构象、结晶和取向、分子运动和力学松弛、力学性能、热性能、生物降解性、生物相容性、分离功能以及表征它们的先进技术,如光谱、波谱、色谱、电子显微技术、光散射、尺寸排除色谱、X射线衍射、动态力学热分析与差热分析等。全书共收录1000多篇参考文献,汇集了在天然高分子领域的国内外最新研究成果,具有内容丰富、新颖、简明易懂的特点。

本书是涉及高分子科学、生物学、农林学、医学和环境科学的交叉学科的专著,可供这些领域的学者、工程技术人员、研究生及企业管理人员参考。

图书在版编目(CIP)数据

天然高分子科学与材料/张俐娜主编. —北京:科学出版社,2007
(现代化学基础丛书 12/朱清时主编)
ISBN 978-7-03-018757-4

Ⅰ. 天⋯　Ⅱ. 张⋯　Ⅲ. 高分子材料–研究　Ⅳ. TB324

中国版本图书馆 CIP 数据核字(2007)第 037900 号

责任编辑:周巧龙　吴伶伶 / 责任校对:张小霞
责任印制:吴兆东 / 封面设计:王浩

科 学 出 版 社 出版
北京东黄城根北街 16 号
邮政编码:100717
http://www.sciencep.com

北京九州迅驰传媒文化有限公司 印刷
科学出版社发行　各地新华书店经销

*

2007 年 4 月第 一 版　　开本:B5(720×1000)
2022 年 3 月第七次印刷　　印张:22 3/4
字数:426 000

定价:120.00元
(如有印装质量问题,我社负责调换)

编写人员

主编　张俐娜

编委　许小娟　周金平　蔡　杰　彭湘红
　　　　马　睿　陶咏真　刘大刚　王晓华
　　　　马兆成　梁松苗　吕　昂　汪怿翔
　　　　刘石林　祁海松　陈晓宇

《现代化学基础丛书》序

如果把 1687 年牛顿发表"自然哲学的数学原理"的那一天作为近代科学的诞生日,仅 300 多年中,知识以正反馈效应快速增长:知识产生更多的知识,力量导致更大的力量。特别是 20 世纪的科学技术对自然界的改造特别强劲,发展的速度空前迅速。

在科学技术的各个领域中,化学与人类的日常生活关系最为密切,对人类社会的发展产生的影响也特别巨大。从合成 DDT 开始的化学农药和从合成氨开始的化学肥料,把农业生产推到了前所未有的高度,以至人们把 20 世纪称为"化学农业时代"。不断发明出的种类繁多的化学材料极大地改善了人类的生活,使材料科学成为了 20 世纪的一个主流科技领域。化学家们对在分子层次上的物质结构和"态–态化学"、单分子化学等基元化学过程的认识也随着可利用的技术工具的迅速增多而快速深入。

也应看到,化学虽然创造了大量人类需要的新物质,但是在许多场合中却未有效地利用资源,而且产生了大量排放物造成严重的环境污染。以至于目前有不少人把化学化工与环境污染联系在一起。

在 21 世纪开始之时,化学正在两个方向上迅速发展:一是在 20 世纪迅速发展的惯性驱动下继续沿各个有强大生命力的方向发展;二是全方位的"绿色化",即使整个化学从"粗放型"向"集约型"转变,既满足人们的需求,又维持生态平衡和保护环境。

为了在一定程度上帮助读者熟悉现代化学一些重要领域的现状,科学出版社组织编辑出版了这套《现代化学基础丛书》。丛书以无机化学、分析化学、物理化学、有机化学和高分子化学五个二级学科为主,介绍这些学科领域目前发展的重点和热点,并兼顾学科覆盖的全面性。丛书计划为有关的科技人员、教育工作者和高等院校研究生、高年级学生提供一套较高水平的读物,希望能为化学在新世纪的发展起积极的推动作用。

2005 年 2 月

序　言

　　半个多世纪以来,高分子科学的迅速发展对人类作出了重大贡献。目前,全球每年生产约 2 亿 t 塑料供 60 亿人使用,并且对世界经济产生了巨大影响。今天,面对石油资源日益枯竭以及基于石油为原料的聚合物产品对环境污染日益严重的局面,高分子科学家有责任为开发新的原料资源以及环境友好材料作出不懈努力。

　　天然高分子来源于动物、植物和微生物,是取之不尽、用之不竭的可再生资源。不少天然高分子本身就是优良的纤维、涂料、黏合剂和弹性材料,而且它们具有多种结构和功能基,易于进行化学和物理修饰生成各式各样的新材料。早在古代,我国就已用木材(木质纤维素)作建筑材料,用糯米饭和蛋清混合物(淀粉/蛋白质)作为墙壁涂料和黏合剂,这样的建筑物坚固结实、经久耐用长达数百年。这些天然高分子埋在土壤中经微生物作用后可以完全生物降解,属环境友好材料。随着科学与技术的迅猛发展,我相信人类一定能够以可再生资源为原料研究和开发出性能更加优异的各种高分子新材料。我很高兴武汉大学长期从事天然高分子研究的教授和研究生们共同编写了《天然高分子科学与材料》一书。该书比较全面、系统地介绍了天然高分子的来源、结构、性能以及材料的改性和加工。我认为该书具有"新颖"、"内容丰富"和"简明易懂"的特点,有助于读者深入了解和认识天然高分子,从而有效地研究、开发和利用它们。我国是农业大国,动植物资源很丰富,然而从事天然高分子研究的队伍与先进国家相比还有相当差距。因此,我衷心希望高分子、生物、农林和材料领域更多的教授、学者、工程师、研究生及管理人员能参加到天然高分子材料的研究、开发和应用行列,共同促进人与自然的和谐,并推进社会的可持续发展。

中国科学院院士

王佛松

前　言

目前,全球一年生产大约 2 亿 t 塑料供世界 60 亿人口使用。各种高分子产品的广泛应用已经对世界经济产生了巨大影响,在美国它们已占国内生产总值(GDP)的 4％,而且其产量将继续增加。然而,基于石油资源的合成高分子由于不能生物降解,其大量使用已对人类赖以生存的环境造成严重的"白色污染"。同时,预计 70 年后石油资源将逐渐枯竭,合成这些高分子产品又将面临原料短缺及价格上涨的威胁。天然高分子,如纤维素、淀粉、甲壳素、蛋白质、天然橡胶及各种多糖是地球上取之不尽、用之不竭的可再生资源,而且它们具有多种结构和功能基,易于化学和物理修饰,同时具有生物可降解性、生物相容性及安全性等特点。为此,世界发达国家都把眼光投向可再生资源——天然高分子的研究与开发。美国能源部(DOE)技术规划的目标是到 2020 年他们的基本化学材料中来源于可再生植物资源的材料要达到 10％,而到 2050 年则要进一步增加到 50％。开发和推广可再生资源产品不仅有利于保护生态环境,而且有利于发展新农作物和新化学技术以及促进农业增收和增加就业机会,为发展中国家带来较大经济效益。

为了更有效地研究、开发与利用天然高分子,必须深入了解和认识天然高分子的结构、性能和功能,同时也必须知道可以运用哪些高分子物理理论以及采用哪些仪器和方法有效地研究它们的结构、性能和功能。然而,国内目前尚缺少一部全面、系统介绍天然高分子基础知识以及天然高分子新材料、新理论和新方法等以及最新研究成果方面的书。为此,我受科学出版社邀请,专门组织我的科研组成员共同编写了本书。编写人员具体分工如下:张俐娜、吕昂负责第 1 章,蔡杰、刘大刚、马兆成、汪怿翔负责第 2 章,许小娟、陶咏真、陈晓宇负责第 3 章,张俐娜、彭湘红、马睿负责第 4 章,张俐娜、王晓华、梁松苗负责第 5 章,周金平、祁海松、刘石林负责第 6 章。同时,还有很多我的其他研究生也积极、热情地参加了编写工作,并为查阅资料和打印、校对付出了辛勤劳动。我特别感谢王佛松院士热情为本书作序。程镕时院士、杨弘远院士、杜予民教授、余龙教授、邵正中教授、陆君涛教授、袁直教授、章晓联教授、程巳雪教授、杨光教授、王念贵副教授、周道博士、张玫博士、曹晓东博士、陈续明博士等为本书提出了宝贵意见和建议,在此一并致谢。

本书将高分子科学与生物学、农林学、医学以及资源化学相结合,形成一本交叉学科的专著,主要介绍天然高分子的来源和提取分离,它们的一级、二级和聚集态结构,以及高分子物理和生物学领域的相关仪器、原理、理论和方法。尤其,本书列举了一些天然高分子及其改性材料的结构、性能、功能的基础研究及应用方面的最新成果,收录的参考文献达到 1000 多篇,有利于正确引导读者从事天然高分子科学与材料的学习、科研以及应用开发。此外,本书的内容主要涉及可再生资源和生物可降解材料的基础知识,因此符合可持续发展战略和国家"十一五"科技规划目标。

张俐娜

目　　录

《现代化学基础丛书》序

序言

前言

第1章　绪论 ··· 1

　　1.1　天然高分子来源 ·· 1

　　1.2　天然高分子研究进展 ··· 8

　　1.3　天然高分子应用前景 ·· 24

　　　　参考文献 ·· 43

第2章　天然高分子的化学结构和物性 ························· 53

　　2.1　纤维素和木质素 ··· 53

　　2.2　淀粉 ·· 64

　　2.3　甲壳素和壳聚糖 ··· 70

　　2.4　动植物多糖 ··· 73

　　2.5　微生物多糖 ··· 77

　　2.6　天然橡胶 ·· 87

　　2.7　蛋白质和核酸 ·· 90

　　　　参考文献 ··· 103

第3章　天然高分子链构象和表征 ····························· 110

　　3.1　高分子链构象 ·· 110

　　3.2　高分子溶液理论 ··· 117

　　3.3　天然高分子链构象表征方法 ····························· 138

　　　　参考文献 ··· 167

第4章　天然高分子聚集态结构和表征方法 ················· 172

　　4.1　天然高分子聚集态结构 ··································· 172

　　4.2　表征方法 ·· 196

　　　　参考文献 ··· 239

第5章　天然高分子材料的性能和功能 ······················· 242

　　5.1　力学性能 ·· 242

　　5.2　热性能 ··· 249

　　5.3　生物降解性 ··· 265

5.4　生物相容性 …………………………………………………………… 273

5.5　膜分离功能 …………………………………………………………… 290

参考文献…………………………………………………………………… 302

第 6 章　天然高分子材料改性…………………………………………………… 306

6.1　化学修饰 ……………………………………………………………… 306

6.2　物理改性 ……………………………………………………………… 328

6.3　复合材料 ……………………………………………………………… 337

参考文献…………………………………………………………………… 345

第1章 绪　　论

1.1　天然高分子来源

　　石油资源的枯竭以及石油日益增长的价格及对环境的污染促进了生物质材料、可再生资源和能源的发展。今天,在高分子领域一支完全脱离石油资源的天然高分子科学正在迅速兴起,而且对人类的生存、健康与发展将起重要作用。20世纪70年代出现了可再生资源(renewable resources,RR)一词,它定义为"来源于动物、植物且用于工业上(包括能源、功能化应用和化学修饰)的产物,也包括非营养食物以及食品加工中的废弃物和副产物"[1]。地球上光合作用合成植物生物质(纤维素、淀粉、蛋白质、多糖等),利用它们可生产燃料乙醇、生物柴油、生物降解性塑料等化工产品,而且它们可以被微生物降解成水和二氧化碳,从而形成生态良性循环,符合可持续发展的要求[2]。这些自然界动物、植物以及微生物资源中的大分子一般称为天然高分子,包括纤维素、木质素、甲壳素、淀粉、蛋白质、多糖以及天然橡胶等,它们可能成为未来的主要化工原料。尤其是它们具有多种功能基团,可以通过化学、物理方法改性成为新材料,也可以通过化学、物理及生物技术降解成单体或齐聚物用作能源以及化工原料,因此将发展成一新兴工业[4]。天然高分子材料科学是高分子科学、农林学、生命科学和材料科学的交叉学科和前沿领域。早在几年前,可再生资源的研究已被列为国际24个前沿领域之一,而且各国都已投入大量资金对它们进行研究与开发。美国能源部(DOE)预计到2020年,来自植物可再生资源的基本化学结构材料要达到10%,而到2050年要达到50%[5]。地球上存在各种结构、形态和功能的天然高分子,它们是自然界赋予人类的宝贵资源和财富。本节主要介绍有机天然高分子的来源和种类。

1.1.1　植物

　　自然界植物分为四大类:藻类植物、苔藓植物、蕨类植物和种子植物。迄今为止,天然高分子用的原料多半属于种子植物。植物中的天然高分子主要有纤维素(cellulose)、木质素(lignin)、淀粉(starch)、蛋白质(protein)、天然橡胶(natural rubber)、生漆(lacquer)、果胶(pectin)、魔芋葡甘露聚糖(konjaku glucomannan,KGM)、木聚糖(xylan)、果阿胶(guar gum)、藻酸盐(alginate)和鹿角菜胶(cara-geen)等[3]。在绿叶中通过光合作用使 CO_2、H_2O 转变成葡萄糖等小分子碳水化合物(也称糖类),并输送到植物的各个器官如根、茎、种子中,然后在不同种类酶的作用下生物合成纤维素、淀粉、多糖及各种天然大分子化合物。此外,由 C、H、O 和 N 生物合成氨基酸后可转化为蛋白质。因此,植物是生产天然高分子原料的绿色大工厂,是取之不尽、用之不竭的资源宝库。图 1.1 为自然界中光合作用产生天然高分子的几种植物。

图 1.1   自然界中光合作用产生天然高分子的几种植物
(a)木材;(b)棉花;(c)玉米;(d)豆类

纤维素是地球上最丰富而古老的天然高分子。植物每年通过光合作用产生约 2000 亿 t 纤维素。木材(针叶材、阔叶材)、草类(麦秸、稻草、芦苇、甘蔗渣、龙须草、高粱秆、玉米秆)、竹类(毛竹、慈竹、白夹竹)、韧皮类(亚麻、大麻、荨麻、苎麻)以及籽毛类(棉花)都是纤维素的主要来源[6,7]。植物的细胞壁主要含纤维素、半纤维素和木质素。通常用酸、碱处理使木质素和半纤维素溶解而分离出来,由此制备出纤维素浆(白色纤维状纸浆板),它主要含 α-纤维素。木质素是造纸工艺的副产物,主要存在于"黑液"中。由亚硫酸盐法、烧碱法和碱介质中牛皮纸法制纸浆的副产物分别得到木质素磺酸盐、碱木质素和牛皮纸木质素。全球每年约产生 600 亿 t 木质素。同时,半纤维素具有较好的水溶性且可以从纸浆中通过碱水溶液分离出。半纤维素含有不同糖单元如 L-阿拉伯呋喃糖、D-甘露糖醛、D-葡萄糖醛、D-半乳糖醛,并且带有支链结构,分子链较短。

淀粉是植物体中碳水化合物储藏的主要形式,它多半存在于植物块根、块茎和种子中。全球淀粉年产量已超过 5 亿 t。淀粉按来源分为四类:禾谷类(玉米、大米、大麦、小麦、燕麦、黑麦)、薯类(甘薯、马铃薯、木薯)、豆类(蚕豆、绿豆、豌豆、赤豆)及其他淀粉(如莲藕、菱角、板栗等)。淀粉颗粒的形状一般为球形、卵形和多角星形,如小麦、黑麦、粉质玉米淀粉颗粒为球形。它们的颗粒尺寸为 $2\sim120\mu m$,其中马铃薯淀粉颗粒最大($15\sim120\mu m$),而大豆淀粉颗粒最小($2\sim10\mu m$)。目前,工业上采用酸浆工艺及湿法提取和分离淀粉。为了进一步分离直链和支链淀粉,实验室采用热水溶解直链淀粉,然后用正丁醇结晶得到纯的直链淀粉[8]。淀粉由于价廉、易加工和可生物降解,因而是目前实际应用最广泛的天然高分子之一。其中以玉米淀粉为原料的研究与开发比较多。

植物蛋白质主要包括大豆蛋白质、玉米醇溶蛋白质、绿豆蛋白质、小麦蛋白质等。其中大豆蛋白质来源最丰富、价廉、应用潜力大,被誉为"生长着的黄金"[9]。据估计,全球每年大豆蛋白质的产量将近 2 亿 t。大豆的成分主要包括蛋白质(40%)、脂肪(20%)、碳水化合物(20%)、纤维素(5%)、矿物质(5%)和水分(10%),此外还含有微量的 Zn、Mg、Fe 和 Cu。蛋白质是由 20 种氨基酸为单体以肽键键合成的大分子,它以直径为 $5\sim20\mu m$ 的蛋白球状物存在于大豆中。大豆蛋白质由大豆榨油后的副产物——豆粕中分离得到。豆粕经碱提取、酸沉淀且中和、灭菌、干燥后的精制产物为大豆分离蛋白质(soy protein isolate,SPI)。这种 SPI 是天然高分子材料领域常用的蛋白质原料,其蛋白质含量达 92% 以上。

天然橡胶来源于热带和亚热带橡胶树中的胶乳。很多植物都含有橡胶成分,但具有经济价值的仅二三十种,如三叶橡胶树、杜仲树、马来胶和古塔波橡胶树[10]。其中最好的品种为三叶橡胶树,又称巴西橡胶树,它主要含顺式-聚异戊二烯成分,因而具有弹性和柔软性。古塔波橡胶树含反式-聚异戊二烯,它在室温下呈硬质状,不能用作弹性材料。橡胶树内有乳管,把它切断后乳胶便会流出。新鲜乳胶经过加工处理后制成浓缩胶乳和干胶(烟胶片、风干胶片、绉胶片、颗粒胶),它们分别用于生产橡胶乳制品和生胶。天然橡胶乳的组成主要包括聚异戊二烯、高级脂肪酸和固体醇类(1.0%~1.3%)、蛋白质(1.6%~2.0%)、灰分(0.3%~0.5%)和水(55%~60%),因此烟胶片中天然橡胶含量在 91% 以上。

生漆又名大漆、天然漆、国漆,它是我国著名特产之一,是一种优质的天然涂料,被誉为"涂料之王"[11]。生漆来源于漆树(被子植物的一种乔木)。它是从漆树韧皮层内割流出的灰白色乳浊液。生漆是一种油包水球形乳浊液,漆液的主要成分是漆酚(65%)、碳水化合物(6.4%)、漆酶(0.23%)、糖蛋白(0.05%)、油分(10%)、水分及有机化合物[12]。通常,用丙酮从漆液中提取分离出漆酚及其二聚体和多聚体,然后对丙酮的不溶部分(丙酮粉末)再用水溶解分离出水溶性漆多糖和它的低聚糖(在清液中)。其中,用 $(NH_4)_2SO_4$ 得到的沉淀物含漆酶(laccase)、又称"漆树蓝蛋白"(stellacyanin)、同工酶(isoenzyme)及其他糖蛋白。漆液中的漆酚和微量挥发性 α-、β-不饱和六元环内酯化合物为致敏物质。

魔芋葡甘露聚糖(KGM)是中性杂多糖,它由 D-葡萄糖和 D-甘露糖醛组成。魔芋(*Amorphophallus*,我国的魔芋学名为 *Amorphophallus rivieri* Konjaku)是单子叶植物纲天南星科魔芋属多年生草本植物。我国魔芋资源丰富,已发现 26 种如白魔芋、疏生魔芋等[13]。魔芋葡甘露聚糖的提取纯化方法是将魔芋精粉水溶液搅拌 3h 后进行离心得到沉淀物,然后用 0.5g/L 叠氮钠水溶液使魔芋溶胀后再离心分离出水溶性部分。它经 Sevag 法脱蛋白、透析后得到 KGM 纯品[14]。也可以用乙醇将 KGM 从魔芋水溶液中沉淀而分离出。KGM 是魔芋精粉的主要成分,占 70%～80%。

海藻(seaweed)是生长在海洋中的低等隐花植物,它包括褐藻(巨藻属、海带属、裙带菜属等)、红藻(江蓠属、石花菜属、麒麟菜属等)和绿藻(石莼属、浒苔属和蕨藻属)[15]。海藻酸钠是一种酸性杂多糖,由 β-D-甘露糖醛酸(M)和 α-L-葡萄糖醛酸(G)组成。它主要存在于褐藻的细胞壁和细胞间隙中[16]。海藻酸钠主要是海带加工的副产物,即将海藻原料干燥达含水率 20% 以下,洗净后用热水提取海藻酸盐,然后经甲醇或乙醇沉淀、干燥后得出产物。鹿角菜胶,又名卡拉胶,存在于红藻类海藻的细胞膜和细胞间。它由半乳糖-2,4-二硫酸酯或半乳糖 ss-4-硫酸酯组成。依结构组成不同,分为 κ、λ、ι 三种鹿角菜胶,它们的黏度高、易产生凝胶。

果胶(pectin)由 α-(1→4)连接的 D-半乳糖醛酸或它们的甲酯组成,它存在于陆地植物的细胞壁中。果胶一般以甜萝卜、蜜瓜、葡萄柚、酸橙、柠檬和苹果为原料,用热水或稀酸水溶液提取后再用碱性水溶液或酶分解得到[16,17]。其含糖量很高,而且容易促进凝胶形成。

1.1.2　动物

来自于动物的天然高分子主要有甲壳素(chitin)、壳聚糖(chitosan)、酪蛋白(casein)、透明质酸(hyaluronic acid)、蛋白质(protein)、核酸(nucleic acid)、丝蛋白(silk fibroin)、紫虫胶(shellac)等[3]。动物摄取食物后在酶作用下通过消化、分解、再合成转化成蛋白质、糖原、脂肪等。动物中均聚糖较少,大部分糖以络合的杂多糖形式存在,有的还含有氨基糖。动物中最简单的均聚糖是糖原,其分子量①很高,它作为贮存的碳水化合物存在于动物中。图 1.2 为自然界中产生天然高分子的几种动物。

甲壳素和壳聚糖分别由 2-乙酰氨基-2-脱氧-D-吡喃葡聚糖和 2-氨基-2-脱氧-D-吡喃葡聚糖以 β-1,4-糖苷键连接。前者脱乙酰度很低,而后者较高。甲壳素广泛存在于甲壳纲动物和昆虫的甲壳以及真菌和植物的细胞壁中。它的主要来源包括虾、蟹、蝗、蝇、蚕蛹、石鳖、蜗牛、牡蛎、水螅等的壳。甲壳素的制备通常以虾壳、

---

① 分子量现应改为相对分子质量或分子质量,但本书作者为尊重读者的阅读习惯仍延用分子量,特此声明。

蟹壳为原料,将它们用稀盐酸浸泡除去大量的碳酸钙及其他无机盐,然后再依次用碱水溶液和稀酸萃取分离出蛋白质,并经脱色后得到甲壳素白色粉末状产品[18]。甲壳素用 45%NaOH 溶液进行脱乙酰化(>55%)处理后,得到壳聚糖。自然界每年产生的甲壳素约 100 亿 t,因此是尚待开发的宝贵资源。

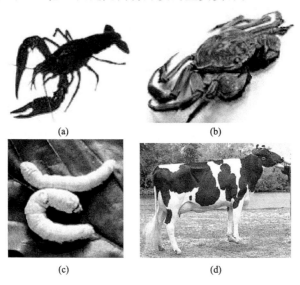

图 1.2 自然界中产生天然高分子的几种动物
(a)虾;(b)蟹;(c)蚕;(d)奶牛

酪蛋白又名酪素,主要来源是奶。酪蛋白并非均一的蛋白质组成,它含有 α-s1-、α-s2-、β-和 κ-酪蛋白[19]。它们通过奶的凝结脱脂获得,一般采用酸沉淀法[酪蛋白在其等电点(pH 4.6)时会凝固析出而呈不溶性状态]、加钙分离和酶水解等方法进行提取和纯化。

蛋类蛋白质主要存在于各种禽蛋中,其氨基酸组成与人体组织蛋白质最接近,一般采用水溶液提取法、有机溶剂提取法分离获得。

胶原蛋白是蛋白质中的一种,主要存在于动物的皮、骨、软骨、牙齿、肌腱、韧带和血管中。明胶是胶原蛋白产品之一,它由猪皮、牛皮或猪骨、牛骨用酸法提取。它也可用鞣革工业的废渣经 CaO 处理后用热水提取,并经 HCl 水溶液中和、浓缩、干燥制得[20]。

核酸是存在于生物细胞中的天然高分子。核酸常与蛋白质结合存在,称为核蛋白。核酸分脱氧核糖核酸(DNA)和核糖核酸(RNA)。核酸由核苷三磷酸和含水杂环碱基缩合而成,它们经水解后产生核苷酸与核苷及磷酸。人们一般从植物或动物细胞的细胞核与细胞质中提取核酸。它的分离和纯化主要是去除与核酸结合的蛋白质以及多糖、脂类等生物大分子、无用的核酸分子、盐类及有机溶剂等杂质,然后进一步纯化核酸[21]。

透明质酸是人体基质的重要成分之一。它是由 N-乙酰葡萄糖胺和葡萄糖醛酸通过 β-1→4 和 β-1→3 糖苷键反复交替连接而成的一种高分子,分子中两种单糖即 β-D-葡萄糖醛酸和 N-乙酰氨基-D-葡萄糖胺按等物质的量比组成。它广泛存在于高等动物和低等动物的细胞外间质中,也存在于动物和人体的肝脏、关节、眼玻璃体、脐带、动脉壁等器官和血浆等体液中。通常,用 0.1mol/L NaCl 水溶液从雄鸡冠、脐带、牛眼中提取,再用乙醇或丙酮沉淀得到透明质酸[22]。此外也可以通过发酵法进行制备[23]。

丝蛋白广泛存在于各种蚕丝、蜘蛛丝中。地球上有几十万种能吐丝的动物,其中研究得最多的是蚕丝和蜘蛛丝。它们的主要成分均是纯度很高的丝蛋白。天然蛋白纤维由丝蛋白和丝胶组成。丝胶溶于热水中,可以通过脱胶获得丝蛋白。丝蛋白包含 18 种氨基酸,其中较简单的是甘氨酸、丙氨酸和丝氨酸,约占总组成的85%,三者之比为 4:3:1[24]。

1.1.3　微生物

由微生物得到的高分子主要有茁霉聚糖(pullulan)、凝胶多糖(curdlan)、黄原酸胶(xanthan gum)、裂褶菌葡聚糖(schizophyllan)、吉兰糖胶(gellan gum)和各种真菌多糖(fungi polysaccharides)等[3]。聚乳酸(polylactic acid,PLA)、聚己内酯(PCL)、聚羟基烷酸酯(polyhydroxyalkanoates,PHA,PHB,PHH,PHBV)则是由微生物发酵得到单体后再合成的生物大分子。图 1.3 示出几种微生物。

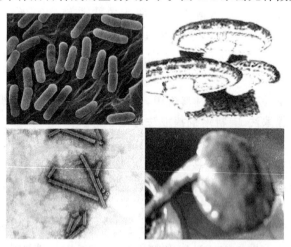

图 1.3　自然界中产生天然高分子的几种微生物

茁霉聚糖是出芽短梗霉产生的孢外多糖。它由麦芽糖以 α-1,6-糖苷键结合构成,它用出芽短梗酶在通用型搅拌发酵罐中,以淀粉水解物为碳源直接发酵生产,其发酵化率接近 60%。它易溶于水,黏度较低、不凝胶化、不老化、易于加工成型、无毒副作用,是一种很有前途的工业用多糖[24,25]。

凝胶多糖是由产碱杆菌(*Alcaligenes faecelis* var. *myxogenes*,10C3 K)的变异菌株代谢而产生的一种微生物胞外多糖(extracellular polysaccharide,EPS)。这种多糖完全由 D-葡萄糖残基经 β-葡萄糖苷键在 C-1 和 C-3 连接形成线性的 β-1,3-葡聚糖。一般可以用蔗糖发酵直接得到[26]。

黄原胶是假黄单胞菌属(*Xanthomonas campestris*)发酵产生的单孢多糖。黄原胶聚合物骨架结构类似于纤维素,但是每隔一个单元上存在由甘露糖乙酸盐、终端甘露糖单元以及一个葡萄糖醛酸盐组成的三糖侧链,因此它属于聚电解质,呈双螺旋链构象。黄原胶最早(1952 年)由美国农业部一研究所分离得到的甘蓝黑腐病黄单胞菌发酵制得,并使其多糖提取物转化为水溶性的酸性杂多糖。其工业化生产是采用微生物发酵制取,选择合适的微生物菌种,调配含碳源培养液,在一定环境条件下发酵即得黄原胶混合物,再经分离、提纯后加工制得产品。目前,全球黄原胶的年产量在 12 万 t 左右,我国黄原胶生产能力约 2000t/a[27]。

裂褶菌葡聚糖是由高等真菌裂褶菌(*Schinophyllum commune*)分离纯化的 β-1,3-糖苷键构成主链骨架,6 位上有分支的葡聚糖。1986 年,日本开始采用深层发酵法生产。

吉兰糖胶是用伊乐藻假单胞菌(*Pseudomonas elodea*)在含有碳源(碳水化合物)、磷酸盐、有机和无机氮源及适量微量元素的介质中,经嗜氧发酵产生的。它是一种阴离子型线性聚合物,以两种形式存在:高酰基吉兰糖胶(也称天然吉兰糖胶)和低酰基吉兰糖胶。美国 Kelco 公司已利用伊乐藻假单胞菌生产吉兰糖胶[28]。

许多微生物能合成糖缀合体(glycoconjugtes)作为荚膜或细胞外产物。众所周知,β-或 α-(1→3)-葡聚糖、半乳甘露聚糖等是很多真菌菌丝体细胞壁的主要组分。香菇、茯苓、灵芝、黑木耳的菌丝体、菌核及子实体中存在各种真菌多糖。一般用盐水、热水、碱水溶液可以从它们中依次提取出水溶性杂多糖、α-或 β-(1→3)-D 葡聚糖和含羧基或支链的 β-(1→3)-D 葡聚糖等 5 种以上的多糖。将干香菇脱脂后依次用 0.9% NaCl 水溶液、热水(130℃、高压)各提取三次分离出杂多糖,然后用 5% NaOH/0.05% NaBH$_4$ 水溶液从剩余残渣中可以提取出 β-(1→3)-D 葡聚糖。该葡聚糖经 Sevag 法除蛋白质、H$_2$O$_2$ 脱色以及用再生纤维素透析袋经大量水透析后可以制得三螺旋葡聚糖[29]。

聚乳酸(PLA)的化学结构式为 ${+OCH(CH_3)CO+}_n$,是以菇类微生物菌发酵得到的乳酸为原料聚合而得的。一般聚乳酸可由多种单体通过不同途径合成:一是乳酸的直接聚合;二是乳酸的环状二聚体-丙交酯的开环聚合[30]。聚羟基乙酸(PGA)的化学结构式为 ${+OCH_2CO+}_n$,它由乙交酯开环聚合制取,降解后生成羟基乙酸。聚己内酯(PCL)也是线性脂肪族聚酯,其结构式为$\left[O-CH_2CH_2CH_2CH_2CH_2-CO\right]_n$。它由$\varepsilon$-己内酯单体开环、催化聚合制得。聚$\beta$-羟基丁酸酯(PHB)、聚羟基戊酸酯(PHV)及其共聚物(PHB/PHV)是由微生物合成的聚酯。PHB是用细菌发酵制得的,如产碱杆菌糖发酵的生物合成方法[31]。然而,它们都属于合成的可降解性生物材料。

1.2　天然高分子研究进展

近年,在天然高分子领域的基础和应用研究的优秀成果以及日益增强的全球环境法规的压力共同作用下,已孵化出基于可再生资源的新兴工业[4]。天然高分子领域的研究及应用开发正在迅速发展,而且它们也必将带动纳米技术、生物催化剂、生物大分子自组装、绿色化学、生物可降解材料、医药材料的发展,并提供新的商机[32]。本章主要介绍纤维素、木质素、甲壳素、淀粉、蛋白质、多糖以及天然橡胶等的研究进展,因为它们将可能成为未来的主要化工原料,并且将对天然高分子科学与材料的发展起重要作用。

1.2.1　纤维素和木质素

1. 纤维素

纤维素含有大量羟基,易形成分子内和分子间氢键,使它难溶、难熔,因而不能熔融加工。通常利用纤维素溶液进行纺丝或采用流延法加工成膜。因此,寻找新溶剂体系是纤维素科学与纤维素材料发展的关键。近年,在纤维素新溶剂及纺丝研究领域已取得较大进展,主要是纤维素在 N-甲基吗啉-N-氧化物(NMMO)等溶剂体系的溶解、溶液性质及纺丝和成型工艺。1967 年,美国 Kodak 公司的 Johnson 首次将 NMMO 用作纤维素溶剂,在高温下(约 130℃)它可以完全溶解纤维素[33]。此后,McCorsley[34]用 NMMO/H_2O 作溶剂成功地纺出纤维素纤维,并且美国 Enka 公司成功地实现了溶剂法再生纤维素纤维的工业化生产。目前,该溶剂已生产出多种商业纤维素纤维,它们都统称为 Lyocell(天丝)。这种纤维有明显高的强度(尤其在湿态下)和优异的尺寸稳定性,被称为"21 世纪纤维"。然而,溶剂价格昂贵以及工艺条件苛刻,因此尚未进入大规模工业化生产(目前全球产量仅 10 万 t/a)。此外,纤维素的非衍生化溶剂(直接溶剂)还有氯化锂/N,N-二甲基乙酰胺(LiCl/DMAc)、10% NaOH 水溶液、60% $ZnCl_2$ 水溶液、二甲亚砜/三乙胺/SO_2[DMSO/$(C_2H_5)_3N/SO_2$]、氨/硫氰化铵(NH_3/NH_4SCN)等。纤维素在溶解过程发生衍生化反应的溶剂称为衍生化溶剂体系,主要有三氟乙酸(TFA)、二甲基甲酰胺(DMF)/N_2O_4、DMSO/多聚甲醛(PF)以及纤维素氨基甲酸酯/碱水溶液体系。后者是由纤维素经尿素处理转变为氨基甲酸酯衍生物后再溶解于 NaOH

水溶液中进行纺丝和制膜的,该溶液具有很好的化学稳定性[35]。自从 McCormick[36] 和 Turbak[37] 报道 LiCl/DMAc 在温和条件下可以完全溶解纤维素以来,这一溶剂已广泛应用于纤维素的表征、均相衍生化反应及其他多糖的分析。纤维素在该溶剂中于 100℃ 溶解 6h 以上,其浓度可达 15%,LiCl 的含量以 5%~10% 为最佳。若溶解温度为 150℃,则 LiCl/DMAc 可溶解分子量相当高的纤维素。最近,张俐娜科研组[38~41]分别用预冷后的 LiOH/尿素、NaOH/尿素和 NaOH/硫脲水溶液成功地溶解了纤维素,并得到无色透明的纤维素溶液。这三种纤维素新溶剂都是在低温下通过 NaOH 或 LiOH 与水团簇形成较稳定的低分子缔合物,破坏纤维素分子间氢键,并且与纤维素分子以及尿素或硫脲形成新的包合物而溶解于水溶液中。尤其,她们用 NaOH/尿素/水(7∶12∶81)溶液预先冷却至 −12℃,然后立即投入纤维素在室温(20℃ 以下)可使它迅速溶解(约 5 min)。用这种方法制备的纤维素浓溶液作为纺丝液已通过中试设备成功纺出再生纤维素丝,它们具有优良力学性能及圆形截面(类似于天丝和铜氨丝)[39]。同时,她们也用 NaOH/硫脲/H_2O(4.5∶9.5∶86.0)预冷至 −5℃ 溶解纤维素并成功纺丝[40]。这两种纤维素溶液在 0~5℃ 可存放一周以上保持稳定溶液状态。然而,它们冷却至 0℃ 以下或者加热到 30℃ 以上则产生凝胶,并且显示独特的溶液-凝胶转变行为[41]。离子液体以其特有的良溶剂性、强极性、不挥发、不氧化、稳定性等优点而受到关注。离子液体是指在温度低于 100℃ 下为熔融的盐,呈液态,由离子构成的液体,即室温离子液体。近年,它被视为能在许多领域代替易挥发性化学溶剂的绿色溶剂。常见的离子液体是由烷基吡啶或双烷基咪唑季铵阳离子与 BF_4^-、PF_6^-、NO_3^-、Cl^- 等阴离子组成。Swatloski 等[42] 发现 1-丁基-3-甲基咪唑氯代([BMIM]Cl)离子液体,它在 100℃ 下可溶解纤维素。中国科学院化学研究所也在用离子液体溶解纤维素方面做了大量工作。

近年,纤维素功能材料的研究也很活跃。江明等[43] 利用羟乙基纤维素(HEC)与聚丙烯酸接枝聚合制备出接枝共聚物(HEC-g-PAA)。他们用透射电子显微镜(TEM)和动态光散射(DLS)证明该化合物在 pH>3 的介质中自组装形成中空微胶囊,而在 pH<3 的介质中则转变成关闭的微球,而且随 pH 的改变呈可逆行为。Zimmermann 等[44] 从木纤维中提取出纤维素原纤维,并把它作为一种高聚物增强剂。他们发现通过化学或(和)力作用,可将直径小于 100nm 的纤维素原纤维从亚硫酸盐木浆中分离出来。这种纤维素原纤维具有较高的储能模量以及纵横比,可用作高聚物增强剂。用它增强的聚乙烯醇(PVA)和羟丙基纤维素(HPC)比未增强的材料储能模量高 3 倍,而拉伸强度增大 5 倍。这种纤维素原纤维具有可生物降解性、高强度和良好的透明度。Omastová 等[45] 用聚吡咯(PPy)涂覆高纯度的纤维素纤维,得到的复合物具有一定的导电率。扫描电子显微镜(SEM)结果指出,当用 20% 的吡咯时,纤维素纤维表面完全被包覆。这种纤维与聚己酸内酯共混的

新材料具有优良的电导率,其中含 50% 导电纤维素纤维的材料的电导率达到 6.5 $\times 10^{-4}$ S/cm,可满足抗静电要求。Kunitake 等[46]在室温下合成了含有金属(Ag、Au、Pt、Pd)纳米颗粒的多孔纤维素纤维。该纤维素纤维具有纳米微孔结构和易吸附和结合纳米金属颗粒的能力。纤维素中羟基不但以离子-偶极作用结合金属颗粒,而且可以通过其表面原子的强作用力使金属纳米离子稳定。He 等[49]发现纤维素黄酸盐和甲壳磺酸盐的共混溶液作为纺丝液具有优良的滤过性能。由此制得的共混纤维对葡萄状球菌等有良好的抑制作用,而且这种抑制作用随甲壳素含量的增加而增强。Kim 等[50]由黏胶法得到的再生纤维素膜制备出电活化纸(EAPap)。这种纤维素 EAPap 显示激发器的性能,当电场垂直通过纸面时,它会产生较大的弯曲形变。这种智能纤维素材料在低激发电压和低能耗的条件下产生大的弯曲转移,可以用于仿生传感器/激发器和微电机系统。

随着纳米技术的发展,已出现纤维素纳米材料,如纳米纤维、纳米膜等[48]。Ichinose 等[51]用 $Ti(O_nB_n)_4$ 的甲苯/乙醇(1:1,体积比)溶液处理滤纸制备出二氧化钛纳米凝胶,并用它涂覆纤维素得到纳米纤维。它是很有前途的生物功能材料,可用于蛋白质固定化、生物大分子的分离和提取技术以及生物防御系统。Zabetakis 等[52]研究了镀金属的纤维素纤维,并得到强度高、有弹性、质量轻、易加工而且价廉的新材料,它可用于电磁器件。Seeger 等[53]认为,非两亲性的烷基化纤维素膜是共价键合的优良基质。他们制备出两亲性的 Langmuir-Blodgett(L-B)膜,并证明蛋白质已固定在纤维素衍生物的纳米层上。该材料可用于迅速检测抗体-抗原反应、研究蛋白质反应的动力学和亲和行为等。

纤维素衍生物的研究与开发主要包括纤维素衍生物合成的新方法、新的纤维素衍生物、接枝共聚物、共混物和复合改性功能材料以及纤维素衍生物的溶致和热致液晶。热塑性纤维素衍生物主要包括三乙酰纤维素(CTA)、纤维素乙酸丁酯(CAB)、纤维素乙酸丙酯(CAD)、乙基纤维素(EC)和 O-2-羟丙基纤维素(HPC)。Heinze 等和 Klemm 等分别综述了纤维素在不同溶剂中的非传统合成方法,并提出了纤维素醚合成的"相分离"机理。他们假设纤维素脱水葡萄糖单元(AGU)上 2、3、6 位—OH 基的反应活性一致,则它与已存在的取代度(DS)无关,由诱导相分离得到纤维素未取代和全取代 AGU 的含量都非常高[54~56]。Fink 等[57]利用纤维素晶区和非晶区反应性不同,合成了嵌段型羧甲基纤维素(CMC),并证明它与自由取代的 CMC 性质完全不同,表明取代基控制分子的重要性。含氧化乙烯寡聚物支链的纤维素酯是一种温度敏感型高分子,其沉淀温度随它的水溶液浓度降低而急剧升高[58]。此外,纤维素表面活性聚合、接枝改性的功能材料、纤维素衍生物新应用的研究与开发等也日益引人注目[59,60]。

由于纤维素及其衍生物主链的手性以及链刚性,它在很多溶剂中都显示液晶行为。20 世纪 70 年代中期,Gray 等[61]首先报道羟丙基纤维素水溶液,当它浓度足够大时出现很强的彩色和双折射,而且溶液具有很高的旋光性,表明它是胆甾型液晶体系。Chanzy 等[62]报道纤维素在 NMMO 水合物溶液中可以形成液晶。黄勇等[63~65]利用可聚合单体作为溶剂对纤维素衍生物胆甾型液晶相溶液中织构形成过程和结构进行研究。他们发现胆甾相结构中的螺距、分子链间距及胆甾相的光学性能与浓度的变化规律和定量关系式,并保持原胆甾相结构和性能的复合物膜。有趣的是,乙基纤维素经酰化后在同一种溶剂中旋光性可从左旋变为右旋[66]。以 LiCl/DMAc 为溶剂,当改变 LiCl 的含量时,纤维素的浓度为 10%~15%时则出现液晶[67]。1981 年,人们才发现纤维素的热致液晶,当时 Tseng 等[68]发现加热 2-乙酰化羟丙基纤维素(APC)膜时会出现胆甾醇反射光。此后,Gray 等报道了 2-羟丙基纤维素、2-羟乙基纤维素(HEC)、三氟乙酸羟丙基纤维素酯、苯乙酰和 3-苯基丙酰羟丙基纤维素、3-氯苯基纤维素异氰酸酯、对甲苯乙酸基纤维素和三甲基硅纤维素等衍生物的液晶现象[69]。这些纤维素衍生物发生热致液晶时的温度随取代度(DS)、摩尔取代度(MS)、支链的特征及长度、主链聚合度和温度的变化而改变。另一类具有热致液晶性质的是全取代的纤维素醚类和酯类[70],如全取代的三烷基纤维素、纤维素三烷酸酯。以纤维二糖或三糖为基本单元的全取代的醚类或酯类也呈现液晶的性质,它们表现出圆盘状的液晶[71]。Kuga 等[72]用硫酸水解细菌纤维素,得到了棒状的纤维素微晶悬浮液。他们发现脱盐后,该悬浮液会自发的进行向列型相分离,且持续 1 周。若向其中加入示踪的电解质溶液 1mmol NaCl 则会导致相分离行为变化,即从各向异性转变成手性的向列型液晶。

近 30 年,细菌纤维素已日益引人注目,因为它比由植物得到的纤维素具有更高的分子量、结晶度、纤维簇[73]和纤维素含量。几年前,Brown 等对微生物合成纤维素进行了详细研究[74~76]。此后,Kondo 等研究了微生物在取向的大分子模板上的运动,由此提出了通过细菌直接生物合成具有纳米和微米结构的纤维素材料[77,78]。细菌纤维素由于其独特的性质及用途,是一种新型的生物材料[79]。尤其,Peng 等和 Basic 等发现纤维素生物合成反应的一个特殊前驱体(primer),由此提供了纤维素生物合成的新途径[80,81]。Kondo 等[82]从植物中分离出纤维素合成的基因(CesA 蛋白质),还发现一些其他蛋白质如 Korrigan 纤维素酶也参与了纤维素的生物合成。此外,Brown 利用一些细菌和原核细胞生物甚至致病的细菌也能合成纤维素[83]。如果把纤维素的生物合成与光合成以及嗜盐性和固定氮结合起来开发纤维素,不难想象出在高盐地区、浅盆地及沙漠地区将出现新的纤维素资源[84]。细菌纤维素纳米纤维具有优良增强作用。Yano 等[47]用 70%纳米纤维素纤维填充环氧树脂,它不仅使强度提高 5 倍,而且具有与硅晶体相似的较低热膨胀系数,并保持较高透光率。2004 年,德国科学家 D. Klemm 由于对细菌纤维素及纤维素类新材料的研究与开发作出了贡献而获美国化学会的 Anselme

Payen 奖[56]。

2. 木质素

近年,对木质素的研究主要是通过化学反应合成聚氨酯、聚酰亚胺、聚酯等高分子材料[85,86],或者作为填料填充改性橡胶、树脂、塑料等[87,88]。Glasser 等[89]利用牛皮纸木质素、蒸气爆破木质素及其羧基和羟烷基衍生物与不同异氰酸酯反应,制备出聚氨酯泡沫塑料和工程塑料。戈进杰等[84]用缩乙二醇为辅助液化试剂,聚乙二醇(PEG400)为主要液化试剂对芦苇浆和麻纤维浆进行液化,然后与聚氨酯预聚体反应合成聚氨酯泡沫塑料。同时,他们还用含 50%单宁的黑荆树皮或单宁(代替多元醇)与异氰酸酯反应成功地制备出性能优良的聚氨酯材料,它们具有生物可降解性。

接枝共聚是木质素化学改性的重要方法之一,它能够赋予木质素更高的性能和功能。Meister 等[90,91]最先采用自由基引发,将 2-丙烯酰胺接枝到牛皮纸木质素得到无定形棕色固态接枝物。同时,他们将木质素分散到氮气保护的有机溶剂或含有 $CaCl_2$ 和 H_2O_2 的水/有机溶剂体系,通过反应形成大分子自由基引发共聚。Zoumpoulakis 等[92]利用羟甲基木质素经苯酚/甲醛处理得到树脂,并对其进行磺化后再利用甲醛交联得到离子交换树脂,该树脂具有较高的离子交换容量。Li 等[85]将牛皮纸木质素进行烷基化,然后再与聚酯共混进一步提高材料的伸长率,并且证明共混组分间具有很好的相容性。此外,Li 等通过反应挤出制得聚己内酯/木质素共混物,并且用马来酸酐接枝的聚己内酯作为增容剂,所得到的材料具有较高的杨氏模量和较强的界面黏合力[93]。Glasser 等[94,95]将羟丙基纤维素与木质素共混形成多相材料,并研究了其性能和微观形态。张俐娜等[96]用 2.8%的硝化木质素与蓖麻油基聚氨酯预聚物反应制备出力学性能优良的材料。该复合材料形成接枝型-互穿聚合物网络(IPN)结构,它以硝化木质素为中心连接多个聚氨酯网络而形成一种星形网络结构模型。由此得到 IPN 材料的抗张强度和断裂伸长率都比原聚氨酯提高 1 倍以上。

利用木质纤维素通过化学液化制备燃料油的研究也引人注目。Lancas 等[97,98]研究了以乙醇胺、乙醇、氨水和水为介质,1,2,3,4-四氢化萘为溶剂,硅酸酯或沸石 A 作为催化剂对甘蔗渣进行液化制备燃料油,所得的生物柴油通过精馏技术可分离出轻油、树脂和沥青。Stiller 等[99]研究了在 350℃,6.9 MPa 氢气压力下用四氢化萘作溶剂对农业废弃物与煤共液化制备燃料油和沥青。Minowa 等[100]以水为介质,碳酸钠作为催化剂,在 300℃及 10 MPa 下将木质素液化成重油。据报道,2004 年欧洲的生物柴油年产量已达 214 万 t。

1.2.2　甲壳素、壳聚糖

甲壳素和壳聚糖具有生物相容性、抗菌性及多种生物活性、吸附功能和生物可降解性等,它们可用于制备食物包装材料、医用敷料、造纸添加剂、水处理离子交换树脂、药物缓释载体、抗菌纤维等[101~104]。日本 Hirano 等是最早研究甲壳素的人之一,随后意大利 Muzzarelli[105,106]、法国 Domard[107,108]以及我国杜予民等[109~111]对甲壳素和壳聚糖做了一系列研究。杜予民等[109]用壳聚糖和环氧丙烷-三甲基-氯化铵制备出 N-(2-羟基)丙基-3-甲基氯化铵壳聚糖衍生物(HTCC),然后用海藻酸钠与 HTCC 作用得到结构规整、密实的纳米粒子。用三聚磷酸钠作为交联剂对壳聚糖纳米粒子进一步交联后明显提高了它对牛血清蛋白(BSA)的包封率并降低其爆释。他们通过基于静电作用力的层-层自组装(LBL)技术将壳聚糖与光学性质特殊的 CdSe/ZnS 核/壳结构量子点复合构筑了新的壳聚糖-CdSe/ZnS 量子点多层复合膜。该材料的三阶非线性光学性质十分明显,9 个双层的自组装膜的三阶非线性极化率达 1.1×10^{-8} esu[110]。他们还通过明胶与羧甲基壳聚糖共混并用戊二醛交联制备出两亲性聚电解质凝胶。该凝胶显示出明显的 pH 敏感性,在 pH 为 3 时凝胶收缩成致密的微结构,而 pH 增加到 9 时,凝胶明显膨胀形成很大的表面积。该凝胶用 $CaCl_2$ 处理后会形成交联网络结构,这种凝胶可用于药物控制释放[111]。Krajewska[112]综述了甲壳素和壳聚糖材料在酶固定化方面的应用,并指出它们具有生物相容性,易形成亲水性凝胶,对蛋白质有很强吸附作用等特性。它们在生物医药和日用化工领域的研究主要包括壳聚糖基药物载体、人造皮肤材料、壳聚糖微球及微胶囊、甲壳素和壳聚糖衍生物作为组织工程材料、抗菌材料、医药食品、功能材料[113~123]等。Shoichet 等[124]通过壳聚糖溶液酰化修饰和浇铸成型制备出甲壳素神经导管,后者经碱水解又变成壳聚糖导管。壳聚糖管比甲壳素管具有更好的力学强度和神经细胞黏附性,而且细胞黏附性和神经突伸展可以通过胺含量调节。Leong 等[125]首次用壳聚糖(分子量,3.9×10^5)与质体 DNA 复合制得尺寸为 150~300nm 的壳聚糖-DNA 纳米微球,并得到较好的基因转染数据。结果表明,壳聚糖-DNA 纳米微球有望用于非病毒基因转染载体。Reis 等[126]采用冷冻干燥技术制备了羟基磷灰石/壳聚糖双层支架,它可用于培养骨髓间质细胞修复关节缺损。采用红外、X 射线衍射、SEM 等表征了该双层支架的结构和力学强度。细胞培养试验的结果表明,这种双层支架可以有效地黏附骨髓间质细胞,促进细胞生长,因此可望用于组织工程中缺损关节软骨的修复。Hsieh 等[127]用一种外源凝集素(WGA)改性壳聚糖,提高壳聚糖与细胞之间的相互作用。结果表明,WGA改性壳聚糖膜表面活的纤维原细胞占 99%,而未改性壳聚糖膜为 85%。DNA 染色表明,未改性壳聚糖膜表面活纤维原细胞发生凋亡,而 WGA 改性壳聚糖膜表面的活纤维原细胞没有显示出任何凋亡现象。由此,利用 WGA 和其他外源凝集素分子通过低聚糖调制来增强细胞-生物材料相互作用是一种促进细胞黏附和增殖有前途的方法。张俐娜等[121]用 N-甲基甲壳素(NMC)通过油/水乳液悬浮聚合成功地制备出表面十分光滑的中空微球,它可包合药物并具有缓释功能。实验结果表明,NMC 在乳液滴表面与戊二醛交联形成坚实外壳,而内部环己烷挥发形成空腔。她们还直接用甲壳素碱溶液与纤维素的 6%(质量分数) NaOH/5%(质量分数)硫脲水溶液(经冷冻溶解)共混制备出甲壳素/纤维素离子吸附材料。这种材料对 Cu^{2+}、Cd^{2+} 和 Pb^{2+} 金属离子有较高的吸附性能,并明显高于纯甲壳素。由此提出了新的吸附模型,即纤维素的亲水性和多孔结构吸引金属离子靠近,并促使它与甲壳素上 N 络合并吸附在材料上[122]。因此,壳聚糖、甲壳素及其衍生物的一个重要的作用就是可以同重金属离子螯合,用于含重金属离子的废水治理。Hsieh 等[123]用丁烷四羧酸/柠檬酸(BTCA/CA)作为交联剂,用壳聚糖改性了棉花原纤维,进行对 $CuSO_4$ 和 $ZnSO_4$ 的吸附实验。结果显示,壳聚糖改性的材料比未改性的吸附能力强,材料对铜离子的吸附能力随壳聚糖浓度的增加而增加,而且它对铜离子的吸附速率比锌离子快。

　　近年,在壳聚糖的基础研究方面也有较大进展。壳聚糖与聚阳离子的层-层组装制备多层膜可用作一些特殊物质的包埋载体[128~130]。它们可以包埋纳米粒子、碳纳米管和生物酶。壳聚糖对电刺激有响应特性,当电极电压足够大时,壳聚糖质子可沉淀在阴电极表面并使溶液产生 pH 梯度[131],而且通过大量沉积使电极表面的壳聚糖形成凝胶后可应用于生物传感器。Leblanc 等[132]用壳聚糖与聚噻吩-3-乙酸(PTAA)通过 LBL 组装得到 5 层稳定的超薄多层膜。同时,将有机磷水解酶吸附在多层的壳聚糖和 PTAA 膜之间,用作生物酶传感器。Winnik 等[133]用聚阴离子型透明质酸(HA)与聚阳离子壳聚糖通过 LBL 技术制备出 12 层多层膜。他们还采用表面等离子共振光谱(surface plasman resonance spectroscopy)和原子力显微镜(atomic force microscopy,AFM)表征了多层膜的结构和表面形貌。当采用高分子量的多糖(HA,3.6×10^5;CH,1.6×10^5)时,则组装的 12 层薄膜的厚度(~900nm)是用低分子量多糖(HA,3.0×10^5;CH,3.1×10^5)自组装膜的 2 倍(~450 nm)。Stokke 等[134]指出壳聚糖有希望用于基因传递。他们通过原子力显微镜(AFM)研究了壳聚糖与 DNA 纳米基因载体的形状及其影响因素。结果表明,由质体 DNA 和壳聚糖共混产生的纳米颗粒主要呈现环形和棒形,而且这两种形状之比与壳聚糖的脱乙酰度及壳聚糖/DNA 的比例有关。Varum 等[135]研究了 α-甲壳素溶解在 2.77mol/L NaOH 水溶液中的行为。他们通过黏度法、光散射及动态光散射,获得了甲壳素分子量、分子尺寸及相对尺寸分布。由此建立了 Mark-Houwink 方程及均方旋转半径(R_g)与重均分子量(M_w)的关系。结果表明,甲壳素分子在碱环境下呈无规线团构象,其 Kuhn 链段长度为 23~26 nm。

1.2.3　淀粉

　　早在 1972 年,Griffin[136]就用干淀粉添加到聚乙烯中热塑共混制备生物降解膜,用于食品包装及农膜。然而,微生物将这种淀粉/聚乙烯膜中的淀粉分解后,剩下碎片化的聚乙烯不可能降解,仍存在于土壤中[137]。为此,国际社会呼吁必须停止使用这些不能完全生物降解的材料,因为它们比完全不降解的塑料膜危害更大。Favis 等将淀粉用单螺杆塑化后得到热塑性淀粉(TPS),然后直接与 PE 通过双螺杆共混挤出得到性能较好的共混膜[138]。Dufresne 等通过盐酸或硫酸将淀粉降解得到形状各异的纳米级微晶或晶须,并将它与其他材料共混,得到性能明显增强的复合材料[139,140]。淀粉材料的改性主要集中在接枝、与其他天然高分子或合成高分子共混改性以及用无机或有机纳米粒子复合制备完全生物可降解材料、超吸水材料、血液相容性材料等[141~144]。Suvorova 等[145]综述了生物可降解性淀粉塑料的研究与开发。淀粉的增塑剂主要有甘油、乙二醇、三梨醇、乳酸钠、尿素、乙烯基乙二醇、二乙基乙二醇、聚乙二醇以及丙三醇乙二酯。淀粉/增塑剂/水的混合物在 100~130℃单螺杆挤出成塑料可减缓分子量的降低。淀粉/聚己内酯/甘油共混塑料具有接近聚乙烯的力学性能以及保持生物降解性。Narayan 等[146,147]用螺杆挤压固相改性淀粉取得较大成功。他们用马来酸酐在双螺杆的高温、高压条件下改性淀粉,制备相容材料。张俐娜等[148,149]将淀粉衍生化变为苄基淀粉,然后与蓖麻油基聚氨酯预聚物反应制备出具有 semi-IPN 结构的材料(PU/BS),其中苄基淀粉含量可达到 70%。这种材料具有优良的防水性、力学性能和热稳定性,并且埋在土壤中可以完全生物降解。它们可用作一次性塑料制品,也可用作涂料涂敷在再生纤维素膜表面形成粘接十分牢固的防水膜。用这种 semi-IPN 涂料(PU/BS)涂敷纤维素膜制备出防水膜,其力学性能和防水性明显改善,而且在土壤中可以完全生物降解[150]。

最近,余龙等[151]综述了可再生资源在聚合物共混方面的研究进展以及这类材料的一系列应用前景。其中包括将淀粉及其衍生物与聚乳酸(PLA)、聚羟基丁酸酯(PHB)等共混制备性能优良、可生物降解的复合材料。例如,以甲基二异氰酸酯(MDI)为增容剂,将不同含量 PLA、小麦淀粉以及 MDI 在 180 ℃下混合反应,然后在 175 ℃下热压成型。当淀粉含量为 45%(质量分数)时得到拉伸强度为 68 MPa、断裂伸长率为 5.1%的复合材料。他们研究了淀粉中直链与支链结构对材料的结构与性能的影响,指出支链淀粉的氢键和高度枝化的微结构可能抑制分子链的取向[152]。Daniels 等[153]利用淀粉具有的软薄层特性,采用薄层微乳液体系,结合 X 射线散射(SAXS)数据,首次得到淀粉薄层结构的证据。他们证明淀粉是一种碟状侧链液晶高分子,并且具有独特的薄层特征,可用于设计和合成新型软薄层材料。Gross 等[154]为了实现淀粉分子葡萄糖重复单元上发生区域选择性酯化反应并提高反应效率,分别以南极假丝酵母(Candida antartica)脂肪酶 B(CAL-B)的固定形态(Novozym 435)以及自由形态(SP-525)为催化剂,用气溶胶-OT[AOT,二(2-乙基己基)硫代琥珀酸钠]包裹淀粉纳米颗粒,形成微乳液。然后,分别将它们与乙烯基硬脂酸盐、ε-己内酰胺以及马来酸酐在 40 ℃下反应48h,成功制得在 C-6 位置上选择性酯化的产物,其取代度(DS)分别为 0.8、0.6 和 0.4。这种淀粉粒子能分散在二甲亚砜(DMSO)和水中,并保持着纳米级尺寸。利用天然高分子的生物相容性和完全可降解,用淀粉/聚(3-羟基丁酸盐)(PHB)共混生产塑料制品和生物材料很引人注目。Thiré 等[155]采用水和丙三醇为增塑剂,用热压法制得淀粉含量从 0～50%(质量分数)的 PHB/玉米淀粉共混膜。结果显示,这种新材料的降解行为同纯 PHB 膜类似。

1.2.4　多糖

多糖广泛分布于植物、动物、微生物等有机体中。它们不仅是细胞的结构物质和能源物质,而且是具有多种生理功能的生物活性物质。它们广泛参与细胞识别、细胞生长、分化、代谢、胚胎发育、细胞癌变、病毒感染、免疫应答等各种生命活动,具有抗肿瘤、抗突变、抗病毒、抗凝血、抗溃疡、抗氧化、降血糖、降血脂等生物活性。多糖一般具有安全性、生物相容性和生物可降解性等优点,因此它们在医药、生物材料、食品及日用品领域具有应用前景。

1. 植物多糖

1) 魔芋葡甘露聚糖

魔芋富含魔芋葡甘露聚糖(KGM),它主要用于食品及日用品(如添加剂、增稠剂、保鲜膜、面膜、美肤水、絮凝剂[156,157])、药物和保健品(用于降血脂、血糖、抗肿瘤以及增强肌体免疫力等[158])。Jacon 等[159]报道 KGM 溶液的特性黏度为 1320 mL/g,这是迄今为止报道的食品工业领域具有最高特性黏度的多糖之一。KGM 浓溶液为假塑型流体,当其水溶液浓度高于 7% 时表现出液晶行为,并且还可形成凝胶[160]。Morris 等[161]和 Nishinari 等[162,163]研究了 KGM 分别与刺槐豆胶、革兰胶、玉米淀粉、黄原胶、紫角菜胶等多糖形成的二元复合体系的流变行为。KGM 和上述多糖混合后能产生协同效应使体系黏度增加,并形成热可逆性凝胶。动态黏弹分析和 X 射线衍射分析(XRD)的结果表明,它们二者之间存在分子间相互作用力,导致稀溶液体系的黏度增加以及浓溶液凝胶化。近年,对魔芋葡甘露聚糖的研究还包括化学改性、接枝共聚以及合成聚合物互穿网络(IPN)材料。张俐娜等[164~166]用硝化魔芋葡甘露聚糖、苄基魔芋葡甘露聚糖分别与蓖麻油基聚氨酯预聚物反应制备出 semi-IPN 材料。实验结果表明,KGM 的衍生物与聚氨酯互相穿透明显改善它们之间的相容性,并且加速材料固化。这些材料具有优良的力学性能、热稳定性、耐水性和生物降解性,它们在塑料、弹性材料和涂料方面具有应用前景。

2) 海藻酸钠

海藻酸钠易溶于水,而且具有良好的生物降解性和相容性,从而在医药、化学、生物、食品等领域的研究与开发引人注目。海藻酸钠这种聚电解质很容易与某些二价阳离子键合,形成典型的离子交联水凝胶。若选用 Ca^{2+} 作为海藻酸的离子交联剂,很容易形成交联网络结构,它可作为组织工程材料[167]。Simpson 等[168]用辐射降解降低海藻酸钠(高 G 含量)的分子量,用它制备凝胶。该凝胶可提高包埋的细胞活性且具有较高的力学强度,在组织工程材料领域有应用前景[168,169]。Rowley 等[170]和 Eiselt 等[171]将聚乙二醇(PEG)作为第二组分大分子引入海藻酸钠水凝胶中以保持其亲水性。若以聚乙二醇二胺作为交联剂与海藻酸钠水凝胶形成共价交联网络,并且改变交联剂的链长和交联密度可调控该水凝胶的弹性模量。Miralles 等[172]指出,海藻酸钠海绵支架和水凝胶可用于软骨细胞的体外培养,当加入透明质酸后,它能进一步促进细胞增殖以及合成糖蛋白的能力。Shen 等[173]在海藻酸钠水溶液中加入铁粒子,制备出具有磁响应功能的水凝胶微球,它在外科手术上具有应用前景。Cilicklis 等[174]用多孔海绵结构的海藻酸钠水凝胶作为肝细胞组织工程的三维支架材料,它可增强肝细胞的聚集,从而有利于提高肝细胞活性以及合成蛋白质的能力。Wang 等[175]用 Ca^{2+} 交联的海藻酸钠水凝胶用作鼠骨髓细胞增殖的基质,起到三维可降解支架作用。海藻酸钠是理想的微胶囊材料,具有良好的生物相容性和免疫隔离作用,能有效延长细胞发挥功能的时间。尤其,Lin 和 Sun 等[176]用海藻酸钠/多聚赖氨酸/海藻酸钠(A/P/A)制成的微胶囊包裹胰岛素,并进行同种鼠胰岛素移植获得成功。

2. 细菌多糖

黄原胶大分子的侧链与主链间通过氢键结合形成双螺旋结构,而且常常以螺旋链的聚集体存在。由于这些螺旋链聚集易形成网络结构,黄原胶在水溶液中具有良好的可控水流动性质和增稠功能。黄原胶分子中带电荷的三糖侧链围绕主链骨架结构反向缠绕,形成刚性链结构[177~179]。Fujita 等用激光光散射研究了黄原胶溶液的性质,并且通过溶液理论计算出它的链构象参数。它的单位围长摩尔质量(M_L)为 1900nm^{-1},持续长度(q)为 120nm,螺距(h)为 0.47nm[177],符合双螺旋链模型。这种有趣的结构有利于保持黄原胶溶液的黏度不易受酸、碱影响,而且可抗生物降解。尤其,在适宜的 pH 下,黄原胶分子能与多价金属离子形成凝胶[180],如与钙镁盐形成凝胶的 pH 为 11~13,三价金属盐(如铝和铁)在较低的 pH 范围内即与黄原胶形成凝胶或沉淀,而高浓度一价盐却抑制凝胶的生成。Khan 等[181]用黄原胶和酶改性的瓜尔胶乳甘露聚糖制得共混生物材料。他们利用不同含量半乳糖(25.2%和 16.2%)的改性半乳甘露聚糖,与黄原胶共混制备材料。用激光扫描共焦显微镜和流变仪对它们表征的结果显示,含有 25.2%半乳糖的半乳甘露聚糖在溶液中和共混物中基本无变化,在 3 周之内都很稳定。然而,含有 16.2%半乳糖的半乳甘露聚糖,则在溶液中形成聚集体,并转变为凝胶。有趣的是,共混物的模量在数量级上保持不变,而交联的方式和微观结构已经改变。黄原胶作为增稠剂、成型剂等已用于食品、采油、轻工业、医药、化妆品等领域。美国 Kelco 公司早在 20 世纪 60 年代初就已开始大量生产商业黄原胶。

3. 真菌多糖

1) 生物活性

30 多年前,Chihara 等[182,183]在 *Nature* 杂志上发表了香菇葡聚糖和修饰后的茯苓葡聚糖具有明显抗肿瘤活性的报道,此后多糖研究受到极大重视。近年,研究已发现多糖具有多种生理功能,它们广泛参与细胞识别、细胞生长、分化、代谢、胚胎发育、细胞癌变、病毒感染、免疫应答等各种生命活动。有些多糖具有抗肿瘤、抗突变、抗病毒、抗凝血、抗溃疡、抗氧化、降血糖、降血脂等生物活性。科学家们相继从担子菌中分离出多种活性多糖,其中包括灵芝多糖、茯苓多糖、香菇多糖、灰树花多糖和黑木耳多糖等。不少多糖类化合物能激活免疫细胞提高机体的免疫功能,而且具有毒副作用小、安全性高以及有利于正常细胞生长等优点[184]。香菇多糖[主要指 β-(1→3)-1 葡聚糖]通过激活细胞毒 T 细胞(CTL)、巨噬细胞、淋巴因子激活的杀伤细胞(LAK)、诱导 γ-IFN 产生,从而增强抗体依赖性细胞介导的细胞毒(ADCC),提高抗肿瘤活性或者通过使肿瘤部位的血管扩张和出血,导致肿瘤出血坏死和完全退化[185]。墨角藻聚糖借助分子中的硫酸基团抑制肿瘤新生血管的生成,从而抑制肿瘤生长[186]。近年,研究发现一些真菌多糖及其复合物对多种疾病,如免疫紊乱、癌症、糖尿病、高血压、肝炎、血栓、肺炎、病毒感染等都具有显著疗效,并且参与细胞各种生命现象的调节。多糖类化合物是优良的免疫调节剂,能增加巨噬细胞和白细胞的吞噬功能、诱导产生细胞坏死因子(TNF)和白细胞素,从而提高人体的免疫功能,并且对正常细胞几乎无毒副作用[187,188]。生物试验已证明,巨噬细胞、自然杀伤细胞(NK)和细胞毒性 T 细胞对某些多糖有特殊的结合作用,可激发免疫淋巴细胞的吞噬作用致使肿瘤细胞凋亡或坏死。同时,在多糖抗肿瘤机理的研究上也有一些进展,如有些体外试验证明多糖通过直接细胞毒性作用来抑制肿瘤[189]。有些多糖的硫酸酯衍生物具有抗艾滋病毒(HIV)的作用,并已发现它可以与 T 细胞和正常细胞的 CD4$^+$ 受体优先结合,从而抑制 HIV 与 CD4$^+$ 结合,降低 HIV 对机体的感染[190~193]。Schinella 等[194]发现茯苓菌核乙醇提取物具有很好的清除 OH 自由基的能力,而且抗氧化性超过 40%。不少天然的或合成的硫酸酯多糖显示抗凝血、抗肿瘤、抗氧化活性。硫酸酯多糖对艾滋病毒以及其他囊膜病毒如单纯疱疹病毒(herpes simplex virus,HSV)、巨细胞病毒(cytomegalovirus,CMV)、呼吸道合胞病毒(respiratory syncytial virus,RSV)、流感病毒(influenza virus,IV)、水泡性口膜炎水泡病毒(vesicular stomatitis vesiculovirus,VSV)、乙型肝炎病毒等也都显示较强的抑制作用[195,196]。磷酸酯也是一类比较重要的糖类衍生物,它具有抗肿瘤、抗病毒、抗炎抑菌和免疫调节等生物活性[197,198]。Williams 研究小组[199]从化学、生物医学的角度深入研究了多糖的磷酸酯衍生化以及多糖一级、二级结构和免疫调节作用。他们以磷酸为磷酰化试剂,在溶解了尿素的 DMSO 中对酵母多糖(β-D-葡聚糖)进行磷酸酯化反应,制备出磷酸酯多糖。同时还证明它具有免疫活性、无毒和水溶性[200]。这种水溶性的$(1\rightarrow 3)$-β-D-葡聚糖磷酸酯作为免疫反应调节剂正是通过与人体巨噬细胞上$(1\rightarrow 3)$-β-D-葡聚糖受体结合、融合,从而激活巨噬细胞以及各种酶(如磷脂酶)来调节免疫功能[201]。他们还发现同样是$(1\rightarrow 3)$-β-D-葡聚糖,但糖链构象、分子量、取代基电荷效应对多糖与人体单核细胞上受体的结合有重要影响。其中,三螺旋结构和磷酸阴离子有利于其对免疫细胞的竞争吸附和配位结合[202,203]。

补体是血液中一组具有酶源活性的蛋白质系列,它能协同抗体杀死病原微生物或协助、配合吞噬细胞杀灭病原微生物。因此,补体系统是机体的重要免疫系统。大部分多糖能活化补体系统的经典途径及变更途径,增加巨噬细胞非特异性细胞毒,以及增强中性粒细胞对肿瘤结节的浸润。Koichi 等发现,从米糠和水稻胚乳中经热水浸提的水溶性多糖具有比当归多糖更强、更有效的抗补体活性[204]。硫酸化多糖是一类多聚阴离子,它带有负电荷,能与病毒外膜糖蛋白上带有正电荷的氨基酸残基相互作用,阻止病毒与寄主细胞结合,同时阻碍病毒吸附。Caputo 等[205]指出,硫酸化戊聚糖(PPS)不仅能阻止艾滋病毒 HIV-1 和靶细胞的相互作用,抑制逆转录酶活性,而且可以抑制细胞外破伤风抗毒素蛋白的生物活性。Chen 等[206]指出,菌丝多糖 B86 组分浓度为 $50\mu g/mL$ 时,显示出比 $100\mu g/mL$ α-干扰素更强的抗乙型肝炎表面抗原的效果。紫球藻多糖能明显抑制或降低 HSV 感染细胞的细胞病变效应,然而却未表现任何细胞毒素效应[207]。Pescador[208]指出,褐藻硫酸脱氧半乳聚糖比肝素更易吸收,使用剂量更小,清除率更高,抗凝血酶和抗血栓形成活性更强。硫酸化多糖肝素能使组织端释放组胺降解酶二胺氧化酶(DAO)进入血液循环,增加血浆 DAO 的活性,在治疗深部静脉血栓形成特发症上有应用前景[209]。

2) 构效关系

近年,多糖在生物体内引发和调节免疫反应的机理已有很大突破,而且多糖结构与生物活性之间的构效关系也十分引人注目。据报道,细胞表层的受体蛋白质具有不同立体形态,它对多糖链的构象有特异性识别,特定尺寸和形态的多糖分子可以抑制肿瘤细胞生长。另外,病毒表面的蛋白质和糖蛋白可能与某种构象的多糖或糖蛋白及其衍生物结合而抑制它感染免疫细胞。由此表明多糖、糖蛋白及它们的衍生物的分子尺寸和构象对促使癌细胞凋亡或阻止病毒感染有重要影响。据报道,三螺旋链裂褶菌 β-D-葡聚糖当分子量不太高时具有较强的抗肿瘤活性[210],而且 β-$(1\rightarrow 3)$-D 葡聚糖的免疫增强活性与螺旋链结构及其外表的—OH 基有关[211,212]。然而,Mizuno 等[213,214]发现一些杂多糖、α-$(1\rightarrow 3)$-D 葡聚糖及 α-葡聚糖/蛋白质复合物也具有明显抗肿瘤活性。张俐娜等已证明野生菌种茯苓菌丝体中分离出的水溶性杂多糖(含结合蛋白)具有明显抗肿瘤活性和抑制急性白血病毒

的功能[215]，而且她们从野生杂交菌袋料栽培的香菇中提取的香菇三螺旋链
β-(1→3)-D-葡聚糖具有显著抗肿瘤活性，当三股螺旋链被破坏为单股无规线团后
其抗肿瘤活性立即消失，尤其是香菇葡聚糖的三螺旋构象在 0.1mol/L NaOH 水
溶液或二甲亚砜(DMSO)中破坏为单股无规线团链后，再在再生纤维素透析袋中
用大量水透析后自组装恢复(复性)成三螺旋，并显示抗肿瘤活性[216]。她们从虎
奶菇中提取的 β-葡聚糖经衍生化变为硫酸酯，它对 Sarcoma 180 肿瘤的抑制率高
于原始葡聚糖。她们还发现虎奶菇 β-葡聚糖硫酸酯化后，对血清 2 型疱疹病毒
(HSV-2)表现出很强的抑制作用(IC$_{50}$ 为 0.2μg/mL) [217]，而未衍生化的原始葡聚
糖则对病毒不显示抑制作用。由此看出，多糖抗肿瘤活性的提高与大分子的链刚
性、适当分子量以及带电基团和结合蛋白质的存在有关。

3) 链构象

近年，已发现一级结构为 β-(1→3)-D-葡聚糖、但不同来源的多糖却显示明显
不同的链构象。实验结果已表明，茯苓葡聚糖在水溶液中呈现聚集体[218]；虎奶菇
葡聚糖为单股柔顺链构象[219,220]；香菇中含三螺旋葡聚糖[221,222]，而且这些多糖的
抗肿瘤活性相差很大。由此说明，多糖链构象对生物活性和功能影响很大，即空间
链构象对功能的影响远远超过其化学结构。高分子链在水溶液中的构象主要包括
柔顺性无规线团、单螺旋、双螺旋、三螺旋、聚集体、蠕虫状以及棒状链[223]。张俐
娜研究组按照高分子物理理论和方法对多糖链构象进行了系统研究，证明该多糖
在水和 DMSO 混合溶液中会产生有序-无序链构象转变。同时，她们[221,222]从香
菇中分离出 β-(1→3)-D-葡聚糖纯品，并首次由光散射、黏度和尺寸排除色谱
(SEC)测得的数据计算出它在水溶液中的全部构象参数(M_L = 2180 nm^{-1}，q =
120 nm，h = 0.31 nm)，同时测得它的三螺旋和单链的分子量是 3 倍关系，由此证
明它为三股链结合在一起，并且提出了它在水中为三螺旋链的有力证据。有趣的
是，它在水/二甲亚砜(DMSO)混合溶液中则由三螺旋链转变为单股无规线团，该
有序-无序构象的转变点在 80%～85%DMSO。DMSO 是能破坏维持三螺旋的分
子内和分子间氢键的强力溶剂。她们由 SEC-光散射联用、^{13}C NMR 和旋光的结
果提出了三螺旋链的圆筒模型用于描述香菇三螺旋葡聚糖的构象及其转变。同时
她们证明，香菇葡聚糖三螺旋链被破坏后，通过大量水透析又可复性成环状、分枝
状和线性三螺旋构象[224]。

由于螺旋链多糖的复性机理和 DNA 或 RNA 的碱基配对复性机理相似，而且
螺旋链多糖在生物体内具有特殊的分子识别能力，因此近年关于螺旋多糖与 DNA
或 RNA 特定的相互作用成为研究的热点。Bae 等[225] 将三螺旋裂褶菌葡聚糖
(schizophyllan)溶解于 DMSO 中变性为单股无规线团后，再把它加入到聚核苷酸
的水溶液中混合后可复性为新的三螺旋链。其结构和变性前的三螺旋多糖极为相
似。聚胞嘧啶核苷酸[poly(C)]、聚腺嘌呤核苷酸[poly(A)]、聚脱氧腺嘌呤核苷

酸[poly(dA)]和聚脱氧胸腺嘧啶核苷酸[poly(dT)]由于存在可利用的氢键作用点,因而它们能与多糖相互作用形成新三螺旋链[226]。原子力显微镜(AFM)是近十年发展起来的研究生物大分子构象的有力工具。AFM 能在接近生理环境的条件下,用特殊的原子探针(probe)对蛋白质[227]、DNA[228]和多糖[229]等生物大分子的形态和构象直接进行观察。Mcintire 等[230~232]成功地用 AFM 观测到 β-(1→3)-D-葡聚糖(scleroglucan)的刚性三螺旋链构象,并发现经加热处理后三螺旋链结构转变为单股无规线团链。

1.2.5 蛋白质

国际上新兴的"工业蛋白塑料"已日益受到重视。研究较多的主要是大豆分离蛋白、玉米醇溶蛋白、菜豆蛋白、面筋蛋白、鱼肌原纤维蛋白和角蛋白等。其中,来源最丰富的是大豆蛋白质,它在粘接剂、食品、保健品、可生物降解性塑料、纺织纤维和各种包装材料等领域具有应用前景。以大豆分离蛋白质为原料的研究主要集中在三个方面:①以甘油、水或其他小分子物质为增塑剂,通过热压成型制备出具有较好力学性能、耐水性能的热塑性塑料[233];②对大豆分离蛋白质进行化学改性,如用醛类、酸酐类交联,提高材料的强度和耐水性,或与异氰酸酯、多元醇反应,制备泡沫塑料甚至弹性体[234];③蛋白质通过与其他物质共混等物理改性而制备具有较好加工性能、耐水性的生物降解性塑料[235]。大豆蛋白质中加入交联剂如甲醛、甲基二苯基二异氰酸酯(MDI)、乳酸等进行交联;或者用共聚和接枝对大豆蛋白质进行改性,均可提高其耐水性和防霉性。Sun 等[236]对大豆蛋白质进行改性后用作粘接剂、塑料,他们已制备出一系列有良好性能的蛋白质材料。Liu 等[237,238]通过化学反应在大豆蛋白质上引入多巴胺和—SH 基团,得到的黏合剂的粘接强度和耐水性有很大提高。Vaz 等[239,240]将大豆蛋白及其改性物应用于制备药物控制释放载体。张俐娜研究组等[241~245]在改进大豆蛋白质塑料的力学性能、生物降解性和耐水性,以及材料结构与性能关系方面进行了系列研究。她们提出甘油增塑的大豆蛋白塑料有两个玻璃化转变温度,分别归属于材料的富甘油微区和富蛋白质微区[246,247]。蛋白质中的—NH$_2$、—NH—、—OH 和—COOH 基团易与含—NCO、酸酐、醛等活性基团的化合物反应,由此可用水性聚氨酯预聚物与蛋白质反应制备出 semi-IPN 材料,其耐水性明显提高[243,247,248]。尤其是她们用甲壳素纳米晶须和蒙脱土分别与 SPI 共混成功制备出纳米复合蛋白质塑料,具有优良的力学性能[244,246]。

最近,Nayak 等[249]综述了生物降解性大豆蛋白质塑料的进展。大豆蛋白质膜及塑料可通过热压或挤出、轧制或热塑成型。在大豆分离蛋白质中加入增塑剂以及交联剂则可以制备出力学性能优良的蛋白质塑料。Varma 等[250]综述了大豆蛋白质黏合剂和大豆蛋白质塑料。大豆分离蛋白质与水混合(12∶100,质量比)后在强碱(NaOH 或磷酸三钠)作用下溶解分散成黏合剂,它在 pH＝9～12 及温度 40～70℃条件下具有最佳黏合强度;大豆蛋白质在 140～160℃下热压成型可得到强度高达 49 MPa 的塑料;大豆蛋白质/聚己内酯/甲苯二异氰酸酯共混塑料具有很好的防水性。这些大豆蛋白质塑料在土壤或海水中能完全降解变为氮化物、二氧化碳和水。一种用 45% 大豆粉、45% 纤维素和 10% 其他物质合成的塑料已经问世,商品名为 Environ,它貌似花岗岩而性能则类似木材。Park 等[251]用 SPI、SPC 和脱脂大豆粉(DFS)分别与聚氨酯共混发泡制备出泡沫塑料。这些泡沫塑料具有规整的多孔结构以及优良的力学性能、压缩强度和回弹性,而且废弃后可用作饲料或土埋降解掉,属环境友好材料。我国李官奇[252]利用大豆粉中的球蛋白与聚乙烯醇共混并经化学改性后通过纺丝生产出大豆蛋白质纤维,它兼具天然纤维和合成纤维的优良性能。大豆蛋白由于具有生物相容性和生物可降解性而在医药领域具有应用前景。Lazko 等[253]通过在水/十六烷溶液中自组装制备出大豆球蛋白微球,他们在不同条件下用简便的聚集得到直径可控的一系列蛋白质微球(85～286μm)。近年,大豆蛋白质材料的结构和物理性质方面的基础研究也有新的进展。Mizuno等[254,255]用示差扫描量热法(DSC)、动态力学热分析(DMTA)、^{1}H NMR 和圆二色谱研究了大豆蛋白质 11s 和 7s 组合及经转谷氨酰胺酶(MTG)交联处理后的蛋白质材料的玻璃化转变和水含量的影响。他们指出不同来源的 11s 和 7s 的玻璃化转变温度(T_g)并不相同,而且含水量对 T_g 的影响程度高于未交联的材料。

　　近年,蚕丝和蜘蛛丝蛋白质由于极高的力学强度而引起重视。这类丝蛋白分别被蚕和蜘蛛用作各种结构性材料,并不具有生理活性,因此吸引人们从高分子材料的角度进行研究。邵正中等[256,257]和 Kaplan 等[258]发现不同动物丝蛋白的氨基酸组会有所差异,但是它们都能够通过动物独特的纺丝器迅速使动物丝从溶胶态变为性能优异的水不溶性蚕丝。由于动物丝及其丝蛋白的自然成丝过程有许多优点,导致动物丝的综合力学性能优于几乎所有的合成纤维。它们的特点是:在生物体本身"湿纺"(吐丝)过程中的溶剂是洁净的水,而凝固剂是空气;固化过程只涉及蛋白质在特定条件下的构象转变而并无酶的作用;在常温常压下的低速纺丝过程(1～2 cm/s);丝和丝蛋白本身良好的生物相容性及环境可降解性等。因此,多年来动物丝和丝蛋白一直是高分子科学、材料科学、生物学及仿生学等多学科交叉上的研究热点。科学家们尝试用天然或重组蜘蛛丝和蜘蛛丝蛋白制造人造组织,以期在生物医学和组织工程等领域获得广泛用途。近十年来,*Nature* 和 *Science* 上每年均有 2～3 篇有关蚕丝、蜘蛛丝的文章发表[259~267]。于同隐和邵正中等对蚕丝和丝蛋白进行了系统研究。他们的研究结果表明,动物丝不仅具有明显的"皮芯"结构,在其内部还存在特异性的非均相结构。邵正中等发现从成熟活蚕体中人工匀速抽出的蚕丝,其力学性能远优于蚕茧丝[261]。蚕茧丝的性能比蜘蛛丝差,是由于蚕在其结茧过程中 8 字形的吐丝行为造成的。动物丝超常的力学性能不仅仅取决于蛋白质的一级结构,而且更依赖于材料制备的条件和丝蛋白分子链的聚集态结构。蜘蛛丝在不同制备条件下,其各项优异的力学性能指标在一定程度上的相互"交换平衡"(trade-off)与丝蛋白分子链规整性之间的联系,从而在高分子聚集态结构的层次上为"超级纤维"的仿生制备提供了理论基础[268]。特别是,蜘蛛丝在低温(−60~0℃)下表现出的比常温下更为优异的"反常"力学性能[269],显示出动物丝作为"超级纤维"在较"严酷"的温度环境下的应用前景。采用光谱的二维相关技术[270]顺磁共振(EPR)和核磁共振(NMR)[271]、荧光光谱[272]以及量化计算[273]等可以表征动物丝和丝蛋白的聚集态结构、构象及其变化。于隐等[274]利用离子液体溶解蚕丝,并与聚丙烯腈共混在 NaSCN 水溶液进行湿法纺丝。他们成功地纺出丝素蛋白含量为 15% 的丝素蛋白-聚丙烯腈共混纤维,该纤维的力学性能良好,而且外观光泽和手感与蚕丝相似。

1.2.6 天然橡胶

天然橡胶的基础研究主要集中在对它的改性以及结构和性能表征。橡胶改性包括环氧化改性、粉末改性、树脂纤维改性,氯化、氢(氯)化,环化和接枝改性以及与其他物质的共混改性。Immirzi 等[275]研究了天然橡胶的晶体结构以及熔融熵。他们考虑了 Nyburg 的链结构理论,并且用不同的无序结构模型在进行了 F_c 对 F_o 拟合后显示出良好的晶体组装。Takahashi 等[276]研究了无定形天然橡胶在低温下的晶体结构。这种天然橡胶晶体的 X 射线晶体结构分析是在 −50℃ 的成像盘上进行的。四条分子链以 STScisSTScis 构象通过一个个体单元,其晶胞尺寸为:$a=12.41\text{Å}, b=8.81\text{Å}, c=8.23\text{Å}, \beta=94.6°$。从统计学得出,在这个晶体结构中,两条镜面对称的分子链以 0.67:0.33 的比例共用一个晶格。Albertsson 等[277]采用了不同的预氧化体系制备天然橡胶降解性材料。预氧化过程包括硬脂酸锰和天然橡胶(NR)或锰的硬脂酸盐和合成苯乙烯-丁二烯共聚物橡胶 SBR。他们发现,用含有天然橡胶的预氧化物制得的低密度聚乙烯(LDPE)更易降解且不含任何芳香族降解产物。Jendrossek 等[278]利用失重法、凝胶渗透色谱以及蛋白质含量的计算等方法研究了革兰氏阳性菌和阴性菌对天然橡胶、合成聚(顺-1,4-异戊二烯)以及交联橡胶(乳胶手套)的降解作用。他们发现以乳胶手套作为碳源,在经过诺卡氏菌、链霉菌、细菌分离物等的发酵后,天然橡胶发生了生物降解。橡胶生物降解的代谢物是顺-1,4-异戊二烯齐聚物的二酮衍生物。Choi 等[279]研究了硅的改性对硅和炭黑填充增强的硫化天然橡胶的回弹性质的影响。结果表明,含有硅烷偶合剂的硫化天然橡胶更容易恢复弹性,而且弹性恢复能力随硅烷偶合剂含量的增加而增大。Dufresne 等[280]以天然橡胶乳胶为基体,以玉米淀粉纳米晶体为增强剂,制得纳米复合材料。他们将天然橡胶乳胶和淀粉纳米晶体混合后,得到的悬浮水溶液流延并蒸发干燥。通过 SEM、示差扫描量热法(DSC)和广角 X 射线衍射

(WAXD)表征结果指出,该种改性的橡胶复合材料具有在甲苯中优良的溶胀行为以及防水性。此外,自"反式-聚异戊二烯硫化橡胶制法"出现以来,杜仲橡胶改性的研究与利用也正引起人们的关注。

1.3　天然高分子应用前景

1.3.1　薄膜

　　薄膜(film)是指薄而软的高分子材料制品,其厚度为 $0.25\mu m$ 以下,一般由高分子熔体吹塑或挤塑以及高分子浓溶液流延成型。它主要用于包装、地膜以及电子工业等材料领域。高分子薄膜的应用主要取决于它的力学性能,如抗张强度(σ_b,MPa)和断裂伸长率(ε_b,%)。膜(membrane)则是表示能使溶剂和部分溶质通过而其他溶质则不能通过的材料。它具有传质功能,主要用于透析、超滤、分离领域。因此,它的孔径尺寸和水流通量是衡量它实用的主要指标。

　　长期以来,再生纤维素膜的生产主要采用黏胶法和铜氨法,由此制得的再生纤维素膜商品名分别为玻璃纸(cellophane)和铜纺玢(cuprophane)。再生纤维素膜具有亲水性,对蛋白质和血球吸附小、优良的耐 γ 射线及耐热性、安定性和安全性等特点,而且膜废弃后可在微生物的作用下分解,不会造成环境污染,因此,它已成为有前途的高分子膜材料。其中孔径在 10nm 以下的再生纤维素膜可用作包装材料和透析膜。纤维素透析膜可以通过溶质扩散而除去中低分子量物质。再生纤维素中空纤维的主要用途是制备人工肾,如铜氨再生纤维素中空纤维用于血液透析的人工肾已工业化。再生纤维素透析膜可用于蛋白质溶液透析、细菌培养液透析以及高分子水溶液透析、脱盐等。采用微相分离法制备的铜氨再生纤维素微孔膜(bemberg microporous membrane,BMM)其微孔尺寸为 20～50nm,通过筛分离可以滤除丙型肝炎(HBV)、脑炎(JEV)及艾滋病(HIV)的病毒[281]。此外,纤维素薄膜是制备肠衣的理想材料。由于再生纤维素膜具有良好的气体透过性,可用作食品保鲜膜以及食品、药品、垃圾的包装材料。纤维素硝酸酯和乙酸酯可用于各种分离技术,其应用包括供水、食品和饮料加工及医药和生物科学领域,覆盖了微过滤、超滤、反渗透膜的所有领域。

　　然而,再生纤维素膜具有水敏感性,它在水中易溶胀而影响其作为包装材料的应用。利用互穿聚合物网络(IPN)涂料对纤维素的表面超薄涂覆改性可以提高膜的防水性、平整性、透光性和力学性能等。蓖麻油基聚氨酯/苄基魔芋葡甘露聚糖(PU/B-KGM)[282]、聚氨酯/硝化纤维素[283]、聚氨酯/苄基淀粉[149]等 IPN 涂料超薄涂覆再生纤维素膜表面,可制得一系列防水性、力学性能及光学透过性优良的生物降解膜[150,284]。由于在这些 IPN 涂料涂覆的再生纤维素界面形成共享 PU 网络的结构,因此涂层和纤维素膜之间的粘接十分牢固,即使用热水煮几天也不会脱离。然而,用硝化纤维素涂覆的玻璃纸一旦浸入水中,其涂层立即剥离。采用 PU/B-KGM semi-IPN 涂料涂敷再生纤维素膜,涂层厚度仅 0.6μm,但涂层膜在干态和湿态的拉伸强度、断裂伸长率、抗水性、热稳定性和透光性均高于纯纤维素膜,而且所得涂层膜可以完全降解,可望用作包装和覆盖材料。

日本早在 20 世纪 80 年代末就用微细纤维与壳聚糖分散在乙酸水溶液中,混合后在平板上流延成膜,然后处理得到高强度的透明薄膜。此膜埋在土壤中 2 个月后完全降解[84]。此外,可利用甲壳素和纤维素共混制备包装袋和农用薄膜等,其组成为:纤维素/甲壳素/明胶(100:10:40)。这些甲壳素、壳聚糖与纤维素的共混材料在农业上用于育苗、包装等具有应用前景[285]。用热糊化的土豆淀粉与壳聚糖的乙酸溶液和甘油混合后用流延法成膜,并经热处理制备出薄膜,可用于食品包装等领域。利用壳聚糖可制成超滤膜、反渗透膜、渗透蒸发和渗透汽化膜、气体分离膜等,它们可以用于有机溶液中有机物的分离和浓缩、超纯水制备、废水处理、海水淡化等。用壳聚糖制成的反渗透膜对金属离子具有很高的截留率,尤其对二价离子的截留效果更佳。这种膜废弃后可生物降解,不会造成环境污染。

淀粉由于本身存在很强的分子内和分子间氢键,导致其玻璃化转变温度和熔融温度都高于它的分解温度(225~250℃),从而不能直接像合成塑料那样进行加工。然而,加入一定量的增塑剂可以削弱淀粉分子间的氢键作用,使其玻璃化转变温度和熔融温度大大降低,由此实现淀粉的热塑加工[286]。土豆淀粉用甘油和水作增塑剂时通过反应挤出得到热塑性淀粉材料(分子量分别为 3.7×10^7 和 1.90×10^6)。当它的含水量少于 9%(质量分数)时该淀粉材料呈玻璃态,其弹性模量为 400~1000 MPa;当含水量为 9%~15%(质量分数)时,材料呈现良好的韧性和较高的断裂伸长率。玉米淀粉由于支链淀粉含量较高,而比含有更多直链淀粉的土豆淀粉更容易被水塑化[287]。除了甘油外,淀粉的增塑剂还有山梨醇、乳酸钠、尿素、乙烯基乙二醇、二乙基乙二醇、聚乙二醇(PEG-200)以及丙三醇乙二酯等[288]。用带氨基的化合物作为增塑剂已制得一系列热塑性淀粉塑料,它们不仅具有优良的力学性能,而且还能有效地抑制淀粉重结晶,从而提高材料的稳定性[289,290]。全淀粉塑料由于具有完全生物降解性,是目前国内外公认最有发展前途的淀粉塑料。日本住友商事公司、美国 Warner-Lambert 公司和意大利的 Ferruzzi 公司等宣称研制成功含 90%~100% 淀粉的全淀粉塑料。这些淀粉塑料产品能在一年内完全生物降解而不留任何痕迹、无污染,可制造各种容器、薄膜和垃圾袋等。通常,淀粉共混材料是淀粉以颗粒或糊化形式与合成高分子或其他天然高分子通过物理共混加工而成的材料,具有实用、价廉、方便的特点。用单螺杆塑化淀粉以后得到热塑性淀粉(TPS),若采用一步法直接与聚乙烯(PE)通过双螺杆共混挤出得到性能较好的共混膜[138]。相类似的淀粉共混塑料还有淀粉/聚氯乙烯、淀粉/聚苯乙烯、淀粉/聚乙烯醇等。然而,这些淀粉基复合材料中合成高分子组分并不能被微生物降解,仅仅是崩解性聚合物。这种不能完全生物降解的塑料、包装袋和农膜不宜使用,因为它们可能带来更严重的后果。由此,一些具有良好耐水性和生物可降解性的脂肪族聚酯(如聚己内酯、聚乳酸等)已用于与淀粉共混制备新材料。用于淀粉共混体系的聚酯主要有聚乳酸(PLA)、聚己内酯(PCL)、聚羟烷基聚酯(PHA)、聚丁二酸和己二酸共聚丁二醇酯(PBSA)、聚酯酰胺(PEA)、聚羟基酯醚(PHEE)等。目前,研究较多的是 PCL 与淀粉的共混体系。通常以水和甘油为增塑剂,采用挤出注塑的方法制备淀粉/PCL 共混材料,PCL 的加入使淀粉性能明显提高[291]。通常,PCL 的加入可以明显改善淀粉塑料的韧性、耐水性,又能保持其生物可降解性。

　　大豆分离蛋白在一定的 pH 和一定浓度下通过流延成型工艺可以制备蛋白质膜,它们具有良好的透气性和防紫外线。此外,SPI 膜还可以用于美容、化妆,甚至用于大型机器的保护和包装等[3]。在 SPI、甘油和水体系中加入钙盐、葡萄糖酸内酯等形成均匀的交联三维网络结构,有利于提高蛋白质膜的力学强度[292]。加入聚丙烯酰胺制备的蛋白膜拉伸强度降低,但断裂伸长率可达到 150%～200%,比原来提高了 3～4 倍,且耐水性提高[293]。用乙酸酐、丁二酸酐、Ca^{2+}、甲醛等作添加剂制备的蛋白质膜的水溶性、强度、水蒸气渗透性和氧气渗透性均有不同程度的改善[294]。SPI 与水溶性羟乙基纤维素、聚乙烯醇共混后可制备复合膜,而且经 γ 射线辐射交联可显著提高其力学性能[295]。戊二醛交联的大豆蛋白膜材料的力学强度有明显提高,若在 pH=9 的大豆蛋白质溶液中加入 8%戊二醛和 50%甘油,然后在室温下浇铸并干燥成膜。该蛋白质膜的拉伸强度和断裂生产率可分别达到 14.91 MPa 和 71.31%,明显高于未加戊二醛的大豆蛋白膜(8.3 MPa 和 38.7%)[296]。苹果胶质与大豆蛋白共混,用转谷氨酰胺酶(MTG)交联,并在 50℃下干燥过夜可以得到可食用可生物降解的塑料膜。该膜在相对湿度为 50%时的拉伸强度可达到 12.4 MPa,比未交联前提高了将近 1 倍,而断裂伸长率为 7.2%[297]。

1.3.2　纤维

　　纤维(fiber)是指细而长的具有一定柔韧性的物质。高分子纤维的直径一般为几微米,而长径比为 1000:1 以上。由天然高分子为原料得到的纤维包括天然纤维(棉花、羊毛、蚕丝、麻等)和人造纤维(黏胶丝、铜氨丝、天丝、蛋白质纤维、醋酸纤维素纤维等)。人造纤维一般由天然高分子或其衍生物溶液由湿法纺丝生产得到。纤维的主要性能指标包括细度(titer,tex)、旦(denier,d)、拉伸强度(tensile strength,N/tex)、断裂伸长率(elongaton at break,%)和弹性模量(young modulus,N/tex)。

　　再生纤维素纤维具有独特的光泽、良好的舒适感和悬垂感、天然透气性、抗静电性,从而深受青睐,成为世界第一大纤维素丝。目前,它的生产工艺主要是传统的黏胶法和铜氨法,其产品主要有黏胶丝(viscose rayon)、Modal 纤维、铜氨丝(bemberg silk)以及强力丝等。新近发展起来的新型溶剂法生产纤维素丝的工艺主要有 NMMO 溶剂法、$ZnCl_2$ 法以及纤维素氨基甲酸酯法。其中已商业化的是以 $NMMO/H_2O$ 为溶剂,用干喷湿纺制的再生纤维素丝。这类丝主要有英国 Courtanlds 公司的 Tencel、奥地利 Lenzing 公司的 Lyocell 以及德国 Akzo Nobel 公司的 Newcell 纤维等,它们统称为 Lyocell 纤维,全球年产量约 10 万 t。纤维素氨基甲酸酯纤维是指以纤维素经尿素处理转化为氨基甲酸酯后,以它作为原料生产的纤维素纤维[56]。醋酸纤维是世界第二大纤维素纤维,它由纤维素用乙酸酐和乙酸乙酰化制得纤维素三乙酸酯以及二乙酸酯,然后溶解于有机溶剂,并通过干法纺丝制得[298]。醋酸纤维素长丝断面结构类似于棉、蚕丝(无序结构),具有与棉及真丝类似的吸湿性、穿着舒适性、柔软滑爽的悬垂性、优良的尺寸稳定性以及污染易洗涤的优点。最近,张俐娜等用 NaOH/尿素、NaOH/硫脲水溶液纺丝已取得成功[39,40]。她们采用 7%(质量分数) NaOH/12%(质量分数)尿素水溶液为溶剂,预先冷至 $-12℃$ 后溶解纤维素(棉短绒浆,黏均分子量为 $1.0×10^5$),制备出透明的纤维素纺丝液。该溶液经过滤、脱泡后在中试纺丝机上进行纺丝已获得成功。这种新型纤维素纤维(称为钠优丝,Naurcell)具有类似于天丝和铜氨丝的圆形截面,并表现出较好的力学性能。图 1.4 示出这种新型纤维[(a)~(d)]以及铜氨纤维[(e)]和 Lyocell 纤维[(f)]的 SEM 照片。这种新型纤维素丝的表面光滑,有明显光泽(图 1.5)。由于纤维素能迅速溶解在新溶剂中(5~20min),而且该体系是无毒的水体系,因此纺丝工艺具有生产周期短、价廉、无污染等优点。

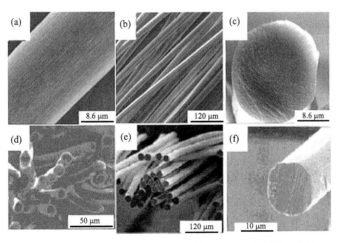

图 1.4 新型纤维[(a)~(d)]、铜氨纤维[(e)]和 Lyocell 纤维[(f)]的 SEM 照片

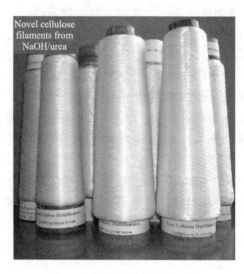

图 1.5　新型纤维素纤维照片

20 世纪 40 年代,美国首先研制出壳聚糖纤维。由于壳聚糖纤维具有抗菌性,因而近年受到重视,各国相继研发。日本富士纺织株式会社已生产出壳聚糖纤维的工业产品,称为"Chitopoly",并用于纺织和工业领域。壳聚糖溶于乙酸水溶液制备出纺丝液,然后经喷丝、室温凝固(NaOH/乙醇)、水洗和卷取得到壳聚糖丝。此外,为了降低成本,改善丝性能,可将壳聚糖与其他的高分子纺丝液共混纺丝。具有抗菌防臭功能的 Chitopoly 纤维是用壳聚糖与纤维素黏胶溶液共混后纺的丝,其纤度为 1.22d,干丝强度达 4.27g/d,伸长率为 12.0%[18]。

大豆蛋白质可用于生产大豆蛋白纤维。我国已开始用大豆蛋白质与聚乙烯醇共混生产合成纤维[299]。华康生物化学工程联合集团公司用大豆蛋白质经化学改性后进行纺丝,并建成一条年产 1500t 的生产线[252,299]。大豆蛋白纤维是利用生物技术,将脱脂大豆粕中的球蛋白提纯,并加入助剂、生物酶改变球蛋白的空间结构,然后添加聚乙烯醇共混制成纺丝原料。通过引发剂引发接枝反应得到接枝蛋白质产物,然后用水配制成一定浓度的蛋白纺丝液。大豆蛋白纤维具有天然纤维和化学纤维的综合优点,而且具有优良的吸湿、导湿、保暖性能,亲肤性好,抑菌功能明显,特别是抗紫外线性能优于棉、蚕丝等天然纤维。同时,通过改变计量泵的轮速度和纺丝溶液的浓度,可以控制纤维中蛋白质和 PVA 的相对量[300]。在大豆蛋白质浓溶液加入甘油、Zn^{2+}、Ca^{2+}、乙酸酐、乙二醛、戊二醛、碱、尿素等添加剂也可制备大豆蛋白纤维。在通过挤出得到的纤维中加入甘油以及在湿法制得的纤维中加入锌离子和钙离子的都能增强纤维的韧性。将 45%大豆分离蛋白、15%甘油以及40%水混合挤出成纤维,经戊二醛、乙酸酐混合物交联处理并牵伸至原长 150%后,这种纤维具有优良的物理性能。若用 25%戊二醛修饰处理后牵伸至原长

170％的纤维具有最好的物理性能,断裂伸长率可达5％左右,弹性可达2 mm[301]。

1.3.3　塑料

塑料(plastic)是指以高分子材料为基本成分的非弹性体的柔韧性或刚性材料,并在室温下保持其形状不变。它的使用温度范围在其脆化温度和玻璃化温度之间。塑料一般由高分子与增塑剂和其他助剂通过热塑化和挤压加工成型。塑料的使用性能主要取决于抗张强度(σ_b,MPa)、断裂伸长率(ε_b,％)和抗弯曲强度。

自从赛璐珞商品问世以来,纤维素酯的主要应用是作为热塑性材料。今天,它已迅速发展成一种基于可再生资源的高性能材料,主要包括长链纤维素酯的产品及其与其他聚合物的共混产品,并已广泛应用于复合物材料和薄片制品。纤维素酯因为其良好的力学性能、光学性质和易加工,已成为生产胶卷和液晶显示器的优良材料。

木质素与聚合物材料复合后可以提高流动性和加工性能,它是一种与工程塑料极为相似的高抗冲强度且耐热性优良的热塑性塑料。利用木质素分子上大量的功能基反应可制备聚合物材料,其中比较成熟的是替代苯酚制备酚醛树脂和作为多元醇制备聚氨酯。但是,这些基于木质素反应得到的材料中,木质素的加入量都不能太高,否则得到的材料比较硬且脆。木质素含有大量羟基可作为多元醇与异氰酸酯反应制备泡沫塑料。为了改善木质素的反应性能,一般利用液化试剂(PEG400)、辅助液化试剂和催化剂的混合物使木质纤维素液化变为植物多元醇,然后再将它与二苯甲基二异氰酸酯(MDI)在催化剂存在下反应制备出泡沫塑料。我国黑荆树是速生植物,它的树皮含50％单宁以及木质素和纤维素。单宁是具有大量酚羟基和少量醇羟基的天然高分子,因此可以利用黑荆树皮为原料,采用聚醚多元醇聚环氧丙烷(PPO)制备聚氨酯泡沫塑料。同时,利用水和异氰酸酯反应产生的二氧化碳进行发泡。单宁的苯环和六元醚环能有效改善材料的压缩强度和弹性[84]。

壳聚糖和淀粉通过热膨胀后热压成型制备的发泡材料可以作为食品的包装容器。这种泡沫塑料具有较高强度且可生物降解,可望将来取代聚苯乙烯泡沫塑料。壳聚糖也可分别与明胶、海藻酸钠、聚乙烯醇共混并通过化学交联处理制备海绵[302]。图1.6示出了这种壳聚糖海绵截面的扫描电子显微镜照片。它们在医用材料领域有应用前景。

近年,采用纯淀粉制备生物可降解材料十分引人注目,因为它废弃后可用作饲料并可完全降解。澳大利亚科学与工业研究院余龙研究组已成功研制并产业化一系列可生物降解的纯淀粉塑料。图1.7示出纯淀粉塑料的母粒、片材和热塑成型产品,它们具有良好的力学性能和加工性。为了改善淀粉塑料的性能,可以用马来酸酐(meleic anhydride)增容的PLA和淀粉共混的体系。马来酸酐的添加大大降

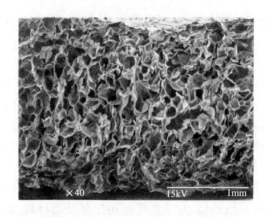

图 1.6　壳聚糖海绵截面的扫描电子显微镜照片[302]

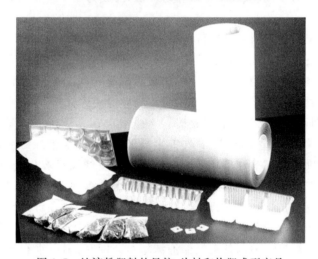

图 1.7　纯淀粉塑料的母粒、片材和热塑成型产品

低了 PLA 和淀粉两相之间的界面张力,使材料的力学性能接近纯 PLA(拉伸强度为 52.4 MPa,断裂伸长率为 4.1%)[303]。此外,将少量马来酸酐添加到淀粉/可降解聚酯体系中,可以起到很好的改性效果,使淀粉的玻璃化转变温度明显降低,并得到力学性能良好的共混材料[304]。目前,改性的淀粉基热塑性材料(Mater-Bi、Novon、Bioflex)已经在意大利、美国、加拿大以及德国商业化,并用于快餐业中。美国 Werber-Lambert 公司开发了商品名为"Novon"的可降解性淀粉塑料。图 1.8 示出 Novon 可降解性淀粉塑料制品。该公司在热塑化的玉米淀粉中添加聚乙烯醇以及其他添加剂然后加工成型。该淀粉塑料具有与一般塑料相同的强度和稍低的伸长率,它可以完全生物降解。这些产品已用于食品包装、餐具、缓冲材料、衣架、日用品、零件等[84]。该公司以糊化淀粉为原料(含量 90% 以上),以水为增塑剂制备出生物降解性塑料。Mater-Bi 产品是由 70% 玉米淀粉和 30% PCL 共混制得

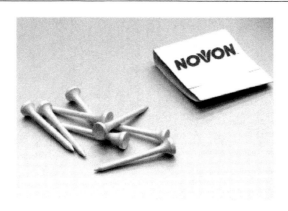

图 1.8 Novon 可降解性淀粉塑料制品

的,以甘油作为增塑剂。这些共混物制得的材料形成分子级连续相,而具有很高的稳定性,且力学性能与聚乙烯(PE)材料相近。它们的制品有医用包扎带、尿布垫衬、饲料袋、化肥袋等,部分还可以用于食品包装。Mater-Bi 材料在水中及堆肥、有氧和厌氧条件下可生物降解[305]。这些材料可以完全降解,而且降解产物无毒,对环境友好。

采用聚氨酯与天然高分子及其衍生物合成 IPN 材料不仅可以改善天然高分子的耐水性和柔韧性,而且具有生物降解性[306]。将二苯基甲基二异氰酸酯(MDI)与蓖麻油反应制备出聚氨酯(PU)预聚物。然后将 PU 预聚物和苄基淀粉(BS)分别溶于二甲基甲酰胺(DMF)中制备溶液。将这两种溶液混合[BS 含量为5%～70%(质量分数)],再加入扩链剂 1,4-丁二醇,然后流延成膜,并在 60 ℃下干燥制备出透明的 PU/BS semi-IPN 材料。这种材料具有优良的力学性能、耐水性、透光性和热稳定性。有趣的是,材料性能与 BS 的分子量密切相关。它们的抗张强度(σ_b)和断裂伸长率(ε_b)随 BS 分子量从 1.69×10^7 降低到 5.70×10^5,材料力学性能明显改善,其抗张强度、断裂伸长率和透光率分别达到 15.5MPa、183% 和79.8%($\lambda = 500$ nm)[148,149]。同时,它们在土壤中可以被微生物完全降解为水、二氧化碳、单糖和苯醚。因此,这种材料作为可降解性塑料或涂料,具有应用前景。

淀粉基泡沫塑料是很重要的一种可生物降解的包装和减震材料。淀粉的发泡成型方法很多,主要有挤出膨胀成型、模压成型、烘焙成型等。挤出膨胀成型最先应用于制备淀粉基泡沫材料。将乙酸淀粉(取代度为 1.78)与己二酸-对苯二甲酸共聚物(EBC)混合反应挤出,制备出泡沫塑料[307]。当 EBC 含量较小时,得到的泡沫材料具有很好的相容性和性能。图 1.9 示出几种乙酸淀粉基泡沫塑料的扫描电子显微镜照片。由此可见,该泡沫塑料各组分均匀分布,而且具有很好的开孔结构。此外,该泡沫材料还表现出高的透光率、弹性、低密度以及可压缩性。

将大豆分离蛋白(SPI)、大豆粉(SF)等分别与表面活性剂、扩链剂、聚多元醇、

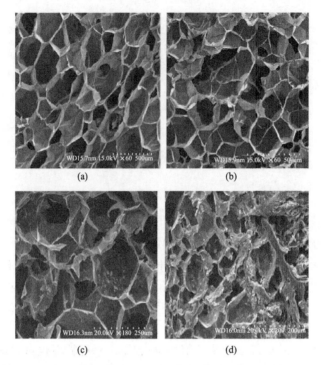

图 1.9　乙酸淀粉基泡沫塑料的扫描电子显微镜照片[307]

(a)乙酸淀粉泡沫塑料(放大 60 倍);(b)乙酸淀粉-EBC(95∶5,质量比)泡沫塑料(放大 60 倍);

(c)乙酸淀粉-EBC(90∶10,质量比)泡沫塑料(放大 100 倍);

(d)乙酸淀粉-EBC(80∶20,质量比)泡沫塑料(放大 200 倍)

甲苯二异氰酸酯(TDI)或 MDI 和水混合,在模具中发泡成型制备出蛋白质/聚氨酯泡沫塑。利用 TDT 或 MDI 的—NCO 基团与大豆蛋白质中的—NH₂、—OH 等活泼基团反应,形成脲键或氨酯键,可以提高材料的耐热性能和防水性[308]。将 30％ SPI、大豆浓缩蛋白(SPC)或脱脂大豆粉(DFS)分别与 60％的聚氧化丙烯三元醇混合,再加入 0.5％叔胺作为催化剂、1％表面活性剂(L-560)、0.5％三乙醇胺和 3.5％水,该混合物搅拌后迅速加入 6.5％ MDI,由此固化制得泡沫塑料。SPI 泡沫塑料显示出较好的力学性能,当应变为 40％时其压缩强度可达 280 kPa,回弹性接近 35％。图 1.10 中电镜照片示出该系列泡沫塑料的微观结构。可以看出,SPI 泡沫材料的结构规整、开孔分布均匀[251]。SPI 制备的塑料在干态下具有高于双酚 A 型环氧树脂和聚碳酸酯的杨氏模量和韧性,因而可能应用于工程材料领域。SPI 中加入增塑剂交联后,经过一定工艺流程可以制备出生物可降解性塑料,它们适用于各种一次性用品,如盒、杯、瓶、勺子、容器、片材以及玩具等日用品、育苗盆、花盆等农林业用品,以及各种功能材料、旅游和体育用品等。从玉米、麦子、稻谷中提取出的蛋白质比大豆蛋白具有更好的耐水性和加工性。利用谷蛋白为原料(100 份)、甘油为增塑剂(10～40 份),尿素为变性剂混合后经混炼并于 120℃压片成型制备蛋白质塑料。它具有较好的抗张强度(8～20MPa)和断裂伸长率(60%～120%),而且可以完全生物降解[84]。

1.3.4 弹性材料

弹性材料(rubber,elastomer)在室温下显示高弹性,具有很大的形变量(伸长率为 100%～1000%)和低模量。它主要包括天然橡胶和合成橡胶。硫化天然橡胶是指在胶乳和干胶中加入少量的硫化剂(常用硫磺),经化学-物理方法处理使生胶分子从线形结构变为具有交联的网状结构。天然橡胶具有优良的弹性、较高的机械强度、耐屈挠、疲劳性能,滞后损失小,还具有良好的气密性、防水性和可恢复原有的弹性,是最广泛使用的一种通用橡胶。它大量用于制造各种轮胎以及工业橡胶制品(如胶管、胶带、密封垫)以及工业用橡胶制品;日常生活制品(如胶鞋、雨衣)以及医疗卫生用品(如乳胶手套、乳胶管)等。

木质素是一种优良的填充增强材料,已广泛地用于橡胶、聚烯烃等材料的增强改性。木质素填充橡胶后,可以实现高含量填充且填充后橡胶具有密度小、光泽度好、耐磨性和耐屈挠性增强、耐溶剂性提高等优点。利用木质素

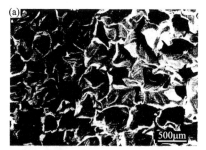

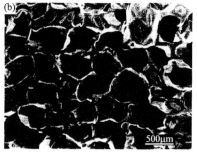

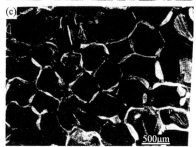

图 1.10 蛋白质泡沫塑料微观结构的扫描电子显微镜照片
(a)含 30%DFS;(b)含 30SPC;
(c)含 30%SPI[251]

较强的化学反应功能,以醛和二胺作为交联剂,伴随着化学交联和协同效应,可使橡胶网络与木质素网络相互贯穿,从而改善橡胶的力学、磨耗和撕裂性能,同时赋予材料优良的耐油和耐老化性能[309]。此外,木质素由于紫丁香基结构中苯环上的甲氧基对羟基形成了空间位阻,该受阻酚结构可以捕获热氧老化过程中生成的自由基而终止链反应,进而提高材料的热氧稳定性。利用改性木质素与橡胶共混已制备出氧指数超过 30%的难燃弹性材料,使发烟量显著下降[310]。木质素对硫化丁苯橡胶(苯乙烯-丁二烯橡胶,SBR)也具有增强作用[311]。实验显示,这种木质素的填充改善了橡胶的物理机械性能,同时它是一种活性填料。

1.3.5　涂料和黏合剂

涂料（coating），俗称油漆，它是指涂覆在材料或物体表面并能形成牢固坚韧连续漆膜的一种液体材料。涂料在一定条件下固化或交联形成涂覆膜，它的固含量一般为 10%～40%。评价涂料质量的主要性能指标是涂料层的剥离强度、硬度以及抗侵蚀性。涂料包括天然涂料（大漆、沥青、硝化纤维素酯、柏油等）和合成涂料。胶黏剂（adhesive），又称粘接剂、黏合剂，它是指能把两种或两种以上的物体或材料紧密粘接在一起的液体材料。黏合剂由含高分子、固化剂、溶剂以及填料组成，它们在一定条件下固化，并且与被黏合物形成牢固结合的固体物质。有机黏合剂一般包括天然黏合剂（骨胶、虫胶、鱼胶、松香、阿拉伯树胶、淀粉等）和合成黏合剂（环氧树脂、酚醛树脂、氯丁胶、丁氰胶、聚乙酸乙烯酯等）。

天然胶黏剂具有原料易得、价廉、工艺简便、安全无害以及可生物降解等优点，近年已引起人们关注。我国生漆作为涂料已有 7000 多年的历史，它具有牢固坚韧、超耐久性以及鲜艳的色彩。生漆液主要含漆酶、漆酚和漆多糖，若添加适当桐油可以加速漆膜固化并降低成本。生漆在漆酶的催化下，由漆酚通过氧化、聚合反应形成网络结构。目前，生漆主要用于工艺品、家具以及要求高耐腐蚀的设备上。

纤维素酯类在涂料领域应用很广，其中最常用的有纤维素乙酸酯（CA）、纤维素乙酸丙酸酯（CAP）、纤维素乙酸丁酸酯（CAB）和纤维素硝酸酯（NC）。CAB 是涂料工业最常用的纤维素酯，它可作金属涂料尤其是汽车涂料工业，提供一些独特的性质。例如，许多汽车的底涂层都含有取向分布的金属碎片，纤维素酯可以改善金属碎片的取向分布。纤维素醚在涂料中作为添加剂能起到增稠、保水、防止颜料和填料沉淀、增加附着力和粘接强度的作用。

木质素、单宁及碳水化合物混合用作板材黏合具有较大潜力[312]。木质素与苯酚甲醛缩聚物或它与酚醛树脂混合物是制造人造木板的理想胶黏剂。20 世纪 70 年代，Saayman 等将黑荆树单宁胶用于黏合木板并开始工业化生产。若采用脲醛树脂增强的单宁胶黏剂则可以加快木材粘接的固化速度。羧甲基纤维素（CMC）胶俗称化学糨糊，具有透明度好、固化快、可室温黏合等优点。淀粉悬浮于水中加热后发生膨胀、分子间氢键破坏而糊化变成黏性、半透明的淀粉糊。它主要用于纸张、织物上浆、建材等领域。阿拉伯树胶由阿拉胶素（$C_{10}H_{18}O_9$）的钾、钙、铝盐转变为半乳糖和葡萄糖酸而形成的聚合物。阿拉伯树胶水溶液与增塑剂（乙二醇、丙三醇）、淀粉、黄蓍树胶等配置成黏合剂，它主要用于食品包装及商标。

骨胶又称明胶，由动物骨胶制得，它具有很好的黏合性能，主要用于家具、皮革、胶纸带、火柴等行业。若用间苯二酚、甲醛对明胶改性后可用作外科手术黏合剂。虫胶又名紫胶，它是由昆虫得到的热塑性树脂。虫胶用乙醇溶解配成胶黏剂，可用于粘接多孔材料、金属、陶瓷、软木和云母。它具有良好的电绝缘性、耐水和耐油性。

由大豆分离蛋白(SPI)或改性 SPI 制备的粘接剂主要用于纸张涂层、木材粘接、油墨、印染等方面,尤其以用于纸张行业居多,它赋予纸张良好的光泽和洁白的表面[3]。大豆蛋白粘接剂具有成本低、操作简便、环境友好和对潮湿的表面有较强的粘接性等优点,它的缺点是相对低的粘接强度和低抗水性。SPI 与聚乙烯醇(PVA)或聚乙酸乙烯酯共混,可以获得具有较好粘接性和生物降解性的复合粘接剂,可用于制造一次性纤维素餐盒。通过化学反应,在大豆蛋白质中引入 3,4-二羟基苯丙胺酸(DOPA)、胱氨酸等基团能够大大提高粘接强度和抗水性,使其成为有实际应用前景的木材粘接剂[238,314]。用盐酸胍(GuHCl)改性大豆蛋白粘接剂可提高其性能。该黏合剂是由 SPI 和 GuHCl(比值为 0.12 或 0.14)制备出,蛋白质固体浓度为 (1.5 ± 0.1) mg/cm³,热压温度 75 ~120℃。这种粘接剂可用于纤维板的粘接,所得黏合材料的干态剪切强度约为 2 MPa,湿态强度仍保持在 1.8 MPa 左右。用大豆粉与 1.5mol/L 尿素、0.4%nBTPT、7%柠檬酸、4%NaH$_2$PO$_2$、3%硼酸以及 1.85%NaOH 反应得到的黏合剂制备的纸板具有较好的干态力学性能和抗水性,基本达到 ANSI/A 208.1-1989 标准要求[315]。大豆蛋白与 0.2%NaOH、3 mol/L 尿素、1%十二烷基苯甲酸混合,室温下搅拌 2h,然后将处理过的小麦秆与改性大豆蛋白混溶后在 3064 kPa、140℃下热压制备纸板。该纸板的拉伸强度可达 3 MPa 左右,它作为低密度轻质材料具有应用前景[316]。

1.3.6 药物及医用材料

有机天然高分子来自动物、植物和微生物,它们中的很多在生物体的新陈代谢中承担重要作用。因此,不少天然物质具有生理活性,可以调节或控制生命体的各种代谢活动,从而具有药用价值。天然高分子制备的药物和医用材料一般具有安全性、生物相容性以及在体内可降解和可吸收的特点[22]。因此,天然高分子在药物及医用材料领域具有广阔的应用前景。天然高分子是人类最早使用的医用材料,表 1.1 汇集了部分天然高分子在医用材料领域的应用[31]。

表 1.1 天然高分子在医用材料领域的应用[31]

天然高分子	医用材料领域的应用
纤维素及其衍生物	促进伤口愈合和细胞黏附性,用于伤口缝合;具有骨传导性,用于骨组织工程支架
壳聚糖及其衍生物	能激活多形核白细胞,且具有生物黏附性核骨传导性,用于骨修复以及药物控释载体和组织工程支架
胶原质	具有止血和细胞黏附性,用作吸收性缝合线、伤口敷料、药物释放微球;可与糖胺聚糖复合构造人造皮肤;可与羟基磷灰石复合用作仿生修复材料

续表

天然高分子	医用材料领域的应用
明胶	无抗原性
琼脂糖	用作临床分析支架材料及固定化基质
海藻酸盐	在 Ca^{2+} 存在下可凝胶化,用于软骨细胞培养
白蛋白	用于细胞与药物微胶囊
葡聚糖及其衍生物	流变性能优异,可用于血浆增溶剂
肝素及其类似糖胺聚糖	具有抗血栓和抗凝血性,用于外科及离子凝胶形成的微包囊

　　肝素是一种含硫酸基的酸性黏多糖,易溶于水,它具有明显的抗凝血作用。同时,肝素已广泛用于预防血栓疾病、治疗急性心肌梗死症和肾病患者的渗血治疗以及清除小儿尿毒症等。干扰素(interferon,IFN)是由干扰素诱生剂诱导生物细胞产生的一类高活性、多功能的诱生蛋白质,分为 α、β、γ 三种类型。α_2-型干扰素已被美国FDA 批准用于治疗乙型和丙型肝炎以及白血病和艾滋病患者的卡波济肉瘤。

　　多糖来自高等植物、动物细胞膜和微生物细胞壁,是构成生命的四大基本物质之一。因此,多糖将成为分子生物学和药学不可缺少的组成部分。科学家预言"在生化及药物领域中,今后数十年将是多糖时代"[317]。有些多糖不但能治疗致使机体免疫系统严重受损的癌症,又能治疗多种免疫缺损疾病如病毒性肝炎、艾滋病等,还能治疗诸如风湿之类的自身免疫疾病。此外还有些多糖具有抗凝血、抗溃疡、抗氧化、降血糖、降血脂、降血压、抗血栓抗辐射、抗溃疡、抗疲劳、抗突变等多种生物活性。多糖类药物主要有动物多糖(肝素等)、植物多糖(魔芋葡甘露聚糖等)、真菌多糖(香菇多糖、灵芝多糖、人参多糖等)、海洋生物多糖(海藻酸钠等)等。香菇多糖(商品名:天地欣,Leutinan)以其显著的生物活性早在 20 世纪 70 年代就已经应用于临床。它主要作为化疗和放疗辅助药,用于治疗胃癌、肺癌和乳腺癌及慢性乙型肝炎。日本将香菇多糖与 FT-207 并用治疗晚期胃癌,可增强后者的抗肿瘤作用,并延长病人的生存时间。我国将它与卡铂、依托泊苷(VP-16)并用治疗细胞肺癌、大肠癌、胃癌、乳腺癌,在一定程度上提高了病人的细胞免疫功能和化疗效果。白山云芝多糖(Krestin,PS-K,商品名:云芝肝泰等)是以 β-(1→6)为侧链的葡聚糖,临床主要用于治疗慢性乙型肝炎,消化系统、呼吸系统疾病及宫颈、乳腺等部位癌症的免疫疗法用药。1992 年,世界抗肿瘤药物中,云芝多糖销售量居世界首位。猪苓 β-(1→3)-D 葡聚糖(PPS,商品名:757 注射液)[318]临床用于治疗肝癌和食管癌有一定作用,并且能够改善症状,提高机体免疫功能。它与化疗药物合用可减轻毒性反应及增效;它结合乙肝疫苗治疗慢性乙型肝炎有一定疗效。茯苓 β-(1→3)-D 葡聚糖(pachymam)[319]是国家卫生部批准的具有免疫调节功能物质之一,目前主要作为高级保健营养补给剂,用于人体免疫、保肝降酶、延缓衰老、美容养颜。

　　来自海洋植物的多糖有褐藻多糖硫酸酯(FPS,又称为褐藻糖胶,岩藻聚糖)[320]。它主要成分为 L-褐藻糖-4-硫酸酯,具有抗凝血、降血脂、抗肿瘤、抗HIV、抗氧化和抑制肾衰及重金属解毒等作用,成为当今天然海洋药物主攻的重点之一,并已开发用于临床治疗肾病综合征和早中期肾衰等肾功能衰竭。动物多糖中,肝素[321]用于预防手术后血栓形成已获得成功,而且它作为抗凝剂进入临床,主要是心血管外科和血液透析。目前,肝素仍然是最有效的抗凝血药物。多糖作为药物的最大优点是毒副作用小,与化疗药物有协同效应,并能抵抗化疗药物对骨髓的抑制等毒副作用[322]。

在医用材料领域,烷基、羧基和羟基纤维素衍生物是安全、无毒的生物材料。甲基纤维素、羧甲基纤维素及乙基纤维素可用作药物载体、药片黏合剂、药用薄膜、包衣及微胶囊材料。羟乙基纤维素和羟丙基纤维素主要用于药物辅料和增稠剂以及药片的黏合剂等[22]。细菌纤维素由于良好的生物相容性、湿态时高的力学强度、优良的液体和气体透过性以及能抑制皮肤感染,可作为人造皮肤用于伤口的临时包扎。Biofill® 和 Gengiflex® 就是两个典型的细菌纤维素产品,它们已广泛用作外科和齿科材料[323,324]。Biofill® 已成功地用于二级和三级烧伤、溃疡等治疗的人造皮肤临时替代品。Gengiflex® 已用于齿根膜组织的恢复。细菌纤维素制备的BASYC® 导管内径为 1mm,长约 5mm,管壁厚约 0.7mm,可有效用于显微外科[325]。图 1.11 示出几种细菌纤维素制备的 BASYC® 导管照片[325]。

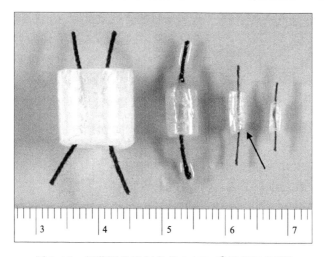

图 1.11 细菌纤维素制备的 BASYC® 导管照片[325]

甲壳素具有消炎抗菌作用,是理想的医用材料。将胶原蛋白与甲壳素共混,在特制纺丝机上纺制出外科缝合线。其优点是手术后组织反应轻、无毒副作用、可完全吸收,伤口愈合后缝线针脚处无疤痕,打结强度尤其是湿打结强度超过《美国药典》所规定的指标[326]。壳聚糖具有促进皮肤损伤的创面愈合作用、抑制微生物生长、创面止痛等效果。用壳聚糖制的人造皮肤柔软、舒适,创伤面的贴合性好,既透气又有吸水性,而且具有抑制疼痛和止血功能以及抑菌消炎作用。尤其自身皮肤生长后壳聚糖能自行降解并被机体吸收,同时促进皮肤再生。国内外用壳聚糖制备的各种复合材料作为人造皮肤、无纺布、膜、壳聚糖涂层纱布等多种医用敷料已用于临床,其中用壳聚糖乙酸溶液制成的壳聚糖无纺布,用于大面积烧伤、烫伤,效果良好[327]。当肝脏发生病变或损伤时必须将其切除,或者移植异体肝。壳聚糖可分别与胶原蛋白、明胶、白蛋白结合并利用戊二醛交联制得的材料作为肝移植的细胞支架。这种材料有很好的强度和柔韧性,并能促进肝细胞附着在骨架上[328]。因此,壳聚糖与其他生物大分子复合材料在肝组织工程上具有应用前景,可为肝细胞形成和生长提供适当支持。将硫酸软骨素与壳聚糖结合后可制成一种支持软骨生长的材料。人们将牛关节软骨细胞接种于此材料制成的薄层上,已证明这种材料适合作为自体软骨细胞移植或骨骼代用品。若将钙离子溶液和磷酸根离子溶液均匀混合并加入乙酸配成溶液,再将壳聚糖溶解于该溶液中,然后将这种含壳聚糖的溶液注入模具成形、烘干制备骨科材料。该材料中的羟基磷灰石颗粒以纳米尺

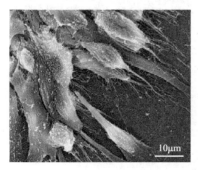

图 1.12　造骨细胞在壳聚糖/聚乙二醇纳米电纺丝上培养 5 天后的 SEM 照片[331]

寸(20～100nm)均匀分散在壳聚糖基体中,材料透明微黄,力学性能明显提高[329]。将 1%～3% 的壳聚糖乙酸溶液在 -20℃ 条件下冷冻干燥得到孔径为 1～250 μm 的多孔膜材料,它具有管状和球状的多孔支架[330]。将 2% 的壳聚糖乙酸溶液和 3% 的聚乙二醇溶液按照不同的比例混合形成纺丝溶液,通过电纺得到纤维。这种纤维可作为造骨细胞的培养载体,造骨细胞在壳聚糖/聚乙二醇(90:10)纳米电纺丝上培养 5 天后的形貌如图 1.12 所示。显然,细胞在它上面繁殖良好。由此表明,壳聚糖/聚乙二醇的电纺丝纳米纤维具有良好的细胞相容性,可作为细胞的培养骨架[331]。因此,壳聚糖复合材料在骨组织材料工程上很有应用前景。

甲壳素和壳聚糖及其衍生物可用作药物载体,稳定或保护药物中的有效成分,并可促进药物吸收、延缓或控制药物释放,帮助药物输送到达目的器官。它们以凝胶、颗粒、片剂、薄膜、微囊等形式包封药物,应用于药物缓释和靶向输送。用壳聚糖制备的药物双氯酚钠(diclofenac sodium)的压缩片[332]由于脱乙酰化而改善了微结晶性和可压缩性,可明显控制药物的释放速度。用壳聚糖制备的药物控制释放膜,使药物的释放可以完全控制,同时还增加了药物的稳定性[333]。N-琥铂酰壳聚糖膜对丝裂霉素 C(MMC)的缓释,具有 pH 敏感性,在低 pH 时释放速率低,高 pH 时加速,中性时释放缓慢[334]。将 Fe_3O_4 分散在聚乙烯溶液中,得到磁性纳米粒子,然后加入到 50 mL 壳聚糖/丙烯酸溶液中,并加入引发剂($K_2S_2O_8$)在 70℃、

N_2 保护下引发反应。然后经过戊二醛交联反应,得到 Fe_3O_4/高分子复合微球。该微球的 Fe_3O_4 的负载率为 11%[335]。这种壳聚糖/聚丙烯酸磁性空心纳米微球,是有前途的医用材料。

魔芋葡甘露聚糖(KGM)可用作医用材料中的膜和凝胶。它的水溶液经冷冻干燥制成干态的凝胶,经过灭菌后,可以用作伤口包裹材料,能明显地提高伤口的愈合速度[336]。若用 KGM、海藻酸钠和其他助剂制成的膜材料,以及 KGM 和半乳甘露聚糖共混制备的凝胶材料可以用于药物控制释放领域,其中 KGM 凝胶具有更好的硬度以及分离药物与包衣的功能[337]。

海藻酸钠是制备医用材料很好的原料。在海藻酸钠水溶液中加入 Ca^{2+}、Sr^{2+}、Ba^{2+} 等阳离子后,G 单元上的 Na^+ 与二价离子发生离子交换反应,堆积而形成交联网络结构,从而变成水凝胶。它作为组织工程材料使用时,通常选用 Ca^{2+} 作为海藻酸的离子交联剂[167]。采用辐射降解的方法降低高 G 海藻酸钠的分子量后,可提高所包埋细胞的活性,从而通过提高海藻酸钠溶液的浓度可以进一步增强凝胶的力学强度[168]。由于离子交联的海藻酸钠水凝胶可以在冰水、热水以及室温条件下形成,反应条件温和,简单易行,且可注射、原位凝胶化,因此它可用作组织工程材料[169]。凝胶的溶胀度与交联剂的特性有关,将亲水性物质(如 PEG)作为第二组分大分子引入,可以弥补主链的亲水结构在交联过程中所丧失的亲水性[170,171]。海藻酸钠海绵支架和水凝胶都可以用于软骨细胞的体外培养,添加透明质酸后能进一步促进细胞的增殖和蛋白多糖合成能力[172]。Glicklis 等[174]用多孔海绵结构的海藻酸盐水凝胶作为肝细胞组织工程的三维支架材料,它可增强肝细胞的聚集性,从而提高肝细胞的活性以及合成纤连蛋白的能力。1980 年,Lin 与 Sun 首次用海藻酸钠/多聚赖氨酸/海藻酸钠(A/P/A)制得的微囊包裹胰岛进行同种鼠胰岛移植获得成功[176]。微囊化胰岛移植是把生物材料制成微囊将胰岛细胞包裹,使移植物与受体免疫系统隔离。微囊的半透膜允许小分子的营养物质、激素、代谢产物等自由扩散,阻止免疫细胞、大分子免疫球蛋白、补体通过,可抑制受体对移植物(胰岛细胞)的免疫攻击,从而延长移植物器官的存活时间。有人在海藻酸钠溶液中加入铁颗粒而制备出具有磁响应性的水凝胶微球,通过修饰后的球体刚性增强[173]。这种磁响应凝胶避免了采用外科手术才能进行体内试验的不足。因此,它们作为组织工程材料具有应用前景。

黄原胶通过与氯乙醇的交联反应可以得到适度交联的水凝胶,其膨胀度达 $420\%\sim1000\%$。该类材料可负载 1,3-二甲基黄嘌呤(茶叶碱)、硝酸异山梨醇酯(消心痛)、6α-甲基-17α-羟孕酮(甲羟孕酮)等药物,它们的最大含量分别达 $80mg/g$、$150mg/g$ 及 $28mg/g$[338]。由此可见,它可以作为缓释药物的支撑载体材料。利用十一碳烯酸与黄原胶等亲水性的大分子反应,其产物具有控制释放功能,可用于药物、化妆品等领域[339]。黄原胶已成功地用于口服缓控释制剂[340~344],它能有效地控制骨架中药物的释放,是一种优良的亲水性骨架材料。

大豆蛋白质由于无毒、无害且具有生物降解性和生物相容性,因此也可以作为生物医用材料的原料。SPI 溶液通过简单的聚集过程可以制备大豆球蛋白微球。由 SPI 或交联改性的 SPI 与热稳定性较好的药物的混合物经螺杆机挤出、造粒,然后注射或热压成型制备出具有缓释作用的复合物释放材料,它们可以用于茶碱的控制释放。将大豆蛋白、填料和作为药物的茶碱预混,在双螺杆挤出机挤出过程中加入增塑剂和少量乙二醛后,共混注塑成型。该材料具有良好的缓释性能,在 pH=7.4 时茶碱释放 60% 时需要 250 min 左右[240]。通过共注塑成型新技术还可以制备出基于大豆蛋白的新型双层药物载体。将 100 份的大豆蛋白、10 份的甘油和 35 份的水在搅拌机中预混 15 min,然后通过双螺杆挤出机在 70~80℃下以 200 r/min 的速度挤出塑化,最后共注塑成型制备以大豆蛋白为壳层的双层药物载体。该系列载体的壳层为大豆蛋白,核心为茶碱,核/壳约为 85:15。它的杨氏模量可达 1~1.5GPa、拉伸强度为 30~40 MPa、断裂伸长率为 2%~22%。茶碱的释放实验证明,由共注塑成型制备的双层结构能够有效地延迟药物的释放时间[239]。

1.3.7　辅料及添加剂

天然高分子一般含—OH、—COOH、=NH$_2$ 等基团,其中不少具有亲水性和增稠功能,而且具有无毒、无害、可生物降解、可代谢等优点,已广泛用于食品工业作为食品添加剂、增稠剂、稳定剂以及石油钻井工业的增稠剂等。同时,它们在医药、轻纺、日用品领域作为辅料和添加剂也具有广泛的应用前景。

纤维素醚可以作为食品的增稠剂、稳定剂、赋形剂以及包装膜,其安全性已得到联合国粮农组织(FAO)和世界卫生组织(WHO)的认可。如羧甲基纤维素(CMC)用于饮料的稳定剂,它可以提高奶制品浓度、质地和储存质量,保证附加固体保存悬浮,也可用于乳制饮料稳定。甲壳素和壳聚糖由于无毒、安全性等,美国食品与医药卫生管理局(FDA)已批准它们为食品添加剂。用壳聚糖作为澄清剂澄清果汁,不但能够提高果汁的透光率,而且不影响果汁的营养成分和风味。同时,它已作为食品添加剂能改善食品的风味和食品的流动性。此外,若将水溶性的壳聚糖加入牛奶中,有利于肠道的双歧杆菌的发育,间接地促进了乳糖酶的生长,有利于人体对乳糖的吸收[345,346]。

魔芋精粉具有优良的粘接性和胶凝性,可以用作面条、面包、蛋糕等食品的增稠剂和品质改良剂。用 40% 的魔芋精粉、40% 的卡拉奇胶、10% 的柠檬酸钾和 10% 的氯化钙配方制备出的魔芋精粉果冻不仅透明、弹性好,而且价廉。此外,KGM 加碱进行化学改性后由流延法制得可食性药膜,若进一步对 KGM 膜改性可望提高其抗水性和力学性能,可用作食品包装材料[347]。

海藻酸钠有商业价值的衍生物是丙烯乙二醇海藻酸钠(PGA),它由海藻酸钠与环氧丙烯酯化反应得到。由于 PGA 在低 pH 条件下有较高的溶解性,可用于啤酒和沙拉的调味品。1983 年,世界卫生组织和联合国粮农组织提出将黄原胶作为食品添加剂,并允许在世界范围内使用[348]。黄原胶具有较刚性的链(双螺旋),从而使它在水溶液中的黏度很高。它是食品、饮料行业中理想的增稠剂、乳化剂和成型剂,特别是在某些苛刻的条件下,黄原胶的性能比明胶、羧甲基纤维素(CMC)、海藻等现有的食品添加剂更具优越性。黄原胶具有良好的分散稳定性、增稠以及防腐、抗菌、杀菌性能,可直接作为食品添加剂或医用外科材料。黄原胶具有良好的流变学行为而能显著改善食品的质地、外观品质,它已在食品加工等领域作为稳定剂、悬浮剂、乳化剂、增稠剂以及黏合剂,用来提高食品质量[349]。黄原胶具有优异的流变性,并在增黏、增稠、抗盐及抗污染能力等方面远比很多聚合物优越,因此它广泛用于石油钻井和三次采油领域。它对加快钻井速度、防止油井坍塌、保护油气田、防止井喷和大幅度提高采油率等都有明显的作用。

1.3.8 日用品及化妆品

天然高分子具有无毒、安全感、生物相容性、生物可降解性,使它们在日用品和化妆品领域具有广泛的应用前景。近年,各种天然高分子的研究与开发已把很大的注意力放在日用品及化妆品领域,而且国际上很多公司也正在积极地把天然高分子产品推向日用品和化妆品市场。

纤维素可制成无纺布、多孔球和再生纤维素粉末等。再生纤维素无纺布可用作纱布、药棉、绷带、膏布底基、揩手布、卫生带等,如果对其葡萄糖 C6 选择性取代可大大提高其吸水性能。在化妆品中使用较多的有高结晶性微晶纤维素粉以及纤维素醚(MC、CMC、HEC、HPC、HPMC、HEMC)等。它们有利于化妆品的增稠、发泡、稳定乳化、分散、黏合、成膜和保水等性能的发挥。

壳聚糖及其衍生物——羧甲基壳聚糖作为水溶性高分子化合物,具有极强的附着力,同时又具有突出的水溶性、稳定性、保湿性、乳化性、成膜性和抗菌性,是化妆品中理想的水溶性高分子化合物之一。它们具有与透明质酸相似的吸湿性,因此可以用于制备发型固定剂、毛发保护剂、柔软剂等,是洗发剂中理想的活性物质。壳聚糖还是牙膏、口香糖等良好的添加剂。

魔芋葡甘露聚糖具有水溶性、成膜性、可塑性和黏结性等特性,可在轻工、化工、纺织、化妆品等工业中作为黏结剂、赋形剂、保水剂、稳定剂、悬浮剂、成膜剂等。采用氯乙酸、氯乙醇和硫酸二甲酯对魔芋葡甘露聚糖进行醚化反应、用硝酸铈铵引发丙烯酰胺与葡甘露聚糖接枝聚合反应,可以制得一系列改性魔芋葡甘露聚糖增稠剂。这些产品可用作活性染料、阳离子染料及涂料印花增稠剂[350]。KGM 经凝胶化处理制备成固定化载体,可用于分离、纯化、分级生物大分子或特异性吸附金属离子[351~353]。

海藻酸钠水凝胶可以干燥,而当它遇水时显示独特的溶胀特征,具有高吸水性[354]。它在短时间内可以吸收自身质量几百倍甚至几千倍的水,并且具有优良的保水性,因此在农林业、工业、建筑、医药卫生及日常生活品(妇女卫生巾、婴儿尿布)等方面具有应用前景。用黄原胶作原料生产的凝胶泡沫灭火剂,已用于森林灭火。美国 Dow Corning 公司通过三甲硅基封端的二甲基硅氧烷、羟基封端的二甲基硅氧烷以及多硅酸乙酯的混合物,以超细 SiO_2 为填料制备消泡剂,它们与含聚氧乙烯基团的非离子表面活性剂、聚氧化亚烃基硅氧烷阴离子表面活性剂、含氟表面活性剂与黄原胶等物料混合复配,在催化剂(KOH)的作用下,加热反应制备得到消泡剂。该产物显示了持久的消泡活性,特别适用于含有阴离子表面活性物质的水溶液体系的消泡[355~357]。在纺织印染业中,黄原胶能控制浆的流变性,防止染料迁移,使图案清晰,用作黏附、载色的印花糊料制成高档纺织品,所印花色均匀鲜艳。同时,黄原胶与瓜尔胶配合使用时具有极其稳定的性能和理想的流变性,而且与印染中的成分互溶,加之它本身的洗出特性,使它用于纺织印染业中作为增稠剂、上胶剂、稳定剂、上光剂和分散剂。同时,黄原胶与海藻酸钠等增稠剂互溶性好,在混合使用时可以大大提高增稠效果,因此黄原胶与其他增稠剂结合已用于地毯、丝绸等纺织印染业。

1.3.9　离子交换材料

不少天然高分子带有功能基团,它们对有机污染物质、重金属以及染料等有吸附功能,而且对离子化合物有交换功能,因此它们是自然界可利用的理想吸附材料。尤其,这些天然高分子不仅来源丰富、可再生,而且它们废弃后埋在土壤中可生物降解,对环境不造成污染。面对水污染问题日益严重,利用天然高分子研究与开发新一代离子交换与吸附材料很有应用前景。

甲壳素和壳聚糖能通过它们的酰胺基、氨基、羟基与重金属离子形成稳定的螯合物,而对碱金属和碱土金属则完全没有作用,这样可以吸附水中有害的无机重金属离子。尤其,甲壳素和壳聚糖材料废弃后可生物降解成水、二氧化碳以及低分子物质。甲壳素本身虽然能吸附金属离子,但效果并不理想,因此必须对它改性制备出有使用价值的吸附材料。用 6%(质量分数)NaOH/5%(质量分数)硫脲水溶液溶解纤维素和甲壳素,已成功地制备出具有良好力学性能和重金属吸附功能的吸附剂粒料[358]。这种纤维素/甲壳素共混物吸附剂材料对污水中重金属 Cu^{2+}、Cd^{2+} 和 Pb^{2+} 有较高的吸附性能,并且明显高于纯甲壳素。Li 等[359]通过表面引发原子转移自由基型聚合制备的壳聚糖微球接枝聚丙烯酰胺的吸附材料对汞离子有很强的吸附作用。壳聚糖接枝聚丙烯酰胺的饱和吸附量为 322.6 mg/g,壳聚糖微球的饱和吸附量仅为 181.8 mg/g,而且吸附的汞离子在高氯酸水溶液中可有效地释放出,使这种吸附剂再生重复使用。此外,甲壳素衍生物对蛋白质、淀粉等有机物的絮凝作用也很强,可用于回收蛋白质、淀粉。它们还可以用于吸附废水中的有机颜料[360],壳聚糖吸附剂对印染废水中的具有酸性基团的染料分子和活性染料表现出优异的吸附能力。

　　工业废水中的化学污染物有许多是有毒的物质,特别是一些重金属离子、芳香族化合物(包括酚类衍生物、聚多环芳香族衍生物)以及染料等,它们危害人体健康和严重污染环境。一种含有氨基的交联淀粉材料可以用来吸附 Pb^{2+} 以及 Cu^{2+} [361]。该材料在 2h 时达到吸附平衡,吸附量较大。若以 $POCl_3$ 为交联剂将玉米淀粉交联化后再用氯代乙酸钠羧甲基化,得到的材料不溶于水,而且对废水中有毒的二价金属离子 Cu^{2+}、Pb^{2+}、Cd^{2+}、Hg^{2+} 等具有很强的吸附能力[362]。该材料通过羧甲基的离子化作用吸附阳离子,使用后还可以在弱酸溶液中再生。

　　海藻酸钠是一种很好的离子交换与吸附材料,然而它的耐水性和强度较差,因此一般将海藻酸钠与其他天然高分子共混、交联后再使用。通常,把海藻酸钠与纤维素共混后制备成离子交换或吸附材料使用,也可将它与其他带正电荷的天然高分子及其衍生物通过钙交联或静电作用制备新的吸附材料。

参 考 文 献

1　Zoebelein H. Dictionary of Renewable Resources. New York: John Wiley & Sons, 2001. 13~20

2　朱清时,阎立峰,郭庆祥. 生物质洁净能源. 北京:化学工业出版社,2002.1~10

3　Kaplan D L. Biopolymers from Renewable Resources. Springer, 1998.1~26

4　Gross R A, Scholz C. Biopolymers from polysaccharides and agroproteins. Washington DC: American Chemical Society, 2001. 2~71

5　Mohanfty A K, Misra M, Drzal L T. J Polym Envir, 2002, 10: 19~25

6　高洁,汤烈贵. 纤维素科学. 北京:科学出版社,1999.1~12,41~63

7　邬义明. 植物纤维化学. 第二版. 北京:中国轻工业出版社,1991.2~18

8　Fringant C, Desbrieres J, Rinaudo M. Polymer, 1996, 37(13): 2663~2673

9　Swain S N, Biswall S M, Nanda P K, Nayak P L. Int J Tropical Agric, 1987, 5:247~279

10　赵艳芳,廖建和,廖双泉. 特种橡胶制品,2006,27(1):55~62

11　甘景镐等. 天然高分子化学. 北京:高等教育出版社,1993.180~200

12　杜予民. 化学通报,1986,1:1~6

13　李恒. 中国植物志(13卷二分册). 北京:农业出版社,1981.48~50

14　贾成禹,陈素文,莫卫平等. 生物化学杂志,1988,4(5):407

15　佘纲哲,陈美珍. 食品资源化学. 汕头:汕头大学出版社,1996.154~157

16　Miyamoto T, Akaike T, Nishinari K, New Developments in Natural Polymers (Japanese). Tokyo: CMC, 2003. 63~102, 224~226

17　孔繁祚. 糖化学. 北京:科学出版社,2005.650~652

18　蒋挺大. 甲壳素. 北京:化学工业出版社,2003.217~218

19　郑建仙. 功能性食品生物技术,北京:中国轻工业出版社,2004.556~557

20　蒋挺大,张春萍. 胶原蛋白,北京:化学工业出版社,2000.1~35

21　(英)达维生 J N. 核酸的生物化学. 生物物理研究所二室《核酸的生物化学》翻译小组译. 北京:科学出版社，1983. 7～10

22　姚日生,董岸杰,刘永琼. 药用高分子材料. 北京:化学工业出版社,2003.138～141

23　顾其胜,严凯等. 透明质酸与临床医学. 北京:中国轻工业出版社，2004.1～6

24　胡玉洁等. 天然高分子材料改性与应用. 北京:化学工业出版社,2003. 1～48

25　吴东儒,李振华等. 糖类的生物化学. 北京:高等教育出版社，1987. 543～566

26　Jezequel V. Cereal Foods World, 1998, 43(5)：361～364

27　周永元. 纺织浆科学. 北京:中国纺织出版社，2004. 432～437

28　鲁晓北. 食用胶的生产、性能与应用. 北京:中国轻工业出版社，2004. 20～34

29　Zhang L, Zhang X, Zhou Q et al. Polmy J, 2001, 33：317～321

30　朱莉芳,阎玉华. 生物骨科材料与临床研究. 2006. 3(1)：42～47

31　俞耀庭,张兴栋. 生物医用材料. 天津：天津大学出版社，2000. 55～65

32　张俐娜. 天然高分子改性材料及应用. 北京:化学工业出版社,2006. 4～6

33　Johnson D L, Brit. 1144048. 1967

34　McCorsley C C. US 4246221. 1981

35　Klemm D, Heublein B, Fink H P, Bohn A. Angew Chem Int Ed, 2005, 44：3358～3393

36　McCormick C L. US 4278790. 1981

37　Turbak A F, El-Katrawy A. US 4302252. 1981

38　Cai J, Liu Y, Zhang L. J Polym Sci Polym Phys, 2006, 44：3093～3101

39　Cai J, Zhang L, Zhou J et al. Adv Mater, 2006(in press)

40　Ruan D, Zhang L, Lue A et al. Macromol Rapid Commun, 2006, 27：1495～1500

41　Cai J, Zhang L. Biomacromolecules, 2006, 7：183～189

42　Swatloski R P, Spear S K, Holbrey J D, Rogers R D. J Am Chem Soc, 2002, 124：4974～4975

43　Jiang M, Dou H, Peng H et al. Angew Chem Int Ed, 2003, 42：1516～1519

44　Zimmermann T, Pöhler E, Gerger T. Advanced Engineering Materials, 2004, 6：754～761

45　Mičušík M, Omastova M, Prokeš J, Krupa I. J Appl Polym Sci, 2006, 101：133～142

46　He J H, Kunitake T, Nakao A. Chem Mater, 2003, 15, 4401～4406

47　Yano H, Sugiyama J, Nakagaito A N et al. Adv Mater, 2005, 17：153～155

48　Herring A M, McKinnon J, McCloskey B D et al. J Am Soc Sci, 2003, 125：9916～9917

49　Pang F J, He C J, Wang Q R. J Appl Polym Sci, 2003, 90：3430～3436

50　Kim J, Yun S. Macromolecules, 2006, 39：4202～4206

51　Huang J, Ichinose I, Kunitake T. Angew Chem Int Ed, 2006, 45：2883～2886

52　Zabetakis D, Dinderman M, Schoen P. Adv Mater, 2005, 17：734～738

53　Löscher F, Ruckstuhl T, Seeger S. Adv Mater, 1998, 10：1005～1009

54　Heinze T, Liebert T. Prog Polym Sci, 2001, 26：1689～1762

55　Heinze T, Liebert T, Klüfers P et al. Cellulose, 1999, 6：153～165

56　Klemm D, Heubletin B, Fink H-P et al. Angew Chem Int Ed, 2005, 44：3358～3393

57　Mann G, Kunze J, Fink H P et al. Polymer, 1998, 39：3155～3165

58　Zhou Q, Zhang L, Miyamoto T et al. J Polym Sci Polym Chem, 2001, 39：376～382

59　Yamamoto S, Ejaz M, Tsujii Y et al. Macromolecules, 2000, 33：5602～5607

60　Klemm D, Schuman D, Udhardt U et al. Prog Polym Sci, 2001, 26：1561～1603

61 Werbowyj R S, Gray D G. Mol Cryst Liq Cryst, 1976, 34: 97~103

62 Chanzy H, Peguy A, Chaunis S et al. J Polym Sci Polym Phys Ed, 1980, 18: 1137~1144

63 Wang L, Huang Y. Macromolecules, 2000, 33: 7062~7065

64 Wang L, Huang Y. Macromolecules, 2002, 35: 3111~3116

65 Wang L, Huang Y. Macromolecules, 2004, 37: 303~309

66 Guo J, Gray D. Macromolecules, 1989, 22: 2082~2086

67 Bianchi E, Ciferri A, Conic G et al. Macromolecules, 1985, 18: 646~650

68 Tseng S, Valente A, Gray D. Macromolecules, 1981, 14: 715~719

69 Ritchiey A, Gray D. Macromolecules, 1988, 21: 1251~1255

70 Takada A, Fujii K, Watanabe J et al. Macromolecules, 1994, 27: 1651~1653

71 Takada A, Fukuda T, Watanabe J et al. Macromolecules, 1995, 28: 3394~3400

72 Araki J, Kuga S. Langmuir, 2001, 17: 4493~4496

73 Byrom D. Biomateriala-novel materials from biological sources. New York: Stockton Press, 1991

74 Brown R M Jr, Scott T K. Science, 1976, 71: 949~951

75 Brown R M Jr, Saxena I M. Plant Physiol Biochem, 2000, 38: 57~67

76 Saxena I M, Brown R M Jr. Prog Biotechnol, 2001, 18: 69~76

77 Kondo T, Nojiri M, Hishikawa Y et al. Proc Natl Acad Sci USA, 2002, 99: 14008~14013

78 Kondo T, Togawa E, Brown R M Jr. Biomacromolecules, 2001, 2: 1324~1330

79 Klemm D, Schumann D, Udhardt U et al. Prog Polym Sci, 2001, 26: 1561~1603

80 Peng L, Xiang F, Roberts E et al. Science, 2002, 295: 147~150

81 Read S M, Basic T. Science, 2002, 295: 59~60

82 Kimura S, Kondo T. J Plant Res, 2002, 115: 297~302

83 Brown R M Jr. J Polym Sci Polym Chem, 2004, 42: 487~495

84 戈进杰. 生物降解高分子材料及其应用. 北京:化学工业出版社, 2002. 75~77, 166~179, 203~204

85 Li Y, Sarkanen S, Alkylated K. Macromolecules, 2002, 35: 9707~9715

86 Hatakeyama T, Izuta Y, Hirose S et al. Polymer, 2002, 43: 1177~1182

87 Kubo S, Kadla J F. Biomacromolecules, 2003, 4: 561~567

88 Thielemans W, Can E, Morye S S et al. J Appl Polym Sci, 2002, 83: 323~331

89 Kelley S S, Glasser W G, Ward T C. J Appl Polym Sci, 1988, 36: 759~772

90 Meister J J, Li C T. Macromolecules, 1992, 25: 611~616

91 Meister J J, Chen M, Gunnells D W, Gardner D J. Macromolecules, 1996, 29: 1389~1398

92 Zoumpoulakis L, Simitzis J. Polym Int, 2001, 50: 277~283

93 Li J, He Y, Inoue Y. Polym J, 2001, 33: 336~343

94 Rials T G, Glasser W G. Polymer, 1990, 31: 1333~1338

95 De Oliveria W, Glasser W G. Polymer, 1994, 35: 1977~1985

96 Huang J, Zhang L. Polymer, 2002, 43: 2287~2294

97 Lancas F M, Saneto G. Fuel Sci Technol Int, 1995, 13: 923~939

98 Lancas F M, Peres R G. Fuel Sci Technol Int, 1996, 14: 963~977

99 Stiller A H, Dadyburjor D B, Wana J P et al. Fuel Process Technol, 1996, 49: 167~175

100 Minowa T, Kondo T, Sudifjo S T. Biomass Bioenergy, 1998, 14: 517~524

101 Hirano S, Noishiki Y. J. Biomed Mater Res, 1985, 19: 413~417

102　Lee K Y, Ha W S, Park W H. Biomaterials, 1995, 16: 1211～1216

103　Sakai K, Katsumi R, Isobe A et al. Biochem Biophys Acta, 1991, 1079: 65

104　Hirano S, Tsuchida H, Nagano N. Biomaterials, 1989, 10: 598～603

105　Muzzarelli R A A, Mattioli-Belmonte M, Tietz C, Biagini R et al. Biomaterials, 1994, 15: 1075～1081

106　Terbojevich M, Cosani A, Muzzarelli R A A. Carbohydr Polym, 1996, 29: 63～68

107　Percot A, Viton C, Domard A. Biomacromolecules, 2003, 4: 1380～1385

108　Schatz C, Pichot C, Domard A et al. Langmuir, 2003, 19: 9896～9903

109　XuY, Du Y, Huang R et al. Biomaterials, 2003, 27: 5015～5022

110　Wang X, Du Y, Ding S et al. J Phys Chem B, 2006, 110: 1566～1570

111　Chen L, Tian Z, Du Y. Biomaterials, 2004, 25: 3702～3762

112　Krajewska B. Enzyme Micro Tech, 2004, 35: 126～139

113　Bulter B L, Vergano P J, Testin R F et al. J Food Sci, 1996, 61: 953～955

114　Uhrich K E, Cannizzaro S M, Langer R S et al. Chem Res, 1999, 99: 3181

115　Singh D K, Ray A R. J Membr Sci, 1999, 155: 107～112

116　Gref R, Minnamitake Y, Peracchia M T et al. Science, 1994, 263: 1600～1603

117　Yannas I V, Burke H F, Orgill D P et al. Science, 1982, 215: 174～176

118　Hata H, Onishi H, Machicla Y. Biomaterials, 2000, 21: 1779～1788

119　Muzzarelli R A A, Ramos V. Carbohydr Polym, 1998, 36: 267～276

120　Radi H, Mansoor A. Intern J Pharm Sci, 2002, 235: 87～94

121　Peng X, Zhang L. Langmuir, 2005, 21: 1091～1095

122　Zhou D, Zhang L, Guo S. Water Research, 2005, 39(16), 3755～3762

123　Hsieh S H, Lin E S, Wei H C. J Appl Polym Sci, 2006, 101: 3264～3269

124　Freier T, Montenegro R, Koh H S, Shoichet M S. Biomaterials, 2005(26): 4624～4632

125　Roy K, Mao H Q, Huang S K, Leong K W. Nature, 1999(4): 387～391

126　Oliveira J M, Rodrigues M T, Silva S S et al. Biomaterials, in press

127　Wang Y C, Kao S H, Hsieh H J. Biomacromolecules, 2003, 4(2): 224～231

128　dos Santos D S, Goulet P J G, Pieczonka N P W, Oliveira O N, Aroca R F. Langmuir, 2004, 20: 10273～10277

129　Zhang G, Smith A, Gorski W. Anal Chem, 2004, 76: 5045～5050

130　Zhang G, Gorski W. J Am Chem Soc, 2005, 127: 2058～2059

131　Shacham R, Avnir D, Mandler D. Adv Mater, 1999, 11: 384～388

132　Constantine C A, Mello S V, Dupont A et al. J Am Chem Soc, 2003, 125: 1805～1809

133　Kujawa P, Moraille P, Sanchez J, Badia A, Winnik F M. J Am Chem Soc, 2005, 127: 9224～9234

134　Danielsen S, Varum K M, Stokke B T. Biomacromolecules, 2004(5): 928～936

135　Einhu A, Naess S N, Ernljot A, Varum K M. Biomacromolecules, 2004, 5: 2048～2054

136　Griffin G. J L. Brit Appl, 23469/72, 1972

137　Allbertsson A, Barenstedt C, Karlsson. J Environ Polym Degrad, 1993, 1: 241～245

138　Rodrigurez F J, Ramsay B A, Favis B D. Polymer, 2003, 44: 1517～1526

139　Angellier H, Molina-Boisseau S, Lebrun L, Dufresne A. Macromolecules, 2005, 38: 3783～3792

140　Angellier H, Putaux J, Molina-Boisseau S, Dupeyre D, Dufresne A. Macromo Symp, 2005, 221: 95～106

141　Angels M N, Dufresne A. Macromolecules, 2000, 33: 8344~8353

142　Omar M N, Shouk T A, Khaleq M A. Clin Biochem, 1999, 32: 269~274

143　Athawale V D, Rathi S C. J Macromol Sci Rev Macromol Chem Phys, 1999, 39: 445~480

144　Wu C. Polym Degrad Stab, 2003, 80: 127~134

145　Surorova A J, Tyukova I S, Trufanova E I. Russ Chem Rev, 2000, 69: 451~459

146　Narayan R. US 5801224. 1998

147　Narayan R. US 5906783. 1999

148　Cao X, Zhang L. J Polym Sci Polym Phys, 2005, 43: 603~615

149　Cao X, Zhang L. Biomacromolecules, 2005, 6: 671~677

150　Cao X, Deng R, Zhang L. Ind Eng Chem Res, 2006, 45: 4193~4199

151　Yu L, Deana K, Li L. Prog Polym Sci, 2006, 31: 576~602

152　Yu L, Christie G. J Mat Sci, 2005, 40: 111~116

153　Daniels D R, Donald A M. Macromolecules, 2004, 37, 1312~1318

154　Chakraborty S, Sahoo B, Teraoka I, Miller L M, Gross R A. Macromolecules, 2005, 38, 61~68

155　Thire R M S M, Ribeiro T A A, Andrade C T. Journal of Applied Polymer Science, 2006, 100(6): 4338~4347

156　Ridout M J, Brownsey G J. Macromolecules, 1998, 31: 2539~2544

157　Brownsey G J, Caims P, Miles M J et al. Carbohydr Res, 1988, 176: 329~334

158　Mizutani T. Cancer Lett, 1982, 17: 27~32

159　Jacon S A, Rao M A, Cooley J J et al. Carbohydr Polym, 1993, 20: 35~41

160　Dave V, Sheth M, McCarthy S P et al. Polymer, 1998, 39: 1139~1148

161　Goycoolea F M, Richardson R K, Morris E R et al. Macromolecules, 1995, 28: 8308~8320

162　Annable P, Williams P A, Nishinari K. Macromolecules, 1994, 27: 4204~4211

163　Williams P A, Clegg S M, Langdon M J et al. Macromolecules, 1993, 26: 5441~5446

164　Gao S, Zhang L. Macromolecules, 2002, 34: 2202~2207

165　Lu Y, Zhang L. Polymer, 2002, 43: 3979~3986

166　Lu Y, Zhang L, Xiao P. Polym Degrad Stab, 2004, 86: 51~57

167　Chen J P, Hong L, Wu S et al. Langmuir, 2002, 18: 9413~9421

168　Kong H J, Smith M K, Mooney D J. Biomaterials, 2003, 24: 4023~4029

169　Gombotz W R, Wee S F. Adv Drug Deli Rev, 1998, 31: 267~285

170　Rowley K Y, EiseltP J A et al. Macromolecules, 2000, 33: 4291~4294

171　Eiselt P, Lee K Y, Mooney D J. Macromolecules, 1999, 32: 5561~5566

172　Miralles G, Baudoin R, Duman D et al. J Biomed Mater Res, 2001, 57: 268~278

173　Shen F, Somers S, Slade A et al. Biotechno Bioeng, 2003, 83: 282~292

174　Glicklis R, Shapiro L, Agbaria R et al. Biotechno Bioeng, 2000, 67: 344~353

175　Wang L, Shelton R M, Cooper P R. Biomaterials, 2003, 24: 3475~3481

176　Lin F, Sun A M. Science, 1980, 210: 908~910

177　Sato T, Norisuye T, Fujita H. Macromolecules, 1984, 17: 2696~2700

178　Zhang L, Lin W, Norisuye T et al. Biopolymers, 1987, 26: 333~341

179　Holzwarth G, Prestridge F G. Science, 1977, 197: 757~759

180　韩明, 施良和, 叶美玲. 高分子学报, 1995, (5): 590~595

181　Pai V, Srinivasarao M, Khan S A. Macromolecules, 2002, 35: 1699~1707

182　Chihara G, Maeda Y et al. Nature, 1969, 222: 687~688

183　Chihara G, Hamoro J et al. Nature, 1970, 225: 943~944

184　王健, 龚兴国. 中国生化药物杂志, 2001, 22(1): 52~54

185　Fumihiko T, Rieko N, Tomoko K et al. Internat immunopharmacol, 1995, 17 (6): 465~474

186　Koyanagi S, Tanigawa N, Nakagawa H et al. Biochemi Pharmacol, 2003, 65: 173~179

187　Ooi V E C, Liu F. Current Med Chem, 2000, 7: 715~729

188　Chihara G. Intern J Orient Med, 1992, 17: 57

189　Aoyagi H, Iino Y et al. J Jpn Soc Cancer Ther, 1994, 29: 849~854

190　Yang Q Y, Jong S C et al. Immunofarmacologia, 1992, 12: 29~34

191　Mizuno T. Food Ingred J, 1996, 167: 69

192　Montefiori O C et al. J. Antimicrob. Chemother, 1990, 25: 313~318

193　Cheung P C K, Lee M Y. J Agric Food Chem, 2000, 48, 3148~3151

194　Schinella G R, Tournier H A, Prieto J M, de Buschiazzo P M, Rios J L. Life Sciences, 2002, 70: 1023~1033

195　Hasui M, Matsuda M, Okutani K, Shigeta S. Int J Biol Macromol, 1995, 17: 293~297

196　王长云, 管华诗. 生物工程进展, 2000, 20: 17~20

197　Williams D L, Li C, Ha T, Ozment-Skelton T, Kalbfleisch J H, Periszner J, Brooks L, Breuel K, Schweitzer J B. J Immunol, 2004, 172: 449~456

198　陈晓明, 田庚元. 有机化学, 2002, 22: 835~839

199　Li C, Ha T, Kelly J, Gao X, Qiu Y, Kao R L, Browder I W, Williams D L. Cardiovascular Res, 2004, 61: 538~547

200　Williams D L, McNamee R B, Jones E L, Pretus H A, Ensley H E, Browder I W, Di Luzio N R. Carbohydr Res, 1991, 219: 203~213

201　Suram S, Brown G D, Ghosh M, Gordon S, Loper R, Taylor P R, Akira S, Uematsu S, Williams D L, Leslie C C. J Biol Chem, 2006, 281(9): 5506~5514

202　Mueller A, Raptis J, Rice P J, Kalbfleisch J, Stout R D, Ensley H E, Browder I W, Williams D L. Glycobiology, 2000, 10(4): 339~346

203　Rice P J, Kelley J L, Kogan G, Ensley H E, Kalbfleisch J, Browder I W, Williams D L. J Leukoc Biol, 2002, 72(1): 140~146

204　Yamagishi T, Tsuboi T, Kikuchi K et al. Cereal Chem, 2003, 80(1): 5~8

205　Rusnati M, Urbinati C, Caputo A et al. Biol Chem, 2001, 276: 22420~22425

206　Lee I H, Huang R L, Chen C T et al. FEMS Microbiol Lett, 2002, 209: 63~67

207　Huheihel M, Ishanu V, Tal J et al. Biochem Biophys Methods, 2002, 50: 189~200

208　Cattaneo F, Trento F, Pescador R et al. Thrombosis Research, 2002, 105: 455~457

209　Klocker J, Perkmann R, Klein-Weigel P et al. Vascular Pharmacology, 2004, 40: 293~300

210　Kashiwagi Y, Norisuye T et al. Macromolecules, 1981, 14: 1220~1225

211　Bohn J A, BeMiller J N. Carhohydr Polym, 1995, 28: 3~14

212　Kiho T, Yoshida I et al. Carbohydr Res, 1989, 189: 273~279

213　Mizuno T, Hagiwara T et al. Agri Biol Chem, 1990, 54: 2889

214　Mizuno T, Ando M. Biosci Biotechnol Biochem, 1992, 56: 34

215 Jin Y, Zhang L et al. Carbohydr Res, 2003, 338(14): 1517~1512

216 Zhang L, Li X, Xu X et al. Carbohydr Res, 2005, 340: 1515~1521

217 Zhang M, Cheung P C, Ooi V E C, Zhang L. Carbohydr Res, 2004, 339: 2297~2301

218 Ding Q, Zhang L et al. Carbohydr Res, 1997, 303: 193~197

219 Ding Q, Jiang S, Zhang L, Wu C. Carbohydr Res, 1998, 308: 339~343

220 Zhang M, Zhang L, Cheung Peter C K et al. Biopolymers, 2003, 68: 150~159

221 Zhang L, Zhang X et al. Polym J, 2001, 33: 317~321

222 Zhang L, Li X et al. Polym J, 2002, 34: 443

223 张俐娜,薛奇,莫志深,金熹高. 高分子物理近代研究方法. 武汉:武汉大学出版社,2003

224 Zhang X, Zhang L, Xu X. Biopolymers, 2004, 75: 187~195

225 Bae A H, Lee S W, Ikeda M, Sano M, Shinkaia S, Sakirai K. Carbohydrate Research, 2004, 339: 251~258

226 Sakurai K, Mizu M, Shinkai S. Biomacromolecules, 2001, 2: 641~650

227 Thompson J B, Hansma H G, Hansma P K, Plaxco K W. J Mol Biol, 2002, 322: 645~652

228 Sha R, Liu F, Millar D P, Seeman N C. Chemistry & Biology, 2000, 7: 734~751

229 Marszalek P E, Li H, Fernandez J M. Nature Biotechnology, 2001, 19: 258~262

230 McIntire T M, Brant D A. Biopolymers, 1997, 42: 133~146

231 Thersa M M, Brant D A. J Am Chem Soc, 1998, 120: 6909~6919

232 McIntire T M, Penner R M, Brant D A. Macromolecules, 1995, 28: 6375~6377

233 Zhang J, Mungara P, Jane J. Polymer, 2001, 42: 2569~2578

234 Zhong Z, Sun X S. Polymer, 2001, 42: 6961~6969

235 Wu Q, Snkabe H, Isobe S. Polymer, 2003, 44: 3901~3908

236 Zhong Z K, Sun X S. J Appl Polym Sci, 2003, 88: 407~413

237 Liu Y, Li K. Macromol Rapid Commun, 2002, 23: 139~140

238 Liu Y, Li K. Macromol Rapid Commun, 2004, 25: 1835~1838

239 Vaz C M et al. Polymer, 2003, 44: 5983~5992

240 Vaz C M et al. Biomacromolecules, 2003, 4: 1520~1529

241 Wu Q, Zhang L. J Appl Polym Sci, 2001, 82: 3373~3380

242 Chen P, Zhang L. Biomacromolecules, 2006, 7(6): 1700~1706

243 Chen Y, Zhang L et al. Ind Eng Chem Res, 2003, 42: 6786~6794

244 Lu Y, Weng L, Zhang L. Biomacromolecules, 2004, 5: 1046~1051

245 Chen P, Zhang L. Macromol Biosci, 2005, 5: 237~245

246 Chen P, Zhang L, Cao F. Macromol Biosci, 2005, 5: 872~880

247 Chen Y, Zhang L, Gu J et al. J Membr Sci, 2004, 241: 393~402

248 Wang N, Zhang L. Polym Int, 2005, 54: 233~239

249 Swain S N, Biswal S M, Nanda P K, Nayak P L. J Polym Environ, 2004, 12: 35~42

250 Kumar R, Chondhary V, Mishra S, Varma I K. Ind Crops Prod, 2002, 16: 155~172

251 Park S K, Hettiarachchy N S. J Am Oil Chem Soc, 1999, 76: 1201~1205

252 李官奇. 植物蛋白质合成纤维及其制造发放. 中国专利 02109966.9.2002

253 Lazko J, Popineau Y, Legrand J. Colloid Surf B-Biointerfaces, 2004, 37: 1~8

254 Mizuno A, Mitsuiki M, Motoki M. J Agric Food Chem, 2000, 48: 3286~3291

255　Mizuno A, Mitsuiki M, Motoki M, Ebisawa K, Xuzuki E. J Agric Food Chem, 2000, 48: 3292~3297

256　Shao Z, Vollrath F. Nature, 2002, 418: 741~741

257　Liu Y, Shao Z, Vollrath F. Natural Materials, 2005, 4: 901~905

258　Jin H J, Kaplan D L. Nature, 2003, 424: 1057~1061

259　Vollrath F, Knight D P. Nature, 2001, 410: 541~548

260　Bell F I, McEwen I J, Viney C. Nature, 2002, 416: 37~37

261　Shao Z Z, Vollrath F. Nature, 2002, 418: 741

262　Lazaris A, Arcidiacono S, Huang Y, Zhou J F, Duguay F, Chretien N, Welsh E A, Soares J W, Karatzas C N. Science, 2002, 295: 472~476

263　Atkins E. Nature, 2003, 424: 1010

264　Jin H J, Kaplan D L. Nature, 2003, 424: 1057~1061

265　Emile O, Le Floch A, Vollrath F. Nature, 2006, 440: 621

266　Dell H. Nature, 2006, 441: 821

267　Garb J E, DiMauro T, Vo V, Hayashi C Y. Science, 2006, 312: 1762

268　Liu Y, Shao Z, Vollrath Z. Nature Materials, 2005, 4: 901~905

269　Yang Y, Chen X, Shao Z, Zhou P, Porter D, Knight D P, Vollrath F. Advanced Materials, 2005, 17 (1): 84~88

270　Peng X, Shao Z, Chen X, Knight D P, Wu P, Vollrath F. Biomacromolecules, 2005, 6: 302~308

271　Zong X, Zhou P, Shao Z, Chen S, Chen X, Hu B, Deng F, Yao W. Biochemistry, 2004, 43: 11932~11941

272　Yang Y, Shao Z, Chen X, Zhou P. Biomacromolecules, 2004, 5 (3): 773~779

273　Zhou P, Li G, Shao Z, Pan X, Yu T. Journal of Physical Chemistry, 2001, 105: 12469~12476

274　刘永成, 邵正中, 于同隐. 高分子通报, 1998, 3: 17~23

275　Immirzi A, Tedesco C, Monaco G, Tonelli A E. Macromolecules, 2005, 38: 1223~1231

276　Takahashi Y, Kumano T. Macromolecules, 2004, 37: 4860~4864

277　Khabbaz F, Albertsson A C. Biomacromolecules, 2000, 1: 665~673

278　Bode H B, Kerkhoff K, Jendrossek D. Biomacromolecules, 2001, 2: 295~303

279　Choi S S. J Appl Polym Sci, 2006, 99: 691~696

280　Angellier H, Boisseau S M, Lebrun L, Dufresne A. Macromolecules, 2005, 38: 3783~3792

281　Hamamoto Y, Harada S, Kobayashi S, Yamaguchi K, Iijima H, Manabe S, Tsurumi T, Aizawa H, Yamamoto N. Vox Sang, 1989, 56: 230~236

282　Lu Y, Zhang L, Xiao P. Polym Degrad Stab, 2004, 86: 51~57

283　Zhang L, Zhou Q. Ind Eng Chem Res, 1997, 36: 2651~2656

284　Zhang L, Zhou J, Huang J, Gong P, Zhou Q, Zheng L, Du Y. Ind Eng Chem Res, 1999, 38: 4284~4289

285　Hosokawa J, Nishiyama M, Yoshihara K, Kubo T. Ind Eng Chem Res, 1991, 30: 788~792

286　Kalichevsky M T, Jaroszkiewicz E M, Ablett S et al. Carbohydr Polym, 1992, 18: 77~88

287　Della V G, Buleon A, Carreau P J et al. J Rheol, 1998, 42: 507~525

288　Lourdin D, Coignard L, Bizot H et al. Polymer, 1997, 38: 5401~5406

289　Ma X, Yu J. J Appl Polym Sci, 2004, 93: 1769~1773

290　Ma X, Yu J. Starch/Stärke, 2004, 56: 545~551

291 Averousa L, Moroa L, Doleb P et al. Polymer, 2000, 41: 4157~4167

292 Park S K, Rhee C O, Bae D H, Hettiarachchy N S. J Agric Food Chem, 2001, 49: 2308~2312

293 Rhim J W, Gennadios A, Weller C L, Hanna M A. Ind Crops Prod, 2002, 15: 199~205

294 Ghorpade V M, Ali H, Gennadios A, Hanna M A. Trans Am Soc Agric Eng, 1995, 38: 1805~1808

295 Sabato S F, Ouattara B, Yu H, D'Aprano G, Tien C L, Mateescu M A, Lacroix M. J Agric Food Chem, 2001, 49: 1397~1403

296 Park S K, Bae D H, Rhee K C. J Am Oil Chem Soc, 2000, 77: 879~883

297 Loredana M, Prospero D P, Carla E, Angela S, Paolo M, Raffaele P. J Biotechnol, 2003, 102: 191~198

298 Pintaric B, Rogosic M, Mencer H J. J Mol Liq, 2000, 85: 331~350

299 李官奇. 植物蛋白合成丝, 中国专利 99116636.1. 1999

300 Zhang Y, Ghasemzadeh S, Kotliar A M, Kumar S, Presnell S, Williams L D. J Appl Polym Sci, 1999, 71: 11~19

301 Huang H C, Hammond EG, Reitmeier C A, Myers D J. J Am Oil Chem Soc, 1995, 72(12): 1453~1460

302 Park Y L, Lee Y M, Park S N et al. Biomaterials, 2000, 21: 153~159

303 Zhang J F, Sun S Z. Biomacromolecules, 2004, 5: 1446~1451

304 Mani R, Bhattacharya M. Eur Polym J, 2001, 37: 515~526

305 Scandola M, Finelli L, Sarti et al. J Macromol Sci, Pure Appl Chem, 1998, A35: 589~608

306 Zhang L, Zhou J, Huang J. Ind Eng Chem Res, 1999, 38: 4284~4289

307 Xu Y X, Hanna M A. Carbohydrate Polymers, 2005, 59: 521~529

308 Chang L C, Xue Y, Hsieh F H. J Appl Polym Sci, 2001, 81: 2027~2035

309 王迪珍, 罗东山, 贾立成, 合成橡胶工业, 1992, 1: 12

310 王迪珍, 林红旗, 罗东山, 高分子材料科学与工程, 1999, 15: 126~128

311 Košíkov B, Gregorová A. J Appl Polym Sci, 2005, 97: 924~929

312 叶慧平, 李陵岚, 王念贵. 天然胶黏剂, 北京: 化学工业出版社, 2004. 1~15

313 Brown O E. US Patent 4675351. 1987

314 Liu Y, Li K. Macromol. Rapid Commun., 2002, 23: 739~742

315 Cheng E, Sun X, Karr G S. Composites: Part A, 2004, 35: 297~302

316 Mo X Q, Hu J, Sun X S, Ratto J A. Ind Crops Prod, 2001, 14: 1~9

317 Betrozzi C R, Kiessling L L. Science, 2001, 291(5512): 2357~2364

318 陆凤翔, 杨玉等. 临川使用药物手册. 第三版. 南京: 江苏科学技术出版社, 2004

319 凌关庭等. 保健食品原料手册. 北京: 化学工业出版社, 2002. 31

320 范晓, 张士璀, 秦松等. 海洋生物技术新进展. 北京: 海洋出版社, 1999. 188

321 Rodén L. Highlights in the history of heparin, Lane DA, Lindahl U., Heparin, Vol. 1., London: Edward Arnold, 1989, 1~23

322 Ryoko Gonda, masashi Tomoda. structural Features of Vkonan C, a reticuloendothelial system-activating polysaccharide from the Rhizome of curcuma longa, Chem Pharm Bull, 1991, 39(2): 441~444

323 Jonas S, Farah L F. Polym Degrad Stab, 1998, 59: 101~106

324 Fontana J D, De Souza A M, Fontana C K, Torriani I L, Moresch J C, Gallotti B J. Appl Biochem Biotechnol, 1990, 24/25: 253~264

325 Schurz J. Prog Polym Sci, 1999, 24: 481~483

326　温永堂，郭振友，付振刚，张桂英. CN94119089.7

327　吴清基. 高科技纤维与应用，1998，23(2)：3～15

328　Elcin Y M, Dixit V, Gitnick G. Artificial Organs, 1998, 22(10)：837～846

329　胡巧玲，李保强，沈家骢 CN 02136031.6

330　Madihally S V, Matthew H W. T Biomaterials，1999，20：1133～1142

331　Bhattaraia N, Edmondsona D, Veiseha O, Matsenb F A et al. Biomaterials, 2005, 26：6176～6184

332　Sabins S，Rege P，Block L H. Pharm Dev Technol, 1997, 2：243～255

333　Thacharodi D，Rao K P. Biomaterials, 1996，17：1307～1311

334　Onishi H，Kitano M et al. Bio Pharm Bull, 1996, 19：241～245

335　Ding Y, Hu Y, Jiang X et al. Angew Chem Int Ed, 2004, 43：6369～6372

336　Nobuo K, Takashi H. Jpn. Kokai Tokkyo Koho JP06345653 [94354653] (ClA61K31/715)

337　Wang K, He Z. Inter J Pharm, 2002, 244：117～126

338　Dumitriu S, Dumitriu M, Teaca G. Clin Mater, 1990, 6(3)：265～276

339　Perrier E J L, Antoni D, Hull A R. WO, 93 22 370, 1993, 11

340　Lu M F, Woodward L, Borodkin S. Drug Dev Ind Pharm, 1991, 17：1987～2004

341　Talukdar M, Plaizier-Vercammen J. Drug Dev Ind Pharm, 1993, 19：1037～1046

342　Ingani H M, Mos A J. STP Pharma, 1998, 4：188～195

343　Talukdar M, Kinget R. Int J Pharm, 1997. 151：99～107

344　Talukdar M, Michoel A, Rombaut P, Kinget R. Int J Pharm, 1996, 129：233～241

345　Maezaki Y, Keisuke T, Nakagawa Y et al. Biosci Biotechnol Biochem, 1993, 57：1439～1444

346　Bokura H, Kobayashi S. Eur J Clin Nutr, 2003, 57：721～725

347　李波，谢笔均. 食品科学，2000，21(1)：19～20

348　FAOPWHO "Food Additives"Codes Alimentarus , Vol . XIV, 1983

349　里景伟. 微生物多聚糖——黄原胶的生产与应用. 北京：中国农业科技出版社，1995

350　Kisbids N，Okimasu S. Agric Biol Chem, 1991, 55(8)：2105～2111

351　莫卫平，蒙义文，贾成禹，王佳兴，韩守键. 离子交换与吸附，1992，8(1)：5

352　Masamitsu S. JP11215958, Aug 10, 1999

353　Yang G, Zhang L, Xiong X J. Membr Sci, 2002, 201(1－2)：161～173

354　柳明珠，曹丽歆. 应用化学，2002，19(5)：455～458

355　崔孟忠，李竹云，徐世艾. 高分子通报，2003，3：23～28

356　Shatzman HM, Scaua TG, Davies M A. US, 5 270 459, 1993, 12

357　Placy J, Raca IH. HU, 70 436, 1995, 10

358　Zhou D, Zhang L, Zhou J, Guo S. Water Research, 2005, 39：2643～2650

359　Li N, Bai R, Liu C. Langmuir, 2005, 21：11780～11787

360　Chiou M S, Ho P Y, Li H Y. Dyes and Pigments ，2004，60(1)：69～84

361　Zhang L M, Chen D Q. Colloids Surf A Phys Eng Aspects, 2002, 205：231～236

362　Kim B S, Lim S T. Carbohydrate Polymers, 1999, 39：217～223

第2章 天然高分子的化学结构和物性

2.1 纤维素和木质素

2.1.1 纤维素

1. 化学结构

1838 年,法国科学家 Payen (1795—1871)首次用硝酸、氢氧化钠溶液交替处理木材后,分离出一种均匀的化合物并命名为纤维素(cellulose)[1]。纤维素是由纤维素二糖(cellobiose)重复单元通过 β-(1→4)-D-糖苷键连接而成的线形高分子,每个脱水葡萄糖单元(AGU)上的羟基位于 C-2、C-3 和 C-6 位置,具有典型的伯醇和仲醇的反应性质,邻近的仲羟基表现为典型二醇结构。纤维素链末端的羟基表现出不同的行为,其中 C-1 末端羟基具有还原性,而 C-4 末端羟基具有氧化性。它键接的氧和葡萄糖环上的氧主要形成分子内和分子间氢键,并参与降解反应。纤维素的分子结构如图 2.1 所示,其化学结构式为$(C_6H_{10}O_5)_n$,其中 n 为聚合度。X 射线衍射(XRD)及核磁共振(NMR)结果证明,纤维素链的 AGU 为$^4C_1$椅式构象,其中自由羟基位于环平面,而氢原子则位于竖直位置[2]。

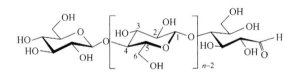

图 2.1 纤维素的分子结构

2. 分子量及结晶度

纤维素的分子量及其分布常用黏度法、光散射法以及尺寸排除色谱等方法测定。最简便的测定分子量方法是将纤维素溶解在金属络合物或其他极性溶剂中,如铜氨溶液(cuoxam)、铜乙二胺(cuen)、镉乙二胺(cadoxen)、酒石酸络铁酸钠溶液(FeTNa)、二甲亚砜/多聚甲醛(DMSO/PF)、LiCl/二甲基乙酰氨(DMAc)或 LiOH/尿素水溶液,采用黏度法测定其黏度。然后,由特性黏数($[\eta]$)按照 Mark-Houwink 方程计算得到黏均分子量(M_η)。Mark-Houwink 方程是表达$[\eta]$与分子量之间的关系:$[\eta]=KM^\alpha$。因此,只要已知高分子在一定溶剂和温度下的 K、α 常数,即可按该关系式由$[\eta]$求取 M_η 值。表 2.1 列出不同溶剂中纤维素溶液的 Mark-Houwink 方程的 K 和 α 值[3~11]。天然纤维素的平均聚合度(DP)都很高,如单球法囊藻(*Thealga valonia ventricosa*)纤维素的 DP 为 26 500～40 000;棉花纤维次生壁纤维素的 DP 为 13 000～14 000;韧皮纤维纤维素的 DP 为 7000～10 000,细菌纤维素(*acetobacter xylinum*)的 DP 为 2000～37 000[12]。同时,纤维素的聚合度也因处理方式的不同而存在差异。表 2.2 列出几种不同处理方法得到的天然和再生纤维素的 DP 值[13]。

表 2.1　不同溶剂中纤维素溶液的 Mark-Houwink 方程的 K 和 α 值[3～11]

溶剂	$T/℃$	$K \times 10^2$ /(cm³/g)	α	$M_w \times 10^{-4}$ 范围	方法	文献
Cadoxen	25	3.85	0.76	1.0～94.3	LS	[7]
	25	5.51	0.75	22.5～94.5	SD	[5]
Cuoxam	25	0.70	0.9	19.4～149.0	SD	[5]
Cuen	25	1.01	0.9	19.4～149.0	SD	[8]
FeTNa	30	5.31	0.775	3.3～56.0	LS	[9]
9%(质量分数)LiCl/DMAc	30	0.0128	1.19	12.5～70.0	LS	[3]
6%(质量分数)NaOH/4%(质量分数)尿素水溶液	25	2.45	0.815	3.2～12.9	LS	[10]
6%(质量分数)LiOH 水溶液	25	2.78	0.79	3.1～11.5	LS	[4]
4.6%(质量分数)LiOH/15%(质量分数)尿素水溶液	25	3.72	0.77	2.7～41.2	LS	[11]
DMSO/PF	30	4.88	0.81	6.7～12.0	LS	[6]

表 2.2　不同处理方法的纤维素的 DP 值 [13]

材料	DP 值范围
天然棉花	>12 000
粗磨漂白棉短绒	800～1800
木浆(溶解木浆)	600～1200
人造纤维素纤维	250～500
纤维素粉(经过部分水解和机械粉碎)	100～200

纤维素的结晶度一般较高,且与它的来源以及处理方式有关。结晶度(χ_c)通常采用广角 X 射线衍射(WAXD)测定,也可以根据高分辨交叉极化魔角自旋[13]C 固体核磁谱(CP/MAS[13]C NMR)计算。图 2.2 示出天然苎麻纤维的扫描电子显微镜(SEM)和 X 射线衍射图[14]。由此得出,天然苎麻纤维直径约为 30 μm,并且它具有高的结晶取向度。表 2.3 列出不同纤维素试样的结晶度[15]。纤维素是直接可用作材料的天然高分子,因此它本身就具有一般高分子材料的物理性能和力学

性能。表 2.4 为纤维素的物理性质[16]。

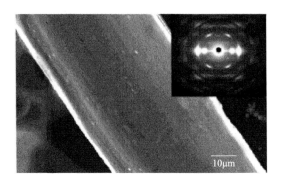

图 2.2　天然苎麻纤维的 SEM 及 X 射线衍射图[14]

表 2.3　几种纤维素及再生纤维素的结晶度 [15]

样品	制备方法	$\chi_c/\%$
纤维素 I	不同来源的棉短绒(粗磨漂白)	56～63
纤维素 I	不同来源的亚硫酸盐溶解木浆	50～56
纤维素粉	水解的云杉亚硫酸盐木浆	54
纤维素 I	硫酸盐溶解纸浆(水解)	46
纤维素 II	不同来源的黏胶纤维	27～40
纤维素 II	不同来源的再生纤维素膜	40～45
纤维素 II 长丝	N-甲基吗啉-N-氧化物(NMMO)体系在水中纺丝(实验品)	42
纤维素 II 长丝	三甲基硅烷纤维素溶液在酸浴中纺丝(实验品)	11

表 2.4　纤维素的物理性质 [16]

性质	单位	条件	数据
纤维素原纤尺寸	nm	基元纤维	1.5～3.5
密度	g/cm³	庚烷	1.540
		苯	1.570
		水	1.604～1.609
密度	g/cm³	纤维素 I	1.582～1.630
		纤维素 II	1.583～1.62
		纤维素 IV	1.61
		棉花	1.545～1.585
		苎麻	1.55
		木浆	1.535～1.547

续表

性质	单位	条件	数据
热传导率 λ_c	W/(m·K)	棉花,293K	0.071
		亚硫酸盐木浆,干态	0.067
		人造丝	0.054~0.07
比热容	J/(g·K)	—	1.22
燃烧热	kJ/g	—	17.43
介电常数	—	结晶部分	5.7
热分解温度	K	—	523
结晶热	kJ/kg	纤维素 I	121.8
		纤维素 II	134.8
重结晶热	kJ/kg	无定形纤维素→纤维素 I	41.9
玻璃化转变温度	K	—	493~518
拉伸强度	MPa	苎麻(干态)	900
		棉花(干态)	200~800
		黏胶纤维(干态)	200~400
弹性模量	MPa	天然亚麻	78 000~108 000
		天然苎麻	48 000~69 000
		取向的人造丝	33 000

3. 多晶及其转变

纤维素由 β-(1→4)-D-葡萄吡喃糖重复单元构成,而且形成具有高结晶度的纤维结构。它在不同条件下处理后可形成不同晶型,是一种同质多晶物质[17]。Hermans 提出纤维素分子链形态为一种弯曲链模型[18],并已证明纤维素 I 和纤维素 II 都符合这一模型[19,20]。一般认为,纤维素 I 簇(纤维素 I、III$_I$、IV$_I$)的构象为 Hermans 弯曲链构象,而纤维素 II 簇(纤维素 II、III$_{II}$、IV$_{II}$)为弯曲扭转链构象[21]。迄今已发现纤维素的四种结晶体形态,即纤维素 I、II、III 和 IV,它们在一定条件下会相互转换[22,23]。

天然纤维素包括细菌纤维素、海藻和高等植物(如棉花、苎麻、木材等)均属于纤维素 I 型。纤维素 I 分子链在晶胞内是平行堆砌的,根据纤维素来源和测定方法的不同,晶胞参数略有不同,其平均值为:$a=8.20\text{Å}$,$b=10.30\text{Å}$,$c=7.90\text{Å}$,$\beta=83°$[24]。纤维素 II 是纤维素 I 经由溶液中再生(regeneration)或经丝光处理(mercerization)得到的结晶变体,是工业上使用最多的纤维素形式。纤维素 II 与纤维素 I 有很大的不同,它是由两条分子链组成的单斜晶胞,属于反平行链的堆砌[25]。若将纤维素浸入液氨或有机胺类(甲胺、乙胺、丙胺、乙二胺等)中,然后将溶剂蒸发得到低温变体纤维素 III[26,27]。纤维素 III$_I$ 是相似于纤维素 I 的平行链结构,而纤维素 III$_{II}$相似于纤维素 II 的反平行链结构,并有相似的氢键链片结构[28~30]。纤维素 IV 是纤维素通过热处理得到的,它有 IV$_I$ 和 IV$_{II}$ 两种形式。纤维素 III$_I$ 在 260℃的甘油中热处理后得到纤维素 IV$_I$;纤维素 IV$_{II}$可以由纤维素 II 和 III$_{II}$在水或甘油中热处理制备[31]。纤维素 IV$_I$ 和 IV$_{II}$具有完全相同的晶胞参数,但它们的分子链极性和堆砌却完全不同,纤维素 IV$_I$ 为平行链结构,纤维素 IV$_{II}$ 则为反平行链结构[30]。由于纤维素 II 有较多方面扩展的氢键,晶胞结构较致密,能量最低,成为最稳定的结晶形态[25]。纤维素 I、III$_I$ 和 IV$_I$(即纤维素 I 簇)以及纤维素 II、III$_{II}$ 和(即纤维素 II 簇)之间可以通过化学方法或热处理进行相互转变,但纤维素 II 簇一旦形成就很难再转化为纤维素 I 簇[32]。

CP/MAS^{13}C NMR 固体核磁共振技术能有效地探测纤维素结晶变体的晶体结构,谱图的化学位移反映纤维素的二级结构,而不是链堆砌的三级结构[34]。图 2.3 示出了各种纤维素晶型的 CP/MAS^{13}C NMR 谱图。不同晶型纤维素 C1、C4 和 C6 的化学位移列于表 2.5 中[23]。67~62 ppm[①] 区域归属于与伯羟基相连的 C6;91~80 ppm 位移区与 C4 共振峰相关;109~103 ppm 位移区与异头碳(anomeric) C1 有关[23]。可以看出,不同晶型纤维素葡萄糖残基的 C4 和 C6 的化学位移具有明显的差别[23]。这种化学位移差别可能是因为不同晶型纤维素的链构象转变或晶体堆砌对吡喃葡萄糖单元 C4 和 C6 的影响差异造成的。如纤维素 I 和纤维素 II 在 C6 上的差别就是因为吡喃葡萄糖单元 C6 位羟基的构象不同,纤维素 I 为 t-g 构象,纤维素 II 和无定形纤维素则为 g-t 构象[30]。

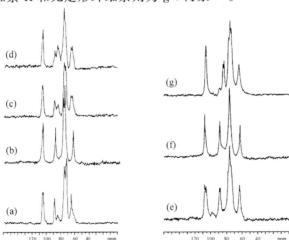

图 2.3 纤维素 I 和 II 的固体 CP/MAS^{13}C NMR 谱图
(a)苎麻纤维素 I;(b)从苎麻制备的纤维素 III$_I$;(c)从纤维素 III$_I$ 得到的纤维素 IV$_I$;
(d)从液氨中得到的纤维素 IV$_I$;(e)纤维素 II;(f)纤维素 III$_{II}$;(g)纤维素 IV$_{II}$[23]

① ppm 为非法定用法。为了遵从学科及读者阅读习惯,本书仍沿用这一用法。

表 2.5　不同纤维素晶体的 ^{13}C 化学位移值[23]

纤维素晶型	^{13}C 化学位移值/ppm		
	C1	C4	C6
纤维素 I	105.3~106.0	89.1~89.8	65.5~66.2
纤维素 II	105.8~106.3	88.7~88.8	63.5~64.1
纤维素 III$_\mathrm{I}$	105.3~105.6	88.1~88.3	62.5~62.7
纤维素 III$_\mathrm{II}$	106.7~106.8	88.0	62.1~62.8
纤维素 IV$_\mathrm{I}$	105.6	83.6~83.4	63.3~63.8
纤维素 IV$_\mathrm{II}$	105.5	83.5~84.6	63.7
无定形纤维素	大约 105	大约 84	大约 63

天然纤维素 I 也存在两种不同的晶体结构，即纤维素 I$_\alpha$ 和 I$_\beta$[34]。^{13}C NMR 谱指出它们之间最大的差别在 C1 的化学位移上，I$_\alpha$ 为单峰，I$_\beta$ 为双峰[33]。细菌纤维素主要为 I$_\alpha$ 晶态，再生纤维素几乎为纯的 I$_\beta$ 结晶。电子衍射分析进一步确定了纤维素 I$_\alpha$ 为三斜（triclinic）结构，I$_\beta$ 为单斜（monoclinic）结构分子链[35]。表 2.6 示出利用透射电子显微镜（TEM）得到纤维素 I$_\alpha$ 和 I$_\beta$ 的晶胞参数[35~37]，由此确定了纤维素 I$_\beta$ 的精确原子配位和氢键体系[38]。经过适当处理后，纤维素 I$_\alpha$ 可以转化为 I$_\beta$[39]。

表 2.6　纤维素 I$_\alpha$ 和 I$_\beta$ 的晶胞参数[35~37]

类型	空间群	链数目	晶胞尺寸					
			长度/nm			角度/(°)		
			a	b	c	α	β	γ
I$_\alpha$ 三斜晶系	P$_1$	1	0.674	0.593	1.036	117	113	81
I$_\beta$ 单斜晶系	P$_{21}$	2	0.801	0.817	1.036	90	90	97

4. 溶解性

纤维素由于含大量 OH 基的化学结构及其空间构象特点，其分子链易聚集形成高度有序结构[40]。这种有序结构是大量的分子内和分子间氢键形成的网络，从而使它难熔、难溶。纤维素的利用在很大程度上取决于它的溶剂，但它难溶于一般溶剂中。根据溶剂与纤维素反应和相互作用机理，可将纤维素溶剂分为非衍生化溶剂和衍生化溶剂；也可将它们分为水相溶剂和非水相溶剂[41]。

纤维素的溶解度（S_a）与 NMR 确定的氢键破坏程度[χ_h（NMR）]的关系最紧密。图 2.4 示出 S_a、X 射线衍射测定的无定形态含量[χ_{am}（X）]、氘代-IR 测得的可及度[χ_{ac}（IR）]和 χ_h（NMR）的相互关系[42]。线上数值是两个任意选择参数的相关

系数 γ。在无定形态含量参数之间,相关系数 γ 如下:$\chi_{am}(X) \sim \chi_h(NMR)0.745$;
$\chi_h(NMR) \sim \chi_c(IR)0.556$;$\chi_{am}(X) \sim \chi_{ac}(IR)0.558$。然而,$S_a \sim \chi_h(NMR)$ 的相关
系数 r 高达 0.998,$S_a \sim \chi_{am}(X)$ 和 $S_a \sim \chi_{ac}(IR)$ 的 r 值却分别为 0.777 和 0.603。
也就是说,纤维素的溶解行为不能从"晶态-无定形态"或者"可及-不可及"来解
释。铜氨再生纤维素在 NaOH 溶液中的溶解度主要取决于其 $O(3)$—$H \cdots O(5')$
分子内氢键的破坏程度[$\chi_{am}(C_3)$],它由 CP/MAS^{13}C NMR 测定,而不取决于由
X 射线衍射测得的无定形态含量 $\chi_{am}(X)$ 以及由氘代-IR 测得的可及度
$\chi_{ac}(IR)$[43]。木浆纤维素在 NaOH 溶液中的溶解度与 $O(3)$—$H \cdots O(5')$ 和
$O(2)$—$H \cdots O(6')$ 分子内氢键的破坏程度[$\chi_{am}(C_3)$ 和 $\chi_{am}(C_6)$]密切相关[42]。由
CP/MAS^{13}C NMR 测定的 C3、C6 上氢键的破坏程度如果大于 45%,则可溶解于
NaOH 水溶液中。

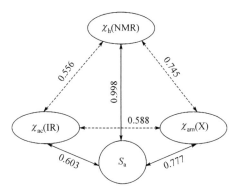

图 2.4　溶解度 S_a、X 射线衍射测定的无定形态含量[$\chi_{am}(X)$]、氘代-IR 测得的

可及度[$\chi_{ac}(IR)$]和 $\chi_h(NMR)$ 的相互关系[42]

1) 胺氧化物体系

1939 年,Graenacher 等[44]首次发现三甲基氧化胺、三乙基氧化胺和二甲基环
己基氧化胺等叔胺氧化物可以溶解纤维素。后来,Johnson 进一步发现 N-甲基-
N-吗啉氧化物(NMMO)更适合用作纤维素溶剂[45]。NMMO 是一种脂肪族环状
叔胺氧化物,它由二甘醇与氨反应生成吗啉,再经甲基化和 H_2O_2 氧化后得到[41]。
NMMO/H_2O 体系对纤维素的溶解条件比较苛刻,而且纤维素仅在一个很狭窄的
范围和有限条件下才能溶解[17]。在这个相对有限的区域中,纤维素与水的比例有
个极限的变化关系。当含水量约 2%(质量分数)时,纤维素溶液浓度可达 28%(质
量分数);当含水量为 15%~20%(质量分数)时,纤维素溶液浓度仅为 5%(质量分
数)。在设定的温度下减压蒸发除去过量的水,NMMO/水/纤维素混合体系达到
特定的相图区域则发生溶解[46]。此外,NMMO/H_2O/DMSO[47]、NMMO/H_2O/
二乙基三胺(diethylentriamine,DETA)[48]等三元溶剂体系也可溶解纤维素。

32.6％（质量分数）NMMO/10.0％（质量分数）H_2O/57.4％（质量分数）DETA 可以在比较温和的条件下溶解纤维素[48]。

2）氯化锂/二甲基乙酰胺（LiCl/DMAc）体系

纤维素在 LiCl/DMAc 溶剂中可以配制成浓度达 15％（质量分数）的溶液,溶剂中 LiCl 的含量为 3％～18％（质量分数）,以 5％～9％（质量分数）为最佳[3,49]。在该体系中将纤维素混合物加热到 150℃,然后缓慢冷却可进一步缩短纤维素的溶解时间[50]。溶解纤维素的最好方法是将一定量的 DMAc 加到干燥的纤维素中,该混合物在 165℃ N_2 中处理 20～30min,然后冷却到 100℃,再加入预先称量的 LiCl。接着在 80℃连续搅拌 10～40min,纤维素可以完全溶解[51]。溶解过程通入干燥的 N_2,可以避免因温度升高导致纤维素氧化降解,溶液变色。

3）过渡金属络合物水溶液

用于纤维素溶剂的过渡金属络合物水溶液有铜氨络合物（cuoxam）、铜乙二胺（cuen）、镉乙二胺（cadoxen）和酒石酸络铁酸钠溶液（FeTNa）。它们都能完全溶解高 DP 的纤维素,而且氨络合物具有相对快的溶解速度。铜氨溶液是深蓝色液体,其中[$Cu(NH_3)_4$]$(OH)_2$ 是活性中心,并且与纤维素 C-2 和 C-3 位的羟基发生强相互作用。少量的碱能促进纤维素的溶解和络合,而过量的碱则导致形成 $Na_x[Cu(C_6H_8O_5)_2]$（$x=2$）的溶胀物沉淀。当铜浓度为 15～30 g/L,氨浓度不低于 15％（质量分数）时,即使高聚合度的纤维素也能快速地完全溶解。

以乙二胺（en）或 1,3-二氨基丙烷（pren）为中心、铜原子为配体的络合物也可作为纤维素溶剂。通过将氢氧化铜溶解于高浓度乙二胺可以得到铜乙二胺（cuen）溶液[52],它以[$Cu(cuen)_2$]$(OH)_2$ 作为活性中心。纤维素在铜乙二胺中受到的氧化降解明显低于铜氨络合物,因此它通常用于测定纤维素的聚合度。Cu 和缩二脲物质的量比为 1∶2 时,再加入适量的 KOH 可溶解聚合度为 800 的纤维素,并得到高黏度、清亮的紫色溶液,而且纤维素浓度可高达 8％（质量分数）。此外还有许多基于 Cu、Zn、Cd、Co 和 Ni 为阳离子,乙二胺或氨水作为配体的络合物纤维素溶剂。这些溶剂中以 Cu 为阳离子的络合物具有最大的溶解能力,并且所需的金属离子浓度最低。

一种可用于纤维素聚合度测定的强碱性溶剂——酒石酸络铁酸钠溶液（FeTNa 或称为 EWNN）,它由 $Fe(OH)_3$、酒石酸钠和氢氧化钠水溶液形成络合物。这种络合物为绿色,极易水解,但是在过量 NaOH 存在下可稳定保存。在 FeTNa 中,0.3％（质量分数）的纤维素溶液表现出非常高的黏度,而 2％（质量分数）的纤维素溶液就已形成凝胶。

4）NaOH 及其组合物水溶液体系

利用蒸汽爆破的技术对不同来源的纤维素预处理可破坏它们的结晶度并降低

分子量。软木浆、硬木浆经蒸汽爆破处理后，其 DP 为 200～300，可溶于 8%～10%（质量分数）的 NaOH 水溶液。但是这种方法对棉短绒浆基本无效，其溶解度低于 25%。微晶纤维素在 8%～9% NaOH（质量分数）水溶液中溶胀后冷冻，然后于室温解冻并将 NaOH 稀释到 5%（质量分数）可以完全溶解纤维素[53]。NaOH/尿素、LiOH/尿素和 NaOH/硫脲水溶液体系在低温可溶解纤维素。将 7%（质量分数）NaOH/12%（质量分数）尿素、4.6%（质量分数）LiOH/15%（质量分数）尿素或 9.5%（质量分数）NaOH/4.5%（质量分数）硫脲水溶液分别预冷至 $-12℃$、$-12℃$ 和 $-8℃$ 后，它们可以迅速溶解纤维素，形成透明的纤维素溶液[54~56]。它们的 ^{13}C NMR 谱显示出纤维素溶解在这些水溶液中并未发生衍生化反应，因此它们是纤维素的直接溶剂[54]。

5）离子液体

1-丁基-3-甲基咪唑氯代（[BMIM]Cl）离子液体可溶解纤维素[57]。然而，只有含强氢键受体的阴离子如 Cl^- 的液体能够溶解纤维素，而含配位型的阴离子 BF_4^-、PF_6^- 的离子液体则不能溶解纤维素。1-烯丙基-3-甲基咪唑氯代（[AMIM]Cl）离子液体也能溶解纤维素[58]，该溶液可用于纤维素均相乙酰化反应。

2.1.2　木质素

1. 化学结构

木质素原本是一种白色或接近无色的物质，从植物材料中分离出来的木质素是很轻的粉状物质。然而，它随着分离方法的不同而变为灰黄到灰褐的颜色。木质素的相对密度为 1.35～1.50，它的热值大约为 6.2cal[①]/g。同时，木质素具有很高的折光系数（1.61），说明木质素具有芳香族性质。

从气相色谱/质谱可以得到木质素不同的组成成分[59]。木质素以苯丙烷 C-6～C-3 单元为结构主体，共有三种基本结构单元，即羟苯基丙烷（H）、愈创木基丙烷（G）和紫丁香基丙烷（S）。其中，G，S 和 H 单元与来源和种类有关。利用时间-飞行次级离子质谱（ToF-SIMS）和同位素标记方法可以得到不同来源木质素的化学结构，如图 2.5 所示[60]。图 2.5 中(a)、(b)、(c)、(d)和(e)分别代表松树磨木木质素（MWL）、山毛榉树磨木木质素、松树木质素碳水复合物（LCC）、脱氢聚合物（DHP）和 D-标记脱氢聚合物。大部分的软木（裸子植物）木质素为 G-木质素，硬木（被子植物）木质素为 GS-木质素，草（单子叶杯子植物）木质素则含有三种单元[61]。这些苯丙烷 C-6～C-3 单元通过不同的 C—C 和 C—O 键接形成木质素的复杂和不规则结构。典型的软木木质素结构模型如图 2.6 所示[62]。

---

① 1cal＝4.1868J，下同。

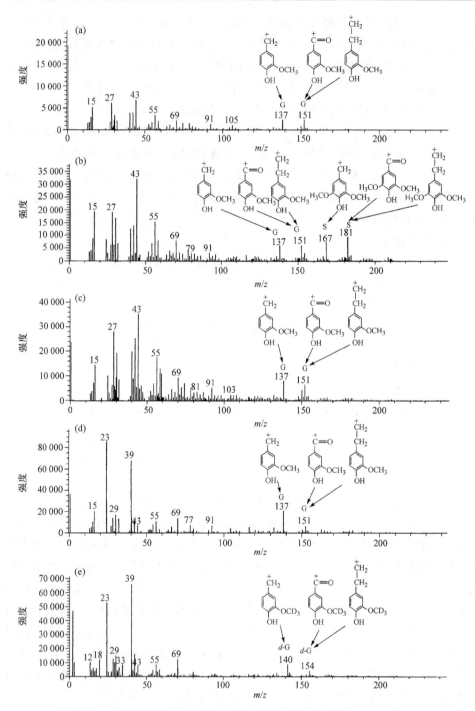

图 2.5　不同来源的木质素的时间-飞行次级离子质谱(ToF-SIMS)

(a)松树 MWL；(b)山毛榉树 MWL；(c)松树 LCC；(d)DHP；(e)D-标记 DHP

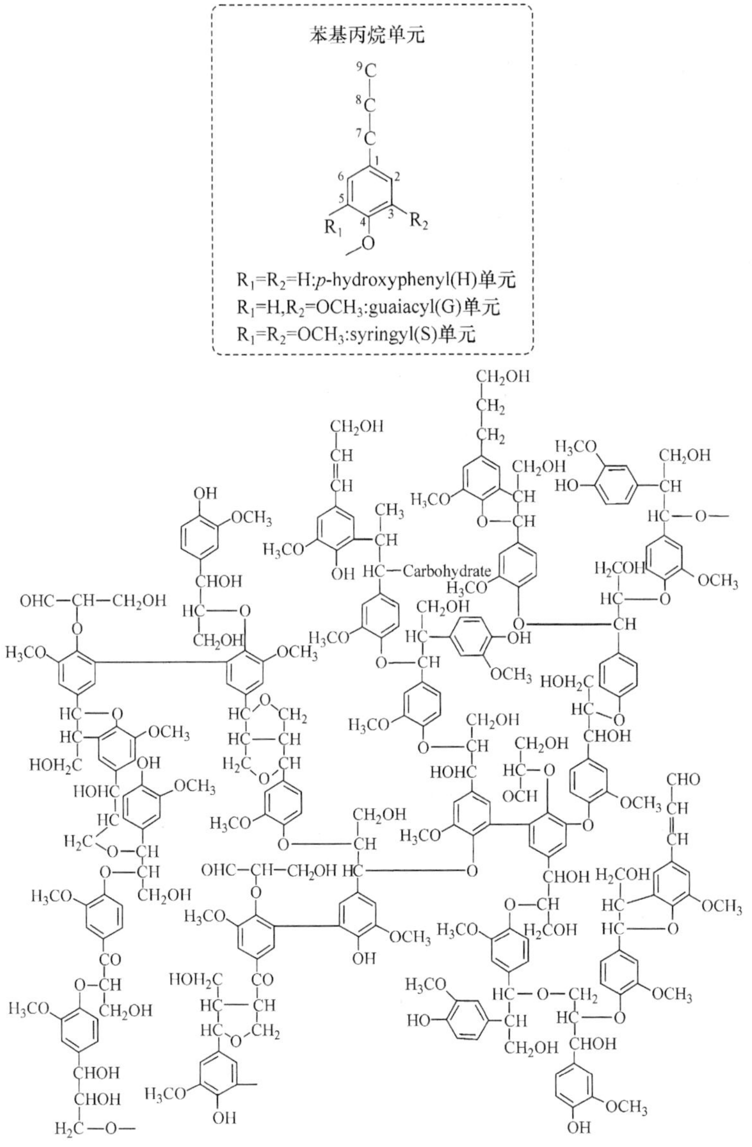

图 2.6　苯基丙烷(H，G，S)单元和软木木质素结构模型[62]

在红外光谱上木质素分子结构中的特征基团有明确的特征峰,主要位于 1610～
1600cm^{-1} 和 1520～1500cm^{-1},它们属芳香环骨架振动。同时,在 1665～1670cm^{-1} 有
共轭羰基,在 1470～1460cm^{-1} 有甲基和亚甲基的 C—H 弯曲振动,在这些波数范围
内很少有其他谱带,因此可以用来证明木质素的存在,而 1510cm^{-1} 和 1600cm^{-1} 的芳
香环振动可以用来定量测定木质素[63]。木质素的 ^{13}C NMR 谱图中,位于 115ppm、
135ppm 和 150ppm 处的化学位移归属于芳香族碳。147ppm 处的化学位移归属于愈

创木基单元的 C-3 和 C-4;153ppm 处的肩峰归属于紫丁香基的 C-3 和 C-5。此外，84ppm、73ppm、60ppm 和 56ppm 分别归属于 C_β、C_α—OH、C_γ—OH 和 OCH_3。

2. 溶解度

可溶性木质素是无定形结构，而不溶性木质素是原料纤维的结构。酚羟基和羧基的存在使木质素能在浓的强碱溶液中溶解。分离的 Brauns 木质素和有机溶剂木质素可以溶于含有少量水的二氧六环、吡啶、甲醇、乙醇、丙酮及稀碱中。然而，酸木质素不溶于所有的溶剂。对大多数分离的木质素而言，最好的溶剂是存在乙酸中的乙酰溴和六氟丙醇。除了酸木质素和铜氨木质素外，原始木质素和大多数分离的木质素为热塑性高分子，其玻璃化转变温度按照其来源和处理方式的不同而有所差异。表 2.7 列出各种分离木质素的玻璃化转变温度(T_g)[63]。

表 2.7　各种分离木质素的玻璃化转变温度[63]

树种	分离木质素	玻璃化温度/℃	
		干燥状态	吸湿状态(水分/%)
云杉	高碘酸木质素	193	115(12.6)
云杉	高碘酸木质素		90(27.1)
云杉	二氧六环木质素(低分子量)	127	72(7.1)
云杉	二氧六环木质素(低分子量)	146	92(7.2)
桦木	高碘酸木质素	179	128(12.2)
针叶树	木质素磺酸盐(Na)	235	118(21.2)

3. 分子量

不同来源或分离方法得到的木质素的分子量不同，其分子量范围一般从几千至几万，只有原木质素才能达到 10 万以上，并具有明显的多分散性。表 2.8 示出云杉木质素的重均分子量(M_w)、数均分子量(M_n)和分散度指数(M_w/M_n)。由此可见，不同分离方法得到的木质素分子量明显不同[63]。

表 2.8　不同分离法得到的云杉木质素分子量[63]

分离木质素	$M_w \times 10^{-3}$	$M_n \times 10^{-3}$	M_w/M_n
Brauns 天然木质素	2.8~5.7		
磨木木质素	20.6	8.0	2.6
磨木木质素	15.0	3.4	4.4
木质素磺酸	5.3~13.1		3.1
二氧六环木质素	4.3~8.5		3.1
甘蔗渣磨木木质素	17.8	2.45	7.3

2.2　淀　粉

2.2.1　淀粉结构

1. 化学结构

淀粉广泛存在于自然界植物的根、茎、种子等组织中，来源不同则它们的成分也

不同。表 2.9 示出几种植物淀粉的主要成分[64]。淀粉是由 α-D-葡萄糖单元通过
α-(1→4)-D-糖苷键连接形成的共价聚合物,其分子式为$(C_6H_{10}O_5)_n$。另外,淀粉分
子中还含有一定量的 α-(1→6)-D-糖苷键。1940 年,瑞士 Merey 和 Schoch 首次发现
淀粉由直链淀粉(amylose)和支链淀粉(amylopectin)组成。直链淀粉和支链淀粉结
构和性质具有明显差异,它们的分子结构如图 2.7 所示[65]。直链淀粉是一种线性高
聚物,由 α-D-葡萄糖通过 α-(1→4)-D-糖苷键连接。支链淀粉是 α-D-葡萄糖通过
α-(1→4)和(1→6)-D-糖苷键连接的高支化聚合物,分支点的 α-(1→6)-D-糖苷键占
总糖苷键的 4%～5%。直链淀粉中每六个葡萄糖单元组成螺旋的一个螺距,在螺
旋内部只有氢原子,而羟基位于螺旋外侧。直链淀粉一般也存在微量的支化现象,
平均每 180～320 个葡萄糖单元有一个支链,连接分支点的 α-(1→6)-D-糖苷键占
总糖苷键的 0.3%～0.5%[66]。

表 2.9　淀粉的主要成分[64]

组成	玉米淀粉	马铃薯淀粉	小麦淀粉	木薯淀粉	蜡质玉米淀粉
淀粉/%	85.7	80.3	85.4	86.7	86.4
水分(20℃,65%相对湿度)/%	13.0	19.0	13.0	13.0	13.0
类脂物(干基)/%	0.8	0.1	0.9	0.1	0.2
蛋白质(干基)/%	0.35	0.1	0.4	0.1	0.25
灰分(干基)/%	0.1	0.35	0.2	0.1	0.1
磷(干基)/%	0.02	0.08	0.06	0.01	0.01
淀粉结合磷(干基)/%	0.00	0.08	0.00	0.00	0.00

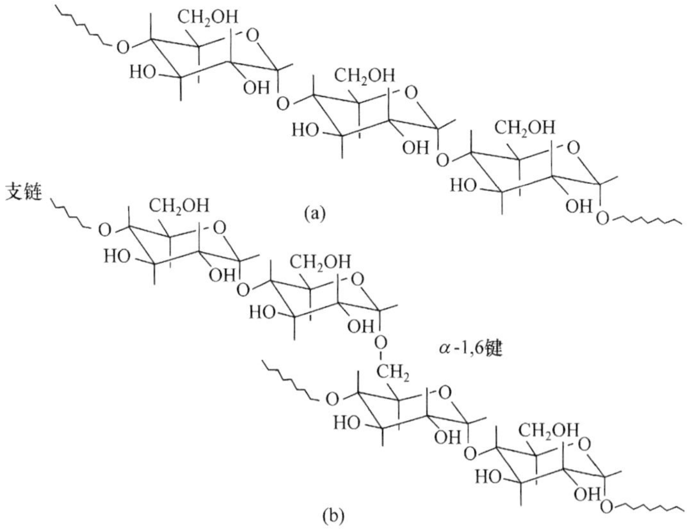

图 2.7　直链淀粉(a)和支链淀粉(b)的化学结构式[65]

　　基质辅助激光解吸/电离时间-飞行质谱(MALDI-MS)是一种快速精确分析碳水化合物分子尺寸以及分子量的新方法。蜡质玉米淀粉在乙酸钠缓冲溶液中(pH=3.5)经异淀粉酶水解去支化处理后用 MALDI-MS 表征。图 2.8 示出酶处理去支化蜡质玉米淀粉的基质辅助激光解吸/电离时间-飞行质谱谱图。从图 2.8 中可以清楚地得到水解后支链淀粉的结构信息以及水解程度。低分子量麦芽单糖/多糖更容易失水。同时,随着麦芽单糖/多糖分子量的增加,其结合的钾离子量增加;直到 DP 达到 26,其结合钾离子的量多于结合钠离子的量。糖苷键的断裂使去支化淀粉样品最大强度碎片峰出现在较低取代度区域[67]。由于直链淀粉具有螺旋链结构,它在一定条件下可以键合相当它本身质量 20% 的碘而产生纯蓝色复合物,而支链淀粉的碘键合量不到 1%。由此,用这种方法不仅可以区分直链淀粉和支链淀粉,还可以计算出天然淀粉中直链淀粉的含量。天然淀粉中一般同时含有直链淀粉和支链淀粉,多数谷类淀粉中含 20%～25% 直链淀粉,而根类淀粉中仅含 17%～20% 直链淀粉。天然产物中只有一种皱皮豌豆含有 66% 的直链淀粉,经过人工培育的高直链淀粉含直链淀粉可达 80% 左右,而蜡质淀粉(waxy starch)中含有的直链淀粉少于 1%。

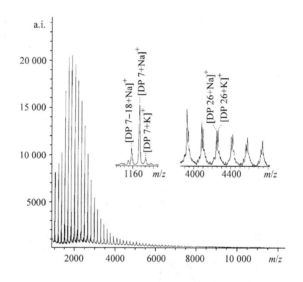

图 2.8　去支化蜡质玉米淀粉的基质辅助激光解吸/电离时间-飞行质谱谱图[67]

　　淀粉分子的特征红外吸收峰归属为:位于 $3500\sim3300\ cm^{-1}$ 处的—OH 伸缩振动峰,$1263\ cm^{-1}$(V 型结晶)、$1254\ cm^{-1}$(B 型结晶)处的—CH_2OH 弯曲振动峰,以及 $946\ cm^{-1}$(V 型结晶)、$936\ cm^{-1}$(B 型结晶)处的—CH_2—振动峰。其核磁谱峰位移值列于表 2.10 中[68]。

表 2.10　直链淀粉分子的核磁共振谱化学位移值[68]

样品及条件		化学位移值/ppm
液体¹H NMR	DMSO-d_6(100℃)	5.07(H-1), 3.30(H-2), 3.64(H-3), 3.32(H-4), 3.4(H-5), 3.7(H-6)
	D_2O,500 MHz(75℃)	5.896(d)(H-1), 4.162(dd)(H-2), 4.478(dd)(H-3), 4.162(t)(H-4), 4.350(H-5), 4.406(dd)(H-6$_a$), 4.328(dd)(H-6$_b$)
液体¹³C NMR	¹³C 化学位移	100.4(C-1), 72.6(C-2), 73.7(C-3), 79.4(C-4), 72.1(C-5), 61.2(C-6)
固体¹³C NMR	A 型结晶	102.30, 101.32, 100.05(t)(C-1), 63.67, 62.73(肩峰)(C-6)
	B 型结晶	101.71, 100.74(d)(C-1), 62.69(C-6)
	V_h 型结晶	103.85(C-1), 62.21(C-6)
	V_a 型结晶	103.76(C-1), 61.79(C-6)

2. 分子量

直链淀粉的分子量依据来源的不同而差别很大,平均聚合度为 700～5000,数均分子量为 $3.2×10^4$～$3.6×10^{6[69]}$,分子链的流体力学半径为 7～22 nm[70]。支链淀粉的分子量比直链淀粉大得多,平均聚合度为 4000～40 000,最高分子量达 $4.2×10^{8[71]}$。然而,支链淀粉分子链流体力学半径仅为 21～75 nm,呈现高密度线团构象。通过黏度法可以测定淀粉的 $M_η$ 值。表 2.11 汇集了淀粉在不同溶剂中 Mark-Houwink 方程($[η]=KM^α$)的 K、$α$ 参数[72]。

表 2.11　淀粉在不同溶剂中 Mark-Houwink 方程的 K、$α$ 参数[72]

溶剂	$K×10^5$/(mL/g)	$α$
水	13.2	0.68
0.5 mol/L NaOH	1.44	0.93
	3.64	0.85
0.15 mol/L NaOH	8.36	0.77
0.2 mol/L KOH	6.92	0.78
0.5 mol/L KOH	8.5	0.76
1.0 mol/L KOH	1.18	0.89
0.33 mol/L KCl	113	0.50
	112	0.50
	115	0.50
0.5 mol/L KCl	55	0.53

溶剂	$K \times 10^5/(\mathrm{mL/g})$	α
	55	0.53
KCl 水溶液(乙酸缓冲溶液)	59	0.53
DMSO	1.25	0.87
	30.6	0.64
	15.1	0.70
	3.95	0.82
乙二胺	15.5	0.70
甲酰胺	22.6	0.67
	30.5	0.62

3. 颗粒及晶体结构

淀粉颗粒的形状取决于来源,如小麦、黑麦、粉质玉米淀粉颗粒为球形,稻米淀粉颗粒呈不规则多角形,而马铃薯淀粉颗粒为卵形。不同来源的淀粉颗粒的尺寸也相差很大,一般以颗粒长轴的长度表示淀粉粒的大小,介于 $3 \sim 120 \ \mu\mathrm{m}$。经 α-淀粉酶水解后的玉米淀粉,可以清晰地看到淀粉的环层结构[73]。原子力显微镜(AFM)结果显示,小麦和马铃薯淀粉颗粒表面存在微孔结构,其中小麦淀粉的孔径为 $10 \sim 50 \ \mathrm{nm}$,而马铃薯淀粉为 $200 \sim 500 \ \mathrm{nm}$[74]。用共聚焦扫描激光显微镜已观察到淀粉颗粒表面存在着从表面深入到核的微孔[75,76],这是对淀粉颗粒认识的一大进步。

淀粉具有半结晶的性质,它的结晶度不高,并且与其来源密切相关,一般为 $25\% \sim 50\%$。构成淀粉颗粒的葡萄糖链以脐点为中心,链的长轴垂直于颗粒表面呈放射状排列,这种结构是淀粉颗粒具有双折射性的基础[77]。这主要是基于支链淀粉分子为"团簇"的概念,而直链淀粉则随机呈螺旋结构存在,这取决于颗粒中的脂类物质(大多数谷类淀粉存在这类物质)。结晶区是由连续的超分子螺旋结构支链淀粉组成的,螺旋结构中有许多空隙,可以容纳直链淀粉分子[78]。植物淀粉颗粒可归纳成从 A 型到 B 型结晶连续变化的系列,而位于变化的中间状态称为 C型。当淀粉从溶液中沉淀出来或与二甲亚砜、乙醇、脂肪酸等有机分子形成复合物后,则会出现 V 型结晶。固体 ^{13}C NMR 谱可以用于识别淀粉的 A、B 和 V 型结晶(表 2.10)。淀粉晶束之间的区域分子排列较杂乱,形成无定形区。支链淀粉分子量很大,可以穿过多个晶区和无定形区,其结晶区和无定形区并无明确的界线。表2.12 示出不同晶型淀粉分子的晶胞参数[79]。

表 2.12　不同晶型淀粉分子的晶胞参数[79]

| 晶体类型 | 晶格类型 | 晶胞尺寸/nm | | | 晶胞夹角 |
		a	b	c	$\gamma/(°)$
A	斜方晶系	1.19	1.77	1.05	90
B	斜方晶系	1.85	1.85	1.04	90
V_a	斜方晶系	1.30	2.25	0.79	90
V_h	斜方晶系	1.37	2.37	0.80	90

2.2.2　淀粉的物理性能

1. 性状

淀粉为白色粉末,淀粉颗粒不溶于一般有机溶剂,但可溶于二甲亚砜。淀粉具有很强的吸湿性和渗透性,水能自由渗入淀粉颗粒内部。干淀粉的密度为 1.52 g/cm³, 在平衡含湿量下淀粉的密度为 1.47 g/cm³。淀粉的热降解发生在 180～220℃,其比热容为 1.25～1.84 kJ/(kg·K),氧化热为 175 kJ/kg[80]。表 2.13 汇集了几种植物淀粉颗粒的物理性质[68,81]。

表 2.13　几种植物淀粉颗粒的物理性质[68,81]

性质	小麦淀粉	玉米淀粉	大米淀粉	土豆淀粉	木薯淀粉
颗粒大小/μm	20～35	5～25	3～8	15～100	15～25
直链淀粉/%	23～28	24～28	14～25	20～24	～17
密度/(g/cm³)	1.65	1.50	1.48～1.51	1.62	—
结晶度	0.36	0.39	0.38	0.25	—
凝胶温度/K	325～336	335～345	334～350.5	329～339	331.5～343
凝胶焓/(kJ/mol)	2.0	2.8～3.3	2.3～2.6	3.0	2.7
熔点/K	454	460	—	441	
熔化焓/(kJ/mol)	52.7	57.7	—	59.8	
比表面/(m²/g)	0.51	0.70	1.04	0.11	0.28

2. 糊化、熔融及溶解

淀粉在加热和大量水存在下半结晶性消失,即发生糊化。通常,把淀粉分散在纯水中,经搅拌制成乳白色不透明悬浮液(淀粉乳),再将淀粉乳缓慢加热,使它糊化。淀粉颗粒由吸水溶胀到完全糊化可分为三个阶段:①加热初期(低于 50℃),颗粒吸收少量水分,在无定形区域发生膨胀,并且变软变黏;②温度进一步升高(如

65℃,随淀粉来源而定),淀粉颗粒急剧膨胀,黏度大大提高,导致糊化开始;③温度继续上升至80℃以上,淀粉颗粒逐渐消失,最后变成透明或半透明淀粉胶液,这时淀粉完全糊化[82]。糊化的本质就是淀粉结晶受热后遭到破坏,如果体系的浓度较小,体系变成溶胶;如果浓度较大,则体系成为凝胶。淀粉发生糊化的温度称为糊化温度,又称胶化温度。淀粉加入稀释剂(如水)可以降低熔融温度(T_m)。例如,由12个链节长度形成的淀粉A型结晶在16%(质量分数)水含量时它的T_m达到150℃。

淀粉的溶解度是指在一定温度下,在水中加热30min后,淀粉的溶解质量分数[83]。天然淀粉几乎不溶于冷水,但淀粉在水中溶解度随温度的升高而增加。同时,晶型的不同对淀粉的溶解行为也有影响,如B型结晶的溶解温度比A型结晶的低。

　　3. 玻璃化转变温度

淀粉作为半结晶高聚物,具有玻璃化转变温度(T_g)。淀粉受热时的物理化学变化包括糊化、熔融、玻璃化转变、结晶、晶型的转变、体积膨胀、分子降解等。因此,它比一般的高聚物要复杂得多,因而导致测试结果不一致性[84]。当小麦淀粉的含水量为13%～18.7%时,它的玻璃化转变温度为30～90℃。然而,当含水量为55%时,淀粉的T_g为50～85℃[85]。水分含量对淀粉的T_g有重要的影响,在淀粉中加入水,可以明显降低T_g[86]。水是淀粉的增塑剂,但是常使用低挥发性的增塑剂与水混合用于增塑淀粉,如甘油、乙二醇、聚乙烯醇和山梨醇等[87～91]。用29%甘油和1%水的混合溶液增塑大麦淀粉,可以使T_g下降到70℃[92]。有趣的是,在淀粉/水/甘油三元共混材料中,淀粉有两个玻璃化转变温度(T_{g1}范围为−98～−38℃;T_{g2}范围为−14～145℃),它们对应于富甘油区的T_{g1}和富淀粉区的T_{g2},并引起相分离。

2.3　甲壳素和壳聚糖

2.3.1　结构

　　1. 化学结构

甲壳素和壳聚糖是由2-乙酰氨基-2-脱氧-D-吡喃葡萄聚糖和2-氨基-2-脱氧-D-吡喃葡萄聚糖以β-1,4-糖苷键形式连接而成的多糖二元线形聚合物。壳聚糖是甲壳素的脱乙酰化产物,一般把脱乙酰度大于55%的甲壳素称为壳聚糖。甲壳素和壳聚糖均可看作是纤维素C-2位的羟基分别被乙酰氨基(甲壳素)和氨基(壳聚糖)取代的产物。图2.9示出甲壳素和壳聚糖的重复单元。

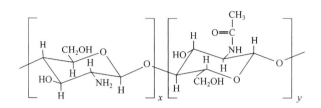

图 2.9　甲壳素和壳聚糖的重复单元

甲壳素主要由 GlcNAc(y)单元组成;壳聚糖主要由 GlcN(x)单元组成

利用二维傅里叶转变红外光谱(2D FT-IR)研究甲壳素的结构,各个吸收峰所对应的振动列于表 2.14 中[93]。壳聚糖的红外光谱与甲壳素的红外光谱差异表现在酰胺谱带、氨基谱带和氢键等。α-甲壳素的酰氨谱带是 1660cm^{-1},在近旁还有一个附加谱带是 1633cm^{-1},而 β-甲壳素就没有这个附加谱带。然而,α-壳聚糖和 β-壳聚糖之间却没有这种差别。α-壳聚糖具有酰氨谱带 1657cm^{-1},这说明在壳聚糖分子中还有乙酰氨基,但其吸收强度要比甲壳素的弱;—NH$_2$ 吸收谱带 1599cm^{-1} 的存在则是甲壳素没有的;β-壳聚糖也有酰氨谱带 1651cm^{-1} 和—NH$_2$ 吸收谱带 1583cm^{-1}[94]。N-乙酰-D-氨基葡萄糖及其二糖、甲壳素、二甲酰甲壳素和二乙酰甲壳素的^{13}C NMR 谱明显不同,而且使用不同溶剂得到的甲壳素^{13}C NMR 谱图有显著差异。表 2.15 汇集了上述几种甲壳素及其齐聚物和衍生物的^{13}C NMR化学位移值[95]。

表 2.14　FTIR 谱中甲壳素 OH 基和氨基的归属[93]

1D FT-IR		2D FT-IR	
吸收频率/cm^{-1}	归属	吸收频率/cm^{-1}	归属
		OH 区	
3480	O—H 拉伸	3575	自由 OH 基
	O—H 拉伸	3525	自由 OH 基
3269	N—H 拉伸(不对称)	3482	[C(6)OH···O(6)H]链间氢键
3108	N—H 拉伸(对称)	3421	[C(3)OH···O(5)]链内氢键
		3380	[C(6)OH···O=C]链内氢键
		3290	N—H 拉伸(不对称)
		3257	N—H 拉伸(不对称)
		氨基区	
1656	氨基 I(单氢键)	1658	氨基 I(单氢键)
1622	氨基 I(双氢键)	1648	氨基 I(单氢键)
1560	氨基 II	1641	氨基 I(单氢键)
		1619	氨基 I(双氢键)
		1581	氨基 II
		1538	氨基 II

表 2.15　甲壳素及其齐聚体和衍生物的 ^{13}C NMR 化学位移[93]

样品	$T/℃$	溶剂	化学位移/ppm								
			C-1	C-2	C-3	C-4	C-5	C-6	CH_3	CH_3C=O	HC=O
α-N-乙酰-D-氨基葡萄糖	25	D_2O	89.9	53.9	70.5	69.9	71.4	60.4	21.7	174.2	
β-N-乙酰-D-氨基葡萄糖	25	D_2O	94.7	56.5	73.7	69.6	75.7	60.6	22.0	174.5	
α-甲壳二糖	25	D_2O	90.3	53.5	69.2	79.8	69.8	59.9	22.0	174.4	
β-甲壳二糖	25	D_2O	94.7	56.0	72.4	79.3	74.4	60.1	22.0	174.4	
β-甲壳二糖	25	D_2O	101.3	56.5	73.3	69.6	75.8	60.4	22.0	174.4	
甲壳素	90	LiSCN	103.8	58.3	74.8	80.7	74.8	61.7	22.5	175.8	163.4
甲壳素	90	LiSCN/DMA	102.1	55.7	76.2	80.5	74.5	59.1	22.4	175.6	
二甲酰甲壳素	60	DCOOD	101.6	56.6	72.6	80.5	72.6	62.3	20.7	174.2	
二甲酰甲壳素	60	DCOOD	100.8	55.3	73.7	76.1	73.2	63.7	—	173.8	

2. 晶态结构

由于分子内和分子间不同的氢键作用,甲壳素存在 α、β、γ 三种晶型。α-甲壳素具有紧密结构,大多由两条反向平行的糖链排列而成,它主要存在于节肢动物的角质层和某些真菌中。β-甲壳素由两条平行的糖链排列而成,可以从海洋鱼类中得到。γ-甲壳素由三条糖链组成,其中两条糖链同向,一条糖链反向且向上、下排列而成。α-甲壳素结晶度最高,分子间作用力也最强。β-甲壳素在酸或碱溶液中会转变为 α-甲壳素[97~100]。壳聚糖也有以上三种结晶形态。

3. 分子量

通常,甲壳素和壳聚糖的重均分子量(M_w)在 $1×10^6$ 以上,当用强碱或酸处理时它们会降解。将甲壳素溶解在 5%LiCl/DMAc 溶液中采用黏度法测定溶液的特性黏数 $[\eta]$,然后按照 Mark-Houwink 方程则可计算出它们的黏均分子量(M_η)。以下列出几个 $[\eta]$-M 方程[101,102]:

$$[\eta] = 2.1×10^{-4}M_w^{0.88} \qquad (mL/g, 5\%LiCl/DMAc) \qquad (2-1)$$

$$[\eta] = 0.10M_w^{0.68} \qquad (mL/g, 2.77 \ mol/L \ NaOH \ 溶液, 25℃) \qquad (2-2)$$

Varum 等[103]研究了 α-甲壳素溶解在 2.77 mol/L NaOH 水溶液中的行为。他们通过黏度法、光散射及动态光散射,获得了甲壳素分子量、分子尺寸及相对尺寸分布。由此建立了 Mark-Houwink 方程及均方旋转半径(R_g)与重均分子量(M_w)的关系分别表达为

$$[\eta] = 0.10 \times M_w^{0.68} \qquad (\text{mL/g}) \qquad (2-3)$$

$$R_g = 0.17 \times M_w^{0.46} \qquad (\text{nm}) \qquad (2-4)$$

结果表明,甲壳素分子在碱环境下呈无规线团构象,其 Kuhn 链段长度为23～26 nm。同样,由$[\eta] = KM^a$ 可以得到壳聚糖的黏均分子量。值得注意的是,K 和 α 值与其脱乙酰度(% DD)有关[104]。

2.3.2　物理化学性质

甲壳素为白色或灰白色半透明固体,它不溶于水、稀酸、稀碱和一般有机溶剂,可溶于浓盐酸、硫酸、无水甲酸、浓碱,但同时发生降解。壳聚糖呈白色或灰白色无定形、半透明且略有珍珠光泽的固体,它不溶于水、碱溶液、稀硫酸、磷酸,但可溶于稀的盐酸、硝酸等无机酸,以及大多数有机酸。在稀酸中,壳聚糖的主链会缓慢水解[89,90]。

壳聚糖能和胆固醇、脂肪、蛋白质、肿瘤细胞结合,并具有无毒、可生物降解、良好的组织相容性、缓释和控制释放功能。甲壳素和壳聚糖及其衍生物或复合物具有抗菌、消炎、生物相容和吸附金属离子等特性,而且它们具有较好的物理化学性能,并且能拉丝、成膜、制粒。N-脱乙酰度和黏度是壳聚糖的两项主要性质指标。通常把 1% 壳聚糖乙酸溶液的黏度在 1000×10^{-3} Pa·s 以上的定义为高黏度壳聚糖,而黏度在 $(1000～100) \times 10^{-3}$ Pa·s 的则定义为中黏度壳聚糖,黏度在 100×10^{-3} Pa·s 以下的定义为低黏度壳聚糖。

2.4　动植物多糖

植物中有多种多糖,它们主要有两种功能:一种是形成细胞壁和基架物质;另一种是以淀粉和葡萄糖的形式作为储存物质。植物多糖主要包括人参多糖、黄芪多糖、魔芋葡甘露聚糖、当归多糖、红花多糖、枸杞多糖、蔗渣多糖、茶叶多糖、汉防己多糖、女贞子多糖、刺五加多糖等。动物多糖也是作为生命物质存在于动物体内。动物多糖有壳聚糖、透明质酸、硫酸软骨素、硫酸肤、角质素、肝素等。此外,海藻地衣多糖有褐藻多糖、海藻酸钠、地衣多糖、螺旋藻多糖等[105]。

2.4.1　魔芋葡甘露聚糖

1. 化学结构

魔芋葡甘露聚糖(KGM)是由 D-甘露糖和 D-葡萄糖通过 β-(1→4)-糖苷键连接而成的多糖,D-甘露糖与 D-葡萄糖的比例为 1:1.6。在主链的 D-甘露糖的 C-3 位上存在由 β-(1→3)-糖苷键连接的支链,每 32 个糖基约有 3 个支链,支链由几个糖基组成,其结构式如图 2.10 所示。此外,它的乙酰基团含量为 15%[106]。由于品种与来源的不同,KGM 分子量有所不同[107],重均分子量为 $8\times10^5\sim2.62\times10^6$[107]。表 2.16 示出用光散射测量的几种魔芋葡甘露聚糖的重均分子量(M_w)和均方根旋转半径($\langle S^2\rangle^{1/2}$)。部分甲基化可获得 KGM 水溶性以及溶液稳定性较好的样品。同时取代度为 0.45 的甲基化 KGM 的水溶性最好,溶液最稳定。表 2.16 汇集了不同品种的魔芋葡甘露聚糖的 M_w、$\langle S^2\rangle^{1/2}$、$[\eta]$ 和膨胀系数 α_s。它在水溶液 25℃下的 Mark-Houwink 方程如下[108]:

$$[\eta]=6.37\times10^{-4}M_w^{0.74}\qquad(dL/g)\qquad(2-5)$$

甲基化 KGM 分子在溶液中是以稍伸展的无规线团构象存在的。

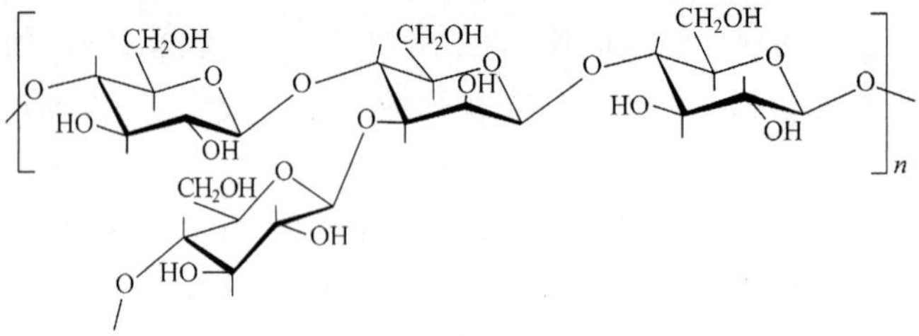

图 2.10　魔芋葡甘露聚糖结构式

表 2.16　不同品种的魔芋葡甘露聚糖的 M_w、$\langle S\rangle^{1/2}$、$[\eta]$ 和 α_s 的数据[108]

魔芋球茎的品种	$M_w\times10^{-4}$	$\langle S^2\rangle^{1/2}/\text{Å}$	$[\eta]/(dL/g)$	α_s
土著种	116	1304	19.9	1.32
赤诚大芋种	111	1233	19.9	1.29
土著种	101	1136	18.6	1.29
中国种	98.5	1145	18.8	1.29

2. 物理性质

魔芋葡甘露聚糖为无色、无毒、无异味,容易溶于水中,但不溶于甲醇、乙醇、乙酸乙酯、丙酮、乙醚等有机溶剂。魔芋葡甘露聚糖具有良好的黏结性能、成膜性能、可溶性能、凝胶性能、增稠性能和乳化性能等。魔芋葡甘露聚糖溶液的特性黏数很高,达 1320mL/g,是迄今为止已经报道最高黏度的多糖。KGM 浓溶液为假塑性流体,当其水溶液浓度高于 7% 时,则显示液晶行为。魔芋葡甘露聚糖水溶性不好,但部分衍生化后可提高其水溶性。KGM 的溶解性主要是由于葡甘露聚糖的长链以及链上取代的乙酰基阻碍了分子间的聚集。当在碱的作用下时,由于乙酰基团的失去而导致 KGM 分子聚集,并在氢键的作用下形成交联网络,进而形成凝胶[109~111]。

2.4.2　海藻酸钠

1. 化学结构和分子量

海藻酸钠(sodium alginate)是由聚 β-(1→4)-甘露聚糖醛酸与聚 α-(1→4)-L-古洛糖醛酸结合的线形高聚物,其结构式如图 2.11 所示。

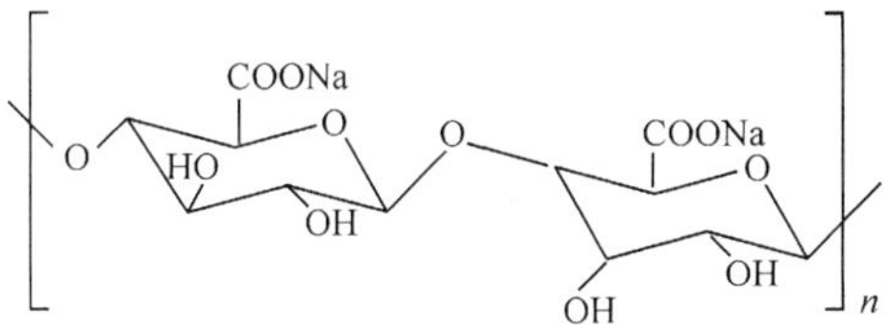

图 2.11　海藻酸钠的结构式

海藻酸钠的聚合度依原料和提取方法的不同而不同,一般商品海藻酸的聚合度可从 80 高到 750,其分子量范围从 $1.4×10^4$ 高到 $1.32×10^5$。海藻酸钠很易溶于水,而且是一种聚电解质,具有独特的溶液性质。在稀溶液区,聚电解质由于链上的静电排斥效应而使链完全伸展,导致其有很高的黏度。因此,研究它的稀溶液性质时应在水溶液中加入适量盐以抑制静电排斥效应。

2. 物理性质

海藻酸钠为无色或淡黄色细颗粒或粉末,无毒、无味、可燃。它溶于水而不溶于乙醇、乙醚和氯仿等有机溶剂。它的 1% 浓度水溶液 pH 为 6～8 时,遇钙盐则发生沉淀,但当 pH 为 6～11 时海藻酸钠溶液的稳定性较好。海藻酸钠糊化性能良好,加入温水使之膨化,即可获得均匀、黏稠的褐色或白色糊状物。海藻酸钠不耐强酸、强碱及某些重金属离子,它们使海藻酸凝胶形成块状。表 2.17 列出不同海藻酸盐的物理性质。它们对金属离子具有吸附功能,而且它作为分离膜具有较高的分离效率。它也具有较好的介电性能。图 2.12 示出了海藻酸钠水溶液介电常数对频率的依赖关系[112]——介电松弛图。它有两个松弛过程,高松弛过程是由于束缚反离子的波动[113],可以得到 $\Delta\varepsilon$ 和 τ 值,已发现在高频松弛过程,介电常数增量 $\Delta\varepsilon$ 随浓度的升高而略微增大。此外,海藻酸钠具有良好的生物相容性,而且它链上的亲水、憎水性可以通过质子化作用改变。

表 2.17　不同海藻酸盐的物理性质

分类	海藻酸	海藻酸钠	海藻酸钾	海藻酸铵	海藻酸钙
分子式	$(C_6H_8O_8)_n$	$(C_6H_8O_8Na)_n$	$(C_6H_8O_8K)_n$	$(C_6H_8O_8)_n NH_4$	$(C_6H_8Ca_{1/2}O_8)_n$
性状颜色	白或浅黄	白或浅黄	无或黄	白或浅黄	白或浅黄

续表

分类	海藻酸	海藻酸钠	海藻酸钾	海藻酸铵	海藻酸钙
水溶性	不溶	溶于水成黏稠胶体溶液	溶于水成黏稠胶体溶液		不溶
有机溶剂	不溶	不溶	溶于＜30%乙醇溶液	溶于＜30%乙醇溶液	不溶

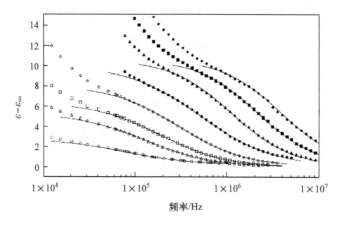

图 2.12　海藻酸钠水溶液介电常数对频率的依赖关系[112]

2.4.3　透明质酸

1. 化学结构

透明质酸(hyaluronic acid，HA)是(1→4)-D 葡萄糖醛酸-β-(1→3)- N-乙酰氨基葡萄糖的双糖构成的线性多糖。其分子结构为没有分支的、长链状的柔性链。它是由 4700～12 000 个双糖单元通过 β-(1→4)-糖苷键结合在一起的,而双糖单元是由 N-乙酰氨基葡萄糖和 D-葡萄糖醛酸通过 β-(1→3)-糖苷键结合形成,分子中的两种单糖的物质的量比为 1∶1,其结构式如图 2.13 所示[114]。

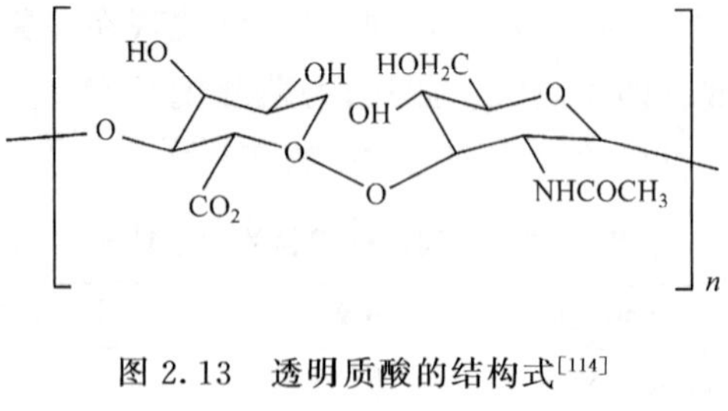

图 2.13　透明质酸的结构式[114]

透明质酸分子通过　NH→O＝C＝O 氢键形成一种较稳定的二级螺旋结构,

使透明质酸可以抵御 IO_4^- 的氧化作用。透明质酸在空间是与相邻分子呈反相平行的比螺旋分子构象,每个螺距含有四个双糖单元。其三重螺旋结构是处于一种三方晶之上的,以规则的左手螺旋构象存在。透明质酸的分子量为 $1\times10^5\sim1\times10^{7}$[115]。在稀溶液中,其分子任意卷曲成无规线团链。透明质酸分子之间能够通过疏水和亲水键连接在一起形成类似蜂窝的网状结构,表明透明质酸分子之间存在较强的相互作用[116]。

2. 物理性质

透明质酸为白色、无定形固体,无臭无味、有吸湿性,它溶于水,不溶于有机溶剂。透明质酸水溶液的比旋光度 $[\alpha]$ 为 $-70°\sim-80°$。它在物理性能方面具有诸多特性,如具有黏合性、结构稳定性、水平衡作用、空间位阻作用、润滑作用和保温性。透明质酸能够最大限度地结合水分,并且透明质酸分子在溶液中伸展程度越大,锁定的水分也越多。单个透明质酸分子的锁水能力为 $2\times10^3\sim6\times10^3\,mL/g$。磷脂能与透明质酸发生作用,并被透明质酸束裹于滑液中。透明质酸还能促进红细胞在膜上的流动性,表明透明质酸是一种新型的两性物质。

2.5　微生物多糖

微生物多糖分为离子性和中性两种多糖。中性多糖依据其组成的单糖类别又可分为均聚多糖和杂多糖两大类。均聚多糖主要有 D-葡聚糖、D-半乳聚糖、D-甘露聚糖和 D-木聚糖等几种,其中以 D-葡聚糖最普遍[117]。香菇、茯苓、灵芝、黑木耳的菌丝体、菌核及子实体中存在各种真菌多糖。表 2.18 列出了部分食用和药用真菌多糖的来源、类型及生物活性[118]。

表 2.18　部分食用和药用真菌多糖的来源、类型及生物活性[118]

多糖名称	多糖来源	多糖类型	主要生物活性
虎奶菌多糖	菌核	葡聚糖	抗肝损伤
灵芝多糖[1)	子实体、菌丝体	杂多糖、甘露葡聚糖、葡聚糖肽	降血糖、免疫调节、抗肿瘤、抗氧自由基、抗衰老
黑木耳多糖	子实体	葡聚糖	降血糖、免疫调节、抗肿瘤、抗炎症、抗辐射
猴头多糖	子实体、菌丝体	杂多糖、杂多糖肽	降血糖、免疫调节、抗肿瘤
银耳多糖	子实体	杂多糖	降血糖、降血脂、免疫调节、抗肿瘤、抗衰老、抗血栓
香菇多糖[1)	菌丝体、子实体	甘露葡聚糖、蛋白质结合多糖、葡聚糖	免疫调节、抗肿瘤、抗病毒

多糖名称	多糖来源	多糖类型	主要生物活性
裂褶多糖[1]	菌丝体	葡聚糖	抗肿瘤
核盘菌多糖	菌核	葡聚糖	抗肿瘤
猪苓多糖[1]	菌丝体	葡聚糖	抗肿瘤、免疫调节
斜顶菌多糖	子实体	葡聚糖	抗肿瘤
金顶侧耳	子实体	半乳甘露聚糖	
槐耳多糖[1]	菌丝体	蛋白多糖	免疫调节、抗肝炎、抗肿瘤
云芝多糖[1]	子实体、菌丝体	杂多糖、糖肽	免疫调节、抗肿瘤、抗溃疡、抗辐射、降血脂、镇痛镇静
金耳多糖	子实体、菌丝体	杂多糖	免疫调节、降血脂、抗损伤
平菇多糖	子实体	糖蛋白	抗肿瘤、降血压、除超氧自由基
灰树花多糖[1]	子实体	蛋白聚糖、葡聚糖、半乳葡甘露聚糖、杂多糖	免疫调节、抗肿瘤、抗病毒、抗肝炎
羊肚菌多糖	子实体	杂多糖	降血脂、抗肿瘤
雷丸多糖	子实体	葡聚糖	抗炎症、免疫调节
针裂蹄多糖	子实体	葡聚糖	抗肿瘤
亮菌	菌丝体	杂多糖	抗肿瘤
竹荪多糖	子实体	杂多糖、甘露聚糖、葡聚糖	抗肿瘤、降血脂
树舌多糖	子实体	葡聚糖	抗肿瘤
泡质盘菌多糖	子实体	蛋白多糖、葡聚糖	免疫调节、抗肿瘤
口蘑多糖	子实体	葡聚糖	抗肿瘤
虫草多糖	子实体、菌丝体	葡聚糖、杂多糖	免疫调节、抗肿瘤、降血糖

1) 该多糖已进入临床或市场。

2.5.1 茯苓多糖

1. 化学结构

由茯苓菌核中提取出的茯苓多糖(pachyman)的主要成分为 β-(1→3)-葡聚糖。早年，Chihara 已发现每个茯苓多糖分子约含有 700 个 β-(1→3)-糖苷键和少量的 β-(1→3)-糖苷键侧链[119]。高碘酸氧化试验结果表明,它含有很高比例的(1→3)-键接葡萄糖残基[120]。

图 2.14 示出一种茯苓菌核 β-(1→3)-D 葡聚糖 (PCS3-II) 在 DMSO 中的 ^{13}C NMR谱[121]。图 2.14 中存在十分清楚的 6 个强信号峰,它们分别归属于 β-(1→3)-D-葡聚糖环上的 C-1、C-3、C-5、C-2、C-4 和 C-6。它只在 102.9 ppm 处显示一个异头碳信号峰,表明只存在一种糖残基,这就是 β-(1→3)键接的葡聚糖,而且无支链。同时,从它的[13]C-^{1}H HMQC 碳氢相关二维核磁共振谱的化学位移值

和近似的偶合常数也推断它是一种线形 β-(1→3)-D-葡聚糖。

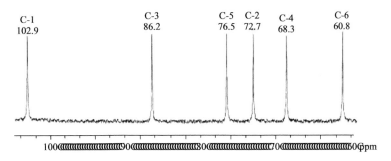

图 2.14　茯苓菌核 β-(1→3)-D 葡聚糖(PCS3-II)在 DMSO 中的 ^{13}C NMR 谱[121]

图 2.15 示出茯苓 β-(1→3)-D 葡聚糖的结构式。

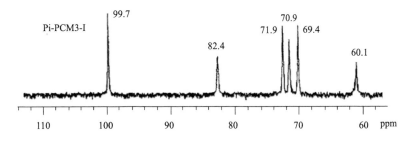

图 2.15　茯苓菌核的 β-(1→3)-D 葡聚糖的结构式

通过发酵可以得到茯苓菌丝体。从茯苓菌核中分离出的茯苓葡聚糖的分子量为 $9 \times 10^4 \sim 3.7 \times 10^5$[122~124]。十分有趣的是,从茯苓菌丝体中提取出的是一种 α-(1→3)-D-葡聚糖,它明显不同于菌丝体中的茯苓葡聚糖。图 2.16 示出茯苓菌丝体的 α-(1→3)-D 葡聚糖的 ^{13}C NMR 谱[125]。在异头碳还只显示一个异头碳信号,表明只含有一种糖残基。其中,99.7 ppm、70.9 ppm、82.4 ppm、69.4 ppm、71.9 ppm 和 60.1 ppm 的强信号依次为 α-(1→3)-D-葡聚糖的 C-1、C-2、C-3、C-4、C-5 和 C-6。该 α-葡聚糖的重均分子量为 4.52×10^5。

图 2.16　茯苓菌丝体 α-(1→3)-D 葡聚糖在 0.25 mol/L

LiCl/DMSO-d_6 中的 ^{13}C NMR 谱[125]

2. 物理性质

茯苓多糖为白色粉末状固体,对光和热稳定。它能溶解于 0.5 mol/L NaOH 水溶液和二甲亚砜(DMSO)中,而不溶于甲醇、乙醇、丙酮等有机溶剂中。茯苓多糖具有明显的吸湿性。由于茯苓葡聚糖大量的分子间氢键,它在水中有聚集的趋势[126]。茯苓葡聚糖在 NaCl 水溶液中的浓度对聚集数有影响,当 NaCl 浓度高于 0.1 mol/L 时,聚集数保持不变。茯苓多糖在 20% 水溶液中形成疏松聚集体[124],并在 100min 左右达到聚集平衡,而它在镉乙二胺溶液中则解开为单股链。

2.5.2　香菇葡聚糖

1. 化学结构

香菇葡聚糖(Lentinan)为一种带有(1→6)侧基的 β-D-葡聚糖,主链上每 5 个 β-(1→3)-D-吡喃葡糖残基含 2 个 β-(1→6)-D-吡喃葡糖残基[127],如图 2.17 所示。

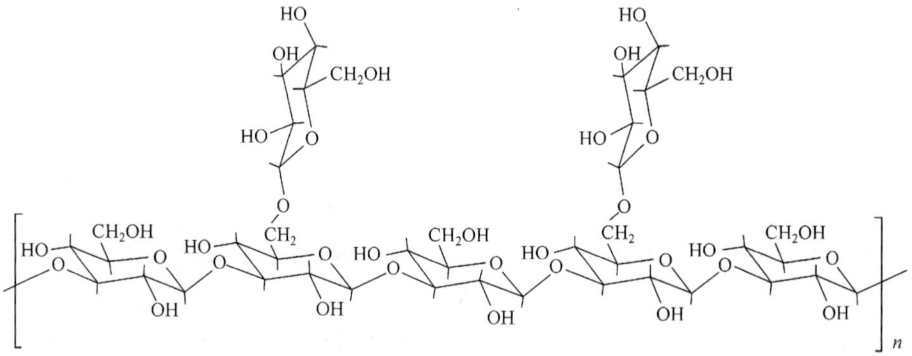

图 2.17　香菇葡聚糖的结构式[127]

2. 分子量和链构象

香菇葡聚糖的重均分子量用光散射测量的值为 $9.5 \times 10^5 \sim 10.5 \times 10^5$[128]。由光散射和尺寸排除色谱联用测得结果示出,在分子量范围为 $1.87 \times 10^5 \sim 2.83 \times 10^6$ 时,香菇葡聚糖在 0.98 mol/L NaCl 水溶液中的 Mark-Houwink 方程如下:

$$[\eta] = 2.94 \times 10^{-7} M_w^{1.58} \qquad (\text{mL/g}, M_w < 6.0 \times 10^5) \qquad (2-6)$$

$$[\eta] = 2.30 \times 10^{-5} M_w^{1.25} \qquad (\text{mL/g}, M_w > 6.0 \times 10^5) \qquad (2-7)$$

其中 $[\eta]$-M_w 关系中较高的指数说明,它在水溶液中为一种刚性链[129]。香菇 β-葡聚糖在 0.5 mol/L NaCl 水溶液中的分子量 M_w 为它在二甲亚砜(DMSO)中的 3 倍,而且由光散射、黏度和 SEC 测得的数据计算出它在水溶液中的全部构象参数 $[M_L = (2240 \pm 100) \text{nm}^{-1}, q = (100 \pm 10) \text{nm}, h = (2.2 \pm 0.6) \text{nm}]$,它们符合三螺旋的结构。由此得出,它在 0.5 mol/L NaCl 水溶液中的主要成分以三螺旋构象存在,而在 DMSO 中则以单股柔顺链存在。X 射线衍射分析结果推测它的晶态有 5

种可能构象,包括一种单螺旋、两种双螺旋和两种三螺旋,其中右手三螺旋为最可能的构象(图 2.18)[130]。

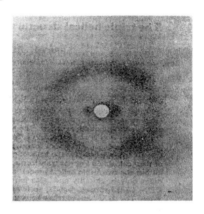

图 2.18　香菇多糖的 X 射线衍射图[130]

香菇葡聚糖在 NaOH 溶液中,当 NaOH 浓度在 0.05~0.08 mol/L 时,它由三螺旋转变为无规线团,而且是不可逆过程。然而,将它溶于 0.15 mol/L NaOH 溶液中其三螺旋解开且变性为单链后,用再生纤维素透析袋在大量蒸馏水中透析 7 天以上则能使它复性为三螺旋构象[131]。

3. 物理性质

香菇多糖为白色粉末状固体,对光和热稳定,在水中的最大溶解度为 3 mg/mL。能溶解于 0.5 mol/L NaOH 中,溶解度可达 50~100 mg/mL,它不溶于甲醇、乙醇、丙酮等有机溶剂中。香菇多糖具有吸湿性,在相对湿度为 92.5% 的 25℃室温环境中放置 15 天,吸水量可达 40%。香菇多糖在不同的 NaOH 溶液中具有不同的旋光度。例如,在 0.5 mol/L NaOH 和 2.5 mol/L NaOH 中其比旋光度$[\alpha]_D$ 分别为 13.5°~14.5° 和 19.5°~21.5°。香菇葡聚糖在 0.9%NaCl 水溶液中的特性黏数很大,当 M_w 为 $1.49×10^6$ 时,其$[\eta]$高达 $1.17×10^3$(mL/g)。因此,其具有很好的增稠性质。

2.5.3　灵芝葡聚糖

1. 化学结构

灵芝葡聚糖(ganoderma lucidum)是一种从灵芝子实体中用碱提取的多糖,为 α-(1→3)-D-葡聚糖。它的 DQF-COSY 和 HMQC 二维 NMR 谱图如图 2.19 所示[132]。图 2.19 中只有 6 个 C 峰,表明只存在 6 种不同的 C,它与葡萄糖单元的 C 数目相等,由此断定该葡聚糖不存在支链。通常葡聚糖 α 构型[1]H-1 和[13]C-1 的化学位移分别为 5.1 ppm 和 99.7 ppm。由图 2.19 中位于 5.1 ppm 的 H-1 以及图中的交叉峰可以确定与 H-1 相作用的 99.7 ppm 处的 C 峰对应[13]C-1,推断它为典型的 α-葡聚糖。同时,HMQC 谱显示 60.2 ppm 处的 C 峰具有两种相同的相互作用,说明它与两个相同的 H 相连,可以确定为葡萄糖环上 CH_2OH 基团的 C-6。DQF-COSY 是一种同核化学位移相关谱,反映相隔 3 个化学键的 H 原子之间的偶合,可用于解析 H 峰的归属。H-6 则与 H-5 和 OH-6 之间同时存在相互作用,出现两个交叉峰,由于 OH-6 上[1]H 的化学位移应大于 H-6 的化学位移,可以区分 OH-6 和 H-5。C-1 和 C-3 的化学位移较大且不存在 OH-1 和 OH-3,由此证明该葡聚糖为 1→3 键接方式。基于以上结果,灵芝葡聚糖结构为线形 α-(1→3)-D-葡聚糖(结构式见图 2.20)。该 α-(1→3)-D-葡聚糖在 0.2 mol/L LiCl-DMSO 中的 25℃ 时的特性黏度 $[\eta]$ 为 370 mL/g($k'=0.45$)。光散射测试表明,它在 0.25 mol/L LiCL-DMSO 中的 M_w 和 A_2 分别为 1.95×10^5 和 1.33×10^{-4} mL·mol/g²。

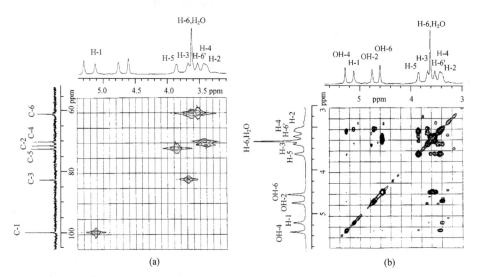

图 2.19　灵芝 α-(1→3)-D-葡聚糖在 0.25 mol/L LiCl/DMSO-d_6 水溶液中 60℃ 下的 DQF-COSY(a)和 HMQC(b)二维核磁共振谱图[132]

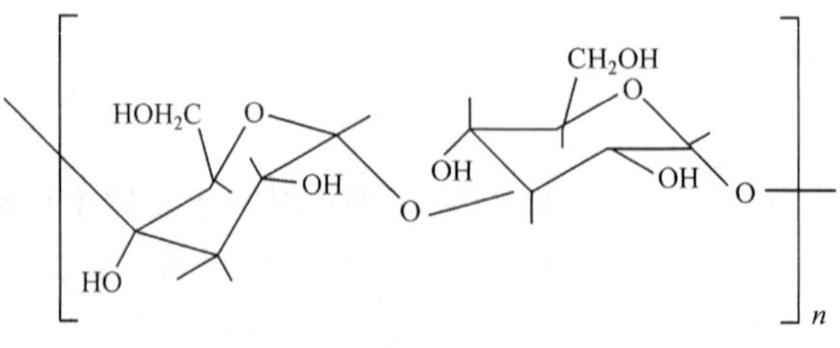

图 2.20　灵芝 α-(1→3)-D-葡聚糖的化学结构式

2. 物理性质和生物活性

灵芝葡聚糖为白色粉末状固体,对光和热稳定。它能溶解于 DMSO、LiCl-DMSO、0.5 mol/L NaOH 水溶液中;不溶于纯水以及甲醇、乙醇、丙酮等有机溶剂中。

灵芝葡聚糖具有抗肿瘤、抗氧自由基、抗衰老、提高免疫力、活血化瘀等生物活性。目前,分离到的灵芝葡聚糖已有 200 多种,主要有四类:灵芝孢子多糖、灵芝子实体多糖、液体发酵产生的菌丝体多糖(胞内多糖)和发酵液多糖(胞外多糖)。用碱水溶液从灵芝子实体中分离到一种阿拉伯糖、木糖和葡聚糖组成的杂多糖,其分子量为 3.8×10^4,具有抗肿瘤活性[133]。据报道,灵芝 α-(1→3)-D-吡喃葡聚糖的抑瘤活性与其(1→6)分支的长短和多少有关[134],并且(1→6)支链的长短明显影响它的抗肿瘤活性。从灵芝子实体中分离出两种酸性的多糖-蛋白质复合物,它们具有比中性蛋白聚糖更高的抗病毒作用,其作用机理是通过阻止 HSV 吸附和渗透到肾细胞上而发生作用的。从灵芝子实体的碱提取物中分离的一种含岩藻糖的蛋白聚糖能明显刺激 IL-1、IL-2 和 INF-γ 的表达[135]。

2.5.4　黄原胶

1. 化学结构

黄原胶(xanthan gum)的分子结构式如图 2.21 所示。它是一种水溶性生物大分子聚电解质,具有类似纤维素的聚 β-(1→4)-吡喃型葡萄糖的主链以及含丙酮酸和乙酸基糖的侧链。它由 D-葡萄糖、D-甘露糖、D-葡萄糖醛酸、乙酸和丙酮酸组成"五糖重复结构单元"的聚合体,它们的物质的量比为 2.8∶3∶2∶1.7∶(0.51～0.63)。主链 β-D-葡萄糖由 1,4-苷键连接,每两个葡萄糖残基环中的一个连接着一条侧链,侧链则是由两个甘露糖和一个葡萄糖醛酸交替连接而成的三糖基。与

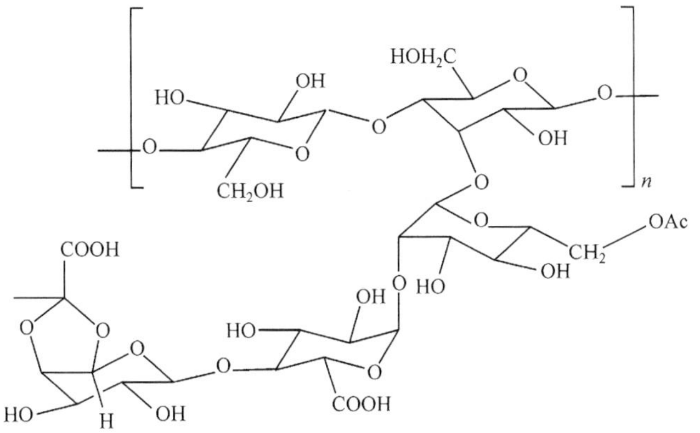

图 2.21　黄原胶的分子结构式

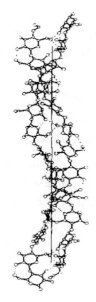

图 2.22　黄原胶的
分子模型[142]

主链直接相连的甘露糖的 C_6 上有一个乙酸基团,末端甘露糖的 $C_4 \sim C_6$ 上则连有一个丙酮酸(成缩酮),整个分子结构中含有大量的伯醇羟基、仲醇羟基[136]。

早年,采用带状沉降分析得到黄原胶分子量范围为 $4 \times 10^6 \sim 15 \times 10^6$[137]。黄原胶生物大分子的侧链与主链间通过氢键结合形成螺旋结构,两条螺旋链又通过分子间氢键形成双螺旋[138,139],也有人发现它以单螺旋链存在[140,141]。黄原胶的 X 射线衍射显示它为五折叠的双螺旋结构,其分子模型如图 2.22 所示,直线对应螺距为 47.5Å[142]。通过光散射法和黏度法测定的数据并基于溶液理论得出黄原胶在 0.1 mol/L NaCl 水溶液中呈现双螺旋构象;它在镉乙二胺饱和水溶液(cadox-en)中则解开为单无规线团[143]。此外,黄原胶链构象还会受溶液中离子强度的影响。用原子力显微镜研究镉乙二胺饱和水溶液,发现它的分子链围长在纯水溶液中最大,且随离子浓度的增大而降低[144]。

2. 物理性质

黄原胶能溶于热水或冷水中,溶液具有很高的黏度,而且在很宽的温度范围(0～100℃)内黏度基本不变。它在酸体系中保持溶解性与稳定性,并且与盐有很好的相容性。它具有良好的剪切稀释恢复能力,有很好的乳胶稳定性能和悬浊液稳定性能,可用作增稠剂、悬浮剂、稳定剂、润滑剂等。室温下,黄原胶水溶液的比旋光率$[\alpha]_{300}$为-950(deg·cm²/g),而且随湿度的升高而发生变化。此外,它的浓溶液显示液晶行为。

2.5.5　裂褶菌葡聚糖

1. 化学结构

裂褶菌葡聚糖(schizophyllan)的分子结构式如图 2.23 所示。它的主链为 β-(1→3)-D-吡喃葡糖残基,主链上每 3 个吡喃葡糖残基含一个 β-(1→6)-D-吡喃葡糖残基。它的分子量很大,为 5.7×10^6。当分子量小于 5×10^5 时,裂褶菌葡聚糖的 Mark-Houwink 方程的指数为 1.7;当分子量大于 5×10^5 时,指数则为 1.2,说明它为刚性链[145]。用光散射和黏度法测得该裂褶菌葡聚糖在水溶液中的分子参数,并证明它呈现三螺旋构象。它在水溶液中测得的分子链为0.30nm[146,147],该值与 X 射线衍射法测量的结果(0.30nm)完全相同,由此确定该葡聚糖为三螺旋构象,其模型如图 2.24 所示[148]。然而,它在二甲亚砜(DMSO)中则转变为单股无规线团链[147]。

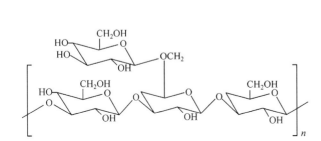

图 2.23　裂褶菌多糖的分子结构式

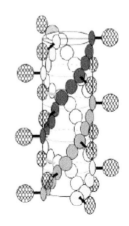

图 2.24　裂褶菌多糖的分子模型[148]

2. 物理性质

裂褶菌葡聚糖为白色,纤维状,干燥后呈粉末状,冷冻干燥则变为海绵状,无臭、无味,易溶于冷水、热水中,而且其水溶液很黏稠。它不溶于高浓度的乙醇、乙醚、丙酮、乙酸乙酯等有机溶剂中,其 pH 为中性。其在水中的浓溶液显示胆甾醇液晶行为。

2.5.6　凝胶多糖

1. 化学结构

凝胶多糖(curdlan)是由碱杆菌(*Alcaligenes faecalis* var. *myxogenes*)生产的多糖类。它是由葡萄糖以 β-(1→3)-糖苷键连接而成的直链生物大分子(图 2.25)。分子量范围为 $5.3 \times 10^4 \sim 2.0 \times 10^6$。凝胶多糖在 0.3 mol/L NaOH 中 25℃的 Mark-Houwink 方程为

$$[\eta] = 0.079 M_w^{0.78} \quad (cm^3/g) \quad\quad (2-8)$$

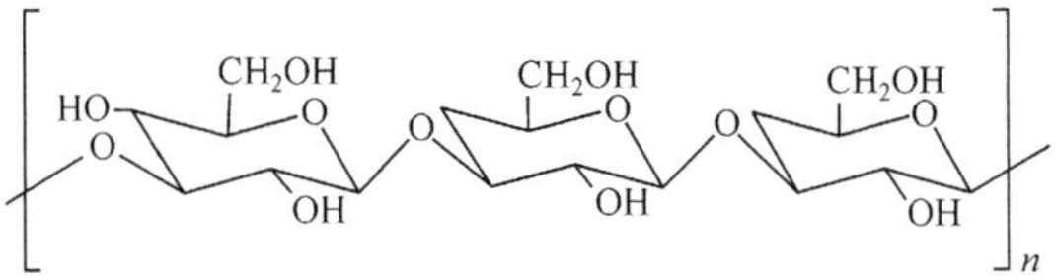

图 2.25　凝胶多糖结构式

它的持久长度、单位围长摩尔质量及分子链直径分别为 6.8 nm、890 g/nm 和 1.1 nm[149]。由此表明,它在水溶液中呈现柔顺性链构象。

凝胶多糖在固态下表现为螺旋链构象。X 射线衍射法(图 2.26)得出聚集态中三条分子主链分别通过葡糖环上 C-2 上羟基的氢键作用使三条螺旋链结合在一

起,形成三螺旋结构。它在无水状态的晶型为六方晶格,晶胞参数:$a = b = 15.560\text{Å}, c = 18.78\text{Å}$,说明为右手六折叠螺旋结构。

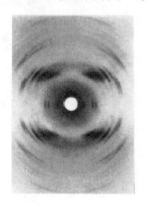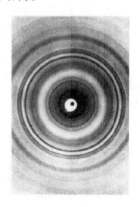

图 2.26　凝胶多糖的 X 射线衍射图

2. 物理性质

凝胶多糖为无味、无臭,具有良好流动性的白色粉末。它不溶于水、醇类及其他大部分有机溶剂,可溶于氢氧化钠、磷酸钠等碱性水溶液中。凝胶多糖具有独特的凝胶行为,将溶于碱溶液中的凝胶多糖在 $CaCl_2$ 中透析,会形成圆柱状的凝胶,其中液晶态和无定形态交替分布[150]。它的悬浮液加热到 80℃ 以上可形成坚硬、有弹性的热不可逆性凝胶,但加热到 60℃ 左右只能形成较软的热可逆性凝胶。它具有增加稠性、流动性、保水性、保型性以及抗冻性等功能。凝胶多糖经冷冻、解冻之后,仍能保持良好的凝胶强度,但脱水率会增加。脱水率一般会随着加热温度的提高及凝胶多糖浓度的增加而降低。

2.5.7　茁霉聚糖

1. 化学结构

茁霉聚糖(pullulan)是由麦芽三糖为重复结构单元按 α 方式 1→6 键接的线形葡聚糖。它的分子结构式如图 2.27 所示。它是一种水溶性多糖,在水中呈较伸展

图 2.27　茁霉聚糖的分子结构式

的无规线团状。它的商品分子量约为 1×10^5。由光散射和黏度法得到苗霉聚糖 25℃在 0.02%叠氮化钠(质量分数)水溶液中的 Mark-Houwink 方程如下[151]：

$$[\eta] = (0.133 \pm 0.005) M_w^{0.5 \pm 1} \qquad (\text{mL/g}, M_w < 3 \times 10^4) \qquad (2-9)$$

$$[\eta] = (1.91 \pm 0.002) \times 10^{-2} M_w^{0.67 \pm 0.01} \qquad (\text{mL/g}, M_w > 3 \times 10^4) \qquad (2-10)$$

由$[\eta]$-M_w 关系指数可以看出,它属于柔顺性链,按照高分子溶液理论计算出苗霉聚糖在水溶液中的特征比(C_∞)为 4.3,表明它是一种略微伸展的柔性无规线团链。

2. 物理性质

苗霉聚糖为无味、无臭的无定形白色粉末,极易溶解于水形成中性的、非离子性的黏性水溶液,不凝胶化。苗霉聚糖在水溶液中的黏度几乎不受 pH 的影响。但温度升高,黏度降低;浓度增加,黏度显著增大。此外,它在水溶液中的黏度耐盐性比较强,大部分金属离子对其的影响小,但若大量加入硼砂、钛等,其黏度则急剧增加。苗霉聚糖不溶解于一般的有机溶剂,但在极性大的溶剂(如二甲基甲酰胺等)中溶解。苗霉聚糖的水溶液可加工成膜,还可纺丝,而且它的成型性、造膜性很好,其薄膜无色透明。

2.6　天然橡胶

2.6.1　天然橡胶的结构

1. 化学结构

天然橡胶(natural rubber)的主要成分为聚异戊二烯,分子式为$(C_5H_8)_n$。它的分子量分布范围较宽,为 $1 \times 10^5 \sim 1.8 \times 10^6$,平均分子量为 70×10^4 左右。三叶树中的橡胶分子量分布一般出现双峰,这是由于橡胶树内有两种酶系统参与天然橡胶的生物合成[152]。天然橡胶的 C 原子通常排列成柔性的直链或支链,由于 C—C 原子的不断旋转和振动,分子链一般呈卷曲状态。随着橡胶树种类的不同,天然橡胶具有不同的立体结构。巴西橡胶主要为顺式-1,4 加成结构,在室温下具有弹性及柔软性。然而,古塔波胶和杜仲胶是反式-1,4 加成结构,结晶度高,室温下呈硬固体状态。图 2.28 示出顺式和反式聚异戊二烯的分子式。天然橡胶中异戊二烯单元在分子链内的连接相当规整,每 4 个碳原子带有 1 个侧甲基(—CH₃)。分子链中的双键决定了天然橡胶较高的化学活性,也是其易被氧化或发生裂解反应导致物理性能下降的原因。图 2.29 示出天然橡胶(顺式)的分子结构模型,并且标出它的键长和键角[153]。

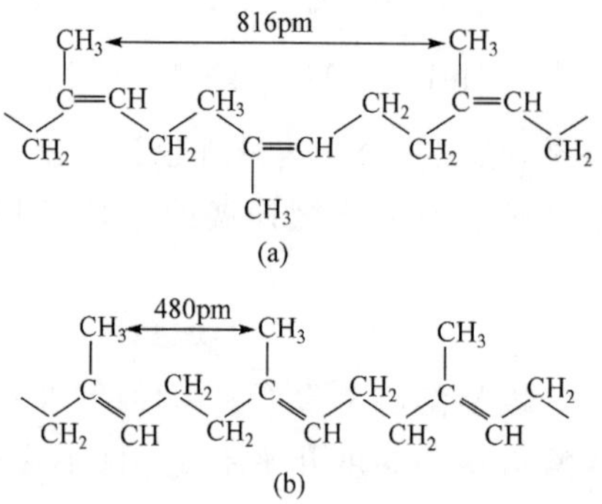

图 2.28　顺式聚异戊二烯(a)和反式聚异
戊二烯(b)的分子式

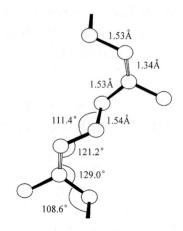

图 2.29　天然橡胶(顺式)的
分子结构模型[153]

采用 ^{1}H 和 ^{13}C NMR 对木菠萝橡胶进行分析,发现其分子链是由一系列二甲基烯丙基基团以及两个反式异戊二烯单元组成的长链顺式结构[154]。表 2.19 列出异戊二烯单元中各碳原子的 ^{13}C NMR 谱图特征信号峰位移值。

表 2.19　异戊二烯单元中各碳原子的 ^{13}C NMR 谱图特征信号峰位移值[154]

碳原子	化学位移/ppm	
	C_6D_6	$CDCl_3$
α-C-2	135.47	135.25
ω 反式结构中 ω-C-2	—	—
α-C-3	125.80	125.18
反式-C-1	40.32	39.81
顺式-C-1	32.82	32.34
顺式-C-4	27.09	26.52
顺式-C-5	23.75	23.40
ω-C-5	17.75	17.46
反式-C-5	16.58	16.03
酯-CH$_3$	14.43	14.05

注:ω 为二甲基烯丙基基团;α 为链末端顺式-1,4-异戊二烯单元。

2. 晶体结构

天然橡胶在常温下是无定形的高弹态物质,但是在较低的温度下或外力拉伸下会产生结晶。最近,Takahashi 等研究了天然橡胶的晶体结构,他们对天然橡胶的 X 射线晶体结构分析结果进行计算,提出了天然橡胶的单斜晶胞模型[153]。其晶胞参数为：$a=1.24$ nm，$b=0.88$ nm，$c=0.82$ nm，$\beta=94.6°$。一个晶胞中有四条分子链，每条分子链上的碳原子基本上呈平面锯齿状排列。在这个晶体结构中，两条镜面对称的分子链以 0.67：0.33 的比例共用一个晶格。然而，古塔波胶中的反式聚异戊二烯在常温下就具有较高的结晶度。这种反式的结晶存在两种晶型：一种是等同周期为 8.8Å 的 α 型单斜晶胞；另一种是等同周期为 4.7Å 的 β 型斜方晶胞。其结构如图 2.30 所示[152]。

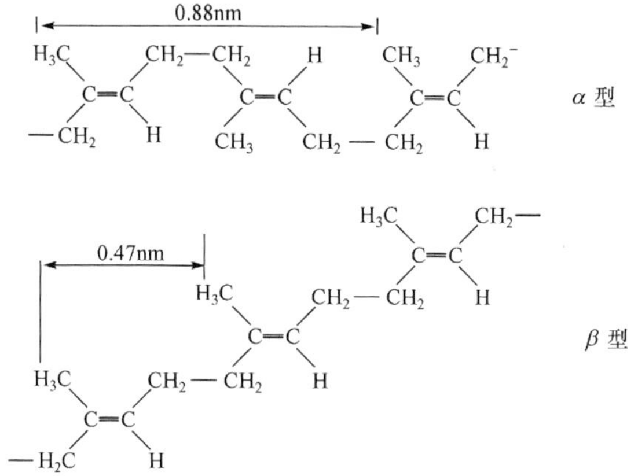

图 2.30　反式聚异戊二烯 α 型和 β 型晶胞的分子结构[152]

2.6.2　物理性能

天然橡胶是一种高分子弹性材料，其不饱和性和高分子量使天然橡胶具有一系列优良的物理性能，是综合性能最好的橡胶。表 2.20 汇集了天然橡胶的主要物理常数[155]。

表 2.20　天然橡胶的主要物理常数[155]

物性	数值	物性	数值
密度/(g/cm³)	0.91~0.92	电导率(60s)/(S/m)	2~57
体积膨胀系数/(1/K)	$6.70×10^{-4}$	体积弹性模量/MPa	1940
玻璃化温度/K	201	断裂伸长率/%	75~77
比热容/[kJ/(kg·K)]	1.88~2.09	储能模量/MPa	$1×10^{9.61}$
导热系数/[W/(m·K)]	0.13	损耗模量/MPa	$1×10^{8.46}$
燃烧热/(kJ/kg)	−45 200	介电损耗角正切	0.09
熔融温度/K	301	回弹率/%	75~77
折射率 n_D	1.52	体积电阻/(Ω·cm)	$1×10^{15}$~$1×10^{17}$
介电常数(1kHz)	2.37~2.45	门尼黏度	90

天然橡胶具有高弹性,其弹性模量很小,仅为钢铁的 1/30 000,而伸长率为钢铁的 300 倍,最大可达 1000%。在温度为 0～100℃时,回弹率可达 70%以上。天然橡胶在室温下为高弹态;没有一定的熔点,加热到 130 ～140℃时开始流动,到 160℃以上时变成黏性很大的流体,温度升高到 200℃时开始分解。天然橡胶具有良好的耐寒性,当冷至-72℃以下时才变成脆性物质。

天然橡胶是非极性物质,绝缘性良好,尤以脱除蛋白质的橡胶为佳。然而,其耐油性、耐非极性溶剂性很差。烃、卤代烃、二硫化碳、醚、高级酮和高级脂肪酸对天然橡胶均有溶解作用,而低级酮、低级酯及醇类则不能溶解天然橡胶。总之,它可溶于非极性溶剂如汽油和苯等,不溶于极性溶剂如乙醇、丙酮等。此外,它具有较好的耐碱性能,但不耐浓强酸,耐 10%的氢氟酸、20%的盐酸、30%的硫酸、50%的氢氧化钠等。

2.7　蛋白质和核酸

2.7.1　蛋白质

1. 蛋白质的一般结构

蛋白质存在于一切动植物细胞中,它是由多种 α-氨基酸组成的天然高分子化合物,分子量一般可由几万到几百万,甚至可达上千万。它的元素组成比较简单,主要含碳、氢、氮、氧、硫,有些蛋白质还含磷、铁、镁、碘、铜、锌等。蛋白质分子是由 α-氨基酸经首尾相连形成的多肽链,肽链在三维空间具有特定的复杂而精细结构。α-氨基酸分子间可以发生脱水反应生成酰胺。在生成的酰胺分子中两端仍含有 α-NH_2 及—COOH,因此仍然可以与其他 α-氨基酸继续缩合脱水形成长链大分子。

在蛋白质化学中,这种酰胺键(—$\overset{\overset{\displaystyle O}{\|}}{C}$—NH—)称为"肽键"。肽链一端含有 α-氨基的氨基酸残基称为"N 端";含有游离羧基的氨基酸残基称为"C 端"。多肽中的肽键实质上是一种酰胺键,由于酰胺键中氮原子上的孤对电子与酰基形成 p-π 共轭体系,使 C—N 键具有一定程度的双键性质。X 射线衍射证明,肽链中酰胺部分在一个平面上(肽链中的这种平面称为肽平面或酰胺平面),与羰基及氨基相连的两个基团处于反式位置;酰胺碳氮键长(0.132nm)比一般的 C—N 单键键长(0.147nm)短一些,这些都表明酰胺碳氮键具有部分双键的性质。因此,肽键中的 C—N 键的自由旋转受到阻碍,但与肽键中氮和碳原子相连接的两个基团可以自由旋转(即相邻肽平面可以旋转),因此表现出不同的构象如图 2.31 所示[156]。

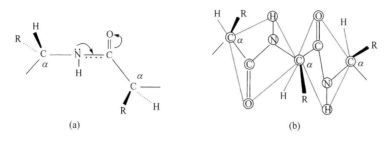

图 2.31　酰胺结构(a)以及可以绕 C_α 旋转的相邻酰胺平面(b)[156]

α-螺旋是最先肯定的一种蛋白质空间结构的基本组件,并普遍存在于各种蛋白质中[157～159]。蛋白质 α-螺旋结构特征为:每隔 3.6 个 AA 残基螺旋上升一圈,螺距为 0.54nm;螺旋体中所有氨基酸残基 R 侧链都伸向外侧,链中的全部 C=O 和 N—H 几乎都平行于螺旋轴;每个氨基酸残基的 N—H 与前面第四个氨基酸残基的 C=O 形成氢键,肽链上所有的肽键都参与氢键的形成 。 β-折叠 (β-sheet)是天然蛋白质中另一种基本的结构组件。通常它由两条或多条伸展的多肽链(或一条多肽链的若干肽段)侧向集聚,通过相邻肽链主链上的 N—H 与 C=O 之间有规则的氢键形成锯齿状片层结构,即 β-折叠片。较刚性的 α-螺旋和 β-折叠片构成蛋白质的三维结构,通过环肽链构成具有不同的长度和形貌,以及较大的构象柔性。无规卷曲线团(nonregular coil)存在于柔性的无序片段。

2. 蛋白质的一般物理性质

蛋白质多肽链的 N 端有氨基,C 端有羧基,其侧链上也常含有碱性基团和酸性基团,因此蛋白质具有两性性质和等电点。蛋白质溶液在某一 pH 时,其分子所带的正、负电荷相等,即成为净电荷为零的偶极离子,此时溶液的 pH 称为该蛋白质的等电点(pI)。蛋白质溶液在不同的 pH 溶液中,以不同的形式存在,其平衡体系如下:

$$
\begin{array}{ccc}
\mathrm{NH_2} & \mathrm{NH_3^+} & \mathrm{NH_3^+} \\
\diagup & \diagup & \diagup \\
\mathrm{Pr} \underset{\mathrm{OH^-}}{\overset{\mathrm{H^+}}{\rightleftharpoons}} & \mathrm{Pr} \underset{\mathrm{OH^-}}{\overset{\mathrm{H^+}}{\rightleftharpoons}} & \mathrm{Pr} \\
\diagdown & \diagdown & \diagdown \\
\mathrm{COO^-} & \mathrm{COO^-} & \mathrm{COOH} \\
\text{阴离子} & \text{两性离子} & \text{阳离子} \\
\text{pH>pI} & \text{等电点(pI)} & \text{pH<pI}
\end{array}
$$

式中:$\mathrm{H_2N—Pr—COO^-}$ 表示蛋白质分子,羧基代表分子中所有的酸性基团,氨基代表所有的碱性基团,Pr 代表其他部分。

蛋白质分散在水中,其水溶液具有胶体溶液的特性。例如,具有丁铎尔(Tyndall)现象和布朗(Brown)运动,它不能透过半透膜以及较强的吸附作用等。蛋白质溶液的稳定性受条件的限制。如果改变条件,如除去蛋白质外层的水膜或电荷,蛋白质分子就会从溶液中凝集而沉淀。蛋白质的沉淀分为可逆沉淀和不可逆沉淀。在热、力、光或 X 射线作用下或强酸、强碱、强极性介质中,蛋白质分子的内部结构发生变化,导致其物理化学性质改变、生理活性丧失,称为蛋白质的变性。变性后的蛋白质称为变性蛋白质。引起蛋白质变性的因素包括:维持蛋白质精细空间结构的次价键被破坏,使原有的空间结构改变,疏水基外露,蛋白质分子中的如—NH$_2$、—COOH、—OH 等活泼基团与化学试剂反应。蛋白质的变性分为可逆变性和不可逆变性。若仅改变蛋白质的三级结构,可能只引起可逆变性;若破坏二级结构,则会引起不可逆变性。但是,蛋白质的变性不会引起它一级结构的改变。

蛋白质在远紫外光区(200～230nm)有较大的吸收,而且在 280nm 处有一特征吸收峰,可利用它对蛋白质进行定性、定量鉴定。此外,蛋白质在酸、碱或酶作用下会发生水解。在水解过程中,它依次变成蛋白胨、蛋白胨、多肽、二肽,最终产物为 α-氨基酸。蛋白质酸水解时多数氨基酸稳定,不引起消旋作用,而蛋白质碱水解时多数氨基酸被不同程度地被破坏,而且产生消旋现象。在多种酶协同作用下蛋白质酶水解不产生消旋作用,也不破坏氨基酸。

1) 大豆分离蛋白质

(1) 组成与结构。

从大豆渣中分离出的大豆分离蛋白(soy protein isolate,SPI)含 92% 以上的蛋白质。SPI 的主要组成元素为 C、H、O、N、S、P,还含有少量 Zn、Mg、Fe、Cu 等,它由甘氨酸等 20 种氨基酸以肽键相结合而形成的天然高分子化合物。表 2.21 示出组成大豆和大豆分离蛋白的氨基酸种类及含量[160]。大豆蛋白质分子的一级结构是由 20 种氨基酸按一定的顺序以肽键相连形成的多肽链。它的二级结构是指分子中多肽链主链骨架的空间构象,大豆蛋白质分子链构象主要有 α-螺旋和 β-折叠两种(图 2.32 和图 2.33)。其中,R 代表氨基酸残基;肽链上第 N 个残基酰胺上的氨与第 $N+4$ 或 3 个残基上的 C=O 形成氢键,维持它的螺旋构象。它的 α-螺旋每隔 3.6 个氨基酸残基旋转一周,螺距为 5.4Å。每隔 3 个氨基酸残基的酰胺的氢与羧基皱缩,以利于通过侧面方向的氢键紧密地联系在一起,构成大豆蛋白质二级结构的 β-折叠片层结构。蛋白质分子中每个氢键键能很弱,只有 4～20 kJ/mol,但数量很多,使总的氢键作用较大,所以蛋白质的二级结构相对较为稳定[161]。

表 2.21　组成大豆和大豆分离蛋白的氨基酸种类及含量[160]

组成	氨基酸含量 (g/16g N)		组成	氨基酸含量 (g/16g N)	
	大豆	大豆分离蛋白		大豆	大豆分离蛋白
甘氨酸	4.0	4.0	酪氨酸	3.4	3.7
天冬氨酸	11.3	11.9	丙氨酸	4.0	3.9
谷氨酸	17.2	20.5	异亮氨酸	4.8	4.9
精氨酸	7.0	7.8	缬氨酸	4.6	4.8
赖氨酸	5.7	6.1	脯氨酸	4.7	5.3
组氨酸	2.6	2.5	苯丙氨酸	4.7	5.4
丝氨酸	5.0	5.5	蛋氨酸	1.3	1.1
亮氨酸	6.5	7.7	胱氨酸	1.5	1.0
苏氨酸	4.3	3.7	色氨酸	1.8	1.4

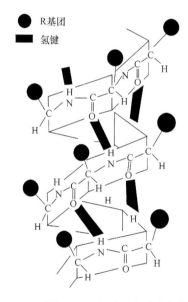

图 2.32　大豆蛋白质次级结构的
α-螺旋片段

图 2.33　大豆蛋白质次级结构的
β-折叠片段

采用超离心分离法并根据离心分离系数(即沉降系数)可以将大豆蛋白质分为2S、7S、11S 和 15S 四个级分(S 表示 svedberg unit,即沉降系数单位)。2S、7S、11S和 15S 分别占蛋白质总量的 8％、35％、52％和 5％[162]。2S 组分由低分子量的多肽组成,分子量为 $8 \times 10^3 \sim 2.0 \times 10^4$,而 15S 蛋白可能是大豆球蛋白的二聚物。7S 和 11S 又可分别称为 β-大豆结合糖蛋白(β-conglycinin)和大豆球蛋白(glycinin)。它们是大豆蛋白质提取物中两个主要的组分,其含量分别约为 35％ 和52％。主要存在于子叶细胞的蛋白质基体中,是大豆储藏蛋白的主要组成。7S β-

大豆结合糖蛋白主要由 α、α' 和 β 亚单元构成。成熟的大豆中 β-大豆结合糖蛋白是三聚体结构,由任意三个亚单元按照特定的空间位置缔合而成,分子量为 $1.5 \times 10^5 \sim 2.2 \times 10^5$。11S 大豆球蛋白是由 A1aB1b、A2B1a、A1bB2、A3B4、A5A4B3 五种亚单元组成的六聚体,分子量为 $3.0 \times 10^5 \sim 3.8 \times 10^5$。它由三个亚单元组合成一种称为球蛋白"前驱体"(proglycinin)的结构,然后任意两个前驱体相互缔合形成成熟的 11S 大豆球蛋白结构。在前驱体中,疏水相互作用占据了结合面积的 48%,亚单元界面存在大约 20 个氢键。

(2) 物理性质。

大豆蛋白质的溶解度是指特定环境下 100g 大豆蛋白质中能溶解于特定溶剂中的最大质量(g),它包括氮溶解度指数(NSI＝水溶氮/总氮)和蛋白质分散度指数(PDI＝水分散蛋白质/总蛋白质)两种。一般地,PDI 值略大于 NSI 值。当溶液的 pH 为 9 以上时,大部分 SPI 能溶解于水中;当 pH 为 4.64(大豆蛋白的等电点)时,其溶解度最小;当 pH 低于 6.5 时,11S 球蛋白的溶解度比 7S 降低得快,因此可以分离、提纯 11S 与 7S 级分。当蛋白质所处的环境发生变化时,7S 和 11S 球蛋白会发生可逆或不可逆的聚集-解聚转变。引起聚集-解聚的因素包括酸碱度、离子强度、温度、加热时间、共存物以及超声波处理等。在含有巯基乙醇、半胱氨酸、亚硫酸钠、盐酸胍、尿素、十二烷基磺酸钠(SDS)等解聚剂的介质中,7S 和 11S 会发生不可逆解聚反应[163]。

在加热、冷冻、高压、辐射、搅拌、超声波等作用下或稀酸、稀碱、尿素、硫脲、乙醇、丙酮、GH、表面活性剂、某些重金属盐等存在下,大豆蛋白质会发生变性[164,165]。变性并不改变蛋白质的一级结构,仅涉及二级、三级、四级结构的变化。大豆蛋白质的变性主要有热变性、冷冻变性、加压变性和化学因素导致的变性。蛋白质溶液的 pH 变化或与不同浓度的尿素、盐酸胍、SDS 或 SDBS 和 Na_2SO_3 接触有助于打开蛋白质分子链的折叠,将极性基团暴露出来,其功能性发生变化,导致化学变性[166~169]。不同浓度的尿素和盐酸胍可以使蛋白质发生不同程度的变性,且浓度越高,蛋白质分子链伸展的程度越大[170]。SPI 的软化温度为 160~180℃,熔点为 200~220℃。因此,SPI 的加工温度应在 200℃左右。然而,SPI 的分解温度也在此范围,所以必须通过加入增塑剂以降低其加工温度。在一定温度下,SPI 可以形成熔融体,熔体的流动行为与水分的依赖关系很大[171,172]。在 140℃下,水在 54%~70% 时,SPI 熔体流动的连续性好,流动特性较均一,此时自由水起到润滑剂的作用。此外,SPI 还具有吸水和保水性、凝胶性、乳化和起泡性等性能[173,174]。

2) 玉米醇溶蛋白

(1) 组成和化学结构。

玉米醇溶蛋白是玉米中主要的储藏蛋白,它可溶解于醇的水溶液中而分离出,命名为 zein[175]。玉米蛋白质中富含谷氨酸、亮氨酸、脯氨酸和丙氨酸,但缺乏酸性和碱性的氨基酸。玉米蛋白质两种组分为 α-zein 和 β-zein,其中 α-zein 能溶于95％的乙醇,占醇溶蛋白质的 80％,其余的为 β-zein,能溶于 60％的乙醇。两种主要的玉米醇溶蛋白质多肽的氨基酸组成和含量见表 2.22[176]。

表 2.22　玉米醇溶蛋白质多肽的氨基酸组成[176]

氨基酸	含量/％	
	α-zein($M_w = 25\ 000$)	β-zein($M_w = 25\ 000$)
赖氨酸	0.19	0.39
组氨酸	1.12	1.08
精氨酸	1.06	1.14
天冬氨酸	5.71	5.72
苏氨酸	3.08	3.09
丝氨酸	6.38	7.39
谷氨酸	21.42	20.69
脯氨酸	8.71	9.99
甘氨酸	2.52	2.94
丙氨酸	13.64	12.75
巯基丙氨酸	0.77	0.45
缬氨酸	5.61	3.2
蛋氨酸	1.30	0.41
异亮氨酸	3.74	3.62
白氨酸	18.36	18.74
酪氨酸	2.71	3.15
苯基丙氨酸	3.68	5.27
色氨酸	0	0

圆二色谱和旋光色散结果表明 50％～80％乙醇溶液中玉米醇溶蛋白的螺旋含量占 33.6％～60％,其中 α-zein 和 β-zein 含量基本相同。小角 X 射线散射的结果表明,α-zein 为不对称粒子长为 13nm、分子轴径比为 6∶1 的棱柱形。图 2.34为这种 α-zein 棱柱形模型。每一个串列式重复单元形成一个单 α-螺旋,其尺寸为1.2nm,10～11 个单元堆积成三维尺寸为 13nm×1.2nm×3nm 的伸展棱柱结构。玉米醇溶蛋白是不均匀的,以二硫键结合的玉米蛋白聚集体的平均分子量为$44×10^4$[177]。

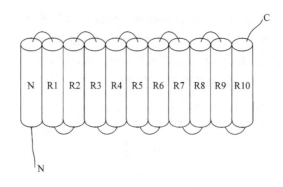

图 2.34　α-zein（Z22）的结构模型[177]

（2）物理性能。

玉米醇溶蛋白溶液由于含高比例的非极性氨基酸残基和稀少的酸、碱性蛋白，致使它难溶于水。然而，脂肪醇，单、多元醇混合一部分水可以溶解玉米醇溶蛋白。由于 zein 中含有如酪氨酸酚等可离子化的基团，因而 zein 又可以溶解于一些有机酸（如乙酸、丙酸和乳酸）以及氨水中。同理，zein 还可以溶于 pH 在 11.3～12.7 的水溶液以及浓尿素水溶液中[178,179]。

玉米醇溶蛋白有玻璃化转变温度（T_g），而且加入水等增塑剂可以降低其 T_g。它的 T_g 与体系湿度呈非线性的反比关系[180]。在乙醇水溶液中，zein 呈现典型的牛顿流体特征，而且黏度与温度的关系服从 Arrhenius 定律[181]。玉米醇溶蛋白溶液极不稳定，容易自发形成凝胶。它在乙醇和异丙醇中易形成聚集体，其凝胶具有良好的粘接性能。蛋白质浓度超过一定值时，蛋白质则凝聚，其分子间形成氢键、二硫键及疏水键，产生网状结构导致形成膜。

玉米醇溶蛋白的其他一些物理化学性质如表 2.23 所示[182]。

表 2.23　玉米醇溶蛋白（zein）的物理化学性质[182]

性　质	特　征
单位重量的体积/（L/kg）	0.805
颜色	淡黄色
介电常数（500V，60 循环，25～90℃）	4.9～5.0
扩散系数/（m²/s）	3.7×10^{-14}
爱因斯坦黏度系数	25
玻璃化转变温度/℃	165
等电点,pH	6.2（5～9）
分子量	35 000（$9.6 \sim 44 \times 10^3$）
偏摩尔比体积	0.771
物理形态	无定形粉末
沉淀系数/s	1.5
相对密度	1.25
热降解温度/℃	320

3）胶原蛋白

（1）组成及结构。

胶原蛋白（collagen）是众多动物体内含量最丰富的蛋白质。胶原蛋白包括多种类型，如 I 型、II 型、III 型等。其中 I 型主要富含于腱、骨、皮和角膜中，II 型存在于血管和新生皮肤中。皮肤胶原蛋白（I 型）中甘氨酸（Gly）和羟基脯氨酸（Pro）含量分别达到 33% 和 13%，并含有 3 个不常见到的氨基酸：4-羟脯氨酸（9%）、3-羟脯氨酸（0.1%）和 5-羟赖氨酸（0.6%）。它们通常在胶原蛋白多肽链合成后由 Pro 和赖氨酸（Lys）经由脯氨酰羟化酶（prolylhydroxylase）或赖胺酰羟化酶（lysyl-hydroxylase）催化下修饰而成。I 型、II 型和 III 型胶原蛋白在体内形成有组织的原纤维。在动物体内胶原蛋白以胶原纤维（collagen fiber）的形式存在。胶原纤维的基本结构单元是原胶束（protocollagen）分子，它的分子量为 2.85×10^5。

（2）物理化学性质。

胶原蛋白在水溶液中具有胶体性质。胶原分子的表面有许多极性侧基，如氨基、酰胺基、羧基、羟基、肽基等，它们以氢键与水分子结合，在胶原分子周围形成一层水分子膜，可结合自身质量 10 倍以上的水，形成亲水胶体。胶原蛋白吸收的水以两种状态存在：①与极性基团以氢键结合的水，它不易蒸发；②存在于胶原分子之间的自由状态的水，它较易蒸发。经水膨胀后的胶原蛋白加热到 60～70℃ 时会发生熔化，它的结构发生变化。胶原蛋白含有较多的亚氨基-脯胺酸和羟基脯氨酸，它的溶液与茚三酮溶液混合加热至沸后，呈黄色，而不是一般的蛋白质反应后所呈现的蓝紫色，这个反应常用于氨基酸的比色定量分析。胶原蛋白肽链的端基和侧链均含有氨基和羧基，即存在许多碱性基团和酸性基团。它们在溶液中能与酸和碱结合，结合酸或碱的量分别称为胶原的酸容量或碱容量。胶原肽链上结合碱和酸后，胶原分子间及肽链间的离子交联键和氢键被打开，导致吸水而发生胶原酸膨胀或碱膨胀，并且随时间的延长，胶原发生酸溶解或碱溶解，这种现象叫胶解。如果酸或碱的浓度较大则有可能发生主链的降解。当加热至沸腾，胶原逐步由大肽水解成小肽，直至氨基酸。胶原与稀硫酸煮沸数小时后用碳酸钙中和，过滤出来的滤液蒸发至干，得到甘氨酸的结晶[183]。

胶原蛋白不易被一般的蛋白酶水解，但它的分子链能被梭菌或动物的胶原酶（collagenase）断裂。断裂的碎片自动变性，可被普通蛋白酶水解。胶原于水中煮沸即转变为明胶或动物胶（gelatine），它是一种可溶性的多肽混合物，胶原蛋白并不是理想的营养成分，因为它缺少很多人体所必需的氨基酸。

4）丝蛋白

（1）组成及结构。

天然丝蛋白（fibroin）主要存在于蚕丝和蜘蛛丝中。蚕丝蛋白主要是由具有小侧链的甘氨酸、丝氨酸和丙氨酸组成，每隔一个残基就是甘氨酸。它的二级结构为

典型的反平行 β-折叠片,多肽链取锯齿状折叠。在这种结构中,侧链交替地分布在折叠片的两侧。丝蛋白反平行 β-折叠片以平行的方式堆积成多层结构。其链间主要以氢键连接,层间主要靠范德华力维系即所有的甘氨酸位于折叠片平面的一侧,而丝氨酸和丙氨酸等都在平面的另一侧(图 2.35)。同一多肽链一侧的两个相邻侧链间距离(重复距离)为 0.7nm,在层中反平行的链间距离为 0.47nm,若干这样的折叠片交替堆积,堆积层间距分别为 0.35nm 和 0.57nm。蚕丝蛋白分子链主要包括三种构象:无规线团、α-螺旋和 β-折叠链结构。它有三种结晶分别为丝 I (silk I)型、silkII 型和 silk III 型[184~186]。Silk I 型中,分子链是按 α-螺旋和 β-平行折叠构象交替堆积而成的,其晶胞属于正交晶系(晶胞参数:$a=0.896$nm,$b=1.126$nm,$c=0.646$nm);silk II 型的结构可用"丙氨酸-甘氨酸"重复单元结构表示,形成了 2_1 对称的结构,其晶胞也属于正交晶系(晶胞参数:$a=0.944$nm,$b=0.920$nm,$c=0.695$nm);silk III 呈现聚甘氨酸 II 型的三螺旋构象,其晶胞属于六边形(晶胞参数:$a=0.456$nm,$b=0.456$nm,$c=0.867$nm)。

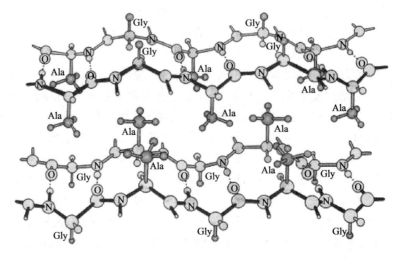

图 2.35　堆积的 β-折叠片的三维结构

蜘蛛丝中主要的氨基酸是氨基乙酸和氨基丙酸,其中氨基丙酸含量超过60%。蜘蛛腺体内丝蛋白的自旋魔角[13]C NMR 的化学位移如表 2.24 所示[187]。蛛丝蛋白包括聚氨基丙酸区域,每个区域有 4~9 个氨基丙酸相连接形成的嵌段。每个重复单元间的夹角形成一个紧密的螺旋结构,它可能是聚氨基丙酸和螺旋区域的过渡结构。蛛丝蛋白的氨基乙酸高含量区聚集形成非晶区,这也是蜘蛛丝的弹性区,低序的氨基丙酸高含量结晶区也已经证实是 β-层片与非晶区的连接区域。因此认为,蜘蛛丝的结构被认为是非晶态基体中存在结晶区。

表 2.24　蜘蛛腺体内丝蛋白 ^{13}C NMR 的化学位移（单位：ppm[1]）[187]

	C_α	C_β	C_γ	C_δ	C=O	其他
丙氨酸	51.0（50.0）	17.3（16.7）			176.3（—c）	
甘氨酸	43.5（42.7）				172.3（—c）	
亮氨酸	53.8（53.4）	40.5（40.0）	25.1（24.6）　23.0（22.5）	21.6（20.9）	176.0（—c）	
丝氨酸	—c	62.1（61.4）			172.4（—c）	
酪氨酸	56.4（56.0）	37.2（36.4）			—c（—c）	129.0 [C_1]　131.4[$C_{2,6}$]（130.8）　116.3[$C_{3,5}$]（115.9）　155.5[C_4]

1）表中化学位移的精确度为 0.2ppm，其内标为 TMS。

注：括号内的化学位移为蜘蛛丝在 7.7 mol/L 尿素溶液中处理后的化学位移。c 表示不能被明确测出。

（2）物理化学性质。

不同动物丝蛋白的氨基酸组成不同，但它们都能在环境的影响下通过动物独特的纺器"迅速地"从溶胶状的水溶性蛋白质变为非水溶性蛋白质，并形成力学性能优异的纤维。动物丝的综合力学性能优于几乎所有的有机合成纤维。它们的特点是在生物体本身"湿纺"（吐丝）过程中的溶剂是洁净的水而凝固剂则是空气，同时固化过程只涉及蛋白质在特定条件下的构象转变而无酶的作用；在常温常压下的低速纺丝过程（1～2 cm/s）。丝和丝蛋白本身具有良好的生物相容性及环境可降解性。多年来，动物丝和丝蛋白一直是高分子科学、材料科学、生物学及仿生学等多学科交叉上的研究热点。丝蛋白的具体物理化学性质见表 2.25[188]。此外，$N.\ clavipes$ 蜘蛛拖丝在六氟异丙醇和 10 mmol/L 三氟乙酸中室温下的 Mark-Houwink 参数分别为：$K=1.8\times10^{-4}$ mL/g，$\alpha=0.81$。

表 2.25　丝蛋白的物化性质[188]

性　质	条　件	数　值
分子量(M_n)	—	～64 g/mol
立构规整度	酶聚合	100% 全同立构
接枝度	线型蛋白质	无
分散度(M_w/M_n)	单分散(受基因控制)	1.0
多相体系的形貌	非晶基体中存在晶区	嵌段共聚物
红外特征吸收	酰胺 I 带	1 624 cm^{-1}
	酰胺 II 带	1 522 cm^{-1}
	酰胺 III 带	1 258 cm^{-1}
紫外特征吸收	酪氨酸	280 nm
线性热膨胀系数	干膜 50～150℃	0.461×10^{-4}K^{-1}
溶剂	0.06g/mL 茧丝在 9.3 mol/L LiBr 水溶液中 0.28g/mL 茧丝在 75% Ca(NO)$_2$/甲醇(质量分数)中 0.1 g/mL *N. clavipes* 蜘蛛拖丝在六氟异丙醇中	
非溶剂	甲醇、乙醇以及非极性碳水化合物	
结晶度	蚕丝	38%～66%
	蛛丝	20%～45%
密度(结晶)	纤维在甲苯中	1.351
	纤维在水中	1.421
结晶尺寸(典型)	蚕丝	1.0～2.5 nm
	蛛丝	2nm×5nm×7 nm
玻璃化转变温度 T_g	23～26℃75%相对湿度(RH)吸湿为 0	451K
	23～26℃75%RH 吸湿为 21g/100g 丝	312K
熔点	—	未熔融先分解
介晶转变	室温	亲液性
热容	—	1.38J/(g·K)
相容性聚合物	—	尼龙
热稳定性	蚕丝(*B. mori*)	250℃失重 5%
	N. clavipes 蜘蛛拖丝	234℃失重 5%
拉伸强度	蚕丝(*B. mori*)	513MPa
	N. clavipes 蜘蛛拖丝	0.85～1.1 GPa
	A. aurantia 蜘蛛拖丝	0.5～1.3 GPa
	A. sericatus 蜘蛛拖丝	1.0 GPa

续表

性　质	条　件	数　值
断裂伸长率	蚕丝(*B. mori*)	23.4%
	N. clavipes 蜘蛛拖丝	9%～20%
	A. aurantia 蜘蛛拖丝	18.3%～21.5%
	A. sericatus 蜘蛛拖丝	30%
断裂强度	蚕丝(*B. mori*)	80.6MPa
拉伸模量	蚕丝(*B. mori*)	9,860 MPa
	N. clavipes 蜘蛛拖丝	12.7～22 GPa
	A. aurantia 蜘蛛拖丝	6～24 GPa
	A. sericatus 蜘蛛拖丝	10 GPa
屈服应力	蚕丝(*B. mori*)	211 MPa
屈服应变	蚕丝(*B. mori*)	3.3%
储能模量	蚕丝(*B. mori*)(80℃＜T＜160℃)	70 000 MPa
损耗模量	蚕丝(*B. mori*)(80℃＜T＜160℃)	1 600 MPa
折光指数	平行于纤维方向	1.591
	垂直于纤维方向	1.538
压电常数	$1/d'_{14}$	3.3 pN/C
生物降解性	微生物、蛋白酶、土壤、水中均可降解	
分解温度	蚕丝(*B. mori*)	523K
	N. clavipes 蜘蛛拖丝	507K

2.7.2　核酸

1. 组成和结构

核酸(nucleic acid)分为脱氧核糖核酸(deoxyribonucleic acid,DNA)和核糖核酸(ribonucleic acid,RNA)两大类(表 2.26)。RNA 主要存在于细胞质中,控制生物体内蛋白质的合成;DNA 主要存在于细胞核中,决定生物体的繁殖、遗传及变异。核酸仅由 C、H、O、N、P 五种元素组成,其中 P 的含量变化不大,平均含量为 9.5%,每克磷相当于 10.5g 的核酸。核酸是由单核苷酸连接而成的大分子化合物,而单核苷酸又是由核苷和磷酸结合而成的磷酸酯,其中核苷由碱基和戊糖组成的。戊糖包括两类:D-核糖(D-ribose)和 D-2-脱氧核糖(D-2-deoxyribose)。于是核酸根据这两种戊糖分为 RNA 的和 DNA 的。

核酸的一级结构是指组成核酸的各种单核苷酸按照一定比例和一定的顺序,通过磷酸二酯键连接而成的核苷酸长链。RNA 的分子量一般为 $1×10^4$～$1×10^6$,

而 DNA 的分子量为 $1 \times 10^6 \sim 1 \times 10^9$。它们都由一个单核苷酸中戊糖的 $C_5{}'$ 上磷酸与另一个单核苷酸中戊糖的 $C_3{}'$ 上羟基之间,通过 $3'$, $5'$-磷酸二酯键连接而成。例如,大肠杆菌染色体 DNA 的分子量为 2.6×10^9,它由 4×10^6 碱基对组成,分子长度为 1.4×10^6 nm。

表 2.26 两种核酸的基本化学组成

核酸的成分	DNA	RNA
嘌呤碱	腺嘌呤(adenine)	腺嘌呤
(purine bases)	鸟嘌呤(guanine)	鸟嘌呤
嘧啶碱	胞嘧啶(cytosine)	胞嘧啶
(pyrimidine bases)	胸腺嘧啶(thymine)	尿嘧啶(uracil)
戊 糖	D-2-脱氧核糖	D-核糖
酸	磷 酸	磷 酸

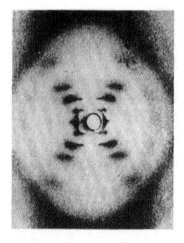

图 2.36 DNA 分子的 X 射线衍射照片[189]

1953 年,瓦特生(Waston)和克利格(Crick)通过对 DNA 分子的 X 射线衍射(图 2.36)的研究和碱基性质的分析,提出了 DNA 的双螺旋结构[189]。DNA 双螺旋结构组成如下:①DNA 分子由两条相反的多核苷酸链组成,绕同一中心轴相互平行盘旋成双螺旋体结构。两条链均为右手螺旋,即 DNA 双螺旋体;②碱基的环为平面结构,处于螺旋内侧,并与中心轴垂直。磷酸与 2-脱氧核糖处于螺旋外侧,彼此通过 $3'$ 或 $5'$-磷酸二酯键相连,糖平面与中心轴平行;③两个相邻碱基对之间的距离(碱基堆积距离)为 0.34nm,螺旋每旋转一圈包含 10 个单核苷酸,即每旋转一圈的高度(螺距)为 3.4nm,螺旋直径为 2nm;④两条核苷酸链之间的碱基以特定的方式配对并通过形成氢键连接在一起。配对的碱基处于同一平面,它们与上下的碱基平面堆积在一起,成对碱基之间的纵向作用力叫做碱基堆积力,它也是使两条核苷酸链结合并维持双螺旋空间结构的重要作用力。

RNA 的空间结构与 DNA 不同,RNA 一般由一条回折的多核苷酸链构成,具有间隔着的双股螺旋与单股螺旋体结构部分,它是靠嘌呤碱与嘧啶碱之间的氢键保持相对稳定的结构。双螺旋链 DNA 多数为线形,少数为环形。自 Vinograd 等于 1965 年发现多瘤病毒的环形 DNA 的超螺旋以来,现在已经知道绝大多数原核生物、线粒体、叶绿体以及某些细菌中的 DNA 为双链环形成的共价封闭环(covalently closed circle)分子。这种双螺旋环状分子再度螺旋化成为超螺旋结构（superhelix或supercoil）。图 2.37 为多瘤病毒的环状分子和超螺旋结构[190]。

图 2.37　多瘤病毒的环状分子和超螺旋结构[190]

2. 理化性质

DNA 为白色纤维状物质，而 RNA 为白色粉状物质。它们都微溶于水，其水溶液显酸性，具有一定的黏度及胶体溶液的性质。它们可溶于稀碱和中性盐溶液中，易溶于 2-甲氧基乙醇中，难溶于乙醇、乙醚等溶剂中。核酸在波长为 260nm 左右都出现最大吸收，可利用紫外分光光度法进行定量测定。

核酸在酸、碱或酶的作用下能水解。在酸性条件下，由于糖苷键对酸不稳定，核酸水解生成碱基、戊糖、磷酸及单核苷酸的混合物。在碱性条件下，可得单核苷酸或核苷(DNA 比 RNA 稳定)。酶催化的水解比较温和，可有选择性地断裂某些键。在外来因素的影响下或在加热或强酸、碱、尿素等介质中核酸分子的空间结构被破坏，导致部分或全部生物活性丧失，称为核酸变性。在变性过程中，核苷酸之间的共价键(一级结构)不变，但碱基之间的氢键断裂。DNA 的稀盐酸溶液加热到 80~100℃ 时，它的双螺旋结构解体，两条链分开变成无规则的线团。核酸变性后物理化学性质随之改变，如黏度降低、比旋光度下降、260nm 区域紫外吸收值上升等。

核酸的颜色反应主要是由核酸中的磷酸及戊糖所致。核酸在强酸中加热水解生成磷酸，它能与钼酸铵(在有还原剂如抗坏血酸等存在的)作用，生成蓝色的钼蓝，在 660nm 处有最大吸收。RNA 与盐酸共热，水解生成的戊糖转变成糠醛，它在三氯化铁催化下，与苔黑酚(即 5-甲基-1,3-苯二酚)反应生成绿色物质，产物在 670nm 处有最大吸收。DNA 在酸性溶液中水解得到脱氧核糖并转变为 ω-羟基-γ-酮戊酸，与二苯胺共热，生成蓝色化合物，它在 595nm 处有最大吸收。因此，可用分光光度法定量测定 RNA 和 DNA 的含量。

参 考 文 献

1　Heuser E. The Chemistry of Cellulose. New York：John Wiley & Sons Inc,1944

2　Nehls L,Wagenknecht W,Philipp B,Stscherbina D. Prog Polym Sci,1994,19:29~78

3　McCormick C L,Callais P A,Hutchinson B H Jr. Macromolecules,1985,18:2394~2401

4　Kamide K,Saito M. Polym J,1986,18:569~579

5　Henley D. Ark Kemi,1961,18:327~392

6　He C J,Wang Q R, Macromol J Sci-Pure and Appl Chem,1999,A36:105~114

7　Brown W,Wiskston R. Eur Polym J. ,1965,1:1~10

8　Krishnamurti K,Svedberg T. J Am Chem Soc,1930,52:2897~2906

9　Valtasaari L. Makromol Chem,1971,150:117~126

10　Zhou J,Zhang L,Cai J. J Polym Sci Polym Phys,2004,42:347~353

11　Cai J,Liu Y,Zhang L. J Polym Sci Polym Phys,2006,ASAP on line,44

12　詹怀宇,李志强,蔡再生. 纤维化学与物理. 北京:科学出版社,2005

13　Klemm D,Philipp B,Heinze T,Henize U,Wagenknecht W. Comprehensive Cellulose Chemistry. Weinheim:WILEY-VCH Verlag Gmbh,1998

14　Nishino T,Matsuda I,Hirao K. Macromolecules,2004,37:7683~7687

15　Fink H P,Walenta E. Papier (Darmstadt),1994,48:739~748

16　Mark J E. Polymer data handbook. Oxford University Press,1999. 39

17　高杰,汤烈贵. 纤维素科学. 科学出版社,1999

18　Marchessault R H,Sarko A. Adv Carbohydr Chem,1967,22:421~482

19　Jones D W. J Polym Sci,1958,32:371~394

20　Rees D A,Skerrett R J. Carbohydr Res,1968,7:334~348

21　Hayashi J,Sufoka A,Ohkita J,Watanabe S. J Polym Sci,Polym Lett Ed,1975,13:23~27

22　Zugenmaier P. Prog Polym Sci,2001,26:1341~1417

23　Isogai A,Usuda M,Kato T,Uryu T,Atalla R H. Macromolecules,1989,22:3168~3172

24　Ellefsen Φ,TΦnnesen B A. Cellulose and Cellulose Derivatives,Part IV. New York:John Wiley & Sons Inc,1971. 151

25　Kolpak K J,Blackwell J. Macromolecules,1976,9:273~278

26　Barry A J,Peterson F C,King A. J Am Chem Soc,1936,58:333~337

27　Lee D,Burnfirld K,Blackwell J. Biopolymers,1984,23:111~126

28　Earl W L,Vanderhart D W. J Am Chem Soc,1980,102:3251~3252

29　Gomez M A,Cozine M H,Schilling F C,Tonelli A E,Bello A,Fatou J G. Macromolecules,1987,20:1761~1766

30　Horii F,Hirai A,Kitamaru R. Polym Bull,1983,10:357~361

31　Horii F,Hirai A,Kitamaru R. Polymers for fibers and Elastomers,ACS Symposium Series 260,Washington,DC,1984; American Chemical Society:Washington,DC,27

32　Gardiner E S,Sarko A. J Appl Polym Sci,Appl Polym Symp,1983,37:303~308

33　Horii F,Hirai A,Kitamaru R. Macromolecules,1987,20:2117~2120

34　Atalla R H,Vanderhart D L. Science,1984,223:283~285

35　Suguyama J,Vuong R,Chanzy H. Macromolecules,1991,24:4168~4175

36　Debzi E M,Chanzy H,Sugiyama J,Tekely P,Excoffier F G. Macromolecules,1991,24:6816~6822

37　Sugiyama J,Persson J,Chanzy H. Macromolecules,1991,24:2461~2466

38 Nishiyama Y,Langan P,Chanzy H. J Am Chem Soc,2002,124:9074~9082

39 Horii F,Yamamoto A,Kimura R,Tanahashi M,Higuchi T. Macromolecules,1987,20:2946~2949

40 Kroon-Batenburg L M J,Kroon J,Nordholt M G. Polym Commun,1986,27:290~292

41 Heinze T,Liebert T. Prog Polym Sci,2001,26:1689~1762

42 Kamide K,Okajima K,Kowsaka K. Polym J,1992,24:71~86

43 Kamide K,Okajima K,Kowsaka K,Matsui T. Polym J,1985,17:701~706

44 Graenacher G,Sallmann R. Process for shaped cellulose article prepared from a solution containing cellulose dissolved in a tertiary amine N-oxide solvent. Cellulose solutions. US 2179181,1939

45 Johnson D L. Oriented cellulose films and fibers from a mesophase system. Brit. 1144048,1967

46 Dube M. J. Polym Sci,1984,22:163~171

47 Chanzy H,Dubé M,Marchessault R H. J Polym Sci Polym Lett Ed,1979,17:219~226

48 Drechsler U,Radosta S,Vorwerg W. Macromol Chem Phys,2000,201:2023~2030

49 Conio G,Corazzo P,Bianchi E,Tealdi A,Citerri A. J Polym Sci Polym Lett Ed,1984,22:273~277

50 Turbak A F,El-Katrawy A,Synder F,Auerbach A. Process for forming shaped cellulosic products. US Patent 4352770,1982

51 Terbojevich M A,Coseni A,Conio G,Ciferri A,Bianchi E. Macromolecules,1985,18:640~646

52 Gadd K F. Polymer,1982,23:1867~1869

53 Isogai A,Atalla R H. Cellulose,1998,5:309~319

54 Cai J,Zhang L. Macromol Biosci,2005,5:539~548

55 Cai J,Zhang L. Biomacromolecules,2006,7:183~189

56 Ruan D,Zhang L,Lue A et al. Macromol Rapid Commun,2006,27:1495~1500

57 Swatloski R P,Spear S K,Holbrey J D,Rogers R D. J Am Chem Soc,2002,124:4974~4975

58 Zhang H,Wu J,Zhang J,He J S. Macromolecules,2005,38:8272~8277

59 Ellis A V,Wilson M A,Forster P. Ind Eng Chem Res,2002,41:6493~6502

60 Saito K,Kato T,Tsuji Y,Fukushima K. Biomacromolecules,2005,6:678~683

61 Sjostrom E. Wood chemistry. Fundamentals and applications,2nd Ed. San Diego,CA:Academic Press,1993. 71~89

62 Sakakibara A. Wood Sci Technol,1980,14:89~100

63 蒋挺大. 木质素. 北京:化学工业出版社,2001. 16~60

64 邓宇. 淀粉化学品及其应用. 北京:化学工业出版社,2002

65 张燕萍. 变性淀粉制造与应用. 北京:化学工业出版社,2001. 27~28

66 Takeda Y,Tomooka S,Hizukuri S. Carbohydr Res,1993,246:267~272

67 Grant G A,Frison S L,Yeung J et al. J Agric Food Chem,2003,51:6137~6144

68 Zhao W B. Polymer data handbook. Mark J E ed. Oxford University Press,1999. 975

69 Howe-Grant M. Kirk-Othmer Encyclopedia of Chemical Technology. Kroschwitz J I ed. New York:John Wiley & Sons,1992. Vol. 4

70 Buleon A,Colonna P,Planchot V. Inter J Biolog Macromol,1998,23:85~112

71 Powell E L. Industrial Gums:Polysaccharides and Their Derivatives. Whistler R L,Bemiller J N ed. New York:Academic Press,1973

72　Young A H. Starch: Chemistry and Technology. Whistler R L, Bemiller J N, Paschall E F ed. Orlando, Fla. : Academic Press, 1984

73　Buleon A, Colonna P, Planchot V. Biolog Macromol, 1998, 23: 85~112

74　Baldwin P. PhD Thesis, University of Nottingham, UK. 1995

75　Huber K C, BeMiller J N. Cereal Chem, 1997, 74: 537~541

76　Zhao J, Madson M A, Whistler R L. Cereal Chem, 1996, 73: 379~380

77　Lineback D R. Bakers Digest, 1984, 58: 16

78　Oostergetel G T, van Bruggen E F. Carbohydr Polym, 1993, 21: 7~12

79　Sarko A, Zugenmaier P. Fiber Diffraction Methods, ACS Symposium Series 141, Washington D C, 1980; French A D, Gardner K K Eds. Washington D C: American Chemical Society

80　Woelk H U. Starch/Stärke, 1981, 33: 397~408

81　任杰. 可降解与吸收材料. 北京: 化学工业出版社, 2003. 42

82　王微青, 高寿青, 任可达. 淀粉科学手册. 北京: 轻工业出版社, 1990

83　高嘉安. 淀粉与淀粉制品工艺学. 北京: 中国农业出版社, 2001. 45

84　Yu L, Christie G. Carbohydr Polym, 2001, 46: 179~184

85　Slade L, Levine H. Industrial polysaccharides. Gordon and Breach, 1987

86　Bizot H, Lebail P, Leroux B. Carbohydr Polym, 1997, 32: 33~50

87　Lourdin D, Ring S G, Colonna P. Carbohydr Res, 1998, 306: 551~558

88　Lourdin D, Bizot H, Colonna P. J Appl Polym Sci, 1997, 63: 1047~1053

89　van Soest J J G, Knooren N. J Appl Polym Sci, 1997, 64: 1411~1422

90　Hulleman S H D, Holbert W, Chanzy H. Int J Biol Macromol, 1996, 18: 115~122

91　Gaudin S, Lourdin D, Forssell P M. Carbohydr Polym, 2000, 43: 33~37

92　Forssell P M, Mikkila J M, Moates G K. Carbohydr Polym, 1997, 34: 275~282

93　Noishiki Y, Takami H, Nishiyama Y, Wada M, Okada S, Kuga S. Biomacromolecules, 2003, 4: 896~899

94　Yamaguchi Y, Nge T T, Takemura A, Hori N, Ono H. Biomacromolecules, 2005, 6: 1941~1947

95　蒋挺大. 甲壳素. 北京: 化学工业出版社, 2003

96　Kaplan D L. Biopolymers from renewable resources. Berlin Heidelberg: Springer-Verlag, 1998. 292~322

97　Cho Y-W, Jang J, Park C R, Ko S-W. Biomacromolecules, 2000, 1: 609~614

98　Rudall K M. AdV. Insect Physiol, 1963, 1: 257~313

99　Saito Y, Putaux J-L, Okano T F G H C. Macromolecules, 1997, 30: 3867~3873

100　Saito Y, Okano T, Gaill F, Chanzy H, Putaux J-L. Int J Biol Macromol, 2000, 28: 81~88

101　蒋挺大. 壳聚糖. 北京: 化学工业出版社, 2001

102　Terbojevich M, Carraro C, Cosani A. Carbohydr Res, 1988, 180: 73~86

103　Einbu A, Naess S N, Elgsaeter A, Varum K M. Biomacromolecules, 2004, 5: 2048~2054

104　Wang W, Bo S, Li S, Qin W. Int J Biol Macromol, 1991, 13: 281~285

105　陈怡. 世界科学技术——中药现代化, 2000, 2: 52

106　Katsuraya K, Okuyama K. Carbohydr Polym, 2003, 53: 183~189

107　Sugiyanma N, Shimahara H. Agric Biol Chem, 1972, 36: 1381~1387

108　Kishida N, Okimahara S. Agric Biol Chem, 1978, 42: 1645~1650

109 Huang L,Kobayashi S,Nishinari K. Trans Mater Res Soc Jpn,2001,26:597~600

110 Winter H H,Chambon F. J Rheol,1986,30:367~382

111 Williams M A K,Foster T J,Martin D R,Norton I T,Yoshimura M,Nishinari K. Biomacromolecules, 2000,1:440~450

112 Ikeda S,Kumagai H. J. Agric Food Chem,1997,45:3452~3458

113 Ikeda S,Kumagai H,Nakamura K. Carbohydr Res,1997,301:51~59

114 Weissmann B,Meyer K. J Am Chem Soc,1954,76:1753~1757

115 凌沛学. 透明质酸. 北京:中国轻工业出版社,2000

116 顾其胜,严凯. 透明质酸与临床医学. 北京:第二军医大学出版社,2003

117 Stone B A,Clarke A E. Chemistry and biology of β-(1→3)-Glucan. Australia:La Trobe University Press,1993. 4

118 省建辉,蒋依辉,梁宗琦等. 食药用真菌多糖研究进展. 生命的化学,2002,15:107~113

119 Chihara G,Hamuro J,Maeda Y Y. Nature,1970,225:943~944

120 Saito H,Misaki A,Harade T. Agr Biol Chem,1968,32:1261~1269

121 Huang Q,Zhang L. Biopolymer,2005,79:28~38

122 Narui T,Takahashi K,Kobayshi M,Shibata S. Carbohydr Res,1980,87:161~163

123 Ding Q,Jiang S,Zhang L,Wu C. Carbohydr Res,1998,308:339~343

124 Zhang L,Ding Q,Zhang P,Zhu R,Zhou Y. Carbohydr Res. ,1997,303:193~197

125 Huang Q,Zhang L. Biopolymers,2005,79:28~38

126 Khougaz K,Astafieva I,Eisenberg A. Macromolecules,1995,28:7135~7147

127 Zhang P,Zhang L,Cheng S. Bios Biot Bioc,1999,63:1197~1202

128 Maeda Y Y,Hamuro J,Chihara G. Int J Cancer,1971,8:41~46

129 Zhang X,Zhang L. Polym J,2001,33:317~321

130 Bluhm T L,Sarko A. Can J Chem,1977,55:293~299

131 Zhang X,Zhang L. Biopolymers,2004,75:187~195

132 Chen J,Zhang L,Nakamura Y,Norisuye T. Polymer Bull,1998,41:471~478

133 Miyazaki T,Nishijima M. Chem Pharm Bull,1981:29,3611~3616

134 Miyazaki T,Nishijima M. Carbohydr Res,1982:109,290~294

135 Wang Y Y,Khoo K H,Chen S T et al. Bioorganic & Medicinal Chemistry,2002,10:1057~1062

136 Jansson P E,Keene L,Lindberg B. Carbohydr Res,1985,45:275~282

137 Holzwarth G. Carbohydr Res,1978,66:173~186

138 Paradossi G,Brant D A. Macromolecules,1982,15:874~879

139 Gamini A,Mandel M. Biopolymers,1994,34:783~797

140 Hacche L S,Washington G E,Brant D A. Macromolecules,1987,20:2179~2187

141 Milas M,Rinaudo M. Carbohyr Res,1986,158:191~204

142 Chandrasekaran R,Radha A. Carbohy Polym,1997,32:201~208

143 Takahiro S,Takashi N,Hiroshi F. Macromolecules,1984,17:2696~2700

144 Camesano T A,Wilkinson K J. Biomacromolecules,2001,2:1184~1191

145 Yanaki T,Norisuye T,Fujita H. Macromolecules,1980,13:1462~1466

146　Kashiwagi Y,Norisuye T,Fujita H. Macromolecules,1981,14:1220～1225

147　Sato T,Norisuye T,Fujita H. Macromolecules,1983,16:185～189

148　Marchessault R H,Deslandes Y,Ogawa K,Sundararajan P R. Can J Chem,1977,55:300～303

149　Nakata M,Kawaguchi T,Kodama Y,Konno A. Polymer,1998,39:1475～1481

150　Nobe M,Kuroda N,Dobashi T. Biomacromolecules,2005,6:3373～3379

151　Kato T,Okamoto T,Tokuya T et al. Biopolymers,1982,21:1623～1633

152　杨清芝. 现代橡胶工艺学. 北京:中国石化出版社,1997. 13

153　Takahashi Y,Kumano T. Macromolecules,2004,37:4860～4864

154　Mekkriengkrai D,Ute K,Swiezewska E et al. Biomacromolecules,2004,5:2013～2019

155　张启耀,周俊伟. 橡胶工业手册(第十二分册)技术经济. 北京:化学工业出版社,1996

156　Garrett R H,Grisham C M. Biochemistry. third edition. Saunders College Publishing,2005

157　Pauling L. Proc Natl Acad Sci,1951,37:251～256

158　Perutz M F. Nature,1951,167:1053～1054

159　Kendrew J C. Federation Proceedings,1959,18:740～751

160　Lusas E W,Rhee K C. Soybean protein processing and utilization. Erickson D R ed. AOCS Press,American Oil Chemists Society. Champaign,IL. ,1995

161　Funk M A,Baker D H. J Nutr,1991,121:1684～1692

162　Riblett A L,Herald T J,Schmidt K A,Tilley K A. J Agric Food Chem,2001,49,4983～4989

163　Kaplan D L. Biopolymers from Renewable Resources. Germany:Springer-Verlag Berlin Heidelberg,1998. 145～176

164　Wu Y V,Inglet G E. J Food Sci,1974,39:218～225

165　Kalapathy U,Hettiarachchy N S,Rhee K C. J Am Oil Chem Soc,1997,74:195～199

166　Lakemond C M M,De Jongh H H J,Hessing M,Gruppen H,Voragen A G J. J Agric Food Chem,2000,48:1991～1995

167　Huang W N,Sun X Z. J Am Oil Chem Soc,2000,77:101～104

168　Huang W,Sun X. J Am Oil Chem Soc,2000,77:705～708

169　Friedman M,Liardon R. J Agric Food Chem,1985,33:666～672

170　Chandra B R S,Rao A G A,Rao M S N. J Agric Food Chem,1984,32:1402～1405

171　Hayashi N,Hayakawa I,Fujio Y. J Food Eng,1993,18:1

172　Hayashi N,Hayakawa I,Fujio Y. Int J Food Sci Technol,1992,27:565～571

173　Jovanovich G,Puppo M C,Giner S A,Añón M C. J Food Eng,2003,56:331

174　Mitidieri F E,Wagner J R. Food Res Int,2002,35:547～557

175　McKinney L L. Zein The Encyclopedia of Chemistry. Clark G L ed. New York:Reinhold,1958. 319～320 Supplement

176　Matsushima N,Danno G,Takezawa H,Izumi Y. Biochim Biophys Acta,1997,1339:14～22

177　Pomes A F. Zein. In:Mark H. ed. Encyclopedia of Polymer Science and Technology,Vol. 15. New York:Wiley,1971. 125～132

178　Offelt C E,Evans C D. Ind Eng Chem Res,1949,41:830

179　Burk N F. J Phys Chem,1937,120:63～66

180　Madeka H,Kokini J L. Cereal Chem,1996,73:433~438

181　Fu D,Weller C L. J Agric Food Chem,1999,47:2103~2108

182　Shukla R,Cheryan M. Ind Crops Prod,2001,13:171~192

183　Asakura T et al. Macromolecules,1985,18:1841~1845

184　Ishida M et al. Macromolecules,1990,23:88~94

185　Simmons A H,Michal C A,Jelinski L W. Science,1996,271:84~817

186　Valluzzi R et al. Macromolecules,1996,29:8606~8614

187　Hronska M,Beek J D,Williamson P T F,Vollrath F,Meier B H. Biomacromolecules,2004,5:834~839

188　Mark James E. Polymer data handbook. NY:Oxford University Press,1999

189　James W,Francis C. Nature,1953,171:737~738

190　Vinograd J,Lebowitz J,Radloff R,Watson R,Laipis P. Proc Natl Acad Sci USA,1965,53:1104~1111

第3章 天然高分子链构象和表征

在高分子材料中,凝聚态的许多性能与单个大分子链构象及溶液性质密切相关[1]。天然高分子来源广泛、结构复杂,使高分子溶液性质的研究变得更为复杂和困难。通常,将高聚物以分子状态分散在溶剂中,按照高分子溶液理论分析其单分子性质,即溶液性质。高分子溶液性质包括热力学性质,如溶解过程中体系的焓、熵、体积的变化,高分子在溶剂中的分子形态与尺寸,高分子与溶剂的相互作用等;流体力学性质,如高分子溶液的黏度、高分子在溶液中的扩散和沉降等,以及光学、电学性质[2]。大量研究发现,天然高分子的链构象对其功能和性能具有重要影响[3~5]。因此,本章将着重介绍天然高分子的链构象、高分子溶液理论及表征方法。

3.1 高分子链构象

3.1.1 引言

高分子链构象是指高聚物主链上由于 C—C 单键内旋转造成高分子在空间的各种形态。通常,单个高分子在溶液中呈现多种构象,如无规线团(random coil)、半柔顺或半刚性链(semiflexible or semistiff chain)、棒状链(rodlike chain)、扁椭球体(prolate ellipsoid)、球形(sphere)或球壳(shell)等。其中以无规线团或线团链构象最为常见,大多数由 C—C 单键组成的合成高分子,如聚苯乙烯、聚异戊二烯、聚异丁烯、聚乙烯和聚甲基丙烯酸甲酯等,在溶液中都表现为这种无规线团链构象。这是由于这些高分子主链由 C—C 单键组成,沿链的方向有相当的内旋转自由度,可以自由地采取各种方向而不受相邻键的影响。无规线团柔顺性很好,可以把它想像成不受弯曲阻力的链,所以称为柔顺链。在 θ 条件下,这种链经常理想化为自由弯曲和扭曲的高斯链。但是,任何一个实际高分子链都有一定的刚性,以高斯链为代表的理想柔顺性线团构象是一种极限情况,只适用于 θ 溶剂中足够长的柔顺性高分子。在非 θ 溶剂,无规线团受到分子内排除体积的作用,并随排除体积强度大小(或溶剂质量)而扩张或收缩。如果高分子链上带有电荷,则由于静电相互作用而使分子尺寸变化更加显著。如果一个高分子主链上所有键的内旋转被化学键或氢键"冻结",所有主链上的键将被迫沿某一固定方向取向,即内旋转时没有自由度。在这种情况下,高分子链被想像为一种直棒(或刚性棒),不能弯曲,如烟草花叶病毒、三螺旋裂褶菌葡聚糖、相对较短的 α-螺旋多肽。棒状高分子的一般特征为:链高度伸展,其特性黏数$[\eta]$很大,但当链足够长时也会发生弯曲。实际上,无规线团高分子也不可能完全自由弯曲,而会受到一定程度的阻碍,因此可以采用各种分子参数表征分子链受到阻碍而伸展的程度,如特征比、持续长度、空间位阻参数、无扰尺寸等。不少天然高分子由于基团阻碍使分子链介于刚性棒和无规线团链之间。这类高分子链称为半柔顺链或半刚性链,如双螺旋 DNA 和纤维素等。

3.1.2　高分子链构象参数

高分子链在溶液中的分子尺寸和形态可以用光散射、黏度法等测定的实验数据并按照高分子溶液理论计算出的各种分子参数定量描述。

1. 无扰尺寸(A)

无扰尺寸是指高分子单位分子量的无扰末端距,即

$$A = \left(\frac{\langle R_0^2 \rangle}{M} \right)^{1/2} \qquad (3-1)$$

式中:$\langle R_0^2 \rangle$为 θ 条件下的均方末端距;M 为分子量。A 值越小,高分子链越柔顺。若分子量不是太小,其链段分布符合高斯分布时,A 值只取决于高分子的近程结构,与高聚物的分子量无关。

2. 空间位阻参数(σ)

空间位阻参数是指由于高分子链的内旋转受阻而导致分子尺寸增大程度的量度,即

$$\sigma = \left(\frac{\langle R_0^2 \rangle}{\langle R_{f,r}^2 \rangle} \right)^{1/2} \qquad (3-2)$$

式中:$\langle R_{f,r}^2 \rangle$为自由旋转链均方末端距,其值越小,高分子链越柔顺。

3. Flory 极限特征比(C_∞)

Flory 极限特征比是指高分子链由于键角限制和空间位阻造成分子链伸展的程度,即

$$C_\infty = \frac{\langle R_0^2 \rangle}{\langle R_{f,j}^2 \rangle} = \frac{\langle R_0^2 \rangle}{Nl^2} \qquad (3-3)$$

式中:$\langle R_{f,j}^2 \rangle$为自由结合链均方末端距;$N$ 为高分子主链上的键数。当链较短时,C_∞值随 N 的增加而增大,最后趋向一固定值 C_∞。一般来说,C_∞越小,链越柔顺。合成的柔顺性高聚物的 C_∞ 值为 5～7,而天然高分子多数高于此范围。但是,C_∞并不是链刚性的直接量度,即不能仅依据 C_∞ 的大小来判断链的刚性或柔顺性,还需要借助其他参数。

4. 持续长度(q)

持续长度定义为高分子链在第一个键方向上的投影,它表征分子链的支撑能

力。因此,q 值代表高分子链的不柔顺性,也可以视其为链刚性参数,其值越大,链越刚直。柔顺链高分子的 q 较小,一般为 0.5~1nm,如聚乙烯、聚苯乙烯、聚甲基丙烯酸甲酯等。半刚性或棒状链的 q 值较大。对于柔顺性无规线团链,其 q 值约为链段长度 b_e 的一半,即

$$q = b_e/2 \qquad\qquad (3-4)$$

5. 单位围长摩尔质量(M_L)

单位围长摩尔质量是指单位高分子链轮廓长度的摩尔质量,即

$$M_L = M/L \qquad\qquad (3-5)$$

式中:L 为高分子链的轮廓长度,nm;M 为分子量。M_L 可以表征分子链的构象、刚性,其值越大,链越刚性。

6. Mark-Houwink 方程指数(α)

高聚物在溶液中的特性黏数 $[\eta]$ 与其分子量 M 有关,该关系称为 Mark-Houwink 方程,即

$$[\eta] = KM^{\alpha} \qquad\qquad (3-6)$$

式中:α 为 Mark-Houwink 方程指数,其大小可以反映高聚物在溶液中的分子链构象。将 $[\eta]$ 对 M 作双对数图可得到一条直线,直线斜率即为 α。通常,α 可以反映高分子链的刚性。随链刚性的增加,α 可以从 0(球状构象)增加到 1.7,甚至更高值(棒状构象)。无规线团在 θ 溶剂下的 Mark-Houwink 方程指数为 0.5。在特定溶剂中,由高分子的 $[\eta]$ 与 M(常为 M_w)的 Mark-Houwink 方程可得到高分子的各种构象信息。一般来说,高斯链只适用于 θ 溶剂下长的柔顺链。在良溶剂中,高分子由于分子内排除体积效应而扩张,指数 α 为 0.6~0.75(上限为 0.8),几乎与半柔顺链的指数无区别。但是,随 M 的升高,刚性链的 $[\eta]$-M 双对数曲线向下弯曲,而对具有排除体积效应的线团由实验证明几乎是直线。当分子量相同时,半柔顺链一般比柔顺链具有更高的黏度,由此可用于区分两种构象。

7. 其他构象参数

均方旋转半径 $\langle S^2 \rangle$ 或平动扩散系数 D[或流体力学半径 $R_h = k_B T/(6\pi \eta_0 D)$] 的分子量依赖性也可用于推断高分子的链构象。当 $\lg\langle S^2 \rangle^{1/2}$ 对 $\lg M$ 曲线的斜率从 1/3 变到 1 时,表明高分子链由球状变为棒状。然而,$\lg D$ 对 $\lg M$ 的曲线斜率对构象不敏感,当高分子链由球状变为棒状时,它仅从 -1/3 变到 -0.7 左右。由 $\langle S^2 \rangle$、$[\eta]$ 和 R_h(或 D)的分子量依赖关系,不仅可以通过曲线斜率推断高分子的链构象,还可以通过与理论曲线拟合计算得到表征高分子链刚性的参数——q 和 M_L。

8. 流体力学因子[6~8]

流体力学因子包括流体力学参数平动因子(ρ)和 Flory 黏度因子(Φ),其定义分别如下:

$$\rho = \langle S^2 \rangle^{1/2} / R_h \qquad (3-7)$$

$$\Phi = V_H / \langle S^2 \rangle^{3/2} \qquad (3-8)$$

式中：$\langle S^2 \rangle^{1/2}$ 为均方根旋转半径，与高分子链所占的实际空间有关；R_h 是一个与高分子链有相同 D 值的等效球体半径；V_H 为高分子流体力学摩尔体积，定义为

$$V_H = 6^{-3/2} M [\eta] \qquad (3-9)$$

由 ρ 和 Φ 的大小可以推断高分子的链构象。当分子量较小时，无论是实验值还是理论值，ρ 和 Φ 都随 M 的降低而升高；当 $M \to \infty$ 时，ρ 和 Φ 分别趋近于 ρ_∞ 和 Φ_∞，但它们并不是普适常数，即它们与高聚物的种类和溶剂有关。长的柔顺性高分子在 θ 溶剂中，$\Phi = 2.2 \times 10^{23} \sim 2.8 \times 10^{23} \, \text{mol}^{-1}$。在良溶剂中，由于排除体积对 $\langle S^2 \rangle$ 的影响比对 $[\eta]$ 的大，Φ 降到 $2 \times 10^{23} \, \text{mol}^{-1}$，其降低程度依赖于 M 和溶剂质量。这样，无规线团的 Φ 值应为 $2 \times 10^{23} \sim 2.8 \times 10^{23} \, \text{mol}^{-1}$。在 θ 点以下，Φ 大于 $2.8 \times 10^{23} \, \text{mol}^{-1}$，但小于 $9.23 \times 10^{23} \, \text{mol}^{-1}$（上限为刚性球的预期值）。支化高分子在 θ 溶剂中的 Φ 接近于或高于 $3 \times 10^{23} \, \text{mol}^{-1}$，并随支化度的增加而向 $9.23 \times 10^{23} \, \text{mol}^{-1}$ 靠近。长棒的 Flory 黏度因子 Φ 正比于 $(\ln M)^{-1}$，在无限链长时降为 0。因此，窄分布的高分子量链的 Φ 值很小也可作为棒状构象的证据。但是，实际棒状分子链在其长度增加时会发生弯曲，导致高分子量的 Φ 可能随 M 的增加而增大。

刚性球状高分子链的 $\rho = 0.7746$，而 θ 溶剂中柔顺链的 ρ 值为 $1.2 \sim 1.3$，排除体积效应使其增加到 1.5 左右。所以，长的刚性棒状链的 ρ 值随链长的无限增加而增大，一般大于 2。图 3.1 示出了 ρ_∞ 和 Φ_∞ 随长刚性棒到刚性球的构象变化[7,8]，ρ 对构象的依赖关系正好与 Φ 的相反。值得注意的是，Φ 比 ρ 对样品的多分散性更敏感，因为前者正比于 $\langle S^2 \rangle^{-3/2}$，而后者正比于 $\langle S^2 \rangle^{1/2}$。通常，多分散性增加可降低 Φ 而增加 ρ，如多分散无规线团的 $\rho = 1.75 \sim 2.05$。

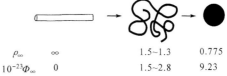

ρ_∞	∞	$1.5\sim1.3$　　0.775
$10^{-23}\Phi_\infty$	0	$1.5\sim2.8$　　9.23

图 3.1　ρ_∞ 和 Φ_∞ 随长刚性棒到刚性球的构象变化情况[7,8]

3.1.3　天然高分子链构象

与合成高分子相比，天然高分子具有更复杂的结构，因此其构象更加复杂多变。例如，多糖由于不同键接方式的糖苷键具有不同的柔顺性[9]，多糖分子在溶液中具有各式各样的构象[10]。天然高分子链在溶液中的可能构象主要有无规线团链、半柔顺性链、单螺旋、双螺旋、三螺旋和聚集体等，如图 3.2 所示。

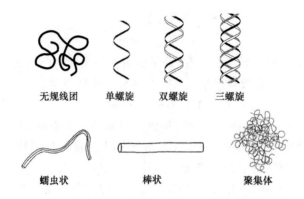

图 3.2　天然高分子在溶液中可能的链构象

1. 无规线团链

以 α 或 β-(1→6)键接的直链多糖或带不规则支链的多糖在溶液中经常以无规线团构象存在,如苗霉聚糖[11,12]、带支链右旋聚糖苷[13~15]。苗霉聚糖是以麦芽三糖为重复单元,通过 α-(1→6)-糖苷键连接的直链多糖,它在水溶液中以柔顺的无规线团链构象存在;右旋聚糖苷也是以 α-(1→6)-键接的葡聚糖,但在主链 O-3 原子上含有 5% 支链键接,它在水中的 Mark-Houwink 方程指数为 0.5,呈一种紧缩的无规线团构象。某些以 β-(1→3)-D-葡聚糖为主链的真菌多糖在溶液中也以无规线团构象存在。例如,从虎奶菇菌核中提取的带支链的 β-(1→3)-D 葡聚糖 TM8 在二甲亚砜(DMSO)中呈现一种密度较高的无规线团构象,其构象参数分别为:$M_L = 408\text{nm}^{-1}$,$q = 3.1\text{nm}$,$C_\infty = 16.8$[16]。有些杂多糖在水溶液中也呈无规线团构象,如生漆杂多糖,它由(1→3)键接的 β-D-半乳糖组成,含有大量支链,大部分支链末端为糖醛酸[17],它在 0.1 mol/L NaCl 水溶液中 30℃时的 Mark-Houwink 方程指数为 0.5,无扰尺寸 $\langle h_0^2 \rangle / M = 2.69 \times 10^{-17}$ cm² · mol/g,扩张因子 $\alpha_\eta = 1.1~1.2$。由此表明,它们在溶液中以较紧密结构的无规线团链构象存在,这主要归因于多支链。

2. 半柔顺链

一切棒状高分子链在分子量升高时都将弯曲,即呈半柔顺链(semiflexible chain)或半刚性链构象。大多数天然高分子在溶液中以半柔顺链构象存在,尤其是多糖衍生物在溶液中常以半柔顺链构象存在。例如,将虎奶菇菌核多糖 TM8 进行羧甲基化和硫酸酯化,并制备出不同分子量的羧甲基衍生物(CTM8)和硫酸酯衍生物(STM8)。运用光散射和黏度法测得这两种衍生物在磷酸缓冲液(PBS)中 37℃条件下的 M_w 和 $[\eta]$,由此得到 Mark-Houwink 方程分别为

$$[\eta] = (8.82 \pm 0.03) \times 10^{-3} M_w^{0.78 \pm 0.04} \quad (\text{mL/g}) \quad (\text{CTM8})$$

$$[\eta] = (1.89 \pm 0.05) \times 10^{-2} M_w^{0.70 \pm 0.03} \quad (\text{mL/g}) \quad (\text{STM8})$$

用蠕虫状链模型分析这两种衍生物的实验数据得出它们在溶液中的构象参数分别为:对于 CTM8,M_L＝790 nm^{-1},q＝9.6 nm;对于 STM8,M_L＝990 nm^{-1},q＝8.5 nm。由此表明,它们呈现一种较伸展的半柔顺链构象[5,18]。

3. 单螺旋链

自然界中呈单螺旋链(single helical chain)构象的天然高分子比较少见。从黑木耳子实体中提取出一种带支链的水溶性 β-(1→3)-葡聚糖 A 在水溶液中的[η]远远大于它在二甲亚砜中的值,但在两种溶剂中的分子量却没有变化。由光散射和黏度数据通过蠕虫状链模型分析得到它在水溶液中的分子构象参数为:M_L＝(1030±100)nm^{-1},q＝(90±10)nm,d＝(1.3±0.3)nm,以及单位主链葡萄糖残基围长 h＝(0.26±0.03)nm,符合单螺旋链构象模型参数。由此证明,葡聚糖 A 在水溶液中以单螺旋链存在,而在二甲亚砜中却以半柔顺性链存在[19~21]。

4. 双螺旋链

以双螺旋链(double helical chain)构象存在的天然高分子比单螺旋链多。最典型的双螺旋链天然高分子是人们所熟知的 DNA[22~24]。不仅用 X 射线衍射证明它呈螺旋链构象,还通过光散射和黏度法并借高分子溶液理论计算出它在溶液中的构象参数分别为:M_L＝1900～2000 nm^{-1},q＝68 nm,符合双螺旋链模型。采用光学方法如旋光法、圆二色谱和 NMR 等证明黄原胶在盐水溶液中以有序构象存在[25~30],并用光散射和黏度法测定的数据结合高分子溶液理论进一步证明黄原胶在盐水溶液中呈双螺旋构象[31~35],它的分子参数分别为:M_L＝(1030±100)nm^{-1},q＝(90±10)nm,d＝(1.3±0.3)nm,h＝(0.26±0.03)nm,与黄原胶晶体结构数据一致。迄今为止,已发现的双螺旋链天然高分子还有琥珀聚糖(succinoglycan)[36],它是以 β-(1→4)键接的 D-葡萄糖和(1→3)键接的半乳糖为主链,每隔 3 个主链残基上键接 1 个由 4 个(1→6)键接的葡萄糖组成并带有羧基和一个酮醛基的支链。采用旋光法、静态光散射、黏度法等证明了琥珀聚糖在水或 NaCl 水溶液中呈双螺旋构象,由高分子溶液理论得到它的构象参数分别为:M_L＝1500 nm^{-1},q＝50 nm。当升高温度,双螺旋链构象解螺旋成单股半柔顺链,其构象转变温度为 60℃,构象参数为:M_L＝870 nm^{-1},q＝10 nm。

5. 三螺旋链

目前,已发现的三螺旋链(triple helical chain)天然高分子链比单、双螺旋链多一些,如裂褶菌葡聚糖(Schizophyllan)[37~40]、硬葡聚糖(Scleroglucan)[41~43]和香菇葡聚糖(Lentinan)[44~48]等。裂褶菌葡聚糖在水溶液中的分子量是在 DMSO 中的 3 倍;分子量低于和高于 $5×10^5$ 时,它在水中的 Mark-Houwink 方程指数分别为 1.7 和 1.2(在 0.01 mol/L NaOH 中为 1.8 和 1.1),而在 DMSO 中的指数为 0.68,而且它在水中的构象参数分别为:M_L＝2150 nm^{-1},q＝200 nm,d＝2.6nm,h＝0.30nm,与 X 射线衍射得到的螺距数据一致。由此证明,该多糖在水溶液中以三螺旋构象存在,而在 DMSO 中则解开为柔顺的单链。通过高分子溶液理论计算和 X 射线检测得到的部分三-和双-螺旋链的螺距 h 和链直径 d 列于表 3.1 中,进一步证明了它的三螺旋链构象。表 3.2 汇集了几种典型蠕虫状天然高分子链的构象及 q 和 M_L 值,各种天然高分子在溶液中的构象可以通过比较这些参数而做出判断。

表 3.1　天然高分子螺旋链的螺距和链直径

天然高分子/ 溶剂	构象	h/nm				d/nm		
		$[\eta]$	s_0	$\langle S^2 \rangle$	X 射线	X 射线	$[\eta]$	s_0
裂褶菌葡聚糖/ 水[38]	三螺旋	0.3	0.29	0.30[1)][38]	0.30		2.6±0.6	2.6±0.4
硬葡聚糖/0.01 mol/L NaOH[43]	三螺旋	0.29	0.3	0.32	0.30[49]		2.6±0.6	2.4±0.4
黄原胶/0.1 mol/L NaCl[33]	双螺旋	—	0.47	0.47	0.47[50]		—	2.7±0.5

1) 在 0.01 mol/L NaOH 中。

表 3.2　蠕虫状天然高分子链的构象及 q 和 M_L 值

天然高分子	溶剂	M_L/nm^{-1}	q/nm	构象
裂褶菌葡聚糖[38]	水	2150	200	三螺旋
胶原质[51]	0.1 mol/L 乙酸	930[1)]	170	三螺旋
硬葡聚糖[43]	0.01 mol/L NaOH	2050		三螺旋
香菇葡聚糖[52]	0.5 mol/L NaCl	2170	120	三螺旋
黄原胶[33]	0.1 mol/L NaCl	1940	120	双螺旋
DNA[22~24]	0.2 mol/L NaCl	1900~2000	58~68	双螺旋
琥珀聚糖[36]	0.1 mol/L NaCl	1500	50	双螺旋
葡聚糖 A[19]	水	1030	90	单螺旋
三硝基纤维素[53]	乙酸乙酯	590	23	半刚性链
海藻酸钠[2)][54]	0.2 mol/L NaCl	400[2)]	4.5	半刚性链
淀粉[55]	二甲亚砜	500	2	无规线团

1) 考虑排除体积效应。

2) 假设模型。

6. 棒状链

以棒状链(rodlike chain)存在的天然高分子较少。当刚性高分子的分子量较低时,它们常以棒状链构象存在。例如,当三螺旋链裂褶菌葡聚糖在分子量小于 5×10^5 时,它在水中的 Mark-Houwink 方程指数为 1.7,表明它在水中呈棒状构象[38]。双螺旋链黄原胶的分子量小于~1×10^5 时,它在 0.1 mol/L NaCl 水溶液中也呈棒状链构象[33]。具有类似棒状构象的还有三螺旋硬葡聚糖[43]和螺旋型多肽或聚（α-氨基酸），它们在分子量较低时的 Mark-Houwink 方程指数近于 1.8。

7. 聚集体

天然高分子链上富含羟基或氨基而容易形成分子间氢键或柔顺链间缠结或棒间缔合形成很多分子的集合，即聚集体（aggregate）。例如，从茯苓菌丝体提取出的 β-(1→3)-D-葡聚糖（PCM3）在含水的二甲亚砜中形成聚集体，而且存在不同的聚集过程。按照数学分形概念用动态光散射研究了它的聚集形态学与动力学，发现聚集体的分形维数随水含量的增加而增大，而且都大于一般快聚集模型所预期的理论值（1.70～1.80），表明该多糖在溶液中形成紧密的结构[56]。此外，脑膜炎双球菌多糖[37]、壳聚糖[57]以及茯苓菌核多糖[58~60]等在水溶液中都能形成聚集体。

3.2　高分子溶液理论

最早用模型处理高分子链构象统计是基于无规飞行（三维空间）概率分布推导出的自由结合链均方末端距。1934 年，Warner Kuhn 对长链高分子进行了这种模拟，但实际的高分子链与模型之间有差距，尤其是短链或较刚性的链。自由结合链不能反映实际高分子链的特征，这是因为高分子链的各种几何结构、旋转受阻、基团的偶极矩及极化强度、分子链内及链间氢键等影响致使键长不可能为固定长度，键角也不可能不受限制地自由旋转，而是在一定范围内变化。由此采用一种修正的旋转异构体模型处理高分子链构象，但是相邻旋转的相互影响使其应用十分复杂。后来，采用具有近邻依赖性的磁偶极子线形排列的 Ising 模型进行数学处理。1959 年，很多科学家对它做了修正后才成为适合简单高分子链末端距均方值的数学处理式。此间，以 Volkenstain 于 1951 年提出的由最低势能的一组内旋转异构体按近似内旋转角的连续可几分布对高分子链柔顺性的理论处理影响最大。1949 年，Flory 提出柔顺性无规线团链伸展是由于链段的空间干扰，接着他又推导出反映线团尺寸变化的扩张因子 α、相互作用参数 χ_1 和 θ 温度等重要参数，并构筑了二参数理论。Flory 于 1974 年荣获诺贝尔奖，他主要在高分子稀溶液理论、热力学与流体力学结合用于高分子溶液、非晶态模型及聚合反应机理等方面做出了重大贡献。

随着高分子科学与技术的发展，高分子溶液理论也得到很大发展，尤其是对半柔顺性的链构象研究提出了多种模型[61~69]。最典型的是最早由 Kratky 和 Porod[61]与 Landau 和 Lifshitz[70]针对棒状高分子对无规飞行的不适用性分别提出来的蠕虫状链（或 KP 链）模型，并推算出蠕虫状链的理论尺寸。它是一条粗糙的、具有弯曲能的连续链[71~74]。Yamakawa 等[75~78]归纳了包括链扭曲能的 KP 蠕虫状链模型，并将这种链模型命名为螺旋蠕虫状链（helical wormlike chain，HW）。后来，他和他的同事又明确阐明包括特殊情况 KP 链在内的 HW 链的各种静态和动态性质[78~80]。KP 链模型或 HW 链模型可以定量地描述一般单个高分子链的溶液行为,也是目前表征高分子链构象最可靠的方法。本节主要介绍高分子链基于 KP 链模型的统计力学和流体力学性质。

3.2.1　高分子链的尺寸

高分子在溶液中的平均尺寸是高分子物理或高分子物理化学中最基本的性

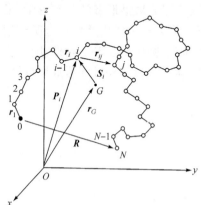

质,它称为链尺寸或更简单的尺寸,包括均方末端距$\langle R^2 \rangle$和均方旋转半径$\langle S^2 \rangle$。前者定义为高分子链末端-末端向量 R 平方的统计力学平均;后者定义为:假定高分子链中包含许多个链单元,每个链单元的质量都是 m_i,设从高分子链的重心到第 i 个链单元的距离为 S_i,它是一个向量,则全部链单元的重量均方值即为均方旋转半径。图 3.3 示出了包含 N 个键的线形高分子链的示意图,C 原子或者说高分子主链的基本组成单元从链的一端开始分别被标为 $0,1,2,\cdots,N$。连接第 $i-1$ 个单元和第 i

图 3.3　包含 N 个键的线形高分子链

个单元的向量被定义为 r_i。根据定义,$\langle R^2 \rangle$和$\langle S^2 \rangle$分别表示为

$$\langle R^2 \rangle = \langle (\sum_{i=1}^{N} \langle r_i \rangle)^2 \rangle = \sum_{i=1}^{N} \langle r_i^2 \rangle + 2\sum_{i=1}^{N-1} \sum_{j=i+1}^{N} \langle r_i \cdot r_j \rangle \qquad (3-10)$$

$$\langle S^2 \rangle = \frac{1}{N+1} \sum_{i=0}^{N} \langle S_i^2 \rangle \qquad (3-11)$$

式中:r_i 为第 $i-1$ 个单元和第 i 个单元之间的距离。如果用 i 单元和 j 单元之间的距离表示$\langle S^2 \rangle$,则有如下表达式

$$\langle S^2 \rangle = \frac{1}{(N+1)^2} \sum_{i=0}^{N-1} \sum_{j=i+1}^{N} \langle r_{ij}^2 \rangle \qquad (3-12)$$

式中:r_{ij} 为连接第 i 个单元和第 j 个单元的向量。在推导过程中没有采用任何假定和近似,因此式(3-12)适用于具有各种不同构象和形状的高分子链。

1. 无规线团模型

1) 自由结合链

如果任何一对键相连之间都不存在相互作用,即每一个键都完全独立于其他的任何键,而且每个键在各个方向上的取向概率相等,这种高分子链称为自由结合链(freely-jointed chain)或无规走行链的假想链,那么,式(3-10)中$\langle r_i \cdot r_j \rangle$项将消失。在此情况下,则自由结合链的均方末端距$\langle R_{f,j}^2 \rangle$有

$$\langle R_{f,j}^2 \rangle = Nb_0^2 \qquad (3-13)$$

式中：$b_0 (=|\boldsymbol{r}_i|)$ 为键长。根据式(3-13)可知：$\langle r_{ij}^2 \rangle = |j-i| b_0^2$，那么，自由结合链的 $\langle S^2 \rangle$ 由式(3-12)推导得

$$\langle S^2 \rangle = (1/6) N b_0^2 = (1/6) \langle R_{f,j}^2 \rangle \qquad (N \gg 1) \qquad (3-14)$$

显然，自由结合链的 $\langle R_{f,j}^2 \rangle$ 和 $\langle S^2 \rangle$ 均与键数 N 成正比，即与分子量成正比。

2）自由旋转链

自由旋转链(freely rotating chain)是指键角 $\pi - \theta$(θ 为补角)固定，而每一个键的内旋转完全自由的高分子链。对于这种链，$\langle \boldsymbol{r}_i \cdot \boldsymbol{r}_j \rangle = b_0^2 (\cos\theta)^{j-i}$。将其代入式(3-10)可以得到自由旋转链均方末端距 $\langle R^2 \rangle_{f,r}$ 表达为

$$\langle R_{f,r}^2 \rangle = N b_0^2 \left[\frac{1+\cos\theta}{1-\cos\theta} - \frac{2\cos\theta(1-\cos^N\theta)}{N(1-\cos\theta)^2} \right] \qquad (3-15)$$

当 $N \gg 1, \theta \neq 0$ 时，可以得到

$$\langle R_{f,r}^2 \rangle = N b_0^2 \frac{1+\cos\theta}{1-\cos\theta} \qquad (3-16)$$

同样，自由旋转链的 $\langle S^2 \rangle$ 可以计算为

$$\langle S^2 \rangle = \frac{1}{6} N b_0^2 \left[\frac{N+2}{N+1} \frac{1+\cos\theta}{1-\cos\theta} - \frac{6\cos\theta}{(N+1)(1-\cos\theta)^2} + \frac{12\cos^2\theta}{(N+1)^2(1-\cos\theta)^3} \right.$$
$$\left. - \frac{12\cos^3\theta(1-\cos^N\theta)}{N(N+1)^2(1-\cos\theta)^4} \right] \qquad (3-17)$$

当 $N \gg 1$ 时，$\langle R_{f,r}^2 \rangle$ 和 $\langle S^2 \rangle$ 均正比于 N，且 $6\langle S^2 \rangle = \langle R_{f,r}^2 \rangle$ 关系式依然成立，即

$$\langle S^2 \rangle = \frac{1}{6} N b_0^2 \frac{1+\cos\theta}{1-\cos\theta} = \frac{1}{6} \langle R_{f,r}^2 \rangle \qquad (3-18)$$

3）实际链

任何实际高分子链的每一个键的内旋转并不是自由的，也就是说，它多少会受到约束或阻碍。因此，实际高分子链的 $\langle R^2 \rangle$ 比 $\langle R_{f,j}^2 \rangle$ 和 $\langle R_{f,r}^2 \rangle$ 大。重要的一个理论事实是对于某一特定的高分子，当 $N \gg 1$ 时，柔顺链的分子参数 σ 和 C_∞ 具有恒定不变的特征，即

$$\langle R^2 \rangle = 6 \langle S^2 \rangle \propto N \qquad (N \gg 1) \qquad (3-19)$$

在 θ 溶剂中，高分子链单元间的吸引和排斥作用恰好相互抵消，高分子处于一种"理想"状态。如果有效键长定义为

$$b = b_0 \sigma [(1+\cos\theta)/(1-\cos\theta)]^{1/2} = b_0 C_\infty^{1/2} \qquad (3-20)$$

于是式(3-19)可改写为

$$\langle R^2 \rangle = 6 \langle S^2 \rangle = N b^2 \qquad (3-21)$$

若 $b = b_0$，式(3-21)和式(3-14)完全相同。其包含的意义是，当 $N \gg 1$ 时，所有约束实际高分子的键角和内旋转的因素都可以归结于有效键长中，由此高分子可以用键长为 b 的自由结合链代替。式(3-21)只符合遵循高斯统计的假象链，因此长

的柔顺性高分子链在 θ 溶剂中是高斯链。

2. 棒状链模型

一个包含有 N 个键长为 b 的直棒的尺寸可以由式(3-10)和式(3-11)或式(3-12)计算而得

$$\langle R^2 \rangle = (Nb)^2 = L^2 \tag{3-22}$$

$$\langle S^2 \rangle = (1/12)(Nb)^2 = (1/12)L^2 \tag{3-23}$$

式中:$L(=Nb)$ 为棒的总长度。在此模型中,没有考虑棒的粗细对 $\langle S^2 \rangle$ 的影响。我们可以将一个密度均一的直圆柱体的 $\langle S^2 \rangle$ 定义为

$$\langle S^2 \rangle = \frac{1}{V} \int_V \boldsymbol{S}^2 \, \mathrm{d}\boldsymbol{S} \tag{3-24}$$

式中:V 为圆柱体的体积;$\boldsymbol{S}$ 为从圆筒的重量中心到圆筒上某一给定点的位置。这一积分应限制在圆筒的体积内进行。如果将重量中心放在圆柱形坐标系的原点,那么长度为 L,半径为 d 的圆柱体的 $\langle S^2 \rangle$ 可以写成

$$\langle S^2 \rangle = \frac{1}{\pi} \left(\frac{d}{2} \right)^2 L \int_{-L/2}^{L/2} \mathrm{d}z \int_0^{d/2} r \mathrm{d}r \int_0^{2\pi} (z^2 + r^2) \mathrm{d}\theta \tag{3-25}$$

积分式(3-25),得

$$\langle S^2 \rangle = (L^2/12)[1 + (3/2)(d/L)^2] \tag{3-26}$$

如果轴比 L/d 大于 10,式(3-26)中等号右边的第二项可以忽略不计,则此圆柱体的 $\langle S^2 \rangle$ 和相同长度细棒的 $\langle S^2 \rangle$ 完全一致。由此我们可以断言,除非轴比非常小,一般情况下棒的粗细对 $\langle S^2 \rangle$ 的影响可以忽略不计。

3. KP 蠕虫状链模型

不管是严格的直棒还是完全的柔顺链,都只是实际高分子的一种理想化模型。因为当分子链变得很长时,所有棒状高分子都会弯曲;当分子量很小或链很短时,无规线团高分子也有一定的抗弯曲力,使它呈现出一种类似半柔顺性高分子链的溶液行为。因此,不可能给出常规的柔顺性高分子和半柔顺性高分子以及半柔顺性高分子和棒状高分子之间的明确界限。换句话说,应当用一种理论框架去解释直链高分子呈现从棒状到线团的各种构象。1949 年,Kratky 和 Porod 引入了一种蠕虫状(KP)链模型(图 3.2)解释他们关于柔顺和半柔顺高分子的小角 X 射线散射的数据。这种链也从此成为半柔顺或半刚性高分子的代表模型,并且发展了相应的统计力学和流体力学理论。适当改变模型参数,该模型链可以是一个线团,也可以是一根直棒。因此,目前它是一种较理想的物理模型,利用这种模型可以全面系统地描述线形高分子在溶液中的性质。

蠕虫状链是在自由旋转链的基础上提出来的。假设一根链的 $\boldsymbol{R}$ 在初始键 $\boldsymbol{r}_1$ 方向 $\boldsymbol{u}_0$ 上的投影(即 $\langle \boldsymbol{R} \cdot \boldsymbol{u}_0 \rangle$)的统计平均等于 $\sum_{i=1}^N b_0 \cos^{i-1} \theta$,于是有

$$\langle \boldsymbol{R} \cdot \boldsymbol{u}_0 \rangle = b_0(1 - \cos^N \theta)/(1 - \cos \theta) \tag{3-27}$$

Kratky-Porod 的蠕虫状链定义为:在 $Nb_0 = L$ 和 $b_0/(1-\cos\theta) = q$ 限制下一条孤立链的 $N \to \infty$，$b_0 \to 0$，$\theta \to 0$ 的连续极限。在此条件下,式(3-15)和式(3-27)分别变为

$$\langle R^2 \rangle = 2qL - 2q^2(1 - e^{-L/q}) \tag{3-28}$$

$$\langle \boldsymbol{R} \cdot \boldsymbol{u}_0 \rangle = q(1 - e^{-L/q}) \tag{3-29}$$

式(3-28)为 KP 链的 $\langle R^2 \rangle$ 表达式,它包含 q 和 L 两个参数,前者即为前面介绍的持续长度,定义为

$$q = \lim_{N \to \infty} \langle \boldsymbol{R} \cdot \boldsymbol{u}_0 \rangle = \lim_{N \to \infty} b_0 \frac{1 - \cos^N \theta}{1 - \cos \theta} = \frac{b_0}{1 - \cos \theta} \tag{3-30}$$

后者则为高分子链的轮廓长,即围绕链周围的总长度,它正比于分子量,但并不总是等于 Nb_0。为了把 L 和分子量这个可直接测量的量联系起来,我们引入式(3-5)定义的单位围长摩尔质量 M_L。于是 KP 链的 $\langle R^2 \rangle$ 可以用 q 和 M_L 来表征。

在 $L/q \to \infty$ 和 0 的极限条件下,式(3-28)可以简化为

$$\langle R^2 \rangle = 2qL \qquad (L/q \to \infty) \tag{3-31}$$

$$\langle R^2 \rangle = L^2 \qquad (L/q \to 0) \tag{3-32}$$

前者说明 $\langle R^2 \rangle$ 正比于链长,和高斯链吻合,而后者则和棒状链的式(3-22)一致。KP 链可以根据 L/q 呈现从无规线团到棒的一系列构象。在线团极限条件下 $\langle R^2 \rangle/L$ 称为 Kuhn 链段长度,用 λ^{-1} 标记

$$\lambda^{-1} = 2q = \lim_{N \to \infty} (\langle R^2 \rangle/L) \tag{3-33}$$

乘积 $\lambda L (= L/2q)$ 就是 Kuhn 统计链段数目。将上述的连续极限用于式(3-17),即可得到 KP 蠕虫状链的 $\langle S^2 \rangle$ 为

$$\langle S^2 \rangle_{KP} = (qL/3) - q^2 + (2q^3/L)[1 - (q/L)e^{-L/q}] \tag{3-34}$$

这就是著名的 Benoit-Doty 方程[73]。在线团和棒状极限条件下,式(3-34)变成

$$\langle S^2 \rangle_{KP} = qL/3 \qquad (L/q \to \infty) \tag{3-35}$$

$$\langle S^2 \rangle_{KP} = (1/12)L^2 \qquad (L/q \to 0) \tag{3-36}$$

如果将分子量和 M_L 代替 L,则可分别得

$$\langle S^2 \rangle_{KP}/M = q/(3M_L) \qquad (L/q \to \infty, \text{无规线团}) \tag{3-37}$$

$$\langle S^2 \rangle_{KP}/M = (1/12)(M/M_L^2) \qquad (L/q \to 0, \text{棒状链}) \tag{3-38}$$

图 3.4 示出了 KP 蠕虫状链的 $\langle S^2 \rangle/M$ 与分子量的依赖关系。随着分子量的增大,开始时 $\langle S^2 \rangle/M$ 和 M 成正比例增加(如直棒),其双对数坐标的斜率为 1;随着分子量的进一步增大, $\langle S^2 \rangle/M$ 增加缓慢,表现出半柔顺高分子链的典型特征;最后达到恒定值,斜率为 0,即达到线团极限。

4. 实际高分子链的尺寸行为

由式(3-34)可知,该方程包含两个参数 q 和 L。后者正比于 M,比例常数为 M_L。由于 M 是可以直接测得的量,因此 M_L 和 q 视为表征 KP 蠕虫状链的参数。

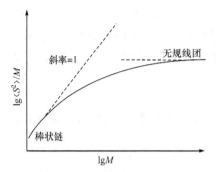

图 3.4 KP 蠕虫状链的$\langle S^2 \rangle/M$
与分子量的依赖关系示意图

计算这些参数的最原始方法是测得一系列高分子试样的$\langle S^2 \rangle$和 M,则可以求出一套 q 和 M_L 值。如果按照蠕虫状链的 Benoit-Doty 表达式(3 - 34)计算得到的$\langle S^2 \rangle$对 M 作图的理论曲线和实验曲线吻合,那么这套 q 和 M_L 值即为高分子链构象的分子参数,从而达到对高分子链构象的定量描述。图 3.5 示出一种从香菇子实体中提取出的三螺旋香菇葡聚糖一系列分级试样在生理盐水中的均方旋转半径与分子量之间的依赖关系。图 3.5 中的虚线代表 $M_L=2180$ nm^{-1} 和 $q=100$ nm 时由式

(3 - 34)计算的理论值,它们与实验点(空心圆圈)吻合得很好。由此推断香菇葡聚糖在溶液中呈现刚性链构象[81]。

然而,通过计算机拟合式(3 - 34)得到 q 和 M_L 的方法并不总是有效的。在此情况下,如何求取蠕虫状链参数呢? 图 3.6 示出裂褶菌葡聚糖在 0.01 mol/L NaOH 水溶液中的均方旋转半径与分子量的依赖关系[82]。在 $M_w < 3 \times 10^5$ 时,$\langle S^2 \rangle^{1/2}$几乎随 M_w 成正比例增加,即在此分子量范围内呈现直棒行为。因此,由式(3 - 38)直接计算出该多糖的 M_L 为(2170 ± 50)nm^{-1}。采用这一 M_L 值,再选取不同的 q 值,由式(3 - 34)计算$\langle S^2 \rangle^{1/2}$值。图 3.6 中示出的结果表明,$q$ 为 150nm 时,理论与实验吻合得最好,那么 150nm 即为该多糖的 q 值。

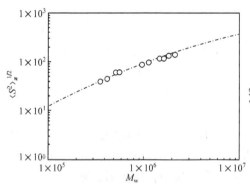

图 3.5 三螺旋香菇葡聚糖在 0.9%的
NaCl 水溶液(质量分数)中 25℃时的
$\langle S^2 \rangle_z^{1/2}$-$M_w$ 依赖关系

虚线代表 $M_L=2180$ nm^{-1} 和 $q=100$ nm
时由式(3 - 34)计算得到的理论曲线[81]

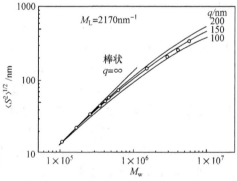

图 3.6 裂褶菌葡聚糖在 0.01 mol/L
NaOH 水溶液中的实验$\langle S^2 \rangle^{1/2}$值
与分子量的依赖关系[82]

事实上,在大多数高分子-溶剂体系中,除非在一个很宽的分子量范围内测定,既不能观察到棒极限,也观察不到线团极限。在这种情况下,需要采取一种变通的方法,即通过式(3-34)的近似表达式计算得到:

$$(M_w^2/12\langle S^2\rangle)^{2/3} = M_L^{1/3} + (2/15)(M_L^{1/3}/q)M_w \qquad (L/2q<2) \qquad (3-39)$$

$$(M_w/\langle S^2\rangle)^{1/2} = (3M_L/q)^{1/2} + 3 M_L(3qM_L)^{1/2}/2M_w \qquad (L/2q>2) \qquad (3-40)$$

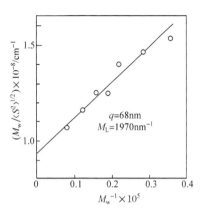

图 3.7　DNA 在 0.2 mol/L NaCl/2 mmol/L EDTA/2 mmol/L Na₂HPO₄ 水溶液中 $(M_w/\langle S^2\rangle)^{1/2}$-$M_w^{-1}$ 的关系[22]

其误差(对 $\langle S^2\rangle/2q$ 而言)低于 1.2%。式(3-39)和式(3-40)都是将式(3-34)从棒或线团极限展开推导而来的;但如果将它们组合起来,可以包含 $L/2q$ 从 0 到 ∞ 的整个范围。我们可以注意到,式(3-39)和式(3-40)的初始项分别与式(3-38)和式(3-37)是相吻合的。用 $(M_w^2/12\langle S^2\rangle)^{2/3}$ 对 M_w 作图或 $(M_w/\langle S^2\rangle)^{1/2}$ 对 $1/M_w$ 作图都可以测定 q 和 M_L。式(3-39)适用于链刚性较大时的情况,而式(3-40)适用于链刚性稍低时的情况。图 3.7 示出 DNA 在 0.2 mol/L NaCl/2 mmol/L EDTA/2 mmol/L Na₂HPO₄ 水溶液中 $(M_w/\langle S^2\rangle)^{1/2}$ 对 M_w^{-1} 的关系。由此计算出:$q=68$ nm,$M_L=1970$ nm^{-1},属于典型的半刚性或半柔顺性高分子链[22]。

3.2.2　高分子链的流体力学性质

大分子的流体力学性质或扩散系数也已用于计算稀溶液中单个大分子的分子量、尺寸大小和形状。流体力学特征量——特性黏数($[\eta]$)和极限沉降系数(s_0)过去常被使用,因为它们的测量方法简单且有较高的精确度。直到光散射方法用于测定大分子的分子量和尺寸大小后,它们的使用才逐渐减少。目前,高分子稀溶液流体力学性质的研究主要包括两个方面:①流体力学表征;②流体力学理论发展及实验测定。

1. 流体力学特征量

1) 极限沉降系数 s_0

假定一个高聚物溶液置于某离心力作用下,此时所有溶剂分子均一地被摩擦,因此可看作是一种连续介质。在溶液中高分子的沉降系数 s 通常定义为每单位离心加速度上的稳定速度 u(在离心力方向上),即

$$s = u/\omega^2 x \qquad (3-41)$$

式中:ω 为离心转子的角速度;x 为高聚物分子距转动中心的径向距离。极限沉降系数 s_0 是高分子溶液无限稀释时的值,它与平动摩擦系数 f 有关,即

$$s_0 = M(1 - v\rho_0)/N_\Lambda f \qquad (3-42)$$

式中：M 为高聚物分子量；v 为高聚物在溶剂中的微分比体积；ρ_0 为溶剂密度；N_Λ 为阿伏伽德罗常量。

2）极限平动扩散系数 D_0

高分子在溶液中由于局部浓度或温度的不同，引起高分子向某一方向迁移，这种现象称为平动扩散。常用 Fick 第一和第二扩散定律描述平动扩散现象。对高分子溶液，平动扩散系数具有浓度和分子量依赖性。高分子在溶液中的扩散能力与摩擦系数有关，如果扩散时受到的阻力越大则扩散越困难，扩散系数越小。在无限稀释溶液中进行布朗运动的高分子的平动扩散系数为 D_0，它与 f 之间存在以下关系：

$$D_0 = kT/f \qquad (3-43)$$

式中：k 为玻耳兹曼常量；T 为热力学温度，K。式（3-43）也称为 Einstein 方程，它被看作是基于布朗运动的分子理论基础上的 D_0 定义。

从式（3-42）和式（3-43）中可以发现 s_0 和 D_0 都与 f 直接相关，而且基本上给出了相同的信息。因此，由 f 的理论计算能给出任一性质。如果从式（3-42）和式（3-43）消去 f，则可得到用于从沉降方法或扩散测量中确定分子量 M 的 Svedberg 方程

$$s_0 = M(1 - v\rho_0)D_0/RT \qquad (3-44)$$

3）特性黏数 $[\eta]$

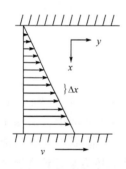

图 3.8　液体的剪切流

假定液体置于两块平行板之间（图 3.8），我们用一个固定的速度 v 在 y 方向上拉动较低的一块板，而上板固定，用于得到速度 v 的单位面积上的力 F/A 称为剪切力，用 σ 表示；我们将液体分成无限小的间距，同时将每层厚度记为 Δx，每层均黏附于与其液流相接板层作用，于是得到如图 3.8 所示的液体流动情况，这是一种剪切流动，其 x 方向的速度 dy/dx 与 x 成正比，即

$$V_{(x方向上)} = dy/dx = gx \qquad (3-45)$$

式中：g 为剪切速率，因为 $(x+\Delta x)$ 层的速度大于 x 层，前者就会对后者产生一个正向力，这就是黏滞力。液体黏度 η 定义为

$$\sigma = \eta g \qquad (3-46)$$

在 g 不太大时，η 与 g 无关，η 称为牛顿黏度；当 η 与 g 有关时，它成为非牛顿黏度。

假定将 N 个相同圆珠线性连接而成的高分子链放入上述的溶剂中，g 视为很小，所以高聚物分子的质心可以看作与溶剂以相同的速度运动。在这种情况下，可以将高聚物分子置于笛卡儿坐标系的原点上，将速度为 v 表示成与原点速度关联的 x 处的速度，高聚物分子被迫绕其质心转动，特别是在现有坐标系中绕 z 轴转

动。将方程(3-46)等号两边同乘以$(1/x)(\mathrm{d}y/\mathrm{d}t)(=g)$,用 F/A 表示 σ,则有

$$\frac{F}{Ax}\frac{\mathrm{d}y}{\mathrm{d}t}=\eta g^2 \tag{3-47}$$

式(3-47)等号左边表示能量 E,即单位体积和单位时间内溶液中逸散的能量,因此溶液的黏度等于 E/g^2。溶剂的黏度和逸散能分别记为 η_0 和 E_0,以便与溶液相区别。于是 $(\eta-\eta_0)g^2$ 表示超额能量 $\Delta E(\Delta E=E-E_0)$,即高分子存在时液体在单位体积和单位时间内逸散的能量。用 $-F_{iy}$ 表示溶剂施加于高分子第 i 个珠子上的力 (y 分量)$(i=1,2,\cdots,v)$,每个珠子的超额能量为 $-F_{iy}$ 和 gx_i 乘积的统计平均值,gx_i 为液体在 x 方向上单位时间内运动的距离。因此,一个高聚物分子的超额能量等于 $-g\sum_i\langle F_{iy}x_i\rangle$。如果溶液单位体积中有 n 个分子,则总的超额能为 $-ng\sum_i\langle F_{iy}x_i\rangle$,它与溶液黏度有以下关系:

$$\eta-\eta_0=-\frac{n}{g}\sum_{i=1}^{N}\langle F_{iy}x_i\rangle \tag{3-48}$$

特性黏数定义为

$$[\eta]=\lim_{c\to0}\frac{\eta-\eta_0}{\eta_0 c} \tag{3-49}$$

将 $c=nM/N_A$ 和式(3-48)代入式(3-49),得

$$[\eta]=-\frac{N_A}{\eta_0 Mg}\sum_{i=1}^{N}\langle F_{iy}x_i\rangle \tag{3-50}$$

这是计算链状分子$[\eta]$的基本方程。

2. 构象和流体力学性质的关系

1) 刚性分子

对于球状粒子,其$[\eta]$和 f 分别由 Einstein 和 Stokes 定律给出:

$$[\eta]=2.5v_p \tag{3-51}$$

$$f=6\pi\eta_0 a \tag{3-52}$$

式中:v_p 为每克球的体积;a 为球的半径。式(3-51)可用分子量和球的直径的形式改写为

$$[\eta]=5\pi N_A d^3/12M \tag{3-53}$$

因为 d^3 与 M 成正比,所以由式(3-53)可知球状粒子的$[\eta]$与分子量无关,即 Mark-Houwink 方程指数为 0。

对于长轴为 a、短轴为 b 的扁旋转椭球体,其理论 f 值可由 Perrin 式表达

$$f=6\pi\eta_0 a/pw \tag{3-54}$$

其中

$$w=[\ln(p+(p^2-1)^{1/2})]/(p^2-1)^{1/2} \tag{3-55}$$

$$p = 轴比 = a/b \tag{3-56}$$

当 $p=1$，$w=1$ 时，方程(3-54)即可简化为 Stokes 定律。相反，若 $p \gg 1$，得

$$f = 6\pi\eta_0 a/\ln p \qquad (p \gg 1) \tag{3-57}$$

如果 b 固定而 a 增加，f 将正比于 $M/\ln M$。对于扁的椭球体，f 也可以用 Perrin 式计算，但其表达式此处未给出。Simha 将扁椭球体的 $[\eta]$ 值定义为

$$
[\eta] = \frac{4\pi N_A b^3}{15M} p(p^2-1)^2 \left\{ \frac{2[-w(4p^2-1)+2p^3+p]}{3p(3w+2p^3-5p)[w(2p^2+1)-3p]} \right.
$$
$$
+ \frac{28}{3p(3w+2p^3-5p)} + \frac{4}{(p^2+1)(-3wp+p^2+2)} \tag{3-58}
$$
$$
\left. + \frac{2(p^2-1)^2}{p(p^2+1)[w(2p^2-1)-p]} \right\}
$$

当 $p=1$ 时，它能简化为 Einstein 方程[式(3-53)]；当 p 非常大时，有

$$[\eta] = 2\pi N_A d^3 p^3/45M\ln p \qquad (p \gg 1) \tag{3-59}$$

此处，我们将 b 等于 $d/2$，由式(3-59)可知，如果 p 非常大，$[\eta]$ 值将随 $M^2/\ln M$ 成正比例变化，如 $M^{1.7}$。

对于直棒状分子，可以从扁平椭球体的式(3-57)和式(3-59)预测长的直棒分子的 f 和 $[\eta]$ 将分别正比于 $M/\ln M$ 和 $M^2/\ln M$。

2) 无规线团

高聚物流体动力学中已建立无扰柔顺性高分子链在 θ 条件下的实验方程：

$$[\eta] = KM^{1/2} \tag{3-60}$$
$$s_0 = K'M^{1/2} \tag{3-61}$$
$$D_0 = K''M^{-1/2} \tag{3-62}$$

假定无规线团(柔顺链)是溶剂分子无法渗透的实心小球，则可以应用 Einstein 方程。因为这个方程显示小球的 $[\eta]M$ 与其体积成比例，因此与旋转转半径 $\langle S^2 \rangle^{1/2}$ 的三次方成比例，即

$$[\eta] = \Phi_0(6\langle S^2 \rangle)^{3/2}/M \tag{3-63}$$

这就是关于无规线团的 Flory-Fox 方程[83]。此处，Φ_0 是一个常数，称为 Flory 黏度因子。在 θ 状态下，$\langle S^2 \rangle$ 遵循高斯链方程：

$$\langle S^2 \rangle = K'''M \tag{3-64}$$

由式(3-63)和式(3-64)能得到式(3-60)，因此能解释柔性链的 $[\eta]$ 在 θ 状态下随 $M^{1/2}$ 成比例变化的实验事实。将同样的想法用于 f，并将无规线团半径用流体动力学半径 R_h 代替，也能用于解释式(3-61)和式(3-62)。

3) 半柔性链

具有介于棒状和无规线团构象之间的构象的高聚物称为半柔性或刚性链，它们最大的特征表现是在低 M 值为棒状，而在 M 值升高时趋向于无规线团状。这

种高聚物的典型代表为 Kratky-Porod 蠕虫状链，Yamakawa 和 Fujii 发展了这个模型关于迁移系数的理论。

3. KP 蠕虫状链关于特性黏数的理论

1) Kirkwood-Riseman(KR)珠链弹簧模型[8]

Kirkwood 和 Riseman 把溶液中的柔顺性高分子链比作由 N 个等同的球形珠子(链节)线性连接而成，即高分子由珠子和弹簧组成，如图 3.9 所示。珠子直径为 d_b（半径为 a）。将其质心置于笛卡儿坐标系的原点，运用预平均或非涨落的 Oseen 流体力学相互作用张力[84]与 Kirkwood-Riseman 近似[85]得到的特性黏数的 KR 方程

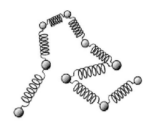

图 3.9　珠链弹簧模型[86]

$$[\eta]_{KP}^{KR} = 6^{3/2} \Phi_\infty \frac{\langle S^2 \rangle_{KP}^{3/2}}{M}[1 + e^{-5L/2q} \sum_{i=0}^{3} C_i (L/2q)^{i/2} + e^{-q/2L} \sum_{i=4}^{7} C_i (L/2q)^{-(i-3)/2}]^{-1}$$

$$(3-65)$$

其中

$$C_i = \sum_{j=0}^{2} \alpha_{ij} d_b{}^j + \sum_{j=0}^{1} \beta_{ij} d_b{}^{2j} \ln d_b \qquad (3-66)$$

式中：$\Phi_\infty = 2.870 \times 10^{23} \, \text{mol}^{-1}$；$\alpha_{ij}$，$\beta_{ij}$ 为常数，其值列于表 3.3 中。

表 3.3　方程(3-66)中的 α_{ij} 和 β_{ij} 值[8]

i	α_{i0}	α_{i1}	α_{i2}	β_{i0}	β_{i1}
0	−9.629 1	161.980	113.16	−1.535 8	949.13
1	2.349 1	−144.20	−2050.2	−2.360 5	−3 473.2
2	54.811	−484.02	4 194.2	10.550	4 077.1
3	−62.255	788.77	−2 684.6	−11.528	−1 129.0
4	0.308 14	−4.561 7	1.518 2	−1.942 1	−3.130 1
5	−5.161 9	16.758	−4.030 8	0.519 51	12.811
6	2.929 8	−13.380	−2.675 7	0.119 38	−9.997 8
7	−0.628 56	1.607 0	7.433 2	−0.082 021	−2.883 2

对于高斯链，式(3-65)即是 Flory-Fox 关系[式(3-63)]，再次证明经验关系 $[\eta] \propto M^{0.5}$ 只适合非穿透极限。当 $N=1$ 时，即一个珠子组成的球状分子，其计算结果为

$$[\eta] = \pi N_A a^3 / M = \pi N_A d^3 / 8M \qquad (3-67)$$

与 Einstein 方程[式(3-53)]比较，表明对于球形分子，KR 理论给出的$[\eta]$值比 Einstein 值小，这可能是由于 KR 理论没有考虑由于某一点上珠子自旋转产生的摩擦。

2）Yoshizaki-Nitta-Yamakawa（YNY）接触珠链模型[8]

Yoshizaki、Nitta 和 Yamakawa 研究了 Kirkwood-Riseman 理论关于球形分子的特性黏数与 Einstein 值的偏差问题。他们将每一个珠子作为 Einstein 球的贡献加到孤立链[η]的 KR 解上，并采用接触珠链模型（touched-bead chain）或珍珠项链模型避免了流体力学相互作用引起的数学计算复杂性[86]。结果如下：

$$[\eta]_{KP}^{YNY} = [\eta]_{KP}^{KR} + \frac{5}{12}\pi N_\Lambda \frac{N d_b^3}{M_0} \tag{3-68}$$

YNY 理论中，Einstein 球形粒子补偿了随分子量的降低 KR 理论[η]值显著减小，可以得到一个预期的在宽分子量范围内[η]与 $M^{1/2}$ 成比例的关系。这就表明，KR 理论和实验事实间由于部分穿透引起的巨大差异，通过 Einstein 球状粒子的贡献得到理论解释。

3）Yamakawa-Fujii（YF）蠕虫状圆筒模型[22]

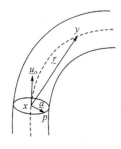

图 3.10　蠕虫状圆筒模型[8]

假定一个圆筒高分子的总长（轮廓长）为 L，圆筒的中心轴为一空间曲线，满足蠕虫状链的统计力学性质，轮廓呈蠕虫状链弯曲，如图 3.10 所示。Yamakawa 和 Fujii 将其质心置于坐标系原点。为方便起见，图 3.10 中的面点 x 在用 s 表示，它是从圆筒的一端开始测量的。根据 Oseen-Burger 方法并采用预平均 Oseen 张量，可以将蠕虫状链的[η]写为

$$[\eta] = (N_\Lambda/M)\int_0^L \varphi(s,s)\mathrm{d}s \tag{3-69}$$

$\varphi(s,s)$ 是下面积分方程的解

$$\int_{-1}^1 K(s,s')\varphi(s,s)\mathrm{d}s = g(s,s') \tag{3-70}$$

$$g(s,s') = (\pi/L^2)\langle S(s)S(s')\rangle \tag{3-71}$$

于是，积分式（3-70）的解给出蠕虫状链的[η]值，即

$$[\eta] = \Phi(2qL)^{3/2}/M \tag{3-72}$$

式中：Φ 为 $L/2q$ 和 $d/2q$ 的函数。$L \to \infty$ 时，Φ 达到极限值 Φ_∞（$= 2.862 \times 10^{23}$ mol^{-1}），与 d 无关。于是，式（3-72）可以改写为

$$[\eta] = \Phi_\infty(6\langle S^2\rangle/M)_\infty^{3/2}/M^{1/2}F_1 \tag{3-73}$$

其中

$$F_1 = \Phi/\Phi_\infty \tag{3-74}$$

式中：F_1 为 $L/2q$ 和 $d/2q$ 的函数。当 $L \to \infty$ 时，$F_1=1$，与 d 无关。F_1 的表达式非常复杂，由于篇幅有限不在此给出。为了简化 F_1 的复杂性，Bohdanecky 得到了 F_1 的近似表达式[87]

$$F_1 = [B_0 + A_0/(L/2q)^{1/2}]^{-3} \qquad [(L/2q)^* < (L/2q) < (L/2q)^{**}] \tag{3-75}$$

其中

$$B_0 = 1.00 - 0.0367 \lg(d/2q) \qquad [(d/2q) < 1] \qquad (3-76)$$

$$A_0 = 0.46 - 0.53 \lg(d/2q) \qquad [(d/2q) < 0.1] \qquad (3-77)$$

式中:$(L/2q)^*$ 为下限值;$(L/2q)^{**}$ 为上限值。由上述方程可知,B_0 是 $d/2q$ 的减函数,但递减缓慢,可视为一常数,即可用其平均值 1.05 代替;A_0 明显依赖于 $d/2q$,当 $d/2q \geqslant 0.1$,A_0 急剧降低,当 $d/2q \geqslant 0.4$ 时,$A_0 < 0$;A_0 和 B_0 值均可查表,如表 3.4 所示。将式(3-76)、式(3-77)代入式(3-73)即可得到刚性高分子的 $[\eta]$ 表达式

$$(M^2/[\eta])^{1/3} = A_\eta + B_\eta M^{1/2} \qquad (3-78)$$

其中

$$A_\eta = A_0 M_L \Phi_\infty^{-1/3} \qquad (3-79)$$

$$B_\eta = B_0 \Phi_\infty^{-1/3} (6\langle S^2 \rangle/M)_\infty^{-1/2} \qquad (3-80)$$

根据方程(3-78)~(3-80),将 $(M^2/[\eta])^{1/3}$ 对 $M^{1/2}$ 作图可得一直线,由斜率计算 $(6\langle S^2 \rangle/M)_\infty (=2qL)$,截距 A_η 依赖于 $d/2q$ 和 M_L。利用其他信息得到 $d/2q$,再代入式(3-77)得到 A_0,将 A_0 代入式(3-79)即可得到 M_L。详细步骤可参见文献[87]。

表 3.4　方程(3-75)中的参数[87]

$d/2q$	A_0	B_0	适用范围	
			$(L/2q)^*$	$(L/2q)^{**}$
10^{-3}	2.004	1.113	0.1	200
2×10^{-3}	1.909	1.089	0.2	300
5×10^{-3}	1.704	1.079	0.4	300
10^{-2}	1.542	1.066	0.4	300
2×10^{-2}	1.376	1.052	1.0	400
5×10^{-2}	1.120	1.031	1.0	500
6×10^{-2}	1.070	1.025	2.0	10^3
7×10^{-2}	1.053	1.016	2.0	10^3
8×10^{-2}	1.022	1.010	3.2	2×10^3
10^{-1}	0.966	1.000	4.0	2×10^3
1.4×10^{-1}	0.722	1.012	10	2×10^4
2×10^{-1}	0.550	1.005	16	2×10^4
4×10^{-1}	0.0317	0.998 6	5	10^6
6×10^{-1}	-0.583	0.999	100	10^6
1.0	-1.426	0.999	200	10^6

4) Yamakawa-Fujii-Yoshizaki(YFY)黏度理论[8]

Yamakawa 和 Yoshizaki 为了研究 Oseen-Burger 方法和圆筒末端对 $[\eta]$ 的影响,改进了 YF 理论,使之适用于两端有半球的短链,甚至适用于球体($L = d$)。

Yamakawa 和 Yoshizaki 修改后的理论称为 Yamakawa-Fujii-Yoshizaki 黏度理论。当 $d/2q \leqslant 0.2, L/2q \geqslant 2.278$ 时，$[\eta]$ 的表达式为[22,88]

$$[\eta]_{KP}^{YFY} = \Phi_{\infty} \frac{(L/2q)^{3/2}}{M} \Big[1 - \sum_{i=1}^{4} C_i (L/2q)^{-i/2} \Big]^{-1} \qquad (3-81)$$

其中

$$C_i = \sum_{j=0}^{2} \alpha_{ij} d^j + \sum_{j=0}^{1} \beta_{ij} d^{2j} \ln d \qquad (3-82)$$

这里，$\Phi_{\infty} = 2.870 \times 10^{23} \, \text{mol}^{-1}$，稍微不同于 Auer-Gardner 得到的值；α_{ij} 和 β_{ij} 为数字常数，与圆筒轮廓长和直径没有关系，其值列于表 3.5 中。式(3-81)和式(3-82)也适用于 $0.2 < (d/2q) < 1.0, (L/2q)^{1/2}/d \geqslant 30$ 的高分子链的 $[\eta]$ 计算。当 $L/2q < 2.278$ 时，$[\eta]$ 的表达式为

$$\lceil \eta \rfloor_{KP}^{YFY} = [\eta]_R f(L/2q) \qquad (3-83)$$

式中：$[\eta]_R$ 为球状圆筒的特性黏数，其表达式为

$$[\eta]_R = \pi N_A (L/2q)^3 / (24M) F(p;\varepsilon) \qquad (3-84)$$

$$F(p;\varepsilon)^{-1} = \ln p + 2\ln 2 - (7/3) + 0.548\,250(\ln p)^{-1} - 11.123 p^{-1} \qquad (p \geqslant 100)$$

$$= (15/16) F_{\eta}(p;\varepsilon)^{-1} \qquad (\varepsilon \leqslant p < 100) \qquad (3-85)$$

式中：F_{η} 为轴比 $p = L/d$ 和 ε 的已知函数。当 $L/2q < 2.278, d/2q \leqslant 0.1$ 时，式(3-83)中的函数 f 与 d 和 ε 几乎无关，可以近似表达如下：

$$f(L/2q) = 1 - \sum_{j=1}^{5} C_j (L/2q)^j \qquad (3-86)$$

$$C_1 = 0.321\,593, \quad C_2 = 0.046\,638\,4,$$

$$C_3 = -0.106\,466, \quad C_4 = 0.037\,931\,7, \quad C_5 = -0.003\,995\,76 \quad (3-87)$$

当 $L/2q < 2.278, d/2q > 0.1$ 时，即短的柔顺链，蠕虫圆筒模型没有给出 $[\eta]$ 的理论表达式，这种情况可以采用珠链模型进行计算。实验证明：当 L/q 很大时，YFY 理论高估了 $[\eta]$ 值，即在线团极限，YFY 理论是无效的；当 $d = 0.74 d_b (d/2q < 0.1)$ 时，珠链模型与圆筒模型的 $[\eta]$ 值吻合。

表 3.5　方程(3-82)中的 $\boldsymbol{\alpha_{ij}}$ 和 $\boldsymbol{\beta_{ij}}$ 值[8]

$d/2q$	i	α_{i0}	α_{i1}	α_{i2}	β_{i0}	β_{i1}
	1	3.230 981	−143.745 8	−1 906.263	2.463 404	−1 422.067
$[0, 0.1]^{1)}$	2	−22.461 49	1 347.079	19 387.400	−5.318 869	13 868.57
	3	54.816 90	−3 235.401	−49 357.06	15.417 44	−34 447.63
	4	−32.919 52	2 306.793	36 732.64	−8.516 339	25 198.11
	1	6.407 860	−25.437 85	23.335 18	3.651 970	−25.736 98
$[0.1, 1.0]$	2	−115.008 6	561.028 6	−462.850 1	−33.691 43	523.610 8
	3	318.079 2	−1 625.451	1 451.374	92.134 27	−1 508.112
	4	−144.526 8	661.676 0	−1 057.731	−42.415 52	211.662 2

1) $[a, b]$ 表示 $a \leqslant d \leqslant b$。

4. 理论与实验的比较

1) 长直圆筒状链

在长棒状极限($L/q \to \infty$,$L/d \geqslant 1$),由积分式(3-70)的解和 Legendre 多项式展开得到[η]的近似解为

$$M^2/[\eta] = \frac{45M_L^3}{2\pi N_A}[\ln M - 0.6970 - \ln(dM_L)] \qquad (3-88)$$

即将 $M^2/[\eta]$ 对 $\ln M$ 直线作图,由直线斜率和截距可以计算出 M_L 和 d。如果高分子是螺旋形的,则螺距 h 由以下关系式求得

$$h = M_0/M_L \qquad (3-89)$$

式中:M_0 为单体单元的分子量。如果高分子链为双螺旋链(或三螺旋链),式(3-89)中 M_L 被 $M_L/2$(或 $M_L/3$)取代,因为它与两条(或三条)链相连。式(3-88)可以通过实验验证,即将计算值 h 与由其他方法如晶态下 X 射线衍射得到的值进行比较。

图 3.11 示出三螺旋裂褶菌葡聚糖在水中的 $M^2/[\eta]$ 与分子量之间的依赖关系[38]。如式(3-88)所预期的一样,它们与分子量均呈线形关系。计算得到的 h 值与溶液中光散射和固相 X 射线衍射所得的实验值的比较见表3.1。由表 3.1 可以看出,从流体力学数据得到的 h 值与光散射和结晶态下得到的螺距符合很好。因此,Yamakawa 等的式(3-88)基本上能给出正确的 h 和 M_L 值。表 3.1 所给出的 d 值和高分子螺旋结构的理论值相比也是合理的。

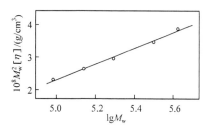

图 3.11　三螺旋裂褶菌葡聚糖
在水中的 $M^2/[\eta]$ 与分子量
之间的依赖关系[38]

2) 半柔顺性链

当链长 L 变大时,一切棒状链都有一定程度的弯曲,从而看作是半柔顺性高分子,以便用系统方法在一个宽分子量范围研究其流体动力学行为。Yamakawa 等将蠕虫状圆筒的[η]理论表示为 L、d 和 q 的函数。q 描述了与圆筒弯曲程度相关的链刚性。图 3.12 示出三螺旋裂褶菌葡聚糖在水中的[η]实验数据与 YFY 理论值的比较。当 q 值为 200nm,在整个 M_w 范围内,[η]的数据和三螺旋链的理论值都符合得很好。

3) 柔顺性链

在宽分子量范围内同系列的均聚物在 θ 溶剂中的[η]和 s_0 与 $M^{1/2}$ 成不同比例变化[式(3-60)和式(3-61)]是一个不争的事实。对于[η],按式(3-63)定义 Flory 黏度因子,可以对理论值和实验值做一个类似的比较。目前报道的 Φ_∞ 实验

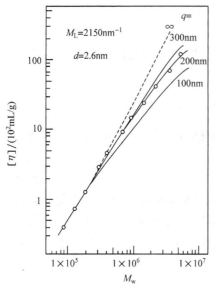

图 3.12　三螺旋裂褶菌葡聚糖在水中的
[η]实验数据与 YFY 理论值的比较[38]
虚线表示了棒状极限状态下的理论值

值为 $2.0 \times 10^{23} \sim 2.5 \times 10^{23} \, \text{mol}^{-1}$，而 $\langle S^2 \rangle$ 受试样多分散性的影响，只有从单分散试样的 $\langle S^2 \rangle / M$ 得到的 Φ_∞ 值用于理论才比较合适。从 θ 温度下 PS 在环己烷的溶液中得到 $\langle S^2 \rangle / M$，用渐进粒子散射函数得到单分散 PS 的 Φ_∞ 为 $2.55 \times 10^{23} \, \text{mol}^{-1}$，这是目前所知最好的实验值。它比理论值 $2.86 \times 10^{23} \, \text{mol}^{-1}$ 少 12%。

以上这些流体动力学方面所存在的差异说明，现在的流体力学理论在定量上对柔顺性链来说还不令人满意，这些理论都在预平均 Oseen 张量基础上得到，因此需要修正这些近似。Zimm 通过计算模拟避开预平均近似得到[η]和 f，计算出 $\Phi_\infty = 2.51 \times 10^{23} \, \text{mol}^{-1}$，此值与以上提到的实验值很相近，所以说是 Oseen 张量的预平均化导致了理论和实验值的差异。

3.2.3　高分子链的排除体积效应

大多数高聚物由简单的碳–碳主链构成，在溶液中为球形无规线团构象。一个无规线团链常简称为无规线团或线团，它可以视为某种弯曲不受限制的长线状物，导致主链上的任何一对单体能彼此靠近，进而互相影响，如图 3.13 所示。两个白色珠子不能相互重叠。这种长链分子的特征相互作用，称为排除体积效应。"排除体积"表明，两个或多个单体不能同时占据同一个体积单元，因为它们有一定体积而相互排斥。大多数情况下，相互作用是排斥并引起链的伸展，但有时它们也相互吸引而导致链的收缩或塌陷。因此，高聚物在稀溶液中的平均尺寸受到排除体积效应的强烈影响，其情况依赖于溶剂条件即温度和溶剂类型。如果在某种溶剂条件下排斥恰好与吸引作用相互抵消，那么此链不受排除体积作用的影响，这种特殊的理想状态称为无扰状态，也称为 Flory 的 θ 状态。导致此状态的温度和溶剂分别称为 θ 温度（或 θ 点）和 θ 溶剂。一般地，在高分子溶液中，即使在浓度很低的情况下，排除体积也不会消失。

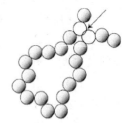

图 3.13　排除体积
示意图[86]

典型刚性高分子链在溶液中的宏观行为几乎完全可以用无扰蠕虫状链理论定量描述。由于在大部分的实验中使用了良溶剂,这种无扰行为就暗示一条分子链内单体-单体之间碰撞的概率受到链刚性的抑制,即表现为排除体积效应趋近于零。但是,当半柔顺性链比较长时,它们应受到分子内排除体积的影响,并呈现出偏离无扰行为的现象。迄今为止,只发现几种刚性高聚物能够达到无扰状态,即第二维利系数 $A_2 = 0$ 的 θ 状态[89,90~92]。在 θ 溶剂中,观察到一些高聚物[89,91]的 A_2 随温度的改变而显著变化,而特性黏数几乎保持不变。这证明刚性链中分子内和分子间的排除体积效应有明显差别。

对于分子内排除体积效应,若分子量范围较宽,可用 $(M^2/[\eta])^{1/3}$ 与 $M^{1/2}$ 之间的依赖关系来初步判别。如果它们呈线性关系,表明排除体积效应可以忽略不计;如果在较高分子量范围出现向下弯曲现象,则有可能是排除体积效应所致。例如,三硝基纤维素属于半刚性链,它在溶液中的 $(M^2/[\eta])^{1/3}-M^{1/2}$ 在 $M \leqslant 10^6$ 时为直线,表明它处于无扰状态;在高于此分子量范围,直线向下弯曲,实验证明这是由排除体积效应引起的[87]。同时,也可用 Mark-Houwink 方程指数或 $\langle S^2 \rangle^{1/2}-M_w$ 关系指数来定性判断它是否受到排除体积的影响。如双螺旋黄原胶在镉乙二胺饱和水溶液(cadoxen)中被破坏成单股无规线团链,其 $\langle S^2 \rangle^{1/2}-M_w$ 关系指数随着分子量的增加,从 0.5 逐渐增大到 0.59,表明黄原胶在 cadoxen 中受到排除体积的影响,而且随分子量的增加而更加显著[33]。

1. 二参数理论[93]

在良溶剂中,线团的均方尺寸受到排除体积效应的影响,不再与链段数或单体数 N 成比例。因为随 N 的增加,相互作用的可能链段对的数目也增加,并且对长链排除体积效应影响更大。无扰状态下的平均尺寸和流体力学性质标记为 0,以示与受到排除体积影响下的性质相区别。

根据 Mayer 有关非理想气体理论延伸的 McMillan 和 Mayer 的一般溶液理论,Flory 把溶液中链段间的相互作用方式看成真空中气体分子的分子间相互作用,利用平均势能和尺寸分布函数计算出柔顺高分子链在良溶剂中的均方末端距 $\langle R^2 \rangle$ 为

$$\langle R^2 \rangle = \langle R^2 \rangle_0 \Big[1 + zN^{-3/2}\Big] \sum_{i<j} (j-i)^{-1/2} + \cdots \qquad (3-90)$$

式中:$\langle R^2 \rangle_0 = Nb^2$;$z$ 为排除体积参数,定义为

$$z = [3/(2\pi b^2)]^{3/2} \beta N^{1/2} \qquad (3-91)$$

b 为键长;N 为键数;β 为一对链段相互作用的二元积分,表征了排除体积的大小。1951 年,京都大学的 Teramoto 将式(3-90)的加和变换为积分,$\langle R^2 \rangle$ 表示为

$$\langle R^2 \rangle = \langle R^2 \rangle_0 \Big(1 + \frac{4}{3}z + \cdots\Big) \qquad (3-92)$$

式(3-92)就是均方末端距的一次方微扰理论,也是二参数理论的定义。式(3-92)指出无规线团的$\langle R^2 \rangle$由两个参数决定:$\langle R^2 \rangle_0$(或Nb^2)和z,这就是$\langle R^2 \rangle_0$表示了θ(或无扰)状态下(此时$z=0$)线团的平均尺寸,而z表示排除体积相互作用的强度。若N值已知,b和β就被选为两个参数。由于z表达式中包含$N^{1/2}$,故$\langle R^2 \rangle$不再与N成比例,而是更强烈地依赖于N。因此,微扰链不是高斯链。

由于排除体积的影响导致高分子链平均尺寸的变化,为此引入物理量扩张因子。末端距扩张因子α_R表示末端距在给定溶剂条件下比在θ条件下由于排除体积效应增大的程度,定义为

$$\alpha_R^2 = \langle R^2 \rangle / \langle R^2 \rangle_0 \tag{3-93}$$

同样,半径扩张因子α_S定义为

$$\alpha_S^2 = \langle S^2 \rangle / \langle S^2 \rangle_0 \tag{3-94}$$

它的微扰计算和上面的α_R^2十分相似,与z有如下关系:

$$\alpha_S^2 = 1 + (134/105)z + \cdots \tag{3-95}$$

对于α_S^2,一次方系数$134/105(=1.276)$比α_R^2的$4/3(=1.333)$略小,表明在θ状态附近体积对$\langle S^2 \rangle$影响比对$\langle R^2 \rangle$的影响略微弱一些。

严格说来,微扰计算式只适用于θ点附近。因此,我们需要一个非z的幂次表达式。Flory首先推出α_S的近似形式

$$\alpha_S^5 - \alpha_S^3 = 2.60z \qquad (o,F) \tag{3-96}$$

高分子链当因渗透溶胀产生的力与弹力平衡时,会呈现出一种相当平衡的构型。式(3-96)表明,α_S^5在有限大的z范围内(极限)与z成比例,称为第五次方型或五次方定理。由式(3-91)可知,$z \propto M^{1/2}$,在此范围内α_S^2随$M^{1/2}$成比例增加。换句话说,Flory定理预言当排除体积效应很大时,$\langle S^2 \rangle$随$M^{1/2}$的变化而变化。另外,当z很小时,式(3-96)简化为

$$\alpha_S^2 = 1 + 2.60z + \cdots$$

其第一项系数与式(3-95)给出的值1.276不同。因此,Flory理论在θ点附近是不准确的。Stockmayer提出用$134/105$代替2.60,以便该理论有准确的一次方系数项,即

$$\alpha_S^5 - \alpha_S^3 = (134/105)z \qquad (m,F) \tag{3-97}$$

称为Flory(m,F)修正方程[83],而式(3-96)称为Flory(o,F)初始方程。

Fixman(F_i)、Ptitsyn(P)、Yamakawa和Tanaka(YT)[83]用不同程度的近似和微分方程近似的方法得到扩张因子的表达式,其中F_i和YT理论很有名,其表达式为

$$\alpha_S^3 = 1 + 1.914z \qquad (F_i) \tag{3-98}$$

$$\alpha_S^2 = 0.514 + 0.495(1 + 6.04z)^{0.46} \qquad (YT) \tag{3-99}$$

F_i 和 P 理论属三次方型(即对大的 z 值,$\alpha_S^3 \propto z$),并认为 $\langle S^2 \rangle$ 与 $M^{4/3}$ 成比例递增。YT 理论认为:对大的 z 值,$\alpha_S^{4.35} \propto z$。

与 α_S 相似,α_R 的表达式为

$$\alpha_R^5 - \alpha_R^3 = (4/3)z \qquad (3-100)$$

式(3-100)称为关于 α_R 的修正 Flory 方程。

黏度扩张因子 α_η 定义为

$$\alpha_\eta^3 = [\eta]/[\eta]_0 \qquad (3-101)$$

假设 $\alpha_\eta = \alpha_R$ 或 $\alpha_\eta = \alpha_S$,α_η 用于实验检测已经存在的关于末端距扩张因子或半径扩张因子的理论。值得注意的是,如果 Flory 黏度因子对给定高聚物是一个常数,则此假设成立。早期由 Kurata 和 Yamakawa 提出 α_η 的一次方微扰计算为

$$\alpha_\eta^3 = 1 + 1.55z + \cdots \qquad (3-102)$$

方程(3-102)只是一个近似式。Fujita 等与 Yamakawa 和 Shimada 通过一种更严格的计算法修正了 z 的一次方系数为 1.142,式(3-101)变为

$$\alpha_\eta^3 = 1 + 1.142z + \cdots \qquad (3-103)$$

2. 准二参数理论

若引入链刚性对排除体积的影响,得到准二参数理论。Domb 和他的合作者在不考虑点阵类型时从计算机模拟的各种三维点阵链得到一个 α_R 的渐近关系式

$$\alpha_R^2 = 1.64z^{2/5} \qquad (z \gg 1) \qquad (3-104)$$

利用这个关系式和对较小 z 的微扰计算,Domb 和 Barrett 运用 Domb[94] 和 Barrett[95] 函数(DB)建立了一个适用任何 z 的内插方程,即

$$\alpha_R^2 = (1 + 10\tilde{z} + 27.77\tilde{z}^2 + 44.55\tilde{z}^3)^{2/15} \qquad (3-105)$$

同时也建立了 α_S,α_η,$\alpha_H (= R_H/R_{H,0}$,流体力学半径扩张因子)的一个内插方程,分别为

$$\alpha_S^2 = [0.933 + 0.067\exp(-0.85\tilde{z} - 1.39\tilde{z}^2)](1 + 10\tilde{z} + 27.77\tilde{z}^2 + 44.55\tilde{z}^3)^{2/15}$$
$$(3-106)$$

$$\alpha_\eta^3 = (1 + 3.8\tilde{z} + 1.9\tilde{z}^2)^{0.3} \qquad (3-107)$$

$$\alpha_H = (1 + 5.93\tilde{z} + 3.59\tilde{z}^2)^{0.1} h_H \qquad (3-108)$$

$$h_H = 0.88/(1 - 0.12\alpha_S^{-0.43}) \qquad (3-109)$$

$$\tilde{z} = (3/4)K(\lambda L)z \qquad (3-110)$$

$$K(\lambda L) = (4/3) - 2.711(\lambda L)^{-1/2} + (7/6)(\lambda L)^{-1} \qquad (\lambda L > 6)$$
$$= (\lambda L)^{-1/2} \exp[-6.611(\lambda L)^{-1} + 0.9198 + 0.03516\lambda^2 L] \qquad (\lambda L \leqslant 6)$$
$$(3-111)$$

$$z = (3/2\pi)^{3/2}(\lambda B)(\lambda L)^{1/2} \qquad (3-112)$$

$$\lambda^{-1} = 2q \qquad\qquad (3-113)$$

$$B = \beta/a^2 \qquad\qquad (3-114)$$

这就是准二参数理论(或 Yamakawa-Stockmayer-Shimada 理论)的表达式。式中，$\tilde{z}$ 和 z 分别为准二参数理论和经典二参数理论的排除体积参数，B 为排除体积强度，a 为珠子间距。函数 h_H 来自于对流体力学相互作用涨落的校正函数。$K(\lambda L)$ 在 $\lambda L < 1$ 时趋近于 0，所以短链的分子内排除体积效应相对 q 而言很小，即几乎与 B 的大小无关。这主要是因为刚性链或短的柔顺链中链段间相互靠近的概率很小。这样，即使在良溶剂中，刚性链的分子内排除体积效应一般都很小。当 λL 较大时，$\tilde{z} = z$，准二参数理论演变成为经典的二参数理论[96]。

由上述方程可以得到长柔顺链在良溶剂中的特征关系式

$$\langle S^2 \rangle^{1/2} \propto M^{0.6}$$

$$[\eta] \propto M^{0.8}$$

$$R_H \propto M^{0.6}$$

对刚性链，$\langle S^2 \rangle$、$[\eta]$ 和 R_H 的指数可能大于上述关系式中的指数，因为与高斯链相比，$\langle S^2 \rangle_0$、$[\eta]_0$ 和 R_{H0} 有更强的分子量依赖性，而且 $K(\lambda L)$ 也是分子量的增函数。大量实验结果[83,85,86,97~102]表明，准二参数理论能够表征半柔顺链分子内的排除体积效应，刚性链的分子内排除体积效应一般都很小，当 Kuhn 链段数低于 50 时排除体积效应可以忽略不计，而较高分子量或微刚性链的分子内排除体积效应却较显著。

3. 理论与实验比较

一般地，柔顺性高分子链在良溶剂中将受到排除体积的影响，导致其链尺寸增大，从而 $[\eta]$ 和 $\langle S^2 \rangle_z^{1/2}$ 等物理量与 M_w 的依赖关系不满足 θ 条件下的方程。例如，茁霉聚糖为柔顺无规线团链，水是它的良溶剂，因此它在水中应受到排除体积的影响导致尺寸增大。运用光散射和黏度法测量茁霉聚糖不同级分在水中的 M_w、$\langle S^2 \rangle_z^{1/2}$ 和 $[\eta]$，得到它的 Mark-Houwink 方程和 $\langle S^2 \rangle$ 与 M_w 的依赖关系分别为

$$[\eta] = (1.91 \pm 0.02) \times 10^{-2} M_w^{0.67\pm0.01} \qquad (mL/g) \qquad (M_w > 4.8 \times 10^4)$$

$$\langle S^2 \rangle_z^{1/2} = 1.64 \times 10^{-2} M_w^{0.57} \qquad (nm)$$

上述方程指数均大于 0.5，这是由于排除体积效应导致高分子链伸展引起的。运用二参数理论中 Flory 关于半径扩张因子的修正方程(3-97)计算得到各级分的 α_S^2 大于 1.2，进一步证明排除体积效应存在于茁霉聚糖/水体系中。

从灵芝子实体中提取出的 α-(1→3)-D-葡聚糖也呈柔顺链构象，它在 0.25 mol/L LiCl/DMSO 中的 Mark-Houwink 方程为

$$[\eta] = 7.1 \times 10^{-2} M_w^{0.60} \qquad (mL/g)$$

运用蠕虫状链模型关于特性黏数理论和准二参数理论[式(3-107)、式(3-110)~

式(3-114)]分析其[η]和M_w数据,如图 3.14 所示,当$M_w > 4 \times 10^4$时,该多糖受到明显的排除体积作用。通过计算得到它的构象参数为:$M_L = 380 \text{nm}^{-1}$,$q = 1.5 \text{nm}$,$d = 1.2 \text{nm}$,$B = 0.21 \text{nm}$[100]。

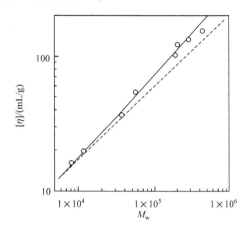

图 3.14　灵芝α-(1→3)-D-葡聚糖在水中的实验数据与理论的比较
圆圈代表实验点;实线代表受到排除体积影响的理论曲线;虚线代表无扰蠕虫状链的理论曲线[100]

与柔顺链相比,半柔顺链和刚性链上两个单体单元相碰撞的概率小,受到的排除体积相对弱一些,甚至可以忽略不计。研究发现,当 Kuhn 链段数($= M/2qM_L$)超过 50 时,排除体积对典型刚性链的影响才比较明显[84,101]。例如,从气单胞菌培养液中提取的一种酸性杂多糖属于半柔顺链,运用静态光散射和黏度法测量各级分在 0.2 mol/L LiCl/DMSO 中的M_w、$\langle S^2 \rangle_z^{1/2}$和[$\eta$],并用蠕虫状链模型关于特性黏数理论和准二参数理论分析其[η]和M_w数据,如图 3.15 所示,它的蠕虫状链构象参数:$q = 10(\pm 1) \text{nm}$,$M_L = (1450 \pm 50) \text{nm}^{-1}$和$d = 2.7 \text{nm}$在所研究的分子量范围内几乎不受排除体积的影响,因为它最大分子量级分的链段数小于 50[102]。

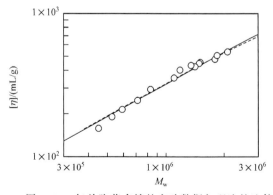

图 3.15　气单胞菌多糖的实验数据与理论的比较
圆圈代表实验点;实线代表受到排除体积影响的理论曲线;虚线代表无扰蠕虫状链的理论曲线[102]

3.3　天然高分子链构象表征方法

2002 年度的诺贝尔化学奖授予了 John B. Fenn、Koichi Tanaka 和 Kurt Wüthrich 三位科学家,因为他们用核磁共振和质谱确定了生物大分子的组成和空间三维结构,在生物大分子的研究中建立了具有革命性的分析方法。高聚物稀溶液性质一般用各种参数(第二维利系数、分子平均尺寸、特性黏数、柔性参数等)表达,并且依赖于温度、溶剂和分子量。高聚物分子量及链构象对材料的性能、功能及加工和使用性能有很大影响,因此它们是高分子科学和工程研究中最基本和最重要的参数。尤其,近年已发现生物大分子及天然高分子药物的分子量和构象对其生物活性和功能有很大影响,它们之间的关系称为构效关系。因此,对高分子二级结构的研究已日益引人注目。目前,研究高聚物分子量、链尺寸和构象(统称二级结构)的方法主要包括静态和动态光散射、尺寸排除色谱、黏度法、圆二色谱与旋光、透射电境和原子力显微镜、核磁共振等。

3.3.1　静态光散射法

1. 基本原理

静态光散射法(static light scattering,SLS)是测定高聚物重均分子量的绝对方法。光散射理论很复杂,这里仅简要介绍其基本原理和计算公式。激光光散射仪的结构示意图如图 3.16 所示[103]。高分子稀溶液可视为不均匀介质,当光通过它时,入射光的电磁波诱导高聚物分子成为振荡偶极子,产生强迫振动并作为二次

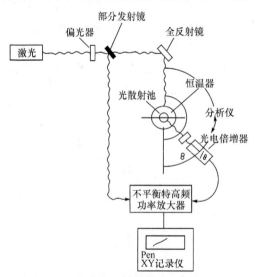

图 3.16　激光光散射仪的结构示意图[103]

光源发出散射光。高分子溶液的散射光强度远远高于纯溶剂,并且依赖于高聚物的分子量、链形态、溶液浓度、散射角度和折光指数增量(dn/dc)。因此,由静态光散射法可以检测高聚物的分子量、链形态等。

1) 瑞利因子(R_θ)

瑞利因子是指散射介质的散射光强与入射光强的瑞利比(Rayleigh ratio),它定义为

$$R_\theta = I_\theta r^2 / I_0 \qquad (\text{cm}^{-1}) \tag{3-115}$$

式中:I_0 为入射光光强;I_θ 为散射光强;r 为光源到测量点距离;θ 为散射角。

2) 光学常数(K)

$$K = \frac{4\pi^2 n^2}{N_A \lambda^4} \left(\frac{dn}{dc}\right)^2 \tag{3-116}$$

式中:n 为溶剂折光指数;λ 为入射光波长,nm;N_A 为阿伏伽德罗常量。

3) 粒子散射函数($P(\theta)$)

在既无内干涉又无外干涉的小粒子散射的情况下,每个粒子(分子)是一个散射中心。位于入射光垂直方向两侧的散射光强,具有对称的分布,而且大小相等。然而对于大粒子(直径>$\lambda/20$)溶液,大分子存在多个散射中心。这样,在同一个分子上不同部分的散射光会产生破坏性内干涉,内干涉的程度与干涉光的光程差有关,因此散射光强与 θ 有关。θ 越大,散射光减弱越多,而且使位于入射光方向两侧的散射光强具有明显的不对称分布。分子内干涉取决于散射单元之间的距离及分布,即粒子的尺寸和形态,因此通过光散射测定可以表征高分子的链形态。在 θ 处散射光强因干涉而减弱的因子称为粒子散射因子或散射函数 $P(\theta)$,其表达式为

$$P(\theta) \equiv I_\theta / I_{\theta=0} = 1 - \frac{1}{3}k^2 \langle S^2 \rangle + O(k^2) \tag{3-117}$$

$$k = \frac{4\pi n}{\lambda} \sin \frac{\theta}{2} \tag{3-118}$$

式中:k 为散射矢量。$P(\theta)$ 值与粒子的形状、大小以及光波波长有关,可用统计力学的方法进行计算。当 $k^2 \langle S^2 \rangle < 1$ 时,式(3-117)可以改写为

$$P(\theta)^{-1} = 1 + \frac{1}{3}k^2 \langle S^2 \rangle \tag{3-119}$$

一般地,高分子的链尺寸都大于 $\lambda/20$,因此需要考虑分子内干涉,可采用式(3-120)计算高聚物的重均分子量(M_w)、均方旋转半径($\langle S^2 \rangle$)、第二维利系数(A_2)。

$$\frac{Kc}{R_\theta} = \frac{1}{M_w P(\theta)} + 2A_2 c = \frac{1}{M_w}\left(1 + \frac{1}{3}k^2 \langle S^2 \rangle\right) + 2A_2 c \tag{3-120}$$

根据式(3-120),将高聚物溶液在不同浓度和散射角度的散射光强分别对浓度和角度作图,且外推角度和浓度为零,由直线的共同截距($1/M_w$)和斜率即可得到

M_w、$\langle S^2 \rangle$ 和 A_2。这就是著名的 Zimm 拟合方法。除用 Zimm 拟合方法处理光散射数据外,还可以采用 Debye[104] 或 Berry[105] 等拟合方法处理实验数据。

2. 重均分子量测定

由光散射数据计算 M_w 值一般采用 Zimm 图。图 3.17 示出一种甲壳素(C-6)在 10%(质量分数)NaOH 水溶液中 25℃下的 Zimm 图[106]。由图 3.17 中 $\theta = 0$ 的直线计算出该样品的第二维利系数(A_2)为 1.23×10^{-3} cm³·mol/g²,而由 $c = 0$ 的直线则得到 $\langle S^2 \rangle^{1/2}$ 约为 110 nm,由两条外推线的共同截距求得 M_w 为 1.20×10^6。

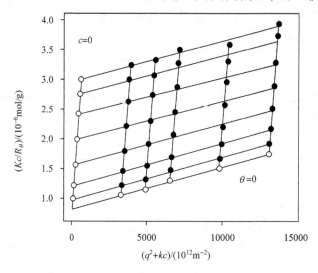

图 3.17　甲壳素(C-6)在 10%(质量分数)NaOH 水溶液中 25℃下的 Zimm 图[106]

3. 链构象参数确定

由静态光散射得到的 M_w 和 $\langle S^2 \rangle$ 可以建立 $\langle S^2 \rangle^{1/2} = K M_w^\alpha$ 关系式,并由指数 α 初步推测链的柔顺性。同时,由 M_w、$\langle S^2 \rangle^{1/2}$ 等数据可以计算链构象参数。图 3.18 示[11]出苗霉聚糖在 0.02%(质量分数)NaN₃ 水溶液中 25 ℃时 $\langle S^2 \rangle^{1/2}$ 与 M_w 的依赖关系,其关系式为:$\langle S^2 \rangle^{1/2} = 1.64 \times 10^{-2} M_w^{0.57}$,表明苗霉聚糖在水中呈柔顺性无规线团链构象。$C_\infty$ 也是描述链构象的参数之一。对于无规线团链多糖而言,其计算公式为

$$C_\infty = \lim_{N \to \infty} \frac{\langle R^2 \rangle_0}{N l^2} = \left(\frac{6 \langle S^2 \rangle_0}{M} \right) \left(\frac{M_0}{l^2} \right) \qquad (3-121)$$

式中:$\langle R^2 \rangle_0$ 为多糖链在无扰状态下的均方末端距;$6\langle S^2 \rangle_0 / M$ 为多糖无扰尺寸,即高分子在 θ 条件下的尺寸;M_0 为糖环的分子量;l 为主链上每个糖环平均长度(苗霉聚糖的 l 为 0.5 nm)。C_∞ 值越小,链柔顺性越好。按特征比的定义式(3-121)求得苗霉聚糖在水中的 $C_\infty = 4.3$。该值很小且低于一般柔顺性高分子在良

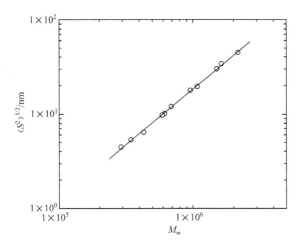

图 3.18 苗霉聚糖在 0.02%（质量分数）NaN₃ 水溶液中 25℃时$\langle S^2 \rangle^{1/2}$-$M_w$ 的关系[11]

溶剂中的值（聚丁二烯 $C_\infty = 5.1$；聚异戊二烯 $C_\infty = 5.3$）。由此证明，苗霉聚糖在水中呈柔顺性无规线团链构象。

图 3.19[33] 示出黄原胶在 0.1 mol/L NaCl 水溶液和镉乙二胺饱和水溶（ca-doxen）中 25℃时$\langle S^2 \rangle^{1/2}$-$M_w$ 的关系。在 0.1 mol/L NaCl 水溶液中，当$M_w < 30 \times 10^4$ 时，直线的斜率为 1.0，表明黄原胶呈棒状链构象；当 M_w 升高，直线斜率有所下降，即链刚性下降；在 cadoxen 溶液中，指数为 0.5～0.59，表明它呈无规线团链构象。另外，通过静态光散射测得的 M_w 和$\langle S^2 \rangle$，按照式（3-39）利用反复尝试法得到构象参数为：$M_L = 1940$ nm^{-1}，$q = 120$ nm，它们符合双螺旋链模型参数，由此表明黄原胶在水溶液中呈现双螺旋链构象。

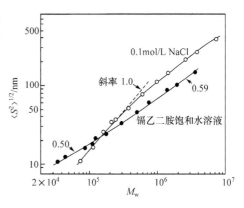

图 3.19 黄原胶在 0.1mol/L NaCl 水溶液和 cadoxen 中 25℃时$\langle S^2 \rangle^{1/2}$-$M_w$ 的关系[33]

静态光散射同时也是研究链构象转变的有效手段。图 3.20[107] 示出三螺旋链裂褶菌葡聚糖在水和二甲亚砜（DMSO）混合溶液中的分子参数随水的重量分数（W_H）的变化曲线。结果表明，在 DMSO 中的 M_w 值仅为水中的 1/3，而且$\langle S^2 \rangle^{1/2}$ 的值也明显下降即链尺寸变小。这些变化反映它在二甲亚砜中由三螺旋链转变为单股无规线团链构象，并且构象转变点在 $W_H = 0.13$ 处。

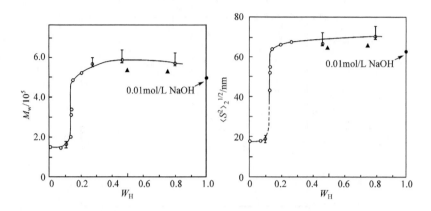

图 3.20　三螺旋链裂褶菌葡聚糖在水和 DMSO 混合溶液中的
分子参数随水的重量分数(W_H)的变化曲线[107]

3.3.2　动态光散射法

1. 基本原理

动态光散射(dynamic light scattering,DLS)是测量散射光强随时间的涨落,故称为"动态"。当一束单色、相干光沿入射方向照射到高分子稀溶液中,该入射光将被溶液中的粒子(包括高分子)向各个方向散射,而且由于粒子的无规则布朗运动,各个方向的散射光在一定距离相互干涉或叠加,导致检测器检测到的散射光强I或频率ω随时间涨落,并产生 Doppler 效应,所以散射光的频率分布比入射光稍宽。但是,加宽的频率($1\times10^5 \sim 1\times10^7\,Hz$)与入射光频率($\sim 1\times10^{15}\,Hz$)相比小得多,因此难以直接测量其频率分布谱。然而,利用计算机和快速光子相关技术并结合数学上的相关函数可以得到频率增宽的信息。如果频谱增宽完全是由平动扩散引起的,那么由此可以测得高分子平动扩散系数及其分布、流体力学半径等参数。这种技术称为动态光散射(光子相关技术),又称为准弹性光散射。图 3.21 示出该

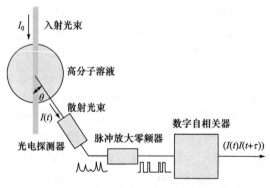

图 3.21　动态光散射测量系统示意图[108]

仪器示意图[108]。

在动态光散射中,光强-光强时间相关函数表示为[109,110]

$$G^{(2)}(\tau,k) = \langle I(\tau,k)I(0,k)\rangle = A(1+\beta|g^{(1)}(\tau,k)|^2) \qquad (3-122)$$

或

$$[G^{(2)}(\tau,k) - A]/A = \beta|g^{(1)}(\tau,k)|^2 \qquad (3-123)$$

式中:τ 为弛豫时间,s;k 为散射矢量;A 为测量基线;β 为仪器的相关因子($0<\beta<1$);$g^{(1)}(\tau,k)$ 为归一化电场时间相关函数,当散射光电场服从 Gaussian 统计规律时,满足 Siggert 方程

$$g^{(2)}(\tau,k) = 1 + |g^{(1)}(\tau,k)|^2 \qquad (3-124)$$

$g^{(2)}(\tau,k)$ 为归一化光强时间自相关函数,可以由实验直接测量,根据式(3-124)则可得到 $g^{(1)}(\tau,k)$。

根据 Wiener-Khinchine 理论,相关函数可以通过数学上的 Fourier 变换与频率谱联系在一起[111]

$$S^{(i)}(k,\omega) = \int_{-\infty}^{\infty} g^{(i)}(\tau,k)\exp(j\omega t)\mathrm{d}t \qquad (i=1 \text{ 或 } 2) \qquad (3-125)$$

由于无规则的布朗运动,粒子向各个方向运动的概率相等,所以散射光频率增宽形成以入射光频率 $\omega_0(2\pi v)$ 为中心的 Lorentz 分布

$$S(\omega) = \frac{2\Gamma}{\Gamma^2 + (\omega-\omega_0)^2} \qquad (3-126)$$

图 3.22 示出散射光频率的 Lorenz 分布。当 $\omega=\omega_0$ 时,$S(\omega)=2/\Gamma$;当 $\omega=\omega_0\pm\Gamma$ 时,$S(\omega)=1/\Gamma$,即当频率偏移 Γ 时,频率谱密度降为峰值的一半,称为半高半峰宽,简称线宽 Γ,量纲为[时间]$^{-1}$。

对于单分散体系,归一化电场时间相关函数 $g^{(1)}(\tau,k)$ 从理论上可以表示为[112]

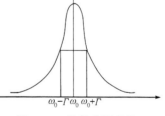

图 3.22　散射光频率的
Lorenz 分布

$$g^{(1)}(\tau,k) = Ge^{-\Gamma\tau} \qquad (3-127)$$

式中:G 为常数。对于多分散体系,归一化电场时间相关函数 $g^{(1)}(\tau,k)$ 包含了所有散射粒子的贡献,其表达式为

$$g^{(1)}(\tau,k) = \int_0^{\infty} G(\Gamma)e^{-\Gamma\tau}\mathrm{d}\Gamma \qquad (3-128)$$

式中:$G(\Gamma)$ 为线宽分布函数。由归一化电场时间相关函数可知 $\tau\to 0$ 时,$g^{(1)}(\tau\to 0,k)=1$,则有以下关系:

$$\int_0^{\infty} G(\Gamma)\mathrm{d}\Gamma = 1 \qquad (3-129)$$

由式(3-128)经 Laplace 变换(Contin 法)可求取被积分函数 $G(\Gamma)$。

如果频谱增宽主要是由平动扩散引起,那么稀溶液中线宽 Γ 与高聚物质量浓

度 c 和散射矢量 k 有如下依赖关系[112]：

$$\Gamma = k^2 D(1 + k_d c)(1 + f\langle S^2\rangle_z k^2 + \cdots) \tag{3-130}$$

式中：D 为平动扩散系数；k_d 为平动扩散第二维利系数；f 为无量纲因子，它与高聚物链结构和溶剂有关；$\langle S^2\rangle_z$ 为高聚物链的 z 均方旋转半径。当 $c\to0,k\to0$ 时，式 (3-127) 可近似表达为

$$g^{(1)}(\tau,k) = G\mathrm{e}^{-k^2 D\tau} \tag{3-131}$$

对多分散体系，G 与 D 有关，可表达如下：

$$g^{(1)}(\tau,k) = \int_0^\infty G(D)\mathrm{e}^{-k^2 D\tau}\mathrm{d}D \tag{3-132}$$

式中：$G(D)$ 为平动扩散系数分布，且满足归一化

$$\int_0^\infty G(D)\mathrm{d}D = 1 \tag{3-133}$$

同样，式 (3-132) 经 Laplace 变换即可得到 $G(D)$。同时，线宽分布函数 $G(\Gamma)$ 通过式 (3-129) 可转变为平动扩散系数分布 $G(D)$。由式 (3-130) 可得

$$\lim_{\substack{c\to0\\k\to0}}(\Gamma/k^2) = \langle D\rangle \tag{3-134}$$

式中：$\langle D\rangle$ 为平均平动扩散系数。由此，通过测量线宽 Γ 的浓度、角度依赖关系，然后外推得到 $c=0,k=0$，即可求得 $\langle D\rangle$。由式 (3-124) 和式 (3-127) 可得

$$g^{(2)}(\tau,k) = 1 + G^2 \mathrm{e}^{-2\Gamma\tau} \tag{3-135}$$

运用 Cumulant 分析法[113]，线宽 Γ 可表达如下：

$$\Gamma = \frac{1}{2}\lim_{\tau\to0}\mathrm{d}(\ln\,[\,g^{(2)}(\tau,k)-1\,]\,)\,/\,\mathrm{d}\tau \tag{3-136}$$

由此，以 $\ln[g^{(2)}(\tau,k)-1]$ 对 τ 作图，由直线的起始斜率可求取线宽 Γ。

平动扩散系数是由动态光散射得到的最简单信息。对于球体分子的平动扩散系数 (D_0) 服从 Stokes-Einstein 方程

$$D_0 = \frac{k_B T}{6\pi\eta_0 R_h} \tag{3-137}$$

式中：k_B 为玻耳兹曼常量；T 为热力学温度；η_0 为溶剂黏度；R_h 为流体力学半径。由此，高分子在稀溶液中的平均流体力学半径 $\langle R_h\rangle$ 可表达为

$$\langle R_h\rangle = \frac{k_B T}{6\pi\eta_0\langle D\rangle} \tag{3-138}$$

同理，由平动扩散系数分布 $G(D)$ 通过式 (3-138) 可以转换为流体力学半径分布 $F(R_h)$。

由动态光散射不仅可以得到线宽分布 $G(\Gamma)$、平动扩散系数分布 $G(D)$、流体力学半径分布 $F(R_h)$、平均平动扩散系数 $\langle D\rangle$ 和平均流体力学半径 $\langle R_h\rangle$，还可以得到分子量分布 $F(M)$ 的信息。对一个多分散体系，假设含有 n 个粒子，当 $c\to0,q\to$

0 时，$G(D_i)$ 可表示为

$$G(D_i) = M_i w_i / \sum_i^n M_i w_i \qquad (3-139)$$

式中：w_i 为 M_i 分子的重量分数。若分子量为连续分布，则可表达为

$$G(D)\mathrm{d}D \propto M F_w(M)\mathrm{d}M \qquad (3-140)$$

所以

$$F_w(M) \propto G(D)/M(\mathrm{d}D/\mathrm{d}M) \qquad (3-141)$$

若已知 D 和 M 的关系如下：

$$D = k_D M^{-\alpha_D} \qquad (3-142)$$

那么，代入式（3-141），得

$$F_w(M) \propto k_D M^{-\alpha_D^{-2}} G(D) \qquad (3-143)$$

式中：k_D 和 α_D 为常数。因此，分子量分布可以由平动扩散系数分布 $G(D)$ 和 k_D 与 α_D 求得。

2. 测定分子量及分布

采用动态光散射可以研究天然高分子的分子量分布及尺寸和形态。图 3.23 示出茯苓 β-(1→3)-D-葡聚糖在二甲亚砜中 25℃时的光强-光强时间相关函数[59]。由 $[G^{(2)}(t)-A]/A$ 按式（3-123）得到 $g^{(1)}(\tau)$。然后，线宽分布 $G(\Gamma)$ 可以通过 Laplace 转换程序 CONTIN 计算得出。由于在所用浓度范围内，$\langle D \rangle$ 几乎与茯苓葡聚糖浓度无关，即式（3-130）中 $(1+K_d c)$ 近似为 1。因此，线宽分布 $G(\Gamma)$ 可以通过 $\Gamma/k^2 = D$ 关系转换为平动扩散系数分布 $G(D)$。图 3.24 示出茯苓 β-(1→3)-D-葡聚糖级分 F_2 在二甲亚砜中 25℃时的 $G(D)$ 分布曲线。通过微分计算得出它的 $\langle D \rangle$ 值为 $14.3 \times 10^{-8} \mathrm{cm}^2/\mathrm{s}$。同时，按照式（3-138）计算出流体力学半径为 7.66 nm。由两个或多个级分的静态和动态光散射得到它的 M_w 和 D 值即可得出 D 和 M 之间的关系，即 $D = 3.6 \times 10^{-4} M^{-0.674}$。由此，将 $G(D)$ 转换成相应微分分子量分布 $F_w(M)$，如图 3.25 所示。

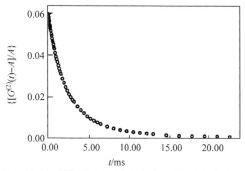

图 3.23　茯苓 β-(1→3)-D-葡聚糖在二甲亚砜中 25℃时的光强-光强时间相关函数

$\theta=15°; c=1.00 \times 10^{-3} \mathrm{g/mL}$[59]

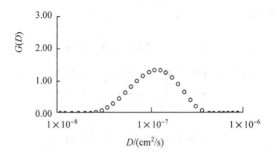

图 3.24 茯苓 β-(1→3)-D-葡聚糖级分 F₂ 在 DMSO 中 25℃时的 $G(D)$分布曲线[59]

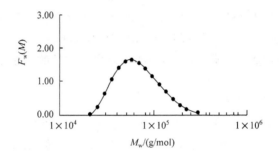

图 3.25 茯苓 β-(1→3)-D-葡聚糖 F₂ 在 DMSO 中 25℃时的分子量分布曲线[59]

3. 聚集行为表征

利用动态光散射测得光强的时间相关函数,可得高聚物的平均流体力学半径及分布。天花粉蛋白(TCS)是从一种葫芦科植物的块根中分离得到的碱性单链蛋白。图 3.26 示[114]出天花粉在纯水中放置不同时间后 R_h 的分布曲线。在 163min,

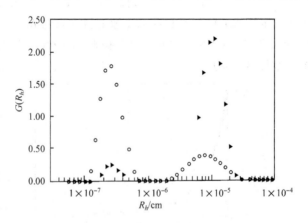

图 3.26 天花粉在纯水中放置不同时间后 R_h 的分布曲线[114]

(○)放置 23 min;(▲)放置 163 min

天花粉"粒子"的平均流体力学半径 R_h 由 3.4 nm 增长到 28.2 nm。即使在刚配得的天花粉溶液中也存在两种不同尺寸的粒子,分别对应天花粉蛋白分子及其集聚体。上述结果表明,天花粉分子在水溶液中极不稳定,随时间的增大,集聚体不断增大,最后发生沉淀。KSCN 的加入能提高天花粉在水溶液中的稳定性。当 KSCN 的浓度大于 0.5 mol/L 时,天花粉溶液透明、稳定。溶液中天花粉以单个分子与聚集体两种形式存在,集聚体主要是由约 120 个天花粉分子组成。

3.3.3　尺寸排除色谱

1. 基本原理

尺寸排除色谱(size exclusion chromatography,SEC)或称凝胶渗透色谱(gel penetration chromatography,GPC)是利用多孔填料柱将溶液中的高分子按尺寸大小分离的一种色谱技术。SEC 仪示意图如图 3.27 所示[103]。该色谱柱分级机理是分子尺寸较大的高分子渗透进入多孔填料孔洞中的概率较小,即保留时间较短而首先被淋洗出;尺寸较小的高分子则容易进入填料孔洞且滞留时间较长从而较后被淋洗出。由此得出高分子尺寸的大小随保留时间(或保留体积 V_R)变化的曲线,即分子量分布的色谱图(图 3.28)。

图 3.28 中的 SEC 谱图等距分割后,对应每个保留体积 $V_{R,i}$(或 $V_{e,i}$)的色谱峰高度即代表该种分子的浓度(由示差折光或紫外检测仪得出)。通过 SEC 谱图的归一化,由式(3-144)求得对应 $V_{R,i}$ 的高聚物级分的重量分数 W_i

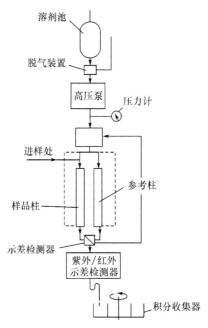

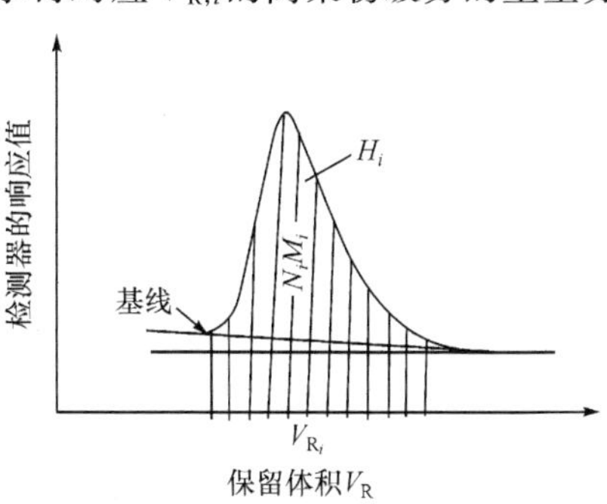

图 3.27　SEC 仪示意图[103]

$$W_i = H_i \bigg/ \sum_{i=1}^{n} H_i \qquad (3-144)$$

式中:H_i 为对应 $V_{R,i}$ 的 SEC 谱峰高度。利用标定曲线或普适标定线将 $V_{R,i}$ 换算成分子量值 M_i,由此可按分子量定义计算出重均分子量 M_w、数均分子量 M_n 以及多分散系数 d,即

$$M_w = \sum_{i=1}^{n} W_i M_i \qquad (3-145)$$

$$M_n = 1 \bigg/ \sum_{i=1}^{n} \frac{W_i}{M_i} \qquad (3-146)$$

图 3.28　SEC 谱图

（图 3.28 纵轴：检测器的响应值；横轴：保留体积 V_R；图中标注：H_i、$N_i M_i$、基线、$V_{R,i}$）

$$d = M_w/M_n \tag{3-147}$$

同时,也可以选择一种能描述 SEC 谱图的函数,按照此函数和分子量定义求取 M_w、M_n 和 d 值。迄今用于处理 SEC 数据的程序已有大量报道,而且商品仪器都有专门的软件收集和处理数据。

为了把保留体积变成相应的分子量,采用苗霉聚糖标样标定 SEC 柱。图 3.29 示出一种用苗霉聚糖标样标定的 SEC 校正曲线[115],由此看出,该 SEC 柱的死体积(排除体积)为 10 mL,渗透极限为 17 mL,即高分子试样的淋出体积处在 10~17 mL 才能用此柱得出有效的 SEC 谱图。此处,试样浓度检测器为示差折光仪;流动相为 0.2 mol/L Na$_2$SO$_4$/0.01 mol/L NaH$_2$PO$_4$-Na$_2$HPO$_4$ 的缓冲溶液(pH=7.03);流速为 1.0 mL/min。由此得到苗霉聚糖标样的校正曲线的方程如下:

$$\lg M = 7.616 - 0.214V_e \tag{3-148}$$

式中:V_e 为流出体积。根据校正方程(3-148)可由多糖试样的 SEC 谱图按方程(3-144)计算出分子量及其分布。

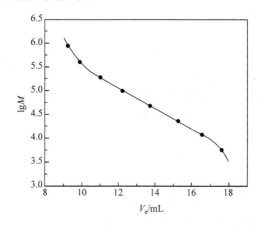

图 3.29　用苗霉聚糖标样标定的 SEC 校正曲线[115]

众所周知,只有很少的高聚物才能制得窄分布的标准样品,如用于有机溶剂相的聚苯乙烯标样和水溶剂体系的苗霉聚糖和聚氧化乙烯标样。不同的高聚物由于分子链形态不同,它们相同分子量的级分流出体积相差很大,导致分子量测量的不可靠。然而已经证明,各种不同的高聚物通过同一根色谱柱所得的 $\lg[\eta]M_\eta$ 与保留体积 V_R 的关系几乎在同一直线上。因此,$[\eta]M_\eta$ 是 SEC 的一个普适标定参数,即两种单分散高聚物在溶液中具有相同的流体力学体积,即

$$[\eta]_1 M_1 = [\eta]_2 M_2 \tag{3-149}$$

如标样 1 和待测样 2 的 Mark-Houwink 方程分别为

$$[\eta]_1 = K_1 M_1^{a_1} \tag{3-150}$$

$$[\eta]_2 = K_2 M_2^{a_2} \tag{3-151}$$

并结合由标样得出的标定线

$$\lg M_1 = A - BV_e \tag{3-152}$$

可得出待测试样 2 的普适校正方程如下：

$$\lg M_2 = [1/(1+\alpha_2)]\lg(K_1/K_2) + [(1+\alpha_1)/(1+\alpha_2)](A - BV_e) \tag{3-153}$$

式中：V_e 为保留体积。通过普适校正将 SEC 谱图的 $V_{e,i}$（或 $V_{R,i}$）换算为对应的分子量 M_i，然后计算可以得到较可靠的 M_w、M_n 及 d 值。但是，应当指出，并不是所有的高聚物都符合普适校正。

尺寸排除色谱法属于分子量测量的相对方法。然而，SEC 仪与光散射仪（light scattering，LS）联用则变为绝对方法，可直接测定分子量及其分布以及均方旋转半径 $\langle S^2 \rangle$，而不需要借助标样作标定曲线或普适校正。其基本原理如下：由示差折光和光散射两个检测器同时检测高聚物，每检测到的一组数据点可视为待测样品的一个级分的浓度和光散射信号。由于注射到 SEC 柱的高聚物溶液浓度较低，并且通过色谱柱时又进一步稀释使其浓度更低，可视作 $c \to 0$。这样就可用检测的散射信号和浓度信号数据按照式（3-120）由 Kc/R_θ 对 $\sin^2(\theta/2)$ 作图求取每一个级分的 $M_{w,i}$ 和 $\langle S^2 \rangle_i$ 值。然后，统计平均计算 M_n、M_w、M_z、$\langle S^2 \rangle^{1/2}$ 和 d。

2. 链构象表征

采用 SEC-LS 联用装置不仅能得到高聚物的分子量（M_z、M_w 和 M_n）及其分布，而且还能在线检测高分子链的形态。这主要是利用 SEC-LS 可在线检测高聚物不同级分的 $M_{w,i}$ 和 $\langle S^2 \rangle_i$，并建立 $\langle S^2 \rangle^{1/2} = K M_w^\alpha$ 关系式，并由式（3-34）计算 q 和 M_L，由此推断高分子的链构象。图 3.30[116] 示出线性菌核多糖和菌核多糖与聚核

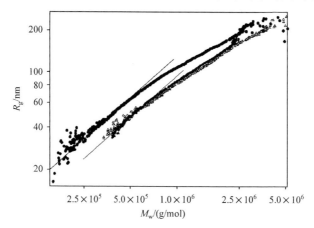

图 3.30　线性菌核多糖和菌核多糖与聚核酸复合物的 R_g 与 M_w 的依赖关系

（●）线性菌核多糖；（△）复合物中聚核酸含量为 0.06 mg/mL；

（■）复合物中聚核酸含量为 0.14 mg/mL[116]

苷酸复合物的均方根旋转半径($\langle S^2 \rangle^{1/2}$，此处标记为$R_g$)与$M_w$的依赖关系。对于分子量小于$4.5 \times 10^5$的菌核多糖，直线的斜率为1。在高于此分子量时，直线的斜率减小。分子量相同但有较小的R_g，表明聚核苷酸与菌核多糖复合物显示出更高密度的结构。此外，在分子量高达6.5×10^5时依然呈现明显的线性关系。利用这些数据及高分子溶液相关理论可以计算出线性菌核多糖及其与聚核苷酸的复合物的单位围长摩尔质量(M_L)分别为$(2045 \pm 80)\,\mathrm{nm}^{-1}$和$(3300 \pm 330)$ nm^{-1}，表明菌核多糖与聚核苷酸的复合物具有比菌核多糖更高的链密度和更刚性的链构象。

　　3. 聚集行为表征

　　采用SEC-LS联用装置可以研究天然高分子在溶液中的聚集行为。气单胞菌胶多糖(Aeromonas gum，简称为 A gum)，是一种由木糖、甘露糖、半乳糖、葡萄糖以及甘露糖醛酸组成的杂多糖。图 3.31[117] 示出不同浓度的气单胞菌胶多糖在0.5 mol/L NaCl溶液中25℃时的SEC谱图。在研究的浓度范围($2.1604 \times 10^{-4} \sim 1.02 \times 10^{-3}$ g/mL)内，谱图都呈现双峰且峰位置保持不变，而聚集体对应的峰面积(位于7.6 mL处)随浓度的增大而增大。图 3.31 中两个峰对应的分子量分别为1.83×10^6 和 9.25×10^4。由此可以计算出气单胞菌胶多糖在此条件下的聚集数为 20。表明该多糖的集聚数基本上不随浓度的增加而变化，但集聚体的量则随浓度的增加而增多。

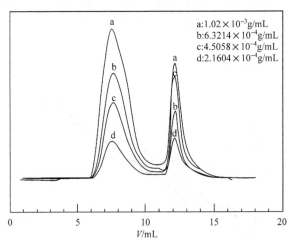

图 3.31　不同浓度的气单胞菌胶多糖在 0.5 mol/L NaCl 溶液中 25℃时的 SEC 谱图[117]

3.3.4　黏度法

1. 基本原理

黏度反映液体流动时分子间的内摩擦力,常用高分子进入溶液后所引起的黏度变化——相对黏度 η_r 来量度,它定义为

$$\eta_r = \eta/\eta_0 \qquad (3-154)$$

式中:η 为高分子溶液的黏度;η_0 为溶剂黏度。按照 Poiseuille 定律,牛顿流体经过毛细管黏度计(图 3.32)流出的黏度 η 可表达如下:

$$\eta = \pi P R^4 t/8 l \bar{V} \qquad (3-155)$$

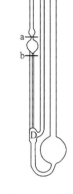

式中:P 为液体本身重力;R 为毛细管半径;l 为长度;t 为溶液通过上端小球和毛细管的时间;$\bar{V}$ 为毛细管上端小球的体积。对于高分子稀溶液,如果溶液与溶剂间的密度差可忽略不计,那么,η_r 可用同一支黏度计测定的溶液流出时间 t 和纯溶剂流出时间 t_0 之比来表示,即

$$\eta_r = t/t_0 \qquad (3-156)$$

高分子溶液黏度大于溶剂黏度的相对增量,即增比黏度(η_{sp})表达如下:

图 3.32　乌式黏度计

$$\eta_{sp} = \eta_r - 1 \qquad (3-157)$$

由不同浓度高分子溶液的比浓增比黏度(η_{sp}/c)和比浓对数黏度($\ln\eta_r/c$)按式(3-158)～式(3-161)作图,并外推到 $c=0$ 求取特性黏数 $[\eta]$

Huggins 式 $\qquad\qquad \eta_{sp}/c = [\eta] + k'[\eta]^2 c \qquad (3-158)$

Kraemer 式 $\qquad\qquad \ln\eta_r/c = [\eta] - \beta[\eta]^2 c \qquad (3-159)$

Shulz-Blaschke 式 $\qquad \eta_{sp}/c = [\eta] + k''[\eta]\eta_{sp} \qquad (3-160)$

程镕时一点法公式 $\qquad [\eta] = \sqrt{2}(\eta_{sp} - \ln\eta_r)^{1/2}/c \qquad (3-161)$

聚电解质溶液的黏度行为不同于一般高聚物稀溶液。尤其,聚电解质在纯水的稀溶液中,其比浓增比黏度(η_{sp}/c)随浓度的降低而急剧增加。因为溶液被稀释时,聚电解质分子上的反离子离解也随之增加,分子上大量离子因带同号电荷而引起静电排斥,致使高分子链扩张,导致黏度大大增加。在这种情况下,可按照下列 Fuoss 经验式作图,并求取 $[\eta]$ 值。

$$(\eta_{sp}/c)^{-1} = ([\eta])^{-1} + B([\eta])^{-1}c^{1/2} \qquad (3-162)$$

然而,一般用加入盐的方法可以抑制或消除聚电解质溶液的静电排斥效应。当外加盐(如 NaCl、KCl、KBr、NaAc)的浓度适当大时(0.1～0.5 mol/L),聚电解质溶液的 η_{sp}/c 对 c 作图可呈现中性高分子溶液的直线关系。图 3.33[118] 示出生漆中一种酸性杂多糖在纯水、0.08 mol/L KCl/0.01 mol/L NaAc 水溶液和 0.4 mol/L KCl/0.05 mol/L NaAc 水溶液中 30℃时 η_{sp}/c-c 的关系。它在纯水中为反常的曲线,其 η_{sp}/c 随浓度的降低而急剧增大。然而,在盐水溶液中显示正常黏度行为,并

且[η]值随盐浓度的增加而降低。

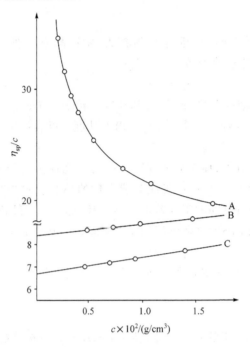

图 3.33　生漆酸性杂多糖在纯水(A)、0.08mol/L KCl/0.01 mol/L NaAc(B)溶液
和 0.4 mol/L KCl/0.05 mol/L mol/L NaAc(C)溶液中 30℃时 η_{sp}/c-c 的关系[118]

2. 制定 Mark-Houwink 方程

如果已知某高聚物溶液的 Mark-Houwink 方程,即[η]＝KM^a,则可用简单、方便、快速的黏度法测定该高聚物的黏均分子量(M_η)。为了建立新高聚物的[η]＝KM^a关系,首先把试样分成 10 个以上分子量分布很窄的级分,然后测定每个级分的 M_w 和特性黏数[η]值。由高聚物在一定溶剂和温度下的[η]值按照已建立的该高聚物 Mark-Houwink 方程,可求出黏均分子量(M_η)。表 3.6 示出几种天然高分子的 Mark-Houwink 方程指数及链构象[11,34,82,119,120~124]。

表 3.6　几种天然高分子的 Mark-Houwink 方程指数及链构象[11,34,82,119,120~124]

天然高分子	溶剂	温度/℃	分子量范围	Mark-Houwink 方程参数		链构象
				K/(mL/g)	α	
茁霉聚糖	0.02%(质量分数) NaN$_3$ 水溶液	25	$4.8\times10^3\sim$ 2.18×10^6	1.97×10^{-2}	0.67	柔顺链
黄原胶	0.1 mol/L NaCl 水溶液	25	$<2.5\times10^5$	—	1.5	双螺旋

| 天然高分子 | 溶剂 | 温度/℃ | 分子量范围 | Mark-Houwink 方程参数 | | 链构象 |
				$K/(\mathrm{mL/g})$	α	
裂裥菌葡聚糖	cadoxen		$<1.5\times10^5$	—	0.87	半刚性
	0.01 mol/L NaOH 水溶液	25	$<5\times10^5$	—	1.8	三螺旋
	DMSO		$<5\times10^5$	—	0.69	柔顺链
香菇 β-(1,3)- D-葡聚糖	0.15 mol/L NaCl 水溶液	25	$<6\times10^5$	2.94×10^{-7}	1.58	三螺旋
			$>6\times10^5$	2.30×10^{-5}	0.69	柔顺链
	DMSO			—	0.54	无规线团
玉米支链淀粉	0.5%(质量分数) LiCl/DMAC		$\sim2.1\times10^7$	1.26×10^{-2}	0.2	球形
玉米直链淀粉	0.5%(质量分数) LiCl/DMAC		$\sim6.2\times10^5$	1.0×10^{-4}	0.7	半刚性
纤维素	cadoxen	25		3.85×10^{-2}	0.76	半刚性
				3.38×10^{-2}	0.77	半刚性
纤维素	铜氨溶液	25		8.5×10^{-3}	0.81	半刚性
纤维素	6%(质量分数)NaOH/4% (质量分数)尿素水溶液	25	$3.2\times10^4\sim$ 1.29×10^5	2.45×10^{-2}	0.815	半刚性
纤维素	4.6%(质量分数)LiOH/15% (质量分数)尿素水溶液	25	$2.7\times10^4\sim$ 4.12×10^5	3.72×10^{-2}	0.77	半刚性

3. 表征分子链构象及转变

采用黏度法和光散射法测定一系列高分子级分的 $[\eta]$ 和 M_{w},则可以按照式 (3-78)～式(3-80)求取大分子在溶液中的构象参数:单位围长(M_{L})和持续长度 (q)。图 3.34 示出黄原胶在 0.1 mol/L NaCl 水溶液中($M_{\mathrm{w}}^2/[\eta]$)$^{1/3}$对 M_{w}^2图(a)和 $[\eta]$-M_{w} 双对数图(b)。由此求得黄原胶的 M_{L}、q 和 d 值分别为 1940 nm^{-1}、100 nm 和 2.2 nm。它们符合双螺旋链模型,表明它是双螺旋链。图 3.35 示出三个不同分子量的黄原胶试样(x9-3、x7-36 和 x10-4)在水和镉乙二胺饱和水溶液 (cadoxen)混合液中 25℃时$[\eta]$值随镉乙二胺饱和水溶液重量分数变化的曲线[34]。由此看出,随镉乙二胺饱和水溶液含量的增加,黄原胶双股链逐渐被解开成单股柔顺链,并且构象转变发生在一个较窄的范围,即镉乙二胺饱和水溶液质量分数为 0.6～0.7附近。

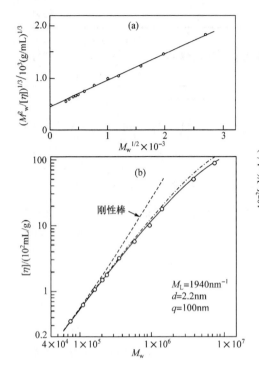

图 3.34　黄原胶在 0.1 mol/L NaCl
水溶液中$(M_w^2/[\eta])^{1/3}$ 对 M_w^2图(a)
和$[\eta]$-M_w 双对数图(b)[34]

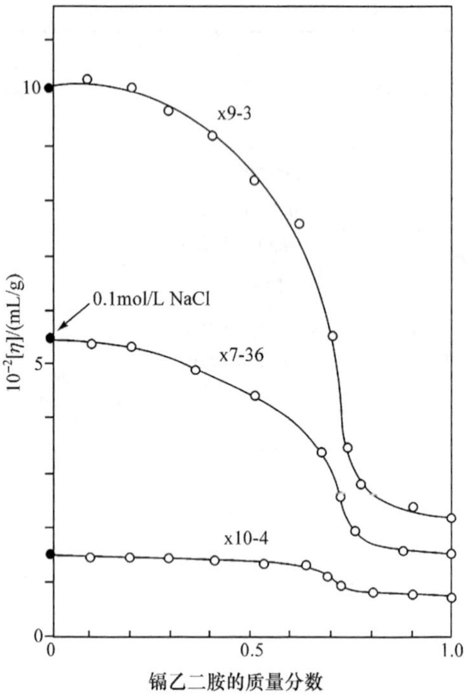

图 3.35　三个不同分子量的黄原胶试样(x9-3、
x7-36 和 x10-4)在水和 cadoxen 混合液中 25℃
时$[\eta]$值随 cadoxen 重量分数变化的曲线[34]

4. 支化因子测定

高聚物的支化分为短链支化和长链支化。一般带支链的高聚物比相同分子量
的线形高分子具有较小的分子体积。因此,常用分子的体积(或分子尺寸)衡量支
化程度。支化因子 G 定义为

$$G = g^{b_\eta} \tag{3-163}$$

$$g = \langle S^2 \rangle_b / \langle S^2 \rangle_l \tag{3-164}$$

$$G = [\eta]_b / [\eta]_l \tag{3-165}$$

式中:$\langle S^2 \rangle_b$ 为支链高分子的均方旋转半径;$\langle S^2 \rangle_l$ 为直链高分子的均方旋转半径;
$[\eta]_b$ 为支链高分子的特性黏数;$[\eta]_l$ 为直链高分子的特性黏数。式(3-163)中指
数 b_η 是一个重要的常数,它与支链的形状、长短以及高聚物分子量有关,而且影响
高聚物流变行为。b_η 值的变化可衡量两个支链点之间长度与支链长度之比的变
化,该比值从零增到很大时,b_η 从 0.5 变到 2.0。一般高度支化的短支链高聚物的
b_η 为 2,而星形和无规支化的 b_η 约为 0.5。黏度法常用于测定支化因子 G。多糖
的支化结构对其功能和生物活性影响很大。牲粉(糖原)由 α-(1→4)-葡萄糖组成,

含 8%(1→6)键接的支链。图 3.36[125]示出这种 α-葡聚糖收缩因子 g'(即支化因子,G)及 g_{A2}(=A_{2b}/A_{2l})与 g 的对数关系。由 $g'=g^{b\eta}$ 关系的指数看出,该牡粉在水和 0.5 mol/L NaOH 中的 b_η 值分别为 2.46 和 2.11,表明它为高度支化结构。

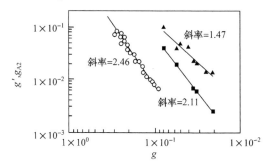

图 3.36　牡粉在溶液中的收缩因子 g' 及 g_{A2}(=A_{2b}/A_{2l})与 g 的对数关系[125]

(▲)g_{A2};(■)0.5 mol/L NaOH 中的 g';(○)水中的 g'

3.3.5　显微技术

1. 透射电子显微镜

透射电子显微镜(transmission electron microscope,TEM)是物理学、生物医学及化学界研究高分子形貌和内部结构的重要仪器之一。其基本原理和方法将在第 4 章详细介绍。它利用透射电子成像可获得高分子链[126,127]高分辨率的超微结构图像。

1) 表征分子量及其分布

应用透射电子显微镜直接观察球形聚合物(如蛋白质)的尺寸,可计算分子量及其分布。分子量越大,观察越容易,测量误差也越小。由 TEM 法测定的分子量 M 按式(3-166)计算

$$M = (1/6)N_A\pi d^3\rho \tag{3-166}$$

式中:N_A 为阿伏伽德罗常量;ρ 为试样的本体密度;d 为球粒直径。由分子尺寸分布可按式(3-145)~式(3-147)计算重均和数均分子量及分散度指数(M_w/M_n)。

2) 观测分子链形态

透射电子显微镜可用于观察高聚物的三维尺寸、大分子单链及其聚集体等,其测量尺寸可达纳米级。裂褶菌葡聚糖在水中具有三螺旋链构象,而加入一定量的 DMSO 后三螺旋链则转变为单链。当在它由单链复性成螺旋链的过程中加入一定量的变性后的聚核苷酸,则得到两股裂褶菌葡聚糖单链与一股聚核苷酸单链形成的三螺旋状复合物[128]。裂褶菌葡聚糖的单链复性成螺旋链是疏水力与氢键共同作用的结果。裂褶菌葡聚糖螺旋链内腔的疏水作用使它能与单壁碳纳米管(SWNTs)复合形成螺旋状复合物[129]。图 3.37 示出高分辨率 TEM 观察的单壁

碳纳米管/裂褶菌葡聚糖复合物的高清晰图像。可以看出,复合物具有极小的纤维
状结构。放大的图像显示两股裂褶菌葡聚糖链缠绕一股单壁碳纳米管形成右旋螺
旋链,其直径为 1.5 nm,螺距 10 nm。此外,图 3.38 示出该螺旋链复合物的三维
TEM 图像,四个图像分别对应 45°、135°、225°和 315°顺时针旋转图 3.37(b)中的
"Y"形链结构。三维 TEM 图中的白色细纤维是单壁碳纳米管,裂褶菌葡聚糖缠绕
着单壁碳纳米管的细纤维,并且从不同的角度都可以观察到这种现象。由此说明,
裂褶菌葡聚糖[β-(1→3)-glucan]不仅可以溶解碳纳米管,还可以在其表面形成新
的超分子结构。

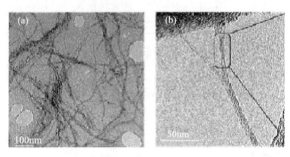

图 3.37　高分辨率 TEM 观察的单壁碳纳米管/裂褶菌葡聚糖复合物的图像
(a)原图像;(b)放大图像[129]

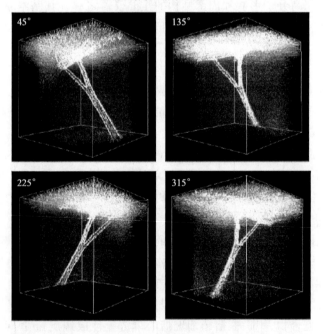

图 3.38　单壁碳纳米管/裂褶菌葡聚糖复合物的三维 TEM 图像
每一个图像对应 45°、135°、225°和 315°顺时针旋转图 3.37(b)中的"Y"形链结构[129]

2. 原子力显微镜

原子力显微镜（AFM）是近十年发展起来的研究生物大分构象的有力工具。它超越了光和电子波长对显微镜分辨率的限制，可在三维立体上观察物质的形貌和尺寸，并能获得探针与样品相互作用的信息。在接近生理环境的条件下，用特殊的原子探针（probe）对蛋白质[130]、DNA[131]和多糖[132]等生物大分子的形态和构象进行直接观察和研究。

1）观测链构象

原子力显微镜可用于精确地观察天然高分子的表面形貌、颗粒三维尺寸、大分子单链及其伸展状态等，其测量尺寸可达纳米级。图 3.39 示出复性的三螺旋香菇 β-(1→3)-D-葡聚糖水溶液在新云母片上干燥后的 AFM 图像。通过统计上百个大分子后得到该三螺旋分子链的平均高度为 (1.12 ± 0.3) nm 接近于 X 射线衍射的结果（1.73 nm）；其分子链围长（L）为 1410 nm，即单位围长摩尔质量（$M_L=M_w/L$）为 2200 nm^{-1}，符合由溶液理论得出的三螺旋链构象参数[133]，由此证明它是一种三螺旋葡聚糖。

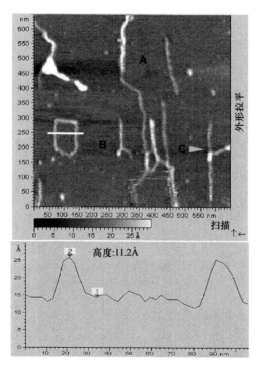

图 3.39　复性的三螺旋香菇 β-(1→3)-D-葡聚糖水溶液在新云母片上干燥后的 AFM 图像[133]

海藻酸（alginic acid，AA）是一种半柔顺性的酸性多糖，易形成凝胶。图 3.40 [134] 示出海藻酸线性分子在 pH=7 时的 AFM 照片。pH=7 时，它以带负电荷的聚电介质的形式存在。在图 3.40 中可以观察到海藻酸的半刚性链,这是由于高分子所带的电荷以及海藻酸链在云母片表面形成大分子网络共同作用的结果。这些因素阻止海藻酸链在云母片表面塌陷,因此可利用 AFM 清楚地观察海藻酸的半刚性链构象。

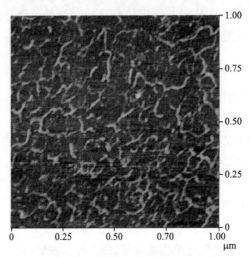

图 3.40　海藻酸线性分子在 pH=7 时的 AFM 照片[134]

2) 链构象转变

图 3.41[116]示出菌核多糖溶液及其与聚核苷酸复合物的 AFM 图像,其中都存在线性链和环状链结构。常温下,聚核苷酸—菌核多糖—菌核多糖间的作用力

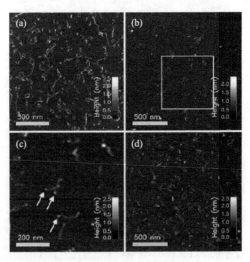

图 3.41　菌核多糖溶液及其与聚核苷酸复合物的 AFM 图像[116]

(a)菌核多糖;(b)菌核多糖与聚核苷酸复合物;(c)B 的局部放大图像;

(d)菌核多糖与聚核苷酸复合物加热至 70℃ 放置 2 h 后的图像

强于菌核多糖—菌核多糖—菌核多糖间的作用力,并且聚核苷酸主要与线性菌核多糖形成线性螺旋链复合物,因此复合物中环状链结构明显减少。升温至 70℃后,部分聚核苷酸链从复合物中解离出来,在菌核多糖恢复成螺旋链的过程中,一部分转变成线性链构象,另一部分转变成环状链构象,从而导致环状链构象增多。同时,也说明复合物的结构不如菌核多糖三螺旋链的结构稳定。后者需要加热至135℃时三螺旋链才被破坏。

3.3.6　旋光及圆二色谱法[135~137]

1. 旋光及旋光光谱

1) 基本原理

高分子具有镜面不对称性或分子中的 D 型或 L 型不对称的结构单元数不同时,则具有光学活性。当一束平面偏振光通过光学活性物质时,由于该物质对左、右圆偏振光的折射率不同,因而透射出平面偏振光的偏振面发生了一定角度的旋转,这种现象称为旋光(optical rotation,OR)。偏振面旋转的角度称为旋光度。

任意波长的平面偏振光通过旋光物质溶液时,其偏振面旋转的角度(α_λ)取决于物质的性质、光程(l)以及旋光物质的浓度(c)。其表达式为

$$\alpha_\lambda = [\alpha_\lambda] l c \tag{3-167}$$

式中:c 为浓度,g/mL;l 为长度,dm;$[\alpha_\lambda]$ 为比旋光度(比旋、旋光率),mL·(°)/(dm·g)。对同一种溶液而言,其旋光率的数值与偏振光的波长、溶剂的性质和溶液的温度有关。若想定量地处理构象与比旋的关系,只用单色光的结果还远远不够,还要引入反映物质色散关系的色散公式。在远离光学活性物质吸收带的波长范围内,旋光率定义为

$$[\alpha] = \sum \frac{k_i \lambda_i^2}{(\lambda^2 - \lambda_i^2)} \tag{3-168}$$

式中:λ_i 为第 i 个吸收带的最高峰波长;k_i 为与旋光强度 R 成比例的常数。在被测材料的光学活性体的吸收关系为 Cotton 效应的理想情况下(Cotton 效应是指在最大吸收处旋光曲线出现反转的情况),有

$$|\lambda_i^2 - \lambda_c^2| \ll |\lambda^2 - \lambda_c^2| \tag{3-169}$$

则式(3-168)可简化成

$$[\alpha]_\lambda = \frac{k}{\lambda^2 - \lambda_c^2} \tag{3-170}$$

式中:k 和 λ_c 为与高分子链构象有关的常数。

2) 表征链构象转变

固定波长和温度条件下,光学活性物质显示的旋光现象代表该物质的特定结构,当这种特定结构产生变化时,其旋光会发生变化,因此可以用旋光来表征构象的转变。图 3.42[138] 示出裂褶菌葡聚糖分别在 25℃和 60℃下的光学旋转($\lambda = 405$

nm)随 pH 变化的关系。在 25℃下,pH<11 时,光学旋转几乎不发生变化,从 pH=11处开始,光学旋转值随 pH 的增大而逐渐增大,至 pH=12.5 时达到最大值,随后迅速下降至负值。在 pH=13.5 时再次增加。在 60℃的情况下,pH 为 12.5 时几乎没有出现光学旋转的最大值,但同 25℃相似的是,当 pH=13 时可以明显地观测到光学旋转值迅速下降。光学旋转在到达最大值后迅速下降是因为螺旋链在高的 pH 时发生解旋。这表明,在 25℃和 60℃下,pH 等于 13 时裂褶菌葡聚糖在水溶液中发生螺旋链的解旋。

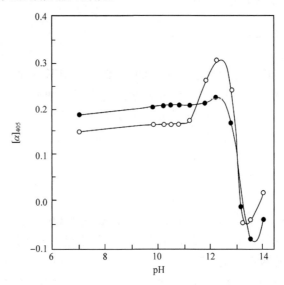

图 3.42　裂褶菌葡聚糖分别在 25℃(○)和 60℃(●)下的光学旋转
(λ=405 nm)随 pH 变化的关系[138]

2. 圆二色性及圆二色光谱

1) 基本原理

当振幅相等、频率相同的两束左、右圆偏振光通过光学活性介质时,若光学活性物质含有生色团,则对左、右圆偏振光的吸收能力也不同。由此导致透射后的两束圆偏振光的振幅减小程度不同,造成通过的左、右圆偏振光不仅速度不同,而且振幅也不一样。因此,叠加产生的偏振光将不再是平面偏振光,而是椭圆偏振光,这种光学效应称为圆二色性。圆二色性形成椭圆的长轴是 $|E_l+E_d|$,而短轴是 $|E_l-E_d|$,椭圆率(θ)定义为

$$\theta = \arctan \frac{短轴}{长轴} \tag{3-171}$$

根据 Lambert-Beer 定律可以证明其椭圆率可近似为

$$\theta = 0.576lc(\varepsilon_l - \varepsilon_d) = 0.576lc\Delta\varepsilon \tag{3-172}$$

式中:ε_l 为旋光物质对左圆偏振光的消光系数;ε_d 为旋光物质对右圆偏振光的消光系数。与旋光光谱一样,通过记录不同波长处所对应的椭圆率 θ 或 $\Delta\varepsilon$ 值,可得 θ (或 $\Delta\varepsilon$)-λ 曲线。以椭圆率 θ 或摩尔消光系数差 $\Delta\varepsilon$ 为纵坐标,波长 λ(nm)为横坐标,所得的曲线称为圆二色曲线或圆二色谱(circular dichroism,CD)。

通过真空 CD 仪记录 200 nm 波长以下的圆二色谱,称为真空圆二色谱(vaccum CD)。200 nm 波长以上的圆二色谱,称为诱导圆二色谱(induced CD),这种 CD 主要适用于含有 π 电子功能基的糖类(本身具有或通过衍生化获得的)。由于手性分子与溶剂之间的相互作用的强弱不同,不同的溶剂中会产生不同甚至是相反的 CD。因此,若在溶液状态下测定,其溶剂的选择非常关键,主要考虑在待测波长范围内,溶剂应该具有良好的透明度[139~141]。

2) 链构象及转变表征

用真空紫外圆二色谱(vacuum ultraviolet circular dichroism,VUV-CD)研究天然高分子的二级结构比通常的圆二色谱更灵敏和可靠。同步辐射光可提供很强的紫外连续光谱,用同步辐射光代替氙灯作圆二色谱仪的光源,使真空紫外圆二色谱的测定既灵敏又准确。蜘蛛丝的形成是一个复杂的过程,需要研究它在形成前及形成过程中的构象、稳定性以及蜘蛛丝的拉伸行为。图 3.43[142] 示出利用同步辐射真空紫外圆二色谱仪研究蜘蛛丝蛋白在不同温度下放置不同时间的圆二色谱,波长低至 180 nm。在波长为 196 nm 处的负峰对应 β 折叠链,而在 185nm 处的负峰对应无规卷曲的蛋白质链。结果表明,随着存放时间的延长,无规卷曲的蛋白质链逐渐向 β-折叠链转变;随着温度的增加,这种构象转变得更明显。疏水作用和分子间的氢键作用是导致这种转变的重要因素。正是这种强烈的驱动力使得

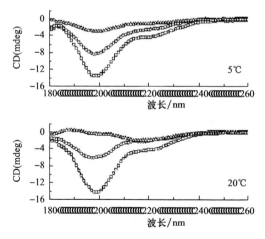

图 3.43 蜘蛛丝蛋白在不同温度下放置不同时间的真空紫外圆二色谱[142]

(□)放置 0 天;(○)放置 1 天后;(△)放置 2 天后

丝蛋白在由液体向固体转变的过程中不停地由无规卷曲链向 β-折叠链转变。此外,CD法在溶液状态下测定较接近其生理状态。所以,它是目前研究蛋白质二级结构的主要手段之一。对于研究核酸和多糖的链构象,尤其是研究在不同条件下构象的转变,圆二色谱法也是一种很有用的工具。

3.3.7　核磁共振波谱

1. 原理和方法

核磁共振(NMR)波谱是一种分析高聚物的微观化学结构、构象和弛豫现象的有效手段。原子核在外加恒定磁场中能级会发生裂分,若以某特定频率的射频脉冲激发该自旋系统,则原子核的自旋态会从低能态跃迁到高能态,该频率必须等于相邻能级间的跃迁频率;然后由于弛豫作用,高能态返回低能态并释放能量,该过程称为核磁共振。产生核磁共振的首要条件是核自旋时要有磁矩产生,即只有当核的自旋量子数 I 不等于 0 时核自旋才能具有一定的角动量,产生磁矩。样品置于静磁场时,系统的核自旋从无序向有序过渡,表现为沿静磁场方向上的宏观磁场强度。核自旋系统受到如射频场的外界作用时,磁化强度会偏离平衡位置,在外界停止作用后自旋系统从不平衡状态恢复到平衡状态,这个过程称为弛豫过程。弛豫过程的能量交换不是通过粒子之间的相互碰撞来完成的,而是通过在电磁场中发生共振来完成的。弛豫过程分为自旋-晶格弛豫(spin-lattice relaxation)和自旋-自旋弛豫(spin-spin relaxation)两类。高能态的磁核把能量传给周围介质而返回到低能态的过程称为自旋-晶格弛豫,也称为纵向弛豫。在该过程中,随着高能态核数目的减少,全部核的总势能将以指数形式降低。磁核从激发态通过弛豫恢复到平衡态的速率大小,即弛豫效率的高低可用弛豫过程的半衰期来表示,半衰期越短则弛豫效率越高。自旋-晶格弛豫的半衰期用自旋-晶格弛豫时间 T_1 表示,它取决于核在不同能级的分布。

自旋-自旋弛豫,也称为横向弛豫,是指高能态磁核将能量传递给邻近的低能态同类磁核的过程。整个过程体系的总能量不改变,也不发生能级的跃迁,但是体系总的无序程度增加,即热焓不变而熵增大。自旋-自旋弛豫用自旋-自旋弛豫时间 T_2 表示,T_2 与谱线宽度成反比。影响 T_2 的因素很多,如分子翻滚速率、溶液黏度、分子内部运动性等,一般分子量较大的高聚物的谱线较宽。弛豫时间与核的化学环境、样品所处的状态和温度等因素有关。高聚物研究中常使用 T_1、T_2 和旋转坐标系中自旋-晶格弛豫时间 $T_{1\rho}$,通常 T_2 总是小于或等于 T_1。这三种弛豫时间可以用于研究不同频率的分子运动:T_1 主要反映频率为几十兆赫到几百兆赫的运动;$T_{1\rho}$ 则反映频率为几十千赫的运动;T_2 则与低频的分子运动相关。

化学位移(chemical shift)是核磁共振中最基本的参数,能够反映磁核在分子中所处的化学环境。化学位移通常用无量纲的 δ 表示,定义为

$$\delta = \frac{\nu_S - \nu_R}{\nu} \times 10^6 (\text{ppm}) \tag{3-173}$$

式中:ν_S,ν_R 分别为样品和标准物磁核的共振频率,通常采用的标准物质是四甲基硅烷(TMS)。测试时可采用内标法,即将标准物与样品混合测试以抵消由溶剂等测试环境引起的误差。化学位移的大小与核的磁屏蔽影响直接相关,核的磁屏蔽减小将导致化学位移的增加即向低场移动。

核自旋彼此作用引起核磁共振谱线分裂称为自旋偶合(spin coupling),谱线分裂的数目为 $2nI+1$(I 和 n 分别为邻近核的自旋量子数和数目)。谱线分裂的裂矩 J 称为偶合常数(coupling constant,单位为 Hz 或 ppm),一般用 $^nJ_{A-B}$ 表示,其中 A 和 B 为彼此相互偶合的核,n 为 A 与 B 之间相隔化学键的数目。影响偶合常数的主要因素是原子核的磁性和分子结构。偶合常数特别能够反映有关立体化学的信息,如 1→3 键接 α 和 β 构型葡聚糖的 $J_{C1-C3'}$ 分别为 1～2 ppm 和 5～7 ppm。核磁共振的信号强度(signal intensity)正比于谱峰的面积,因此核磁共振谱图可用积分线高度反映信号强度。各信号峰的强度之比对应于磁核的数目之比,可用于确定分子的最简式甚至是分子式,也是定量分析高聚物组成、取代度、支化度以及研究高聚物动态变化的基础。^{13}C 核的定量分析需要反门控去偶以消除核之间的核 Overhauser 效应(NOE)。2D NMR 谱的分类及其用途见表 3.7[143]。J 分辨谱

表 3.7　各种二维 NMR 实验的信息[143]

2D NMR		交叉峰来源	坐标		应用
			F_1	F_2	
J 分辨谱	同核 J 谱	标量偶合	J_{H-H}	$\delta(H)$	自旋-自旋偶合
	异核 J 谱		J_{X-H}	$\delta(X)$	
化学位移相关谱	同核相关　COSY	标量偶合	$\delta(H)$	$\delta(H)$	^{1}H 谱解析
	TOCSY		$\delta(H)$	$\delta(H)$	
	SECSY		$\Delta\delta(H)$	$\delta(H)$	C-C 连接
	异核相关　HMQC		$\delta(X)$	$\delta(H)$	^{1}H 和 ^{13}C 谱解析
	HMBC		$\delta(X)$	$\delta(H)$	^{1}H-^{13}C 远程偶合
交换谱	NOESY/ROESY	NOE	$\delta(H)$	$\delta(H)$	空间关系
	自旋扩散谱		$\delta(X)$	$\delta(X)$	分子扩散

注:COSY(correlation spectroscopy)为同核化学位移相关谱;TOCSY(total correlation spectroscopy)为全相关;SECSY(spin echo correlation spectroscopy)为旋回波相关谱;HMQC(heteronuclear multiple quantum coherence)为异核多量子相关;HMBC(heteronuclear multiple bond correlation)为异核多键远程相关;NOESY(nuclear overhauser effect spectroscopy)为 NOE 相关谱;ROESY(rotating frame overhauser effect spectroscopy)为旋转坐标系的 NOE 相关谱。

(J resolved spectroscopy)由包含偶合信息的轴 F_1 和包含化学位移信息的轴 F_2 组成,可以把化学位移和自旋偶合的作用分辨开。化学位移相关谱的两个频率轴都包含化学位移的信息,主要反映核之间的相互作用。二维谱反映由于化学位移、构象和分子运动所引起磁化矢量交换的信息。二维谱的通常表达形式分为堆积图和等高线图两种。等高线图平面上的峰可分为两类:第一类是表示化学位移对角线峰(diagonal peak),任何形式二维谱的对角线峰都代表常规的一维谱;第二类不在对角线上,成为交叉峰(cross peak),反映了核磁矩之间的相互作用。

2. 高分子链构象

NMR 波谱是研究高聚物链构象转变的技术之一。图 3.44 示出从香菇中分离出的一种 β-(1→3)-D-葡聚糖在水溶液和水/二甲亚砜(DMSO)混合液中的[13]C NMR 谱。图 3.44 的变化可以说明这种葡聚糖发生了三螺旋-无规线团构象转变[144]。如图 3.44 所示,主链葡萄糖单元上的 C-3 峰强度随着 DMSO 的质量分数(w_{DMSO})的降低而减弱,同时侧链葡萄糖单元上的 C-3′峰强度却增强。C-6 的强度随着 w_{DMSO} 的降低而增加,且向低场位移。这些结果表明,w_{DMSO} 较低时,香菇多糖为三螺旋构象,由于其主链被分子内氢键固定,引起 C-3 信号削弱。当 w_{DMSO} 处于 0.80~0.85 时,C-6 呈现不对称的宽峰,表明三螺旋与单股柔顺链构象共存。更有趣的是,侧基取代的 C-6s 峰随 DMSO 的降低而增强,并且 C-6s 与 C-6 峰面积的比值从 0.64(DMSO)增加到 2.10(w_{DMSO}=0.3)。通常多糖在良溶剂中的这个比值是不变的,它反映侧基占的物质的量比[该葡萄糖主链上每 5 个葡萄糖单元含 2 个(1→6)键接的葡萄糖基,即上述比值应当为 0.64]。由此表明,在水溶液中(w_{DMSO}=0.3),β-(1→3)-糖苷键连接的主链被分子内和分子间氢键固定(它们分别维持链的螺旋状和三股链束缚),而引起 C-3 和 C-1 信号减弱或消失,而侧基上的 C-3′及取代的 C-6s 则变得相对自由,从而使信号明显增强。图 3.45 示出该葡聚糖在水中由三螺旋链组成的圆筒状模型和在 DMSO 中的无规线团模型。它描述三螺旋主链为芯而侧基为相对自由的筒套,由此表明该三螺旋构象主要取决于主链。该葡聚糖在 DMSO 中为自由链,因而显示出一般 β-(1→3)-D-葡聚糖的[13]C NMR 特征谱图。

3. 多维核磁技术表征天然高分子链构象

高分辨率 NMR 技术可用于研究溶液中蛋白质和多肽的构象,主要采用多维技术和同位素交换法[145]。多维 NMR 法是研究多肽和蛋白质溶液构象的有效方法,其中以基于核的 Overhauser 效应的方法为最宜。核的 Overhauser 效应源于空间相近的两自旋核间偶极-偶极的相互作用,是通过交叉弛豫磁化转移产生的。对于蛋白质分子,骨架质子($C_\alpha H$,NH)间距离以及它们与支链质子(包括 $C_\beta H$ 等)间距离与蛋白质二级结构密切相关,因此可以由核的 Overhauser 效应相关谱

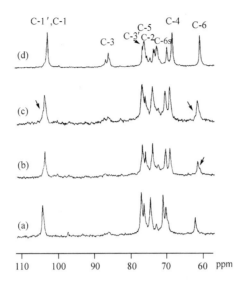

图 3.44　香菇 β-(1→3)-D-葡聚糖在水/DMSO 混合液中的^{13}C NMR 谱[144]

w_{DMSO} 为 0.30(a)、0.80(b)、0.85(c)以及 DMSO(d)

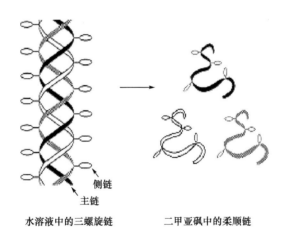

水溶液中的三螺旋链　　　　　　　　二甲亚砜中的柔顺链

图 3.45　香菇葡聚糖在水和 DMSO 中的构象转变[144]

(NOESY)确定质子间空间距离,进而确定蛋白质二级结构。1983 年,Kabsch 和 Sander 通过研究 19 个蛋白质的 3227 个残基,总结出由 1H-1H 距离确定蛋白质二级结构的方法(该距离可通过 NOE 交叉峰的强度与质子距离的关系来判定),并且就不同距离范围内的各质子间距离对各种二级结构的识别程度进行了归纳。由此可以利用质子间距离判断蛋白质构象。如果某蛋白的第 i 个残基的 α-H 与第 $i+1$ 个残基的 NH 之间距离小于 0.3nm,很有可能该蛋白为 β-折叠或完全松散肽链,结合其他的判定方法可进一步确定其构象;如果某蛋白的第 i 个残基的 NH 与

第 $i+2$ 个残基的 NH 之间距离处于 $0.36\sim0.44$nm,则很可能为 α-螺旋;同样,结合其他方法可确定该蛋白的构象。3D NMR 是在 2D NMR 基础上,通过基因表达或多肽合成的方法,在多肽和蛋白质肽链上引进其他 NMR 核素,如 ^{13}C,^{15}N,利用脉冲序列建立异核相关,像 $^{13}C-^1H$ 和 $^{15}N-^1H$,为解析分子量大的蛋白质提供了更多的信息。

　　瑞士 Kurt Wüthrich 把核磁共振分析方法应用到生物大分子(蛋白质和核酸)的结构研究中,建立了一套完整的确定生物大分子空间结构的方法。利用 NMR 研究蛋白质结构可以在溶液中进行,得到的是蛋白质分子在溶液中的结构,这更接近于蛋白质在生物细胞中的自然状态。此外,通过改变溶液的性质,还可以模拟出生物细胞内的各种生理条件,以观察这些周围环境的变化对蛋白质分子空间结构的影响。因此,NMR 方法为蛋白质与蛋白质、蛋白质与底物或小分子的相互作用提供了一个有效的观察手段[146]。他创建的方法是对水溶液中的蛋白质测定一系列不同的二维核磁共振图谱,然后根据已确定的蛋白质分子的一级结构,通过对各种二维核磁共振图谱的比较和解析,在图谱上找到各个序列号氨基酸上的各种氢原子所对应的峰。由此可以根据这些峰在核磁共振谱图上所呈现的相互之间的关系得到它们所对应的氢原子之间的距离。正是因为蛋白质分子具有空间结构,在序列上相差很远的两个氨基酸有可能在空间距离上是很近的,它们所含的氢原子所对应的 NMR 峰之间就会有相关信号出现。图 3.46 示出[147]蛋白质 BUSI IIA 的二维 $^1H-^1H$ 核 Overhauser 效应相关谱。通常,如果两个氢原子之间距离小于 0.5nm 的话,它们之间就会有相关信号出现。一个由几十个氨基酸残基组成的蛋白质分子可以得到几百个甚至几千个这样与距离有关的信号,按照信号的强弱把

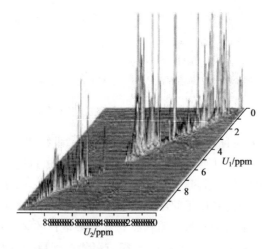

图 3.46　蛋白质 BUSI IIA 的二维 H^1-H1 核 Overhauser 效应相关谱[147]

它们转换成对应的氢原子之间的距离,然后运用计算机程序根据所得到的距离条件模拟出该蛋白质分子的空间结构。该结构既要满足从核磁共振图谱上得到的所有距离条件,还要满足化学上有关原子与原子结合的一些基本限制条件,如原子间的化学键长、键角和原子半径等。图 3.47 示[147]出利用二维¹H核磁实验得到的蛋白质 BPTI 的完整序列细节共振排列。

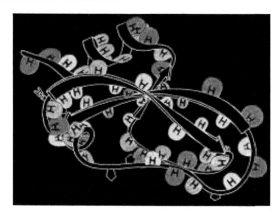

图 3.47   二维¹H核磁实验得到的蛋白质 BPTI 的完整序列细节共振排列[147]

参 考 文 献

1 Burchard W. Advances in Polym Sci,1999,143:113~194

2 何曼君,陈维孝,董西侠.高分子物理(修订版).上海:复旦大学出版社,1998

3 Gao S,Zhang L. Macromolecules,2001,34:2202~2207

4 Lu Y,Zhang L,Zhang X,Zhou Y. Polymer,2003,44:6689~6696

5 Zhang M,Zhang L,Cheung Peter C K. Biopolymers,2003,68:150~159

6 Kajiwara K,Burchard W. Macromolecules,1984,17:2669~2673

7 Konishi T,Yoshizaki T,Yamakawa H. Macromolecules,1991,24:5614~5622

8 Yamakawa H. Helical Wormlike Chains in Polymer Solutions. Berlin,Heidelberg,New York,Barcelona, Budapest,Hong Kong,London,Milan,Paris,Santa Clara,Singapur,Tokyo:Springer,1997

9 Takashek T A,Brant D A. Carbohydr Res,1987,160:303~316

10 Morris E R,Rees D A,Thom D,Welsh E J. J. Supermol. Structure,1977,6:259~274

11 Kato T,Okamoto T,Tokuya T,Takahashi A. Biopolymers,1982,21:1623~1633

12 Kato T,Tokuya T,Takahashi A. J Chromatogr,1983,256:61~69

13 Senti F,Hellman N,Ludwig N,Babcock G,Tokin R,Glass C,Lamberts B. J Polym Sci,1955,17:527~546

14 Van Cleve J W,Schaefer W C,Rist C. J Am Chem Soc,1956,78:4435~4438

15 Basedow A M,Ebert K H. J Polym Sci,Polym Symp,1979,66:101~105

16 Zhang L,Zhang M,Dong J,Guo J,Song Y,Peter C. K. Cheung,Biopolymers,2001,59:457~464

17 Oshima R,Kumanotani J. Carbohydr Res,1984,127:43~57

18 Zhang M,Zhang L,Wang Y,Ruan D,Peter C,Cheung K. Carbohydr Res,2003,338:2863~2870

19 Zhang L,Yang L. Biopolymers,1995,36:695~700

20 Zhang L,Yang L,Ding Q,Chen X. Carbohydr Res,1995,270,1~10

21 Zhang L,Yang L,Chen J. Carbohydr Res,1995,276,443~447

22 Yamakawa H,Fujii M. Macromolecules,1974,7:128~135

23 Godfrey J E,Eisenberg H. Biophys Chem,1976,5:301~318

24 Record Jr M T,Woodbury C P,Inman R B. Biopolymers,1975,14:393~408

25 Morris E R,Rees D A,Young G,Walkinshaw M D,Darke A D. J Mol Biol,1977,110:1~16

26 Rees D A. Pure Appl Chem,1981,53:1~14

27 Holzwarth G. Biochemistry,1976,15:4333~4339

28 Dea I C M,Morris E R,Rees D A,Welsh E J,Barnes H A,Price J. Carbohydr Res,1977,57:249~272

29 Chen C S H,Sheppard E W. J Macromol Sci-Chem,1979,A13:239~259

30 Chen C S H,Sheppard E W. Polym Eng Sci,1980,20:512~516

31 Holzwarth G. Carbohydr Res,1978,66:173~186

32 Paradossi G,Brant D A. Macromolecules,1982,15:874~879

33 Sato T,Norisuye T,Fujita H. Macromolecules,1984,17:2696~2700

34 Sato T,Norisuye T,Fujita H. Polym J,1984,16(4):341~350

35 Sato T,Kojima S,Norisuye T,Fujita H. Polym J,1984,16(5):423~429

36 Kido S,Nakanishi T,Norisuye T,Kaneda I,Yanaki T. Biomacromolecules,2001,2(3):952~927

37 Fujime S,Chen F C,Chu B. Biopolymers,1977,16:945~963

38 Yanaki T,Norisuye T,Fujita H. Macromolecules,1980,13:1462~1466

39 Sato T,Norisuye T,Fujita H. Carbohydr Res,1981,95:195~204

40 Itou T,Teramoto A. Macromolecules,1986,19:1234~1240

41 Tabata T,Ito W,Kojima T,Kawabata S,Misaki A. Carbohydr Res,1981,89:121~123

42 Yanaki T,Kojima T,Norisuye T. Polym J,1981,13:1135~1143

43 Yanaki T,Norisuye T. Polym J,1983,15:389~396

44 Bluhm T L,Sarko A. Can J Chem,1977,55:293

45 Saito H,Ohki T,Takasuka N,Sasaki T. Carbohydr Res,1977,58:293~305

46 Saito H,Ohki T,Sasaki T. Carbohydr Res,1979,74:227~240

47 Saito H,Tabeta R,Yashioka Y,Hara C,Kiho T,Ukai S. Bull Chem Soc Jpn,1987,60:4267~4272

48 Saito H,Yoshioka Y,Yokoi M,Yamada J. Biopolymers,1990,29:1689~1698

49 Bluhm T L,Deslandes Y,Marchessault R H,Perez S,Rinaudo M. Carbohydr Res,1982,100:117~130

50 Okuyama K,Arnott S,Moorhouse R,Walkinshaw M D,Atkins E D T,Wolfullish C. Fiber Diffraction
    Methods,1980. French A D and Gardener K H Eds. ACS Symp Ser Am Chem Soc,Washington,141:411

51 Saito T,Iso N,Mizuno H,Onda N,Yamato H,Ondashima H. Biopolymers,1982,21:715~728

52 Zhang L,Zhang X,Zhou Q,Zhang P,Zhang M. Li X. Polym J,2001,33:317~321

53 Hunt M L,Newman S,Scheraga H A,Flory P J. J Phys Chem, 1956,60:1278~1290

54 Cleland R L. Biopolymers,1984,23:647~666

55 Norisuye T. Macromol Symp,1995,99:31~42

56 Ding Q,Zhang L,Wu C. J Polym Sci,Part B:Polym Phys,1999,37:3201~3207

57 Chen L Y,Du Y M,Tian Z G. J Polym Sci,Part B:Polym Phys,2005,43:296~305

58　Zhang L,Ding Q,Zhang P,Zhu R,Zhou Y. Carbohydr Res,1997,303:193~197

59　Ding Q,Jiang S,Zhang L,Wu C. Carbohydr Res,1998,308:339~343

60　Zhang L,Ding Q,Meng D,Ren L,Yang G,Liu Y. J Chromatog A,1999,839:49~55

61　Kratky O,Porod G. Rec Trav Chim,1949,68:1106~1122

62　Harris R A,Hearst J E. J Chem Phys,1966,44:2595~2602

63　Tagami Y. Macromolecules,1969,2:8~13

64　Sanchez I C,Von Frankenberg C. Macromolecules,1969,2:666~671

65　Bugl P,Fujita S. J Chem Phys,1969,50:3137~3142

66　Freed K F. J Chem Phys,1971,54:1453~1463

67　Fixman M,Kovac J. J Chem Phys,1973,58:1564~1568

68　Benmouna M,Akcasu A Z,Daoud M. Macromolecules,1980,13:1703~1712

69　Mansfield M L. Macromolecules,1986,19:854~859

70　Landau L D,Lifshitz E M. Statistical Physics,Addison-Wesley,Reading,MA,1985

71　Daniels H E. Prog R Soc,(Edinburgh)1952,A63:290

72　Hermans J J,Ullman R. Physica,1952,18:951~957

73　Benoit H,Doty P. J Phys Chem,1953,57:958~963

74　Saito N,Takahashi K,Yunoki Y. J Phys Soc Jap,1967,22:219~226

75　Yamakawa H,Fujii M. J Chem Phys,1976,64:5222~5228

76　Yamakawa H. Macromolecules,1977,10:692~696

77　Yamakawa H,Shimada J. J Chem Phys,1978,68:4722~4729

78　Yamakawa H. Ann Rev Phys Chem,1984,35:23~47

79　Yamakawa H. In:Nagasawa M. Molecular Conformation and Dynamics of Macromolecules in Condensed Systems. Amsterdam:Elsevier,1988. 21

80　Yamakawa H. In:Saegusa T,Higashimura A Abe. Frontiers of Macromolecular Science. Blackwell, 1989

81　Sakurai K,Ochi K,Norisuye T,Fujita H. Polym J,1984,16:559~567

82　Kashiwagi Y,Norisuye T,Fujita H. Macromolecules,1981,14:1220~1225

83　Yamakawa H. Modern theory of polymer solutions. New York:Harper and Row,1971

84　Norisuye T,Fujita H. Ploym J,1982,14:143~147

85　Kirkwood J G,Riseman J. J Chem Phys,1948,16:565~573

86　Teraoka I. Polymer solutions. New York:John Wiley & Sons Inc,2002

87　Bohdanecky M. Macromolecules,1983,16:1483~1492

88　Yamakawa H,Yoshizaki T. Macromolecules,1980,13:633~643

89　Hirao T,Teramoto A,Sato T,Norisuye T,Masuda T,Higashimura T. Polym J,1991,23:925~932

90　Burchard W,Br. Polym J,1971,3:214~221

91　Helminiak T E,Berry G C. J Polym Sci,Polym Symp,1978,65:107~123

92　Suzuli H,Muraoka Y,Saito M,Kamide K. Eur Polym J,1982,18:831~837

93　Flory P J. J Chem Phys,1949,17:303~310

94　Domb C,Barrett A J. Polymer,1976,17:179~184

95　Barrett A J. Macromolecules,1984,17:1566~1572

96　Yamakawa H,Fujii M. Macromolecules,1973,6:407~415

97　Motowoka M,Norisuye T,Fujita H. Polym J,1977,9:613~624

98　Motowoka M,Fujita H,Norisuye T. Polym J,1978,10:331~339

99　Lax M,Barrett A J,Domb C. J Phys A:Math Gen,1978,11:361~374

100　Chen J,Zhang L,Nakamura Y,Norisuye T. Polym Bull,1998,41:471~478

101　Norisuye T,Tsoboi A,Teramoto A. Polym J,1996,28:357~361

102　Xu X,Zhang L,Nakamura Y,Norisuye T. Polym Bull,2002,48:491~498

103　Rabek J F. Experimental Methods in Polymer Chemistry:Physical Principles and Applications. America:John Wiley & Sons,1980

104　Debye,P J. J Phys Colloid Chem,1947,51:18~32

105　Berry G C. J Chem Phys,1966,44:4550~4564

106　Einbu A,Naess N N,Vårum K. Biomacromolecules,2004,5:2048~2054

107　Sato T,Norisuye T,Fujita H. Macromolecules,1983,16:185~189

108　Teraoka I. Polymer Solutions:An Introduction to Physical Properties. San Diego:John Wiley & Sons,2002. 169

109　Chu B. Laser Light Scattering. San Diego:Academic Press,1991

110　Berne B J,Pecora R. Dynamic Light Scattering. America:Plenum Press,1976

111　Pecora R. Dynamic Light Scattering. America:Plenum Press,1985

112　Wu C. Adv Polym Sci,1998,137:104~134

113　Ohshima A,Yamagata A,Sato T. Macromolecules,1999,32:8645~8654

114　吴佩强,马星奇,吴奇. 物理化学学报,1995,11:331~336

115　Zhang L,Zhou J,Yang G. J Chromatogr A,1998,816:131~136

116　Sletmoen M,Stokke B T. Biopolymers,2005,79:115~127

117　Xu X,Zhang L. J Polym Sci,Part B:Polym Phys,2000,38:2644~2651

118　Zhang L,Du Y,Kumanotani J. Chin J Polym Sci,1989,7:252~257

119　Zhang L,Li X,Xu X,Zeng F. Carbohydr Res,2005,340:1515~1521

120　Striegel A M,Timpa J D. Carbohydr Res,1995,26:271~290

121　Brown W,Wiskston R. Eur Polym J,1965,1:1~10

122　Gouinlock E V,Flory P J,Scheraga H A. J Polym Sci,1955,16:383~395

123　Zhou J,Zhang L,Cai J. J Polym Sc,Part B:Poly Phys,2004,42:347~353

124　Cai J,Liu Y,Zhang L. J Polym Sci:Poly Phys,2006,in press

125　Ioan C E,Aberle T,Burchard W. Macromolecules,1999,32:7444~7453

126　Szala S,Avtges P,Valluzzi R,Winkle S,Wilson D,Kirschner D,Kaplan D. Biomacromolecules,2000,1:534~542

127　Numata M,Asai M,Kaneko K,Bae A H,Hasegawa T,Sakurai K,Shinkai S. J Am Chem Soc,2005,127:5875~5884

128　Sakurai K,Shinkai S. J Am Chem Soc,2000,122:4520~4521

129　Numata M,Asai M,Kaneko K,Bae A. H,Hasegawa T,Sakurai K,Shinkai S. J Am Chem Soc,2005,127:5875~5884

130　Thompson J B,Hansma H G. Hansma P K,Plaxco K W. J Mol Biol,2002,322:645~652

131　Sha R,Liu F,Millar D P,Seeman N C. Chemistry & Biology,2000,7:743~751

132　Marszalek P E,Li H,Fernandez J M. Nature Biotechnology,2001,19:258~262

133 Zhang X,Zhang L,Xu X. Biopolymers,2004,75:187~195

134 Wilkinson K,Balnois E,Leppard G G,Buffle J. Colloids and Surfaces,1999,155:287~310

135 Jinoco I. J. Application of Optical Rotatory Dispersion and Circular Dichroism to the study of Biopoly-mers,in Methods of Biochemical Analysis,1969,18:81

136 鲁子贤等. 圆二色性和旋光色散在分子生物学中的应用. 北京:科学出版社,1987

137 方禹之. 分析科学与分析技术. 上海:华东师范大学出版社,2002.444~454

138 Kitamura S,Hirano T,Takeo K. Biopolymers,1996,39:407~416

139 Woody R W. Circular dichroism. San Diego:Academic Press,1995. 34~70

140 Bystricky S,Szu S C,Gotoh M,Kovac P. Carbohydr Res,1995,270:115~122

141 Venyaminov S Y,Yang J T. Determination of Protein Secondary Structure. New York,Plenum Press,1996.69~107

142 Dicko C,Knight D,Kenney J M,Vollrath F. Biomacromolecules,2004,5:758~767

143 王德龙,许肖龙. 高分子通报,1989,1:8

144 Zhang L,Li X,Zhou Q. Polym J,2002,34:443~449

145 Ray S S,Okamoto K,Okamoto M. Macromolecules,2003,36:2355~2367

146 余亦华. 蛋白质三维空间结构研究的里程碑. 科学杂志,2003,55(2):57~58

147 Wuthrich K. NMR studies of structure and function of biological macromilecules,Nobel Lecture,December 8,2002

第 4 章　天然高分子聚集态结构和表征方法

4.1　天然高分子聚集态结构

高分子的聚集态结构是指高分子链排列和凝聚在一起形成的整体结构,通常称为超分子结构(supermolecular structure)。天然高分子存在分子内和分子间的各种相互作用,从而可以形成晶态、非晶态、取向态、液晶态、多相态和织态等聚集态结构。天然高分子的聚集态结构是决定它本体性质的主要因素,直接影响材料或制品的加工和使用性能。天然高分子的结构比合成高分子复杂得多,而且取决于它们的原子、基团链段、分子内和分子间的相互作用力。

4.1.1　分子内和分子间的作用力[1~3]

天然高分子聚集态中的原子、分子间相互作用力按强度可分为两大类:强相互作用和弱相互作用。其中,强相互作用是指离子键或共价键及其杂化键,而弱相互作用包括涉及偶极子的静电相互作用、色散力、氢键和疏水键[3]。图 4.1 示出各种原子、分子间相互作用的相对强度。它们的共价键、离子键和静电键力明显大于氢键和一般的范德华力。高分子复杂的结构和物性在很大程度上取决于这些原子、基团、分子间的相互作用。

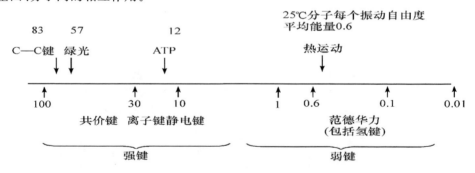

图 4.1　各种原子、分子间相互作用的相对强度

图中数字单位为 kcal/mol[3]

1. 范德华力

天然高分子间的作用力主要包括范德华力(van der Waals)和氢键。范德华力是永久存在于一切分子间的一种吸引力,它没有方向性和饱和性。作用范围小于1nm(大约几埃),作用能比化学键小 1~2 个数量级。范德华力包括静电力、诱导

力和色散力。静电力是极性分子间的引力。极性分子的永久偶极之间的静电力相互作用的大小与分子偶极的大小和取向程度有关。偶极取向程度高则静电力大，而热运动往往使偶极取向程度降低，所以随着温度的升高，静电力将减小。高聚物静电力的作用能量一般在 $13\sim21$ kJ/mol。羧甲基壳聚糖和海藻酸钠都是水溶性高分子。它们在水溶液中混合后，用流延法制备的共混膜经 $CaCl_2$ 和 HCl 水溶液凝固则得到一种水不溶、透明的共混膜。实验结果表明，羧甲基壳聚糖分子上的—NH_2 基和海藻酸的—COOH 基团之间的静电作用以及 Ca^{2+} 桥使它们由水溶性变为水不溶性，而且力学性能明显提高[4]。

色散力是分子瞬时偶极之间的相互作用力，它存在一切大分子中，是范德华力中最普遍的一种。分子中电子在诸原子周围不停地旋转，原子核也在不停地振动，在某一瞬间分子的正、负电荷中心不重合，便产生瞬时偶极。色散力的作用能一般为 $0.8\sim8$ kJ/mol。在一般非极性高分子中，它甚至占分子间相互作用总能量的 $80\%\sim100\%$。范德华力对保持核酸大分子的结构完整性起重要作用。表 4.1 示出 DNA 碱基对间相互作用能的值[5,6]。

表 4.1　DNA 碱基对间相互作用能的值（单位：0.5kJ/mol）[6]

碱基对	偶极–偶极	偶极–诱导偶极	范德华作用能	总相互作用能
GC	−13.0	−1.3	−2.1	−16.4
AT	3.4	−0.4	−2.1	0.9

2. 氢键

氢原子只有一个 1s 电子，因而只能形成一个共价键。它与电负性较强的原子（记为 X）已形成键时，若附近还有其他体积较小、电负性较大的原子（记为 Y），如 O、N、F 等时，则 H 还可以同时和这些原子形成另一个弱得多的键，称为氢键（hydrogen bond），常表示为 X—H…Y，其中虚线表示氢键。氢键键能为 $8\sim50$ kJ/mol。它的键长范围为 $0.25\sim0.34$ nm，其定义为 X Y 之间的距离。氢键与一般范德华力不同之处是它 X—H…Y 具有饱和性和方向性。其方向性是 X—H…Y 三原子在一条直线时最强。氢键可分为分子间氢键和分子内氢键两大类。通常，分子内氢键维持天然高分子的螺旋、折叠或刚性结构，而分子间氢键则维持分子链间的多股螺旋或聚集态结构。

由于大量羟基的存在，纤维素容易形成很强的分子内和分子间氢键。纤维素需要很高的能量才能产生链段运动和分子链移动。因此，它的玻璃化转变温度（T_g）和熔融温度（T_m 或 T_f）十分得高，以至在达到它们之前，纤维素就已经热分解了，从而显示不出 T_g 和 T_f。图 4.2 示出纤维素分子可能形成的分子内和分子间氢键。可以看出，纤维素链上的所有羟基都处于氢键之中[7]。纤维素 I 中形成的氢键网位于晶胞的两个方向上[8,9]：①沿分子链方向存在键长为 0.275 nm 的 O(3)—H⋯O(5′)氢键和键长 0.287nm 的 O(2′)—H⋯O(6)氢键，这两个分子内氢键分布在纤维素链的两侧；②每个葡萄糖残基沿 α 轴方向与相邻分子链形成一个键长为 0.279nm 的分子间氢键 O(6)—H⋯O(3)，这种氢键键合的分子链片平行于 α 轴，位于(200)面上。链片之间和晶胞对角线上无氢键存在，靠范德华力维持结构的稳定。

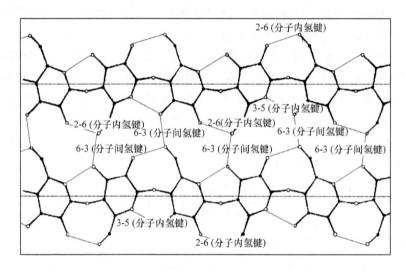

图 4.2　纤维素分子的分子内和分子间氢键[7]

纤维素 II 是一种反平行链的结构，角链和中心链的构象不同，形成的氢键网比纤维素 I 更复杂[9]。其中，向上的角链存在键长为 0.269 nm 的 O(3)—H⋯O(5′)分子内氢键，而且沿 α 轴方向与相邻的角链形成于(200)平面，以及键长为 0.273nm 的 O(6)—H⋯O(2)分子间氢键。沿(110)平面晶胞对角线方向，角链(向上)与相邻中心链(向下)间形成键长为 0.277nm 的 O(2)—H⋯O(2′)分子间氢键，这一附加的氢键是纤维素 II 和纤维素 I 的主要差别。向下的中心链，除了含有键长为 0.269 nm 的 O(3)—H⋯O(5′)分子内氢键外，还含有键长为 0.273nm 的 O(2′)—H⋯O(6)分子内氢键。纤维素分子链间，含有与纤维素 I 相似的分子间氢键 O(6)—H⋯O(3)，键长为 0.267 nm，也位于(200)面。纤维素 II 中氢键的平均长度(0.272 nm)比纤维素 I(0.280nm)的短，堆砌比较紧密。所以，反平行链的纤维素 II 晶胞在热力学上比纤维素 I 稳定。

除了应用模型堆砌分析方法定量确定纤维素的分子内和分子间氢键外，红外光谱(IR)也是表征纤维素氢键的直接手段之一。通过对纤维素进行选择性取代合成 6-O-和 2,3-二-O-取代的甲基纤维素，这些模型化合物在 IR 谱图上的—OH

基吸收峰表现出明显的差异,它们分别为 3465 cm^{-1} 和 3447 cm^{-1}[10~13]。近年,运用动态二维 FTIR 技术已经发现纤维素的分子内和分子间氢键作用在谱图的—OH 基振动区表现出几个明显的吸收峰,它为研究纤维素和纤维素材料提供了新的途径[13]。根据氢键作用的不同,红外光谱中纤维素在 3700~3100 cm^{-1} 范围内—OH 基吸收峰的归属汇集于表 4.2 中,它们反映不同的氢键作用。

表 4.2　纤维素在—OH 基区 IR 吸收峰的归属[13]

吸收峰的位置/cm^{-1}	归属	吸收峰的位置/cm^{-1}	归属
3230~3310	O(6)—H⋯O(3)分子间氢键	3405	110 平面内的分子间氢键
3240	纤维素 I$_\alpha$	3410~3460	O(2)—H⋯O(6)分子内氢键
3270	纤维素 I$_\beta$	3412	分子内氢键—OH 基的伸缩振动
3305	1$\bar{1}$0 平面内的分子间氢键	3540~3570	分子间氢键
3309	分子间氢键	3555	自由 OH(6)
3340~3375	O(3)—H⋯O(5)分子内氢键	3580	自由 OH(2)
3372	分子内氢键的伸缩振动		

甲壳素大分子链有许多羟基以及 N-乙酰氨基和氨基,它们会形成各种分子内和分子间氢键。甲壳素分子链的一个 N-乙酰氨基葡萄糖残基的 C3-OH 可以与相邻的另一条分子链的糖苷基形成分子间的氢键,它也可以与相邻的另一条甲壳素分子链的一个 N-乙酰氨基葡萄糖残基的吡喃环上的氧原子形成分子间氢键[14]。甲壳素分子主链中一个 N-乙酰氨基葡萄糖残基的 C3-OH 可与相邻的糖苷基氧原子(—O—)之间形成一种分子内的氢键。这些分子内和分子间氢键的存在,一方面阻止了邻近的糖基沿糖苷键的旋转,增加了相邻糖环之间的空间位阻,导致甲壳素的刚性链分子以及大分子链的密集堆积。甲壳素在聚集态下的构象通常都认为是双螺旋结构。由于分子内和分子间很强的氢键作用,甲壳素加热不能熔融,也不溶于一般溶剂中。

蛋白质中的螺旋结构是多肽链主链骨架围绕一个轴一圈一圈地上升,从而形成螺旋式的构象。其中,主链骨架的—C =O 上氧原子与—NH 基的氢原子生成氢键,分子链的螺旋构象依靠分子内氢键维持。按照氢键形成方式的不同,其螺旋构象分成两大类:一类是 α-系螺旋;另一类是 γ-系螺旋[15]。图 4.3 示出 DNA 的 α-系螺旋主链和 DNA 双螺旋的结构模型[16]。在 α-螺旋中,一个螺旋含 3.6 个残基,第 n 个残基的 C′O 与第 $n+4$ 残基的 NH 间形成氢键,维持其螺旋构象,如图 4.3(a)所示。DNA 的双股链则由两条分子间的氢键维持,如图 4.3(b)所示。β-折叠股(β-sheet strand)是一种较伸展的锯齿形主链构象,它可以参与 β-折叠片的构成。DNA 的两条核酸链是通过不同链上的碱基对形成氢键而组装,碱基对在双链的内层,而糖和磷酸根离子则在双链的外层。双螺旋的螺距(沿螺旋轴方向上两个相同基团和位置之间的距离)是指 10 个连续碱基对产生一个螺旋,其长度约为 3.4nm。螺旋的外部直径约为 2.0nm,而内部戊糖 1′端间的距离约为 1.1nm[17]。碱基间彼此配对的原则是 A 与 T 结合,形成两个氢键;G 与 C 结合,形成三个氢键。DNA 存在的三种形式模型分别为:A-DNA、B-DNA 和 Z-DNA。其中 B-DNA 为主要的结构形态,它是右手螺旋型;A-DNA 也为右手螺旋,但是螺体较宽而短,碱基对与中心轴的倾角也不同。

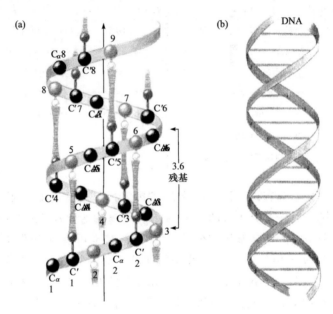

图 4.3　DNA 的 α-系螺旋主链(a)和 DNA 双螺旋的结构模型(b)[16]

β-折叠片(β-pleated sheet)由两条 β-折叠股平行排布,彼此以分子间氢键连接。为了在相邻主链骨架之间形成最多的氢键,避免相邻侧链间的空间障碍,各主链骨架同时做一定程度的折叠,从而产生一个折叠的片层。其侧链近似垂直于相邻两个平面的交线,交替地位于片层的两侧。因此,折叠和反折叠也是蛋白质分子内相互作用的结果。蛋白质分子的三级结构是依靠各种作用力稳定,它们包括疏水作用、氢键、范德华引力、静电相互作用(离子键)、二硫键以及配位键。多肽链的主链与主链之间、侧链与侧链之间,以及主链与侧链之间,存在复杂的作用力,导致多肽链盘旋、折叠,形成球状的紧密的三级结构[15]。分子量较大的球蛋白分子往往包合两条或更多条的多肽链。这些多肽链本身具有球状的三级结构,彼此以次级键相连。这种肽链是球蛋白分子的亚基(subunit),它一般包含一条多肽链。由几个亚基聚合的蛋白质,称为低聚蛋白(oligomer protein)。蛋白质的四级结构(quaternary structure)是指低聚蛋白中亚基的种类、数目、空间排布以及亚基之间的相互作用。其中,球蛋白聚集成的四级结构是由 2 个或更多个亚基借助于非共价键而紧密地结合在一起。2 个亚基相互作用的表面在形状和极性基配对方面都是高度互补的[15]。

3. 疏水键

疏水键(hydrophobic bond)是指两个非极性分子(疏水基团)为了避开水相而倾向于集聚在一起的作用力。疏水基排斥水而向相反方向聚合的力称为疏水性相互作用,这些分子间存在的吸引力是范德华力。生物膜中的"疏水键"是由于疏水性分子从氢键构成的水晶格中被排除而形成的。其中,磷脂是两亲性分子,它在水中倾向于非极性端(疏水端),而极性端(亲水端)倾向于与水接触,从而形成自由能最低的磷脂双分子层。在蛋白质分子的肽链中,也含有非极性侧链(疏水侧链)的氨基酸(亮氨酸、异亮氨酸、苯丙氨酸、缬氨酸、色氨酸、丙氨酸、脯氨酸)。两个非极性侧链之间可以生成疏水键,非极性侧链与主链骨架的 α-CH 基也可以生成疏水键。疏水键对维持蛋白质的三、四级结构起重要作用。

大豆蛋白质亚单元中蛋白质分子主要存在 α-螺旋、β-折叠和无规缠结三种构象,而维持 α-螺旋、β-折叠构象的作用力主要是氢键、离子键和疏水相互作用[18,19]。这些相互作用力对结构稳定性贡献的大小主要通过结构形成后表面积(accessible surface area,ASA)的减小程度,即结合面积来衡量。大豆蛋白质的一种亚单元 A1aB1b 和 β 亚单元均含有 2 个 α-螺旋和 2 个 β-折叠微区[20],然而氢键和疏水相互作用力对维持构象所做的贡献却存在一定差别。计算机模拟的结果表明,在 A1aB1b 单元中酸性分子和碱性分子之间存在 23 个氢键,作用位点主要在空间相近的两个肽键的氧原子和氮原子之间,氢键长度大约为 0.3nm。酸性和碱性分子之间由于相互结合导致 ASA 下降 18 nm^2,而疏水基团占此部分面积的 65%。对于 β 亚单元而言,N 封端的模块和 C 封端的模块之间存在 21 个氢键,疏水基团占

模块之间结合面积的 70%,由此表明在 β 亚单元中疏水相互作用对维持分子链构象所起的作用比在 A1aB1b 中更显著[21]。7S 组分中的 β-大豆结合糖蛋白主要由 α、α' 和 β 亚单元构成。图 4.4 示出 7S β-大豆结合糖蛋白的带形结构模型。它们依靠疏水、氢键、静电和盐桥作用力维持聚集态结构,其中疏水相互作用力占 65% 的结合面积,是主要作用力[20]。

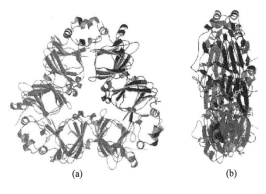

(a)　　　　　　(b)

图 4.4　7S β-大豆结合糖蛋白的带形结构模型
(a)前面;(b)侧面[20]

蚕丝中丝素蛋白以反向平行折叠链构象（β-sheet）为基础，形成直径大约为 10nm 的微纤维，无数微纤维密切结合组成直径大约为 $1~\mu m$ 的细纤维。同时，大约 100 根细纤维沿长轴排列构成直径为 $10\sim18\mu m$ 的单纤维。丝素蛋白的 β-片层折叠的丝肽链与纤维轴平行。肽链之间靠肽键上的羰基和氨基形成氢键聚集在一起呈片层状结构。由于肽链组成以短侧链氨基酸为主，因此，它们通过疏水的相互作用使片层间紧密排列。蜘蛛丝蛋白也以 β-片层折叠，并且通过氢键和疏水键聚集在一起[22]。

4.1.2　聚集态的结构

1. 晶态和非晶态结构（crystal and amorphous）

高分子链之间通过强的或弱的相互作用结合形成超分子结构。图 4.5 示出高聚物的非晶态、晶态和取向后的晶态结构示意图[23]。非晶态高聚物中分子链处于无规线团状，并且相互贯穿。晶态高聚物则主要由彼此平行的折叠链组成，也含有少量无规链。大多数高分子晶胞由一个或若干个分子链构成，由此一条高分子链可穿越若干晶胞[24]。天然蛋白质则以分子链球盘堆砌成晶胞。由于高分子链以原子共价键连接，其分子链间存在范德华力或氢键相互作用，导致结晶时运动受阻妨碍规整排列和堆砌。因此，高分子一般只能部分结晶，其结晶度通常在 50% 以下。桑蚕丝纤维中丝素蛋白的聚集态结构由结晶态和无定形态两大部分组成，结晶度为 50%～60%[22]。研究高分子晶态和非晶态结构主要采用 X 射线衍射仪，而且通过偏光显微镜也可直接观察结晶形貌以及球晶生长速度。如图 4.6 示出绿豆淀粉从 180℃ 冷却到 10℃，其冷却速度为 100℃/min 条件下制备的晶态结构的偏光显微镜照片[25]。这些黑十字消光图像反映其球晶的双折射性质。

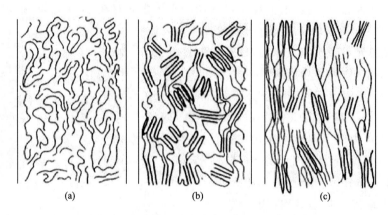

图 4.5　高聚物的几种聚集态结构示意图[23]

（a）非晶态；（b）晶态；（c）取向后的晶态

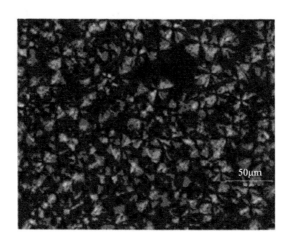

图 4.6　绿豆淀粉晶态结构的偏光显微镜照片[25]

　　天然纤维素有四种结晶形态,即纤维素 I、II、III 和 IV 型[26,27]。其中细菌纤维素以及海藻和高等植物(如棉花、苎麻、木材等)纤维素均属于纤维素 I 型。纤维素 I 分子链在晶胞内是平行堆砌的。根据纤维素来源的不同,它们的微纤结晶度(χ_c)、晶体尺寸($D_{(hkl)}$)和周期长度(d)都显著不同。表 4.3 示出不同来源的天然纤维素、微纤的结晶度、晶体尺寸和周期长度。

表 4.3　不同来源的天然纤维素、微纤的结晶度(χ_c)、晶体尺寸($D_{(hkl)}$)和周期长度(d)[28]

纤维素原料	$\chi_c/\%$	晶体尺寸/nm			d/nm
		$D_{(1\bar{1}0)}$	$D_{(110)}$	$D_{(020)}$	
海藻纤维素	>80	10.1	9.7	8.9	10～35
细菌纤维素	65～79	5.3	6.5	5.7	4～7
棉短绒浆	56～65	4.7	5.4	6.0	7～9
苎麻	44～47	4.6		5.0	3～12
亚麻	56	4～5	4～5	4～5	3～18
大麻	59	3～5	3～5	3～5	3～18
溶解木浆	43～56			4.1～4.7	10～30

　　纤维素 II 是纤维素 I 经溶解后再生(regeneration)或经丝光处理(merceriza-tion)得到的结晶变体。纤维素 II 与纤维素 I 有很大的不同,它由两条分子链组成的单斜晶胞,属于反平行链的堆砌[29]。X 射线衍射分析的结果示出纤维素 I 型核心的分子长链呈现 Z 字平面锯齿形构象(图 4.7)。相邻的两个葡萄糖残基互成 180°的扭转,致使一个葡萄糖残基的 C-3 羟基基团与另一个葡萄糖残基的吡喃环

上氧原子形成氢键。它可以阻碍临近的葡萄糖残基沿糖苷键的旋转,并形成刚性链,使吡喃环各原子处于同一平面成椅式。图 4.7 中的晶胞含 5 个纤维素分子中的 5 个纤维二糖残基。晶胞的 b 轴为 1.03nm,相当于纤维二糖残基的长度。其 a 和 c 的长度各为 0.835 nm 和 0.79 nm。a 轴与 c 轴的夹角为 84°。其中 4 个纤维二糖残基处于晶胞的 4 个竖角顶端,第 5 个纤维二糖残基处于晶胞的中心部位。吡喃环的椅式构象局限于(002)平面内。唯有晶胞中央的纤维二糖处于不对称的奇特位置。一种用亚氯酸钠处理斛果壳(valonia)的微原纤,它的纤维素链的还原端氧化成羧基,再用银试剂(1.3% 硝酸银,2.5%氨)处理,银就沉积在原来的还原端上。电子显微镜的观察发现,几乎所有的微原纤碎片都只有一头为银所沉积,这是至今纤维素 I 平行链结构的电镜证据。纤维素生物合成的研究也证明,纤维素分子的聚集和结晶,其链的方向是平行排列的[30]。图 4.8 示出一种动物纤维素晶须的透射电子显微镜照片[31]。这种动物纤维素是从一种海洋动物的被囊中提取的,通过超声分散其悬浮液制备出动物纤维素晶须,它与天然高分子材料共混后制备的复合材料具有很好的力学性能。

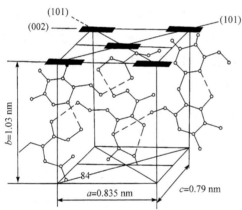

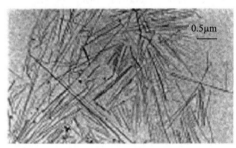

图 4.7　高等植物纤维素纤维结晶　　　　图 4.8　动物纤维素晶须的透射
　　　　核心的晶胞[30]　　　　　　　　　　　　电镜照片[31]

　　一种绿藻(*Cladophora*)纤维素经纯化、水解成纤维素微晶,并制成薄膜。该纤维素微晶在液氨中冷冻 30 min,后在 140℃条件下加热 1h,除去氨气得到氨纤维素。这种氨纤维素的 X 射线照片如图 4.9 所示,其晶胞参数为 $a=0.447$nm、$b=0.881$ nm、$c=1.034$ nm、$\gamma=92.7°$[32]。表 4.4 汇集了由射线强度数据经处理后得到氨纤维素的葡萄糖残基的各相关原子的位置坐标。氨纤维素晶体结构的模型示于图 4.10 中。从图 4.10 中可以看出:N 原子位于 O3、O3′、O6、O6′、O2、O2′、H6A 和 H6A′所组成的单斜晶体的中间,如图中浅色虚线区域所示。其中,O 原子与 N 原子的氢键作用通过深色虚线表示。

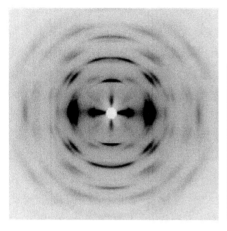

图 4.9　氨纤维素的 X 射线照片[32]

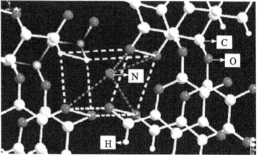

图 4.10　氨纤维素的晶体结构模型图

图中的小球分别代表氨纤维素的 C、O、N 和 H 原子。

共价键和氢键分别用实线和虚线代表[32]

表 4.4　氨纤维素的葡萄糖残基的各相关原子的位置坐标[32]

原子	x	y	z
C1	0.000(11)	0.047(4)	0.9994(11)
H1	−0.2112	0.0125	1.0065
C2	0.025(15)	0.177(3)	0.906(2)
H2	0.2357	0.2137	0.9024
C3	−0.070(17)	0.128(4)	0.772(2)
H3	−0.2896	0.1180	0.7694
C4	0.053(14)	−0.022(3)	0.7314(11)
H4	0.2644	−0.0053	0.7080
C5	0.030(13)	−0.140(3)	0.8381(19)
H5	−0.1822	−0.1636	0.8566
O5	0.171(11)	−0.075(4)	0.953(2)
O2	−0.15(2)	0.299(5)	0.950(4)
O3	0.03(3)	0.246(5)	0.684(4)
O4	−0.106(12)	−0.087(4)	0.6212(16)
C6	0.179(19)	−0.284(4)	0.810(3)
H6A	0.1157	−0.3217	0.7253
H6B	0.3944	−0.2647	0.8073
O6	0.11(2)	−0.396(5)	0.905(8)
N1	−0.501(19)	−0.543(7)	0.603(10)

淀粉具有半结晶的性质,它的结晶度一般为 25%～50%,而且与其来源密切相关。用偏光显微镜观察淀粉颗粒时,可以观察到它有双折射现象,如图 4.6 所示。在结晶区,淀粉分子链是有序排列的,在无定形区,淀粉分子链是无序的。淀粉结晶区是由连续的超分子螺旋结构支链淀粉组成,螺旋结构中有许多空隙,可以容纳直链淀粉分子[33]。一般地,直链淀粉单链也容易形成双螺旋结构,由氢键和范德华力维持其稳定性。图 4.11 示出 A、B 和 Vh 型植物淀粉颗粒的 X 射线衍射图[35]。淀粉可归纳成从 A 型到 B 型结晶连续变化的系列,而位于变化的中间状态称为 C 型,也可将 C 型定义为 A 型和 B 型的混合物。它们的晶胞参数如下:A 型为单斜晶胞,$a = 2.124$ nm,$b = 1.172$ nm,$c = 1.069$ nm,$\gamma = 123.5°$,每个晶胞结合 8 个水分子;B 型为六边形晶胞,$a = b = 1.85$ nm,$c = 1.04$ nm,每个晶胞结合 36 个水分子[34,35]。当淀粉从溶液中沉淀出或分别与二甲亚砜(DMSO)、乙醇、脂肪酸等有机分子形成结合物后,则会出现 Vh 型结晶[36,37]。各种不同的晶型之间存在相互转化作用,一般 A 型结构具有较高的热稳定性,因此淀粉在颗粒未破坏的情况下能从 B 型变为 A 型。图 4.12 示出建立在六折双螺旋链基础上的直链淀粉 A 型和 B 型结晶的堆积模型示意图。直链淀粉分子和支

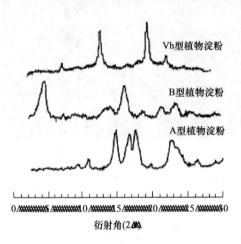

图 4.11　不同类型植物淀粉颗粒的
X 射线衍射图[34]

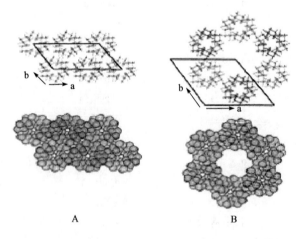

图 4.12　直链淀粉以双螺旋链作为 A 型和 B 型结晶的堆积模型示意图[34]

链淀粉分子的侧链都是直链,趋向平行排列,相邻羟基间经氢键结合成散射状结晶"束"的结构,如图 4.13 所示。淀粉晶束之间的区域分子排列较杂乱,形成非晶区。支链淀粉分子可以穿过多个晶区和非晶区,为淀粉颗粒结构起到骨架作用。结晶区和非晶区并无明确的界线,其变化是渐进的,用 X 射线或中子散射可揭示淀粉颗粒的结晶排列周期[38,39]。令人惊奇的是,对于不同来源、不同晶型以及不同支化结构的淀粉,其周期长度均为 9 nm 左右。

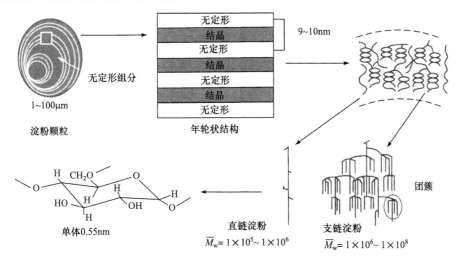

图 4.13 直链淀粉和支链淀粉颗粒不同层次结构的示意图[38]

天然魔芋葡甘露聚糖(KGM)由放射状排列的胶束组成。X 射线结晶学揭示结晶的甘露聚糖 II 型在乙酰化区,这是由于乙酰基团阻碍了分子间的氢键。用同样的方法发现结晶区是由含自由乙酰基的链组成的[40]。另外,KGM 粒子显示近似无定形结构。在 50～140℃范围内,在稀溶液中重结晶得到 KGM,同时为了去掉乙酰基而得到脱乙酰 KGM,向稀溶液中加入氨水,形成假丝状水凝胶体沉淀[41]。通过电子衍射图谱(图 4.14)分析得出,强吸收和中等强度吸收分别在 0.45nm 和 0.40nm,显示出甘露聚糖 II 型晶型特征。然而,带状甘露聚糖 II 型多晶形结构在所有温度下均可形成,但不会形成甘露聚糖 I 型多晶结构。KGM 的晶型结构为斜方晶系,主链为通过 O-3-O-5′间氢键连接的双折叠的螺旋结构[42]。由于 KMG 分子间的氢键以及水分子的作用,它形成三维氢键网络晶体结构。当以温和的酸水解降低 KGM 分子量时,它却能形成甘露聚糖 I 型结构,显示多晶型结构。

天然橡胶在常温下是无定形的高弹态物质,它属于非晶态高分子。有趣的是,它在较低的温度下或外力拉伸下会产生结晶。最近,有人对天然橡胶的 X 射线晶体结构分析结果进行计算,提出了天然橡胶的单斜晶胞模型。图 4.15 示出天然橡胶的晶体结构。其晶胞参数为:$a=1.24$ nm,$b=0.88$ nm,$c=0.82$ nm,$\beta=94.6°$。一个晶胞中有4条分子链,每条分子链上的碳原子基本上呈平面锯齿状排列。从统计学角度看,在这个晶体结构中,两条镜面对称的分子链以0.67∶0.33的比例共用一个晶格[43]。然而,古塔波胶中的反式聚异戊二烯在常温下就具有较高的结晶度,因此它不具有橡胶的弹性。这种反式的结晶存在两种晶型:一种是等同周期为8.8Å的α型单斜晶胞;另一种是等同周期为4.7 Å的β型斜方晶胞。

图 4.14　魔芋葡甘露聚糖的电子衍射图[42]　　　图 4.15　天然橡胶的晶体结构[43]

2. 取向态结构

高聚物的取向态结构是指在外力作用下,分子链或其他结构单元沿着力场方向规整排列的结构。天然高分子的取向包括分子链、链段以及晶片、晶带沿特定方向的排列。取向后,天然高分子材料的抗张强度和挠曲疲劳强度在取向方向上显著增加,而与取向方向垂直的方向上则降低,其他如冲击强度、断裂伸长率等也发生相应的变化。同时,取向后的高分子材料在平行于取向方向与垂直于取向方向上的折射率会出现差别,它可以反映取向的程度。一般地,用这两个方向折射率的差值表征材料的光学各向异性,称为双折射。取向通常还使高分子材料的玻璃化温度升高。对于结晶性天然高分子经取向后,其密度和结晶度会升高。晶态天然高分子材料的取向,除了非晶区可能发生链段或整链取向之外,还可能有微晶的取向。

天然纤维素经溶解,并且通过湿法纺丝和拉伸取向产生出再生纤维素丝。一

种利用预冷至 −12℃ 的 7%（质量分数）NaOH/12%（质量分数）尿素水溶液溶解纤维素得到的透明溶液，并且由它通过湿法纺丝制出新型再生纤维素丝 U-7。从纺丝辊筒 I、辊筒 II 和辊筒 III 上分别收集的 U-7 丝为 U-7-I、U-7-II 和 U-7-III，它们的拉伸取向程度不同。图 4.16 示出棉短绒浆（纤维素 I）和再生纤维素丝 U-7-I、U-7-II 和 U-7-III 的 ^{13}C NMR 谱图[44]。这三种再生纤维素丝在 105.6ppm，88.0ppm 和 75.2ppm（77.0ppm，73.5ppm），63.1 ppm 的四个强峰分别为 C_1、C_4、C_5（C_3，C_2）和 C_6 的化学位移，它们归属于纤维素 II 晶体结构。棉短绒浆的 C_4 峰在低场处的化学位移为 89.3 ppm，其强度明显高于再生纤维素丝，表明它具有高的结晶

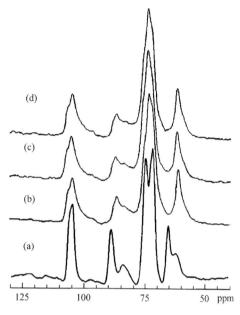

图 4.16　纤维素 I（a）和再生纤维素丝 U-7-I（b）、U-7-II（c）和 U-7-III（d）在不同拉伸取向的固体 ^{13}C NMR 图谱[44]

度（60%～65%）。纤维素丝 U-7 的 C_4 在 88.0 ppm 左右的化学位移以及在 84.0 ppm 处的肩峰与纤维素结晶区和非晶区碳原子的状态有关。它的 C_4 峰（88.0 ppm）强度低于纤维素 I，显示其结晶度下降。然而，随着拉伸的进行（从 U-7-I 到 U-7-III），C_4 肩峰逐渐变高变平，并出现一小包峰，它反映各向异性增加，即取向度增加。非晶区纤维素链优先沿着纤维轴取向排列。随着拉伸的进行，该纤维素丝的结晶度没有明显变化（57%～61%），但是取向度（Hermans 取向参数 $\bar{P}_{2,g}$）从 0.56 增加到 0.64。进一步说明，拉伸取向主要发生在非晶区，其分子链沿纤维轴平行排列程度增加，导致取向度增加，同时也明显改善了纤维素丝的力学性能。

　　按照外力的作用方式不同，取向可以分为单轴取向和双轴取向两种类型。单轴取向最常见的是纤维的牵伸。一般在纤维纺丝时，从喷丝孔喷出的丝中，分子链已经开始取向了，再经过牵伸若干倍，分子链沿纤维方向的取向度进一步提高。薄膜也可以单轴取向，单轴取向的薄膜，导致其薄膜平面上出现各向异性。在这种薄膜中，分子链只在薄膜平面的某一方向上取向平行排列，则取向方向上大分子链以化学键相连接，而垂直于取向方向则是范德华力，结果薄膜的强度在垂直于取向方向会急剧下降。因此，薄膜应当进行双轴拉伸取向。

　　用广角 X 射线衍射法（WAXD）可以测得高分子晶区的取向度。未取向结晶的聚合物的 X 射线图是一些同心圆，而取向后衍射图上的圆环退化成圆弧。取向

度越高,圆弧越短。在取向态,结晶聚合物分子链择优取向,分为单轴取向(如纤维)和双轴取向(如双向拉伸膜)以及三维取向(如厚压板)。单轴取向实验多采用纤维样品架。由 WAXD 得到某样品(hkl)晶面位置后,保持此晶面所对应的角度(2θ)。然后,将样品沿 ϕ 角在 $0\sim180°$ 范围内进行旋转,记录不同 ϕ 角下的 X 射线散射强度。通常采用下面的经验公式计算聚合物材料的取向度 π:

$$\pi = \frac{180° - H}{180°} \times 100\% \qquad (4-1)$$

式中:H 为赤道线上 Debye 环(常用最强的环)的强度分布曲线的半高宽,(°)。完全取向时,$H=0°$,则 $\pi=100\%$;无规取向时,$H=180°$,则 $\pi=0$。

　　图 4.17 示出从 N-甲基吗啉-N 氧化物(MMNO)和 DMAc/LiCl 两种体系中用水溶胀后得到不同单轴拉伸比的纤维素膜 WAXD 照片,它们单轴拉伸比分别为 0、1.5 和 2.0[45]。由图 4.17 可知,未拉伸的水溶胀纤维素膜主要呈现非晶区和弥散的环($2\theta=28°$)。这些未拉伸的膜干燥后,则在(110)和(020)晶面显示出较强的 Debye 环,然而,它的($1\bar{1}0$)晶面却很模糊。图 4.17 示出随着拉伸取向的增加,即从图 4.17(b)到(c)以及从(e)到(f),$1\bar{1}0$ 晶面的环变成清晰的弧,而且弧变短,表明取向度增加。由式(4-1)可以计算出纤维素膜在 MMNO 和 DMAc/LiCl 体系中不同拉伸比时的取向度 π,结果列于表 4.5 中。由表 4.5 中数据可知,从两个体系中得到的纤维素膜,当增加拉伸比时,都显示出较高的取向度。图 4.18 示出拉伸过程中纤维素膜的结构模型图。纵轴拉伸比 λ 表示试样拉伸后的长度(l)

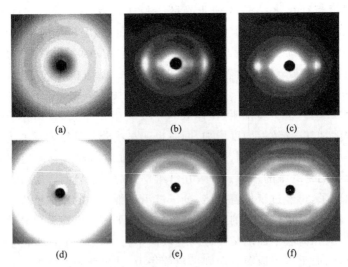

　　(a)　　　　　　　　(b)　　　　　　　　(c)

　　(d)　　　　　　　　(e)　　　　　　　　(f)

图 4.17　不同单轴拉伸比的纤维素膜 WAXD 照片[45]

(a)MMNO 中,未拉伸的水溶胀膜;(b)拉伸比为 1.5;(c)拉伸比为 2.0;(d)DMAc/LiCl 中,未拉伸的水溶胀膜;(e)拉伸比为 1.5;(f)拉伸比为 2.0

与拉伸前长度（l_0）的比值（$\lambda = l/l_0$）。在未拉伸取向时[图 4.18(a)]，纤维素分子以半刚性链存在，其取向度为 0。随着伸取向的进行[图 4.18(b)和(c)]，由于分子开始取向和密堆砌引起膜的宽度收缩。当拉伸比进一步增大时，纤维素链的取向度也增大，并且排列更紧密，此时膜发生高度取向[图 4.18(c)]，最后它们的取向度分别增加到 0.88 和 0.89。

表 4.5　MMNO 和 DMAc/LiCl 体系中不同拉伸比时的取向度 π[45]

拉伸比	取向度 π	
	MMNO	DMAc/LiCl
1.0	0.00	0.00
1.5	0.67	0.56
2.0	0.89	0.88

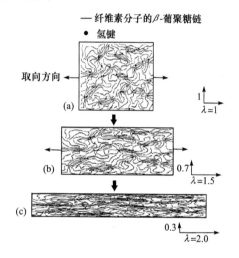

图 4.18　膜拉伸过程中纤维素膜的结构模型图[45]
(a)未拉伸状态；(b)轻微拉伸；(c)最大拉伸状态（λ＝2.0）
横轴表示拉伸比；纵轴表示收缩率

3. 液晶态结构

液晶（liquid crystal）是指液态物质保持结晶性固态物质的结构有序性，即显示晶态的各向异性。有些高分子熔融或用溶剂溶解变成液态后，其结构仍然保持一维或二维有序排列，从而在物理性质上呈现出各向异性。这种兼有晶体和液体的部分性质的中介状态称为液晶态。液晶态的表征一般采用偏光显微镜、热分析、X 射线衍射、电子衍射、核磁共振、电子自旋共振、流变学和流变光学等手段。依据分子排列的形式和有序性不同，液晶有三种不同的结构类型，即近晶型、向列型和胆甾型。近晶型液晶是所有液晶中最接近晶体结构的一类。近晶型液晶一般在各个方向上都十分黏滞；向列型液晶则具有相当大的流动性；胆甾型液晶由于扭转分子层的作用，其具有彩虹般的颜色和极高的旋光性等独特的光学性质。通常，刚性链的高分子的熔融体或浓溶液在一定条件下容易显示液晶行为。天然高分子因为分子内有氢键,所以它们链的刚性比一般合成高分子的高。自然界中许多天然高分子,如纤维素、甲壳素、多肽、DNA及其衍生物都可能形成液晶相,因为它们具有较刚性的分子链,而且易形成胆甾型液晶相。胆甾相具有特殊的螺旋结构,能产生一些特殊的光学性能,如强烈的旋光性、圆二色性和选择性反射光性能等。

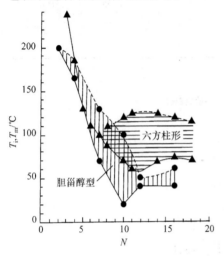

图 4.19　全取代纤维素衍生物,三烷基纤维素醚(●)和纤维素三烷酸酯(▲)的各向同性化温度(T_i)和熔融温度(T_m)对侧链长度的关系[46]

　　图 4.19 描述了两种类型的全取代纤维素衍生物,即三烷基纤维素醚和纤维素三烷酸酯的各向同性化温度和熔融温度对侧链长度的关系[46]。横坐标 N 代表侧链长(即 C 和 O 原子形成侧链骨架的数目)。随 N 的增加,首先熔融温度(T_m)急剧下降。$N \geqslant 10$ 时,T_m 逐渐趋缓,所有的情况都是这样。由此表明,引入烷基侧链有效地降低了纤维素的熔融温度,但是当侧链变长和侧链部分变大时,其熔融行为则主要依赖侧链的组成。即使以上两个体系的熔融行为相似,它们的介晶性质并不相同。所有的溶致、热致纤维素的衍生物都是胆甾型(或向列型)液晶。胆甾相(手性向列型)彼此排列成层状,每层分子排列类似向列型。相邻两层分子有规则地扭转一定角度,沿分子长轴方向上增长,并且旋转 360°角后复原形成一个螺距 P,如图 4.20(a)所示。纤维素酯衍生物在垂直展开区形成一个胆甾相而醚化衍生物在水平展开形成一个完全不同相,它为柱状六角形。纤维素醚和酯衍生物的各向同性化温度(T_i)对 N 的依赖关系也不同。醚化衍生物的 T_i 却有一个很小的极

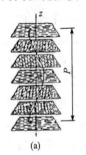
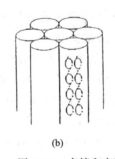
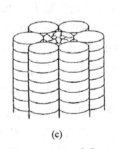

(a)　　　　　　(b)　　　　　　(c)　　　　　　(d)

图 4.20　多糖和齐聚糖液晶的结构模型[46]

(a)手性向列型(胆甾醇型);(b)六方柱形;(c)间断层六方柱形;(d)近晶状液晶 A 相
此处(d)是假定为一种 1-O-烷基-β-D-纤维素二糖醚

大值(图 4.19)。尽管这些高分子化学结构差异很小,而实际上它们的中间相性质差异却很大。DP>20 的纤维素同系物呈六方柱形,其结构如图 4.20(b)所示。因此,在寡聚糖相分子柱轴呈垂直时呈现间断层六方形[图 4.20(c)],而在高分子相则分子轴和柱轴平行。多糖在 DP=10 左右,发生分子轴从垂直到平行方向的转变。因此,纤维素烷基乙酯衍生物和烷基乙醚衍生物,当分子链足够长时,可以形成一个手性向列型液晶,而短链烷基乙醚衍生物没有液晶性。

图 4.21 示出乙酰化乙基纤维素在苯酚溶液中的指纹织构[49]。由图 4.21 可知,明暗条纹之间的间距(胆甾相液晶螺距的一半)大于 $2\mu m$,而未经乙酰化的乙基纤维素则呈现出虹彩,它的螺距比乙酰化乙基纤维素小。由此说明,乙酰基的引入会影响胆甾相液晶的螺距。据报道,羟丙基纤维素水溶液,当浓度足够大时出现很强的色彩和双折射,而且溶液具有很高的旋光性,表明它是胆甾型液晶体系,即一种螺旋结构[48]。此外,许多纤维素衍生物及纤维素本身在适当的溶剂中都可以形成溶致性液晶相,以及热致性液晶[49]。纤维素在 NMMO 水合物溶剂中可以形成液晶[50]。当纤维素浓度大于 20%(质量分数),且温度低于 100℃时溶液出现双折射,而且液晶相形成的临界浓度随纤维素聚合度的增大而减小。偏光显微镜结果表明,当纤维素浓度超过

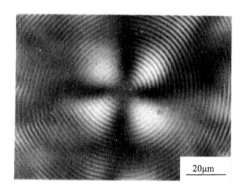

20μm

图 4.21　乙酰化乙基纤维素在苯酚
溶液中的指纹织构[47]

20%(质量分数)时,溶液表现出液晶行为,相转变温度在 100℃左右;毛细管流变仪测定临界浓度为 23%(质量分数),并在 95~100℃出现流动活化能转折点。乙基氰乙基纤维素[(E-CE)C]在二氯乙酸溶液中会形成盘状织构的胆甾相液晶溶液。这种织构受玻片间胆甾相溶液中胆甾球微晶的影响,并呈现三种形态,即双螺旋、同心圆和准同心圆(图 4.22)。这些盘状织构在磁场作用下会发生变化,磁场作用的大小受(E-CE)C 的胆甾相溶液的浓度、螺距、表面张力等多种条件的影响,并且(E-CE)C 的磁化率各向异性也呈负性[51]。此外,淀粉醚类衍生物也呈现液晶行为。运用一步化学反应法制备出不同侧链长度、不同取代度和不同直链淀粉/支链淀粉比例的淀粉醚。实验结果表明,具有较短侧链的淀粉醚在很大范围的取代度和直链/支链比例中都呈现出溶致液晶行为[54]。图 4.23 示出不同取代度(DS)淀粉醚(TES)的偏光显微镜照片。由图 4.23 可知,随着取代度的增加,溶解度增大,而氢键作用减弱,从而它由近晶双折射(a)变成完全各向同性(b)。

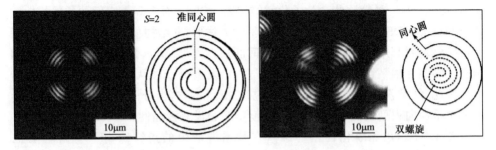

图 4.22　乙基氰乙基纤维素在二氯乙酸溶液中的双螺旋、同心圆和准同心圆形态[51]

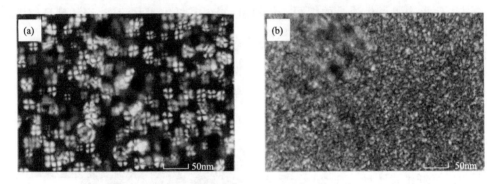

图 4.23　不同取代度淀粉醚的偏光显微镜照片[52]

(a)55% DS；(b)80% DS

　　图 4.24 示出细菌纤维素(BC)的悬浮液在双折射模板的偏光显微镜照片[53]。图 4.24(a)为 BC 悬浮液注射到平板上的偏光显微镜照片,放置 1 天后,试样变为具有明暗条纹[如图 4.24(b)中箭头所指处]的纹理,其聚集为许多小的折射球体,称为

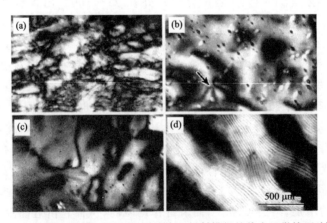

图 4.24　细菌纤维素(BC)的悬浮液在双折射模板的偏光显微镜照片[53]

触液取向胶体(tactoids),如图 4.24(b)所示。这些触液取向胶体类似棉花衍生物的微晶形成的手性向列型液晶,但缺少后者的条纹特征。7 天后,大多数触液取向胶体消失,只留下条纹图案,如图 4.24(c)所示。图 4.24(a)～(c)清楚地显示纤维素的手性向列相的形成过程。当悬浮液中 NaCl 的浓度为 0.1 mmol/L,细菌纤维素形成液晶和手性向列相,如图 4.24(d)所示。由此表明,细菌纤维素微纤维素的表面电荷影响其液晶的形貌。

4. 多相态结构

1) 共混物

共混物(blend)是两种或两种以上高分子在熔融态或溶液态通过搅拌或混炼共混形成新的共混材料,也称高分子合金。这种共混材料的聚集态包含不同高分子的相畴,称为多相态结构(multiphase)。很多天然高分子(纤维素、多糖、蛋白质、天然橡胶)都可以通过共混改性产生新的共混材料。例如,将甘油、橡胶乳液和玉米淀粉直接在水中搅拌混合,再热压成型,得到热塑性淀粉/天然橡胶共混材料[54]。淀粉(TPS)和橡胶均未经过纯化处理,其中橡胶颗粒的尺寸为 2～8 μm。橡胶乳汁中的非橡胶成分不仅维持橡胶乳汁的稳定性,而且能增强热塑性淀粉和天然橡胶两相间的共混相容性。在水相介质中,橡胶颗粒均匀分布于热塑性淀粉基质中。甘油不仅可以增塑淀粉组分,而且可以改善淀粉和橡胶之间的界面相容性。图 4.25 示出热塑

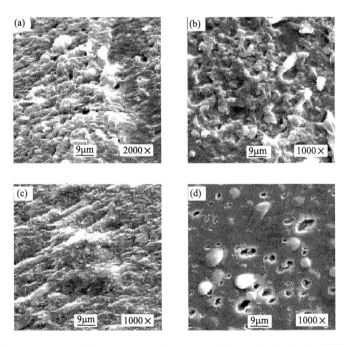

图 4.25　热塑性淀粉/天然橡胶共混材料的扫描电子显微镜照片[54]

(a)TPS/NR2;(b)TPS/NR8;(c)TPS/NR10;(d)TPS/NR12

性淀粉/天然橡胶共混材料的扫描电子显微镜照片,其中(a)～(c)表示橡胶含量为5%,而甘油含量分别为 20%、30%、40%的共混物,(d)中含有 40%甘油以及 20%橡胶。橡胶粒子在 TPS 基质中分散很均匀,橡胶颗粒呈规则圆球状。图 4.25(a)～(c)中虽然淀粉/橡胶共混物两相比较明显,但两相间结合紧密,说明两者黏附性较强。然而,图(d)中出现明显孔洞及球形橡胶颗粒,说明两者相容性变差。

利用高分子晶须与天然高分子共混可以得到黏附力很强的共混物。通过一种溶液共混的方法制备出甲壳素晶须与大豆分离蛋白的纳米复合材料,其力学性能明显增强[55]。动态力学分析、扫描电子显微镜和拉力测试的结果表明,填料之间和填料与大豆蛋白基质之间产生了强的相互作用,它对于增强复合材料的性能起着重要的作用。对于相对湿度为 43%的大豆蛋白/甲壳素晶须纳米复合材料的抗张强度和杨氏模量分别从 3.3MPa 和 26MPa 增加到 8.4MPa 和 158MPa。图4.26 示出不同甲壳素晶须含量(5%和 15%)的甲壳素/大豆蛋白纳米复合材料的扫描电子显微镜照片。由图 4.26 可知,在大豆蛋白基质中甲壳素晶须呈现相对规整的分布。这表明晶须与大豆蛋白基质之间存在很强的黏附作用。

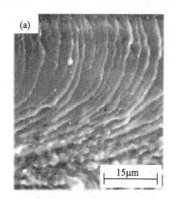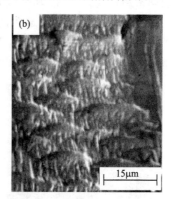

图 4.26　含 5%(a)和 15%(b)甲壳素晶须的甲壳素/大豆蛋白纳米
复合材料的扫描电子显微镜照片[55]

2) 互穿聚合物网络

由两种或两种以上的交联高分子通过网络的相互贯穿、缠结而产生互穿聚合物网络(interpenetrating polymer network, IPN)结构。这些网络中至少有一种网络是在其他网络或分子链的存在下独立形成或交联的。一种直链高分子穿透在另一种高分子网络中为半互穿聚合物网络结构[图 4.27(a)]。两种高分子各自形成网络并互相穿网为完全互穿聚合物网络[图 4.27(b)]。天然高分子及其衍生物与蓖麻油基聚氨酯可形成 semi-IPN 结构,并赋予材料更好的弹性和耐水性。一种采用苄基魔芋葡甘露聚糖(B-KGM)与蓖麻油基聚氨酯(PU)制备出的 semi-IPN 材料(UB),它具有优良的力学性能、透光性和抗水性[56]。为了研究其分散相和连续相的结构,首先用 B-KGM 的良溶剂 N,N-二甲基甲酰胺(DMF)将材料浸泡30 h

以上,使 B-KGM 从 PU 网络中抽提出,然后用扫描电境(SEM)观测材料截面。图
4.28 示出经 DMF 抽提后的 UB 膜截面的 SEM 照片。膜 UB-10、UB-30、UB-40
和 UB-50 分别代表 B-KGM 含量为 10%、30%、40% 和 50% 的 semi-IPN 材料。
SEM 照片中白色微相区代表 PU,黑色表示 B-KGM,即它被溶出后留下的空洞。
随 B-KGM 的增加,B-KGM 微相区的尺寸逐渐增大。当 B-KGM 含量低于 40%
时,B-KGM 为分散相,PU 为连续相,然而当它们各为 50% 时,则变为两相连续。
图 4.29 示出了它们多相态的结构模型。

(a)　　　　　　　　　　　　　(b)

图 4.27　互穿聚合物网络示意图

(a)半互穿聚合物网络;(b)全互穿聚合物网络

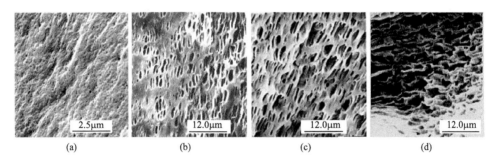

(a)　　　　　　(b)　　　　　　(c)　　　　　　(d)

图 4.28　经 DMF 抽提后的 UB 膜截面的 SEM 照片[56]

(a)UB-10;(b)UB-30;(c)UB-40;(d)UB-50

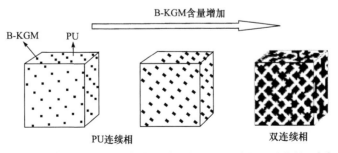

图 4.29　描述 semi-IPN 材料的连续相和双连续相的结构模型[56]

5. 织态结构

织态结构(texture)又称织构、微细织构，一般是指更高级和复杂的聚集态结构，它包括高分子合金、生物大分子超级结构等。这里主要介绍结构蛋白质及其高级结构。

1) 胶原蛋白(collagen)

胶原蛋白或称胶原是很多动物体内含量最丰富的蛋白质。所有多细胞生物都含有胶原，哺乳动物蛋白质中约有 30% 都是胶原蛋白。已知的胶原蛋白中含有两种构象，即三股螺旋和球形。成纤维胶原中基本结构单元是三股螺旋的原胶原。在动物体胶原蛋白以胶原纤维(collagen fiber)的形式存在。胶原纤维的基本结构单元是原胶束(protocollagen)分子，其分子量为 2.85×10^5，以 3 条 α 肽链或 α 链的多肽链(亚基)缠绕成特有的三股螺旋(triple helix)。I 型、II 型和 III 型胶原蛋白在体内形成有组织的原纤维。在电镜下，胶原纤维呈明暗交替的条纹或区带的周期(重复距离，d)为 60~70nm，这取决于胶原的类型和生物来源。图 4.30 示出胶原蛋白及胶原纤维的结构形成[57]。典型的区带图案(如 I 型胶原)$d = 68$nm，其中 $0.6d = 40$nm 为空穴区，$0.4d = 28$nm 为重叠区。因为胶原三螺旋长 300nm，沿原纤维长轴每行中相邻胶原分子之间存在 40nm($0.6d$)的裂缝或空穴，所以该图案是每 5 行重复一次(5×68nm $= 340$nm)，也即胶原分子在胶原原纤维中都是有规则地相互错位、首尾相随、平行排列而成的纤维束。轴向相连接的微纤维之间有 30~40nm 的空隙。空穴区至少在两个方面有重要作用：糖与此空穴区内的 5-羟赖氨酸残基通过 O-糖肽键共价连接，可能起组织原纤维装配的作用；空穴区可能在骨骼形成中起作用。骨是由埋藏在胶原纤维基质的羟基磷灰石(hydroxyapatite)的微晶组成。在电镜或 X 射线衍射下可以观察到这种 1/4 错位和空隙组合的周期性特征的 64 nm 带状花样。微纤维进一步组装成直径为 10~300 nm 的胶原纤维。通常，胎儿鼠的尾腱中，胶原纤维直径是 30 nm，而成年鼠的是 450 nm。纤维的这种有序排列可以看成是晶体，因为它有确定的熔点(约 60℃)。超过这个温度，胶原纤维会缩短 2/3 并变成橡胶状，它与晶体熔化的一级相变一样。组织中的胶原纤维通常被细胞外的基质所包围，使其构造成为一体。这种基质的主要成分是高分子量的透明质酸和蛋白聚糖的分子聚集体。蛋白聚糖可以吸水使基质膨胀，起支撑胶原纤维的作用。

2) 丝心蛋白 (fibroin)[3]

蚕丝的成分几乎是纯蛋白质，但蛋白质种类因蚕品种的不同而异。图 4.31 示出蚕丝分级结构。蚕丝断面有很多种几何形状，直径从 0.01 μm 至 50 μm 不等。丝心蛋白一般占茧丝成分的 70%~75%。包围丝心蛋白的丝胶蛋白占 20%~25%。其他成分主要分布在丝胶中，如蜡质(0.4%~0.8%)、色素(~0.2%)、碳水化合物(1.2%~1.6%)、无机物(0.7%)。家蚕丝心蛋白分子量为 $(3.7 \pm 0.5) \times$

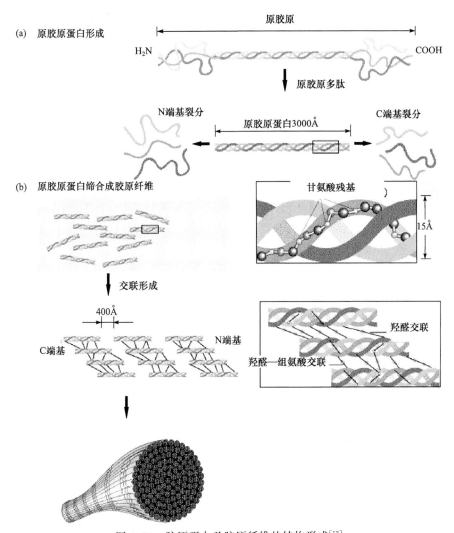

(a)　原胶原蛋白形成

原胶原

H₂N　　　　　　　　　　　　　　　　　　　　　　　　COOH

原胶原多肽

N端基裂分　　　　　原胶原蛋白3000Å　　　　C端基裂分

(b)　原胶原蛋白缔合成胶原纤维

甘氨酸残基

15Å

交联形成

400Å

C端基　　　　　　　　　　　　　　　　　　N端基

羟醛交联

羟醛—组氨酸交联

图 4.30　胶原蛋白及胶原纤维的结构形成[57]

10^5。其多肽链中包含结晶区域和非晶区域。结晶区域的氨基酸顺序为 Gly-Ala-Gly-Ala-Gly-Ser-Gly-Ala-Ala-Gly-(Ser-Gly-Ala-Gly)3-Tyr。其特点是 Gly 和 Ala 的大量重复。非晶区域规律较差,有四种多肽组分,含酪氨酸、缬氨酸比例比结晶区高。主链中结晶区域和非结晶区域交互排布,每两个结晶区域(单个结晶区含 60 个残基,分子量约 4100)和两个非晶区域(单个非结晶区域残基数为 49,分子量约为 3800)组成一个重复单元,分子量约为 15 800。总分子量为 $3.5×10^5$ 的是由 22 个这样的重复结构单元组成的。由图 4.31,蚕丝结构可简述如下:一根蚕丝由两根丝素和覆盖它们的丝胶构成;一根丝素含有包裹它的几层丝胶(B),并且丝素是由 900～1400 根直径为 $0.2～0.4\mu m$ 的纤维构成(C);一根纤维又是由 800～

900 根直径约 10 nm 的微纤维构成(D)，微纤维之间有空隙。E 表示它们微结构中结晶区和非晶区相间的构造[3]。

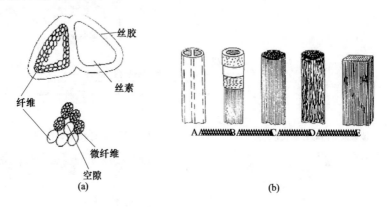

图 4.31　蚕丝分级结构

(a)蚕丝的横断面；(b)蚕丝的构造[3]

4.2　表 征 方 法

4.2.1　红外光谱

1. 原理和方法

红外光谱(IR)是研究高聚物的结构及其化学与物理性质最常用的光谱方法之一[58~64]。红外光谱和拉曼光谱统称为分子振动光谱，分别对振动基团的偶极矩和极化率的变化敏感。红外光谱为极性基团的鉴定提供最有效的信息，而拉曼光谱对研究共振高聚物骨架特征特别有效。红外光谱的波长范围为 $0.8\sim1000~\mu m$，相应的频率为 $12\,500\sim10~cm^{-1}$(波数)。由于研究对象及实验观测的手段不同，红外光谱通常划分成三个部分，即近红外区(波数为 $12\,500\sim4000~cm^{-1}$)、中红外区(波数为 $4000\sim200~cm^{-1}$)和远红外区(波数为 $200\sim10~cm^{-1}$)。中红外区的光谱来自物质吸收光能量后分子振动能级之间的跃迁，是分子振动的基频吸收区；近红外区为振动光谱的泛频区；远红外区的光谱包括分子转动能级跃迁的转动光谱、重原子团或化学键的振动光谱以及晶格振动光谱，较低能量的分子振动模式产生的振动光谱也出现在该区。

傅里叶变换红外光谱仪主要由迈克尔逊干涉仪、检测器和计算机组成。干涉仪将光源传输的信号调制成干涉图，由于干涉图的数学表示和光谱图的数学表示在数学上互为傅里叶变换关系对，故由计算机采集在某一瞬间测量得到的干涉图上相距一定间隔的点的强度进行傅里叶变换而获得红外光谱图。用傅里叶变换红外光谱仪测量样品的红外光谱包括下述三个步骤：①分别收集背景(无样品时)的干涉图及样品的干涉图；②分别通过傅里叶变换，将上述干涉图转化为单光束红外光谱；③经过计算，将样品的单光束光谱扣除背景的单光束光谱，即得到样品的透射光谱或吸收光谱。红外光谱的质量在很大程度上取决于制样。除了测量光谱时选择参数不适当外，样品厚度不当或不均匀、杂质的存在、未挥发干净的残留溶剂及干涉条纹都可能导致失去相当多的光谱信息，甚至导致错误的谱带识别或判断。根据高聚物的组成及状态，可以选用不同的样品制备方法，主要有以下几种：①薄膜法。薄膜制备的方法有溶液铸膜和热压成膜法。②卤化物压片法。由于溴化钾在整个中红外区都是透明的，所以通常采用溴化钾压片法。③溶液法。将高聚物溶液在卤化物晶片上涂敷薄薄一层液膜，就可以进行测定。④悬浮法。把 50 mg 左右的高聚物粉末和 1 滴石蜡油或全卤代烃类液体（如全氟煤油）混合，研磨成糊状，再放到两片氯化钠晶片之间进行测量。

　　红外光谱中，高分子基团频率的强度与振动时的电偶极变化有关。因此，极性基团如 $C\!=\!O$、$O\!-\!H$、$C\!-\!O$、$N\!-\!H$ 的伸缩振动或三原子基团 $C\!-\!O\!-\!C$、$O\!=\!N\!=\!O$、$O\!=\!S\!=\!O$ 的反对称伸缩振动在振动时的偶极变化较大，从而产生较强的红外吸收谱带。表 4.6 列出几种天然高分子及其衍生物的特征红外吸收谱

表 4.6　几种天然高分子及其衍生物的特征红外吸收谱带[2]

天然高分子名称	化学结构	特征红外吸收谱带/cm^{-1}
天然橡胶	1,4-顺式聚异戊二烯	3035, 2725, 1660, 1373, 835, 575
纤维素（棉短绒浆）	β-(1→4)-D-葡聚糖	3400, 1640, 1430, 1380, 1260, 118～1110, 1040, 890, 600
再生纤维素	β-(1→4)-D-葡聚糖	3400, 1650～1640, 1380～1350, 1150, 1110～1000, 990, 890, 600～670
甲基纤维素		1375, 1125, 1075, 950, 580～570
乙基纤维素		1380, 1316, 1280, 1110, 1064～1053, 923, 885
羟乙基纤维素		3300, 1350, 1120, 1062, 1020, 885, 826
醋酸纤维素		1745, 1360, 1310, 1225, 1153, 1115, 1040, 890, 595
甲壳素	N-乙酰氨基-β-(1→4)-D-葡聚糖	3450, 1650, 1555, 1310, 1110, 890, 730
羧甲基甲壳素	6-O-羧甲基-N-乙酰氨基-β-(1→4)-D-葡聚糖	3420, 1740, 1650, 1560, 1320, 1380, 1120, 1050, 890, 670
壳聚糖	氨基-β-(1→4)-D-葡聚糖	3400, 1660, 1601, 1554, 1321, 1005, 750, 690
干酪素	酪蛋白	3230, 1620, 1520, 1440, 1230, 1114, 1080～1060, 700～690
大米淀粉	α-(1→4)-D-葡聚糖	3300, 1290, 1105, 1030, 965, 880, 810, 720, 660, 530
茯苓葡聚糖	β-(1→3)-D-葡聚糖	3440, 2900, 1650, 1400, 1250, 1110, 890, 620～550
灵芝葡聚糖	α-(1→3)-D-葡聚糖	3400, 2900, 1650, 1200, 1080, 920, 850, 556
海藻酸	β-(1→4)-D-甘露糖/α-(1→4)-葡萄糖醛酸	3430, 2920, 1735, 1636, 1440, 1250, 1050～1110, 920, 850, 800, 550

带[2]。显然,天然聚多糖的 IR 谱图一般都在 3400 cm^{-1}、1640 cm^{-1}、1200～1300 cm^{-1}、890 cm^{-1} 或 850 cm^{-1} 处有红外吸收谱带。通常,聚多糖的红外谱图在 3400 cm^{-1} 处存在—OH 基的伸缩振动峰,而在 2900 cm^{-1} 处为亚甲基峰。由于纤维素分子间氢键较强,3400 cm^{-1} 峰变宽且移向高波数(3440 cm^{-1})。1730～1740 cm^{-1} 处的吸收峰一般归属于糖醛酸的 C═O 基,而 1636 cm^{-1} 和 1436 cm^{-1} 则分别为—COO$^-$ 基的对称和不对称伸缩振动峰。真菌多糖一般在 1650 cm^{-1},1400 cm^{-1} 和 1250 cm^{-1} 出现多糖特征峰,同时 β-(1→3)-D-葡聚糖在 890 cm^{-1} 有 β-D-葡聚糖苷键特征吸收,而 α-(1→3)-D-葡聚糖则在 920 cm^{-1} 和 850 cm^{-1} 有 α-糖苷键特征吸收。图 4.32 示出天然纤维素(棉短绒)、云杉纤维素和刚毛藻纤维素的动态红外光谱图[65]。对于不同来源的纤维素,O—H 区的伸缩振动有明显的不同,这表明不同纤维素的氢键的键合模式不同。与静态红外光谱相比,动态红外光谱可能获得明显的 O—H 伸缩振动谱带。这种特征谱带是由纤维素的两种同质异晶体 I$_\alpha$ 和 I$_\beta$ 引起的。I$_\alpha$ 主要存在于刚毛藻纤维素中,而 I$_\beta$ 则主要存在于棉短绒中。由图 4.32 可知,动态光谱的低频区 3230 cm^{-1} 和 3263cm^{-1} 处分别对应于纤维素 I$_\alpha$ 和纤维素 I$_\beta$-OH 基的伸缩振动峰。

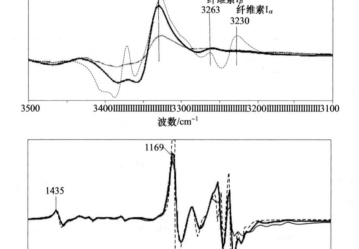

图 4.32　天然纤维素云杉纤维素和刚毛藻纤维素的动态红外光谱图[65]
粗实线、细实线、虚线分别表示天然纤维素(棉短绒)、云杉纤维素和刚毛藻纤维素

研究高聚物表面所采用的表面红外光谱技术与反映本体结构信息的透射光谱截然不同,它能测定试样表面的红外光谱而不受基体的干扰,反映的是表面层(小于 5 μm)的结构信息。傅里叶变换红外光谱仪具有足够的灵敏度和较高的选择

性,可以配置相应的表面红外光谱附件来研究高聚物表面的结构。高聚物表面研究主要包括表面化学特性和表面物理变化两个方面。前者主要是指高聚物的表面化学组成、表面氧化、表面化学反应、表面光氧化和降解等;后者包括添加剂的表面迁移、溶剂对表面的侵蚀作用、高聚物表面的取向等。衰减全反射光谱(attenuated total reflection,ATR)也称为内反射光谱(internal reflection)。入射红外光经过具有高折射率 n_p 的物质后投射到样品(折射率为 n_s,且 $n_s < n_p$)表面,当入射角 θ 大于或等于临界角(使折射角等于 90°时的入射角,即 $\sin\theta \geqslant n_s/n_p$)时,入射光将透入样品一定深度后发生衰减全反射。如果样品在入射光的频率范围内有吸收,则反射光强度在被吸收频率的位置将衰减,其衰减程度与样品的吸光系数大小有关,这种现象与普通透射的吸收相似。

通过 ATR 谱图表征三甲基硅纤维素(trimethylsilyl cellulose,TMSC)膜的水解过程[66]。图 4.33 示出 TMSC 膜水解成纤维素的 ATR-IR 谱图。首先通过旋转喷涂得到表面光滑、厚度在 20nm 的 TMSC 膜,使该膜在 0.5mol/L HCl 蒸气中水解成纤维素。图 4.33 中纤维素的—OH 伸缩峰 3600~3000cm^{-1} 的强度随着水解时间的增加而增加;TMSC 分子中的对称和不对称甲基伸缩振动峰 2960cm^{-1} 和 2872 cm^{-1} 在水解过程中消失;TMSC 中的 C—Si 特征峰 1251 cm^{-1} 和 842cm^{-1} 在水解过程中减弱。此外,典型的吡喃葡萄糖环的吸收峰 1200~850 cm^{-1} 在水解后的样品中明显地被观察到,以上结果表明 TMSC 已被完全水解。

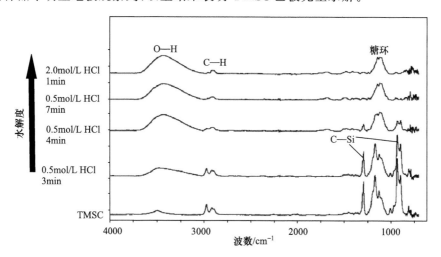

图 4.33 三甲基硅纤维素(TMSC)膜水解成纤维素的 ATR-IR 谱图[66]

2. 表征分子间的相互作用

蛋白质和蒙脱土共混可制备出纳米材料。通过 FTIR 可以研究大豆分离蛋白(SPI)和蒙脱土(MMT)之间的相互作用[67]。包含 C=O 和氨基的蛋白质分子容易和 MMT 片层表面上的极性基团发生氢键作用。MMT 层间表面存在

Si—O—Si 和—OH 基团,这些基团可作为与客体分子发生作用的氢键位点。这种纳米复合物在 1800~1600 cm^{-1} 和 1300~950 cm^{-1} 波数范围内的 FTIR 图谱示于图 4.34 中。图 4.34 中位于 1656 cm^{-1} 和 1541 cm^{-1} 的强吸收是酰胺 I(C=O 振动)和酰胺 II(N—H 弯曲和 C—N 振动)谱带。与纯大豆蛋白(MP-0)相比较,具有高度剥离结构的 MP-8 试样的酰胺 I 和酰胺 II 谱带出现了多重化。表明蛋白质肽键与 MMT 片层表面的 Si—O—Si 或—OH 等极性基团发生了氢键作用。但是,当 MMT 含量增加到 16%(质量分数)或 24%(质量分数)时,MP-16 和 MP-24 酰胺谱带的这一变化变得越来越不明显。结果表明,复合物的结构由高度剥离型向插层型转变。复合物中 Si—O 振动的吸收带示于图 4.34(b)中。由于 MMT 片层的双八面体晶体结构较低的对称性,Na$^+$-MMT 的 Si—O 吸收分裂为四个相对独立的谱带,分别位于 1120 cm^{-1}(I)、1087 cm^{-1}(II)、1040 cm^{-1}(III)和 1014 cm^{-1}(IV)。其中,I、III 和 IV 吸收带主要归因于 Si—O 的面内振动。位于 1087 cm^{-1} 处的 II 吸收带对应于 Si—O 的面外振动,该振动模式与 MMT 片层的趋向程度密切相关。偏振模式的衰减全反射红外光谱(polarized ATR-FTIR)的实验结果已表明,MMT 片层的无规化将导致 II 吸收带相对强度的显著提高[68, 69]。在该体系中,Na$^+$-MMT 的 II 吸收带不明显,而在 SPI/MMT 纳米复合物中,该吸收带变得非常尖锐和明显。这一显著的改变意味着蛋白质纳米复合物中的 MMT 有序片层结构在很大程度上已经被大豆蛋白质分子破坏。由此得出,SPI/MMT 纳米材料中存在氢键相互作用,氢键作用位点主要为硅酸盐片层表面上的氧原子和蛋白质肽键上的氢原子[70]。

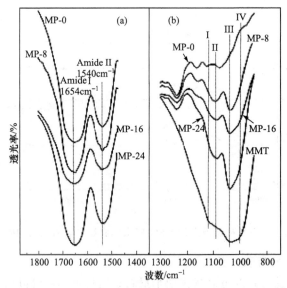

图 4.34　蛋白质/MMT 纳米材料 MMT、MP-0、MP-8、MP-16 和 MP-24 的 FTIR 图

MP-0、MP-8、MP-16 和 MP-24 的 MMT 含量(质量分数)依次为:0、8%、16% 和 24%

3. 表征聚集态链的构象

红外光谱可以研究天然高分子聚集态中链构象及其转变[71]。利用 FTIR 谱图观测 Nephila 蜘蛛丝膜在不同时间的结构变化,研究蜘蛛丝从无规线团或螺旋链构象转变到 β-折叠构象的变化过程。图 4.35(a)示出未处理蜘蛛丝干膜的 FTIR 谱图。未处理的蜘蛛丝膜在 1660 cm^{-1} 呈现一个宽的不对称的酰胺 I 吸收峰,该吸收峰为无规线团或 Silk I 结构。经 D$_2$O 处理后的蜘蛛丝膜与其干膜的谱图相似。然而,处理后蜘蛛丝膜的酰胺 I 键的最大吸收峰移到 1647cm^{-1},它是无规线团和螺旋构象的特征峰,如 R-螺旋和 3$_{10}$-螺旋构象,该谱图与新鲜的蜘蛛蛋白液滴进 D$_2$O 中所形成的膜相似。图 4.35(b)示出干态蜘蛛丝膜浸泡在 1.0 mol/L KCl 溶液中 24 h 后再干燥的膜的 FTIR 谱图,这里出现 1690 cm^{-1} 吸收峰及其在 1656 cm^{-1} 和 1620 cm^{-1} 的肩峰。KCl 溶液处理的膜呈现三组分的吸收峰,分别为 1620 cm^{-1} 和 1693 cm^{-1} 尖峰,以及相对宽的吸收峰 1655~1660 cm^{-1}。这些吸收峰分别归属为 β-折叠、高频率的反向平行的 β-折叠、无规线团和螺旋构象。在 KCl 溶液处理过的膜中,无规线团和螺旋构象的吸收峰的强度降低,表明无规线团或螺旋构象已转变成 β-折叠的构象。图 4.36(a)示出蜘蛛丝膜在 1.0 mol/L KCl 的 D$_2$O 溶液中诱导时间从

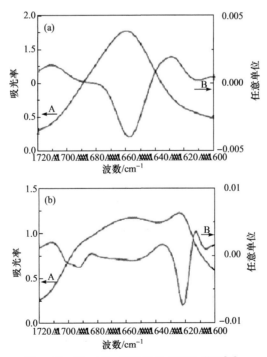

图 4.35　Nephila 蜘蛛丝的 FTIR 谱图[71]

(a)未处理的干膜;(b)在 1.0 mol/L KCl 溶液中浸泡 24 h,然后再干燥的膜

曲线 A. 普通的 FTIR 谱图;曲线 B. 二次处理的谱图

0.58 min 到 240 min 的 FTIR 谱图。随着时间的增加,酰胺 I 的最大吸收峰逐渐从 1650 cm^{-1} 移到 1620 cm^{-1}。同时,上述变化可以通过二次处理的谱图的变化来表征,如图 4.36(b)所示。随着诱导时间的增加,吸收峰 1620 cm^{-1} 和 1691 cm^{-1} 的强度增加,表明蜘蛛丝膜的 β-折叠链构象的含量增加。然而,吸收峰 1650 cm^{-1} 的强度降低表明该膜中的无规线团和螺旋链构象降低。因此,可以用不同时间酰胺 I 强度的变化描述蜘蛛丝蛋白的构象的变化过程。

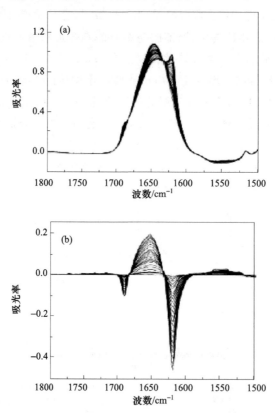

图 4.36　*Nephila* 蜘蛛丝膜在 1.0 mol/L KCl 诱导的 FTIR 谱图(时间从开始到 240min)[71]
(a)普通的 FTIR 谱图;(b)二次处理的谱图

4. 表征晶体结构

二维傅里叶转换红外光谱已经用于研究高聚物的晶体结构,可得到传统一维傅里叶转换光谱中不能获得的谱带信息。图 4.37 示出甲壳素的同步二维相关红外光谱(40~120℃)[72]。在二维 IR 光谱中三种特殊的谱带分别出现在 OH 区的 3482 cm^{-1}、3421 cm^{-1} 和 3380 cm^{-1} 处。它们分别归属于与相邻的 C(6)OH 基团以氢键键接的 C(6)OH 基团的特征谱带;与 O(5)氢键键接的 C(3)OH 基团的特征谱带;分别与相邻的 C(6)OH 基团和 O(5)以氢键键接的 C(6)OH 基团的特征谱带。在胺区出现了两组谱带(1619 cm^{-1}和1581 cm^{-1}),表明存在两种C＝O基团的氢键键接,即[C(6)OH···O＝C]/[NH···O＝C]和[NH···O＝C],这与OH区得到的结果一致,即大约一半的C(6)OH基团与相邻的C(6)OH基团和C＝O以氢键键接,该氢键是由甲壳素的斜方晶体所产生,从而证实了甲壳素为斜方晶体结构。

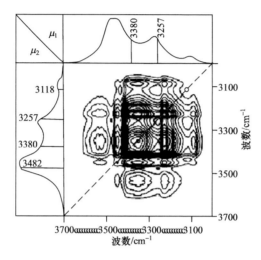

图 4.37　甲壳素在 3700~3000 cm^{-1} 范围的同步二维 IR 谱[72]

基于二向色性的偏振红外光谱法可应用于谱带的确定、分离重叠的谱带以及链构象的研究,即根据谱带的二向色性行为判断对应化学键的方向。天然橡胶和杜仲胶都是 1,4-聚异戊二烯,但前者为顺式,后者为反式构型,因而导致分子链排列方式的不同,它们分别呈现非晶体和晶体结构。由偏振光测量取向样品 C＝C 伸缩振动谱带(1650 cm^{-1}附近)的二向色性行为表明,对于天然橡胶是平行的谱带,而对于杜仲胶则是垂直谱带,从而可以证实它们分子链的排列方式,它们分别呈现非晶体和晶体结构。动态红外光谱主要针对物理或化学变化随时间的瞬变过程,研究方向主要集中于高聚物的形变研究、化学反应的中间瞬变体和快速反应动力学等方面。用一台特制的小型拉伸装置放在红外光谱仪的样品室内,使放样品位置正好让红外光线通过。由此,利用 FTIR 快速扫描技术测量高聚物在拉伸、外力负载、应力松弛、蠕变及破坏过程中瞬间的振动光谱,研究它由于应力和应变诱导的取向、构象变化以及结晶和晶型转变等行为。

在多肽的红外光谱研究中,使用偏振法可以很有效地区分不同构象的异构体[61]。构象之间的转换会引起对应红外谱带二向色性行为的变化,其中变化比较明显的主要是和酰胺基团有关的谱带,如酰胺 I 和酰胺 II 谱带。α 型的多肽是折叠的螺旋构象,分子中的 C＝O 和 N—H 基团大体上与螺旋轴平行,而 β 型多肽是伸展的平面曲折链构象,其 C ═O 和 N—H 基团与链轴相垂直。因此,这两种异构体的酰胺 I 和酰胺 II 谱带具有不同的二向色性,图 4.38 示出聚-*l*-氨基丙酸(poly-*l*-alanine)的偏振红外光谱。在图 4.38 中,可以很清楚地看到 α 型的酰胺 I 谱带为平行谱带,而 β 型的为垂直谱带,α 型的酰胺 II 谱带为垂直谱带,而 β 型的为平行谱带。同时,两者的谱带位置也不同,α 型的酰胺 I 和酰胺 II 谱带分别在 1650cm^{-1} 和 1545cm^{-1},而 β 型的分别在 1632 cm^{-1} 和 1530 cm^{-1}。

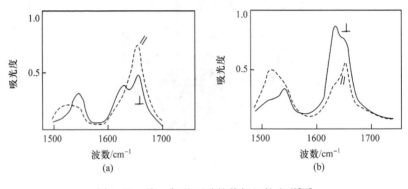

图 4.38　聚-*l*-氨基丙酸的偏振红外光谱[61]

(a)α 型;(b)β 型

4.2.2　固体高分辨核磁共振

1. 固体核磁共振概述

固体 NMR 已广泛地用于高聚物结构的研究和材料性能的评价,它适用于解析高分子本体结构和不溶性高聚物的结构、聚集态的链构象、结晶和形态以及复合材料的形态和相容性等。固体高分辨技术和二维 NMR 的引入使固体 NMR 成为研究固体高聚物体系中多层次结构和复杂运动情况的最有效方法。固体 NMR 研究高聚物主要包括以下几个方面:①利用多种弛豫时间表征体系内不同频率的分子运动;②研究共混物或嵌段高聚物的相态结构,利用不同弛豫时间表征体系在不同尺度上的相容性,利用自旋扩散实验测定不相容体系中微区的尺寸;③表征高聚物材料的界面,包括多相体系的界面尺寸以及界面与本体在形态和分子运动上的差异,进而建立界面与性能的关系;④利用二维 NMR 技术的自旋扩散表征共混物的相容性,研究其分子的结构、运动和取向,以及观测质子的多量子信号;⑤氘代固体 NMR 对分子运动和键取向极为敏感,由氘谱的线形分析可以获知弛豫机理、分子运动类型、τ_C 的尺寸、运动频率及不均匀性大小等信息,还可以通过选择性氘代直接研究特定基团或特定位置质子的运动;⑥固体核磁成像技术应用于固体高聚物的研究,主要研究流体在固体高聚物中的行为以及观测材料的形貌和缺陷。

2. 固体核磁高分辨技术

测量固体样品时，^{13}C NMR 谱带变宽、强度较低的主要原因是^{13}C-^{1}H 间的各向异性磁偶极–偶极相互作用、化学位移的各向异性以及长达几分钟的弛豫时间。前两者导致固体 NMR 的分辨率较低，而弛豫时间长影响灵敏度。因此，为了提高 NMR 谱精细结构的识别，引入偶极去偶（dipole decoupling，DD）、魔角自旋（magic angle spinning，MAS）和交叉极化（cross plorization，CP）三种固体高分辨技术。CP、MAS 和 DD 技术的结合，实现了固体条件下^{13}C NMR 信号的高分辨观察，使难溶或交联高聚物的化学结构研究成为可能，典型的应用是研究结晶和半结晶高聚物。偶极去偶是指采用高能的、频带范围达 40～50 kHz 的辐射，以激发所有质子使自旋速率大于^{13}C-^{1}H 偶极相互作用的速度，从而消除其作用。魔角自旋技术实质上是一种人为地加进机械旋转去掉粉末样品各向异性造成的基线加宽，可克服偶极去偶无法消除的问题。理论证明，峰宽与 $3\cos^2\beta-1$ 有关，其中 β 为固体样品旋转轴与磁场的夹角。若 $3\cos^2\beta-1=0$ 可得到 β 为 $55°44'$（称为魔角），这样使样品在 2～3kr/s 或更高转速下旋转测得的峰宽最小。交叉极化的主要目的是将丰核自旋状态的极化转移给稀核以提高稀核核磁共振信号强度，如通过交叉极化将^{1}H 较大的自旋状态的极化转移给^{13}C 而将信号强度提高 4 倍。交叉极化可以标识处于不同偶极状态下的磁核，主要是通过不同^{1}H-^{13}C 接触时间 t_{CP}（contact time）使 NMR 谱图产生明显的差异对共振谱线进行归属。当 t_{CP} 较短时，信号对应^{1}H-^{13}C 偶极相互作用最大的碳，这种强的偶极相互作用表明这种碳的运动阻碍较大，导致谱线较宽；当 t_{CP} 变长时，出现尖锐的共振峰，这类信号对应运动较快的碳。

MAS/DD/CP 三项技术综合使用，可得到固体高聚物材料的高分辨的碳谱。凝胶多糖（curdlan）是一种 β-(1→3)-D-葡聚糖，为三螺旋结构。取向后的凝胶多糖纤维的 X 射线衍射和立体化学模型已检测出它的脱水及其水合形式的分子和晶体结构[73,74]。其水合及脱水形式都是右手三螺旋链（六折三螺旋）结晶在六方晶胞内，每股链间形成 O2···O2 氢键。凝胶多糖溶胀后呈单或三螺旋七折构象，溶胀过程中，其链沿着链取向伸展，使其螺距从 17.6Å（脱水形式）或 18.8Å（水合形式）增加到 22.7Å。主链上 O6 羟基上的规则或不规则短支化取代基似乎并不影响三螺旋结构。这种 β-(1→3)-D-葡聚糖在水溶液中形成凝胶，但其机理似乎不同于线形和支链形聚合物。凝胶多糖水溶液（＞0.5%，质量浓度）加热到 60℃以上制得低凝固凝胶，若它在 90℃时对其进行退火处理则将得到高凝固凝胶。该凝胶化是通过两步进行的：①破坏氢键溶解凝胶多糖；②再形成分子间氢键重组成连接区。在程序升温过程中，疏水相互作用促进了它们分子间的缔合从而形成更强的高凝固凝胶。意味着凝胶包含有液体状（柔顺链组成）和固体状（缔合链组成）区域。运用^{13}C NMR 并采用各种手段（包括 CP/MAS，宽带偶合和 MAS）得到凝胶多糖凝胶态不同分子运动区域的信号。图 4.39 示出用各种方法记录的凝胶多糖水合物和凝胶的[13]C NMR 谱。其中,结合宽带去偶技术得到常规的高分辨 NMR 证实了液体状区域是由单螺旋链组成的,而且该链柔顺性好,并经历了分子自由运动。通过高能偶极去偶和魔角自旋表明,中间区域也是由单链构成的。CP/MAS 谱表明,在固体状区域可以观察到少数三螺旋,如图 4.39 中箭头所示(三螺旋的 C5 信号)。然而,固体凝胶多糖溶胀的七折螺旋特征峰只在 87 ppm 处的 C-3 峰,而无 79 ppm 处的 C-3 峰。这是由于在程序升温中的退火处理导致了无水(以后阶段的水合)六折螺旋区域的分数升高而膨胀式部分的分数降低的缘故。NMR 结果表明,凝胶多糖经历了凝胶化过程,即在较低温度时,溶胀后的疏水缔合物单螺旋链组成了假交联区,随后,在程序升温中三螺旋的比例增加。脱水式的三螺旋构象出现在退火初始阶段,然后逐渐产生从脱水到水合形式的转变。

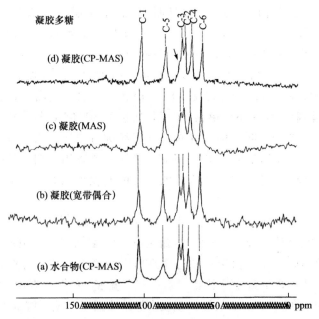

图 4.39　凝胶多糖水合物(a)和凝胶[(b)~(d)]的[13]C NMR 谱[73,74]

其中(a)和(d)采用 CP/MAS;(b)采用宽带偶合;(c)采用 MAS

3. 固体核磁共振的弛豫时间

弛豫行为的研究能够提供有关自旋核作用环境的信息,通常可以测得的弛豫参数有以下几种:[13]C 和[1]H 的弛豫时间 T_1、$^H T_{1\rho}$ 和 T_2,C—H 的交叉极化速率 T_{CH},核 Overhauser 效应,偶极状态下质子的弛豫过程。由于质子之间强的相互作用导致其在自旋-晶格弛豫过程中的自旋扩散作用很大,因此[1]H 弛豫时间较短且彼此差别很小,使[H]T_1 的分析比较困难。但是[13]C 的弛豫时间彼此间差别很大,而且与核所处的化学环境紧密相关,如结晶态高聚物在晶相和非晶相区的$^cT_1$差别就很大,因此^{13}C 的弛豫时间对研究高聚物微观结构和运动、化学环境的变化有重要意义。

自旋-自旋弛豫过程的解析比较复杂,影响因素很多,例如:①高聚物所处的黏弹状态。玻璃态和橡胶态高聚物的 T_2 分别在 1×10^{-5} s 和 1×10^{-3} s 的范围。②玻璃化转变温度(T_g)。在温度低于 T_g 时,T_2 与温度无关且对分子运动不敏感;当温度高于 T_g 时,T_2 对分子运动的依赖性很大。③分子量。分子量增大,相应链的运动降低,导致 T_2 降低。④长程运动强烈影响 T_2。⑤结晶。结晶阻碍信号变窄。Charlesby[75] 对非交联的高聚物中质子自旋-自旋弛豫行为的研究发现,由于分子间类似于永久交联的键合导致了动态网络结构的存在,这种交联具有时间很短的动态性质,溶胀等方法无法检测到,但是这种分子之间相互作用的寿命比 NMR 的测量周期长,因此可用 T_2 的方法观测到这种动态缠结,进而通过长 T_1 和短 T_2 的相对含量测定高聚物中动态网络的相对含量。

4. 固体核磁共振成像

核磁共振成像(NMR imaging,NMRI)是一种显微学和波谱学相结合,通过图像形式展现空间 NMR 信息分布的新方法。该技术可以深入到样品内部进行无损检测,具有描述非单一物质物理化学性能的独特功能。NMRI 在高聚物研究中的主要应用如下[76]:①流体在材料中的吸收和扩散;②材料内部缺陷和空穴的测定;③不同材料的非均匀混合;④材料间的分子作用;⑤结构变化的空间分布;⑥材料本身或内部的流动性能和过程;⑦固化或反应过程的变化;⑧材料内部的梯度和由表面开始的组成梯度。

图 4.40(a)示出苯在不同老化程度的天然橡胶中扩散与时间的关系。图 4.40(b)示出进行扩散测试的 NMR 探针[77],该探针可用于研究溶剂在固体高聚物内的扩散情况。图 4.40 中横坐标是一维剖面图,纵坐标是时间轴,橡胶与溶剂接触从 2 min 开始到接触 30 min 终止。图 4.40 示出在 170℃老化过程中橡胶结构发生的变化,在较短的老化时间内(55min,100 min),较长的 T_2 表示老化表层,它表明较低的交联密度有利于扩散和溶胀。随老化时间的延长,氧自由基聚合导致橡胶交联,较高的交联密度阻碍了溶胀,但由于材料的破裂并没有抑制溶剂在网络中的扩散。由此,利用 NMRI 能够测定溶剂在高聚物内的扩散时间,进而推断出其扩散行为的模型[78]。图 4.41 示出橡胶片材被拉伸撕裂后的双量子滤波 NMRI 像[79]。对 ^{1}H NMR 得到的数据进行略微平滑处理后得到图像如图 4.41(a)所示,其信噪比较低且对比不明显。利用双量子成像,能够在断裂缺口中心的高应变区域显示较高的信号强度。图 4.41(b)是通过双量子氘代 NMR 显示的应力分布图像,与限定元素分析方法模拟的应力分布[图 4.41(c)]一致。显然,双量子氘代 NMR 与 ^{1}H NMR 得到的图像是一致的,但是前者通过更强数据平滑处理,得到的

图像质量更高。

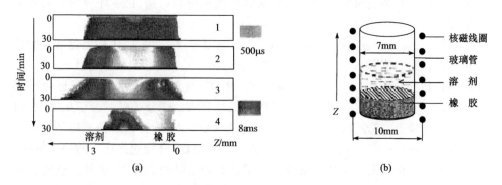

图 4.40　苯在天然橡胶中一维扩散 NMRI 图[77]

(a)苯在不同老化程度的天然橡胶中扩散与时间的关系；(b)进行扩散测试的 NMR 探针

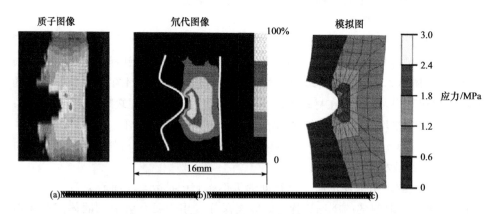

图 4.41　橡胶片材被拉伸撕裂后的双量子滤波 NMRI 像[79]

(a)对 ^{1}H NMR 得到的数据进行略微平滑处理后得到图像；(b)双量子氘代 NMR 显示的应力分布图像；

(c)限定元素分析方法模拟的应力分布

5. 表征结晶形态

NMR 是唯一可以与 X 射线衍射相比的高聚物结晶结构表征方法，它在晶体形态的表征方面具有较强的能力。纤维素是一种 β-(1→4)-D-糖苷键连接的线形高聚物，由 X 射线衍射发现存在四种结晶形态，即纤维素 I、II、III 和 IV，不同晶型纤维素的 C-1、C-4 和 C-6 的化学位移具有明显的差别，这种差别可能是因为不同晶型纤维素的链构象转变或晶体堆砌对吡喃葡萄糖单元 C-4 和 C-6 的影响差异造成的。不同晶型纤维素的 CP/MAS ^{13}C NMR 化学位移数据汇集于表 4.7 中[80]。固体 NMR 不仅能够反映不同纤维素晶型化学位移的差别，还能显示同属纤维素 I 型的天然纤维素在 C-1 和 C-4 上不同的精细结构，如图 4.42 所示[80]。此外，NMR

还能用于定量测定结晶度。基于在非晶区的链段运动显示窄谱线，而晶区的刚性链以及分布在非晶区的刚性链产生宽谱线，因此可以利用宽、窄谱线的峰面积（S_b 和 S_n）求取结晶度χ_c[81]：

$$\frac{\chi_c}{1-\chi_c} = \frac{S_b}{S_n} \tag{4-2}$$

表 4.7　不同晶型纤维素的 CP/MAS ^{13}C NMR 化学位移数据[80]

晶型	^{13}C NMR 化学位移		
	C-1	C-4	C-6
Cellulose I	105.3~106.0	89.1~89.8	65.5~66.2
Cellulose II	105.8~106.3	88.7~88.8	63.5~64.1
Cellulose III$_I$	105.3~105.6	88.1~88.3	62.5~62.7
Cellulose III$_{II}$	106.7~106.8	88.0	62.1~62.8
Cellulose IV$_I$	105.6	83.6~83.4	63.3~63.8
Cellulose IV$_{II}$	105.5	83.5~84.6	63.7

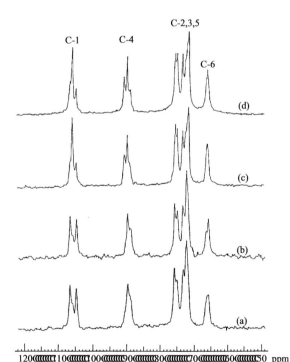

图 4.42　同属纤维素 I 型的天然纤维素的 CP/MAS ^{13}C NMR 谱[80]

(a)棉短绒；(b)苎麻；(c)细菌纤维素；(d)藻类纤维素

6. 表征固态结构

用[13]C NMR测量固体样品时,采用CP、MAS和DD技术的结合可明显提高分辨率,使其结果接近分子水平,达到定量、半定量的程度。图4.43示出四种不同乙酰度的甲壳素和壳聚糖试样的高分辨碳谱(^{13}C CP-MAS NMR)[82]。图4.43(a)～(d)的乙酰度依次减小,其中试样(a)为纯的甲壳素,试样(d)是纯壳聚糖。^{13}C NMR谱中,化学位移为173 ppm和23 ppm的峰分别代表甲壳素乙酰胺上的CH₃和C═O,它们依次减弱。由此表明,试样(a)和(d)的高分辨碳谱与从虾蟹壳中提取的α-甲壳素及其脱乙酰后的壳聚糖化学位移和峰的归属一致;两种中间取代度的试样(b)和(c)的碳谱则表现为两种纯试样图谱的叠加。然而,对于壳聚糖在86ppm处的特征C-4质子双峰和另一对C-6质子双峰仅出现在乙酰度最低的试样(d)的碳谱中。因此,高分辨固体[13]C NMR碳谱是表征复杂结构天然高分子结构的有效手段。

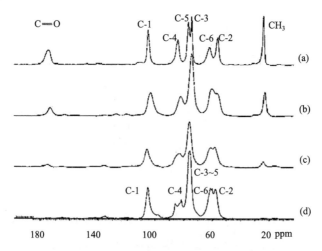

图4.43　不同乙酰度的甲壳素和壳聚糖试样的高分辨[13]C NMR谱[82]

(a)～(d)乙酰度依次减小

交联聚异戊二烯(天然橡胶)的[13]C NMR谱包括分离清楚的烷烃及烯烃两个部分。图4.44(a)为MAS/标量去偶(SD)技术研究含10％硫的天然橡胶在不同的硫化时间作用下交联产品测得的一套NMR谱[60]。随着硫化时间的延长,谱带逐渐加宽,因为交联点增加后限制了链段的运动,引起化学位移各向异性。同时,也出现了一些新的共振峰。同样的天然橡胶交联体系用固体CP/MAS/DD基本技术测得另一套NMR谱,如图4.44(b)所示。这两套谱有很大区别,其中CP/MAS/DD技术对较硬的链段,即交联区更敏感,而MAS/SD对易移动的部分即非交联区比较灵敏。因为MAS/SD主要反映非交联区或轻度交联区较为容易移动的链段信息,因而得到的谱带也相对尖锐一些。在硫化橡胶的MAS/SD[13]C NMR

谱的 50～90 ppm 中仅在 57.6 ppm 有一共振峰。然而,在 CP/MAS/DD ^{13}C NMR 谱中至少可在这一范围内发现 4 个峰,它们的化学位移为 82.7ppm、76.3ppm、67.8ppm 和 57.9 ppm。这些新的峰归属于硫化橡胶的化学交联结构。

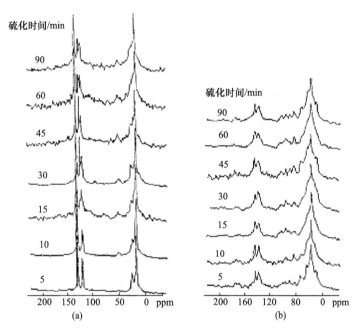

图 4.44　交联的天然橡胶的 MAS/SD ^{13}C NMR 谱(a)和它们的 CP/MAS/DD ^{13}C NMR 谱(b)[60]

测试条件为:室温,38MHz

4.2.3　X 射线衍射分析

1. X 射线衍射方法[23,83]

采用粉末状晶体或多晶体为试样的 X 射线衍射均称为粉末法。由于粉末晶体有无数取向,因此当一定波长 X 射线入射时总会有晶粒的晶面与 X 射线夹角 θ 满足衍射条件,产生衍射环。换言之,只有 X 射线入射到面间距为 d 的原子面网,并满足 Bragg 条件的特定 θ 角($2d\sin\theta = n\lambda$)时才会引起 n 次反射。此时底片上每个圆环代表一个 (hkl) 面网,衍射圆轨迹为以入射 X 射线为轴,以 2θ 为半顶角的圆锥(图 4.45)。由此,θ 角表达如下:

$$\theta = \frac{1}{2}\arctan(x/L) \qquad (4-3)$$

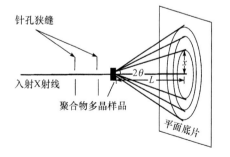

图 4.45　平面底片(平板)照相法

式中:x 为衍射环半径;L 为样品至底片间距离。由 Bragg 公式:

$$d = \frac{\lambda}{2\sin\left[\dfrac{1}{2}\arctan(x/L)\right]} \quad\quad (4-4)$$

式中:d 为衍射晶体的平面距离;λ 为入射的 X 射线波长。

一种市售的凝胶多糖(curdlan)粉末,制备成无水纤维试样,然后用 X 射线衍射分析它的晶体结构[73]。图 4.46 示出这种凝胶多糖干态的 X 射线纤维衍射图。

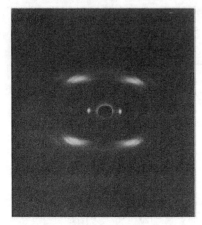

图 4.46　凝胶多糖干态的 X 射线
纤维衍射图[73]

由实验数据得知,它为六方形晶胞,且晶胞参数为:$a=b=(14.41 \pm 0.05)$Å,$c=(5.87 \pm 0.5)$Å。同时,计算出它的密度为 1.55 g/cm³,它与实验测出的密度 1.53 g/cm³ 相符。由衍射数据和密度说明,每个晶胞单元包含 6 个葡萄糖残基,即每个晶胞含一条三螺旋链。

对于单晶或纤维状样品可以采用圆筒底片法(旋转晶体法)。它的照相底片沿圆筒相机壁安装[图 4.47(a)],使纤维轴与圆筒形底片轴一致,入射 X 射线垂直于纤维轴,得到的衍射斑点排列在一些平行直线上(称层线),如图 4.47(b)所示。由于实际上高聚物材料取向往往不完全,衍射斑点沿着 Debye-Scherrer 环形成弧状,这样的图形常称为纤维图。由于入射 X 射线垂直于纤维轴,纤维轴和分子链轴方向一致(常常是 c 轴)。根据 Laue 方程可得到计算 c 的表达式:

$$c\cos\gamma = l\lambda \quad\quad (4-5)$$

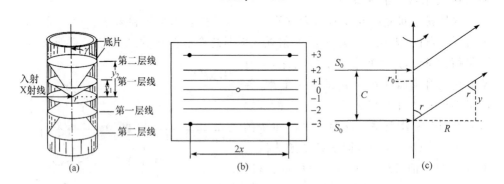

图 4.47　基于底片沿着圆筒相机壁安装的旋转晶体法(a),层线的形成 (b),
纤维等同周期的计算几何图(c)

式中:γ 为衍射线与分子轴夹角;l 为层线数。当 $l=0$ 时,圆锥是一平面,它与圆筒底片相截,称为赤道线,指数为 $hk0$。赤道线的上面是第一层线,指数为 $hk1$;第二层为 $hk2$;……。由图 4.47(c)得

$$ctan\,\gamma = y/R \qquad (4-6)$$

式中:R 为圆筒底片半径;y 为直接在底片上测得的层线间距离。纤维等同周期 c 可由式(4-7)得

$$c = \frac{l\lambda}{\cos[\mathrm{Carctan}(y/R)]} \qquad (4-7)$$

图 4.48 示出纤维素 I、III$_1$、IV$_1$、II、III$_{II}$ 和 IV$_{II}$ 型的 X 射线衍射谱[27]。它们具有不同的谱图形状、衍射角和结晶度。这些纤维素结晶各个平面所对应的衍射角列于表 4.8 中。由此可以看出,结晶变体的差异在于晶胞中两条分子链(除纤维素 I$_a$ 外)堆砌方式、晶胞尺寸和氢键网络的不同。

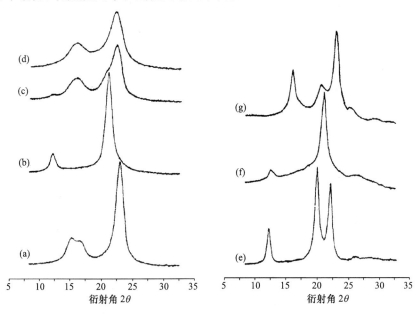

图 4.48　纤维素 I 和 II 的 X 射线衍射图[27]

(a)苎麻纤维素 I；(b)从苎麻制备的纤维素 III$_1$；(c)从纤维素 III$_1$ 得到的纤维素 IV$_1$；

(d)从液氨中得到的纤维素 IV$_1$；(e)纤维素 II；(f)纤维素 III$_{II}$；(g)纤维素 IV$_{II}$

目前,在各种测定结晶度的方法中,X 射线衍射法被公认为具有明确意义并且应用最广泛。用 X 射线衍射方法测得的结晶度用 χ_c 表示。χ_c 可由式(4-8)求得

$$\chi_c = \frac{I_c}{I_c + K_x I_a} \qquad (4-8)$$

表 4.8　不同纤维素晶体的 X 射线衍射角[27]

晶型	衍射角 $2\theta/(°)$			
	$1\bar{1}0$	110	020	012
纤维素 I	14.8	16.3	22.6	——
纤维素 II	12.1	19.8	22.0	——
纤维素 III$_I$	11.7	20.7	20.7	——
纤维素 III$_{II}$	12.1	20.6	20.6	——
纤维素 IV$_I$	15.6	15.6	22.2	——
纤维素 IV$_{II}$	15.6	15.6	22.5	20.2

式中:I_c 及 I_a 分别为在适当角度范围内的晶相及非晶相散射积分强度;K_x 为校正常数。用 X 射线衍射仪,采用 Cu K_a 靶对纤维素粉末在 $2\theta=6°\sim40°$ 范围内进行扫描。由衍射强度曲线拟合可以求算样品的结晶度。在传统分析中,一般采用 X 射线衍射谱分峰后由结晶部分的面积除以总的面积求取 χ_c。

此外,根据 Scherrer 方程式 $L_{hkl}=k\lambda/\beta\cos\theta$ 可以计算样品的表观微晶尺寸(ACS),它表达为以下形式:

$$\text{ACS}=\frac{k\lambda}{\beta\cos\theta} \tag{4-9}$$

$$\beta=(B^2-b^2)^{1/2} \tag{4-10}$$

式中:k 为仪器参数,其值为 0.89;λ 为 Cu K_a 射线的波长,其值为 1.5406 Å;θ 为对应于 $(1\bar{1}0)$、(110) 和 (200) 三个平面的 Bragg 衍射角;b 为仪器常数,其值为 0.1°;B 为实验测得 $(1\bar{1}0)$、(110) 和 (200) 平面衍射峰的半峰高宽;β 为衍射线宽。

2. 广角 X 射线衍射表征结构

1) 取向度

天然高分子通常含有某种取向,如 DNA 就以双螺旋链相互取向盘绕存在;蛋白质(头发和羊毛)以 α-螺旋链的取向盘绕。纤维素、木聚糖也都是具有择优取向的聚合物。广角 X 射线衍射法(wide-angle X-ray diffraction,WAXD)可以测量聚合物晶区取向度(degree of orientation)。未取向结晶高聚物的 X 射线衍射图是一些同心圆,经过取向后,衍射图上的圆环退化成圆弧。随着取向程度的增加,圆弧变短。高度取向时,圆弧可缩小为衍射点。二维广角 X 射线衍射图通常可以计算聚合物晶区取向度。通过平面两维广角 X 射线衍射图通常只是得到衍射空间的一个截面的信息,一般首先假定测量的聚合物样品具有纤维对称性,再进行纤维对称性校正(corrected for the effects of the curvature of the ewald sphere,fraser correction)。这样才可以通过用式(4-11)进行取向度计算。

$$\langle \cos^2\phi \rangle = \frac{\int_{\phi_1}^{\phi_2} I(s,\phi)\cos^2\phi\sin\phi \mathrm{d}\phi}{\int_{\phi_1}^{\phi_2} I(s,\phi)\sin\phi \mathrm{d}\phi} \qquad (4-11)$$

式中：$I(s,\phi)$ 为 X 射线衍射强度函数，ϕ 为两维广角 X 射线衍射图上方位角（azimuthal angle），在赤道线方向上其值为 0，s 为散射矢量。通常，取向的程度可以用 $(\bar{P}_2)$ 表示：

$$\bar{P}_2 = (3\langle\cos^2\phi\rangle - 1)/2 \qquad (4-12)$$

由此可见，当无规取向时，$\bar{P}_2 = 0$，$\phi = 54°44'$；完全取向时，$\bar{P}_2 = 1$，$\phi = 0$；一般取向以及螺旋取向时，$0 < \bar{P}_2 < 1$。

图 4.49 示出纤维素纤维平面二维广角 X 射线衍射图（a）和纤维对称性校正后得到的平面二维广角 X 射线衍射图（b）[84]。它示出再生纤维素纤维（S3）与原始的棉短绒浆（纤维素 I）的衍射谱不同。再生的纤维 S3 仅表现为纤维素 II 型结构。这表明，纤维素经过溶解纺丝已经由纤维素 I 型结构完全转变为纤维素 II 型结构。晶面（020）可以用来计算取向值：

$$\bar{P}_{2,(020)} = (3\langle\cos^2\phi\rangle - 1)/2 \qquad (4-13)$$

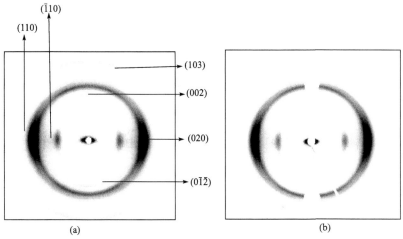

图 4.49　纤维素纤维平面二维广角 X 射线衍射图（a）和纤维对称性校正后得到的平面二维广角 X 射线衍射图（b）[84]

由于晶面（020）衍射峰处于赤道方向，那么高分子相对于纤维轴方向（c 轴方向）的取向度 $\bar{P}_{2,g}$ 应通过式（4-14）计算。$\bar{P}_{2,g}$ 又称为 Hermans 取向因子。

$$\bar{P}_{2,g} = -2\bar{P}_{2,(020)} \qquad (4-14)$$

由此计算出该纤维素纤维的 $\bar{P}_{2,g}$ 值为 0.60。

2) 结晶度和晶区尺寸

结晶度是天然高分子的一个重要的结构参数。分峰法是广角 X 射线衍射法测量聚合物结晶度的一种重要方法。在进行分峰之前，平面二维广角 X 射线衍射图要进行空气衍射校正和纤维对称性校正。校正后得到二维广角 X 射线衍射图，并对它进行积分转化成一维 X 射线衍射强度(I)对衍射矢量(s)作图。图 4.50 给出分峰法计算纤维素结晶度的方法和结果[85]。其中，图 4.50(a)是纤维素的一维 X 射线衍射强度(I)对衍射矢量 (s)作图；(b)为根据纤维素 II 型晶体计算得到的一维 X 射线衍射强度 (I) 对衍射矢量 (s)作图；(c)为各个(hkl)晶面的衍射峰。每个(hkl)晶面的衍射峰是根据计算值[曲线(b)上的峰值]分配的。其中位于($s=2.17/$ nm)的宽峰是非晶衍射峰。纤维素的结晶度可以根据各个(hkl)晶面衍射峰的面积之和与总的峰面积(包括非晶衍射峰)之比计算得到。根据以上分峰法，每个(hkl)晶面的衍射峰的峰高除以峰面积可以简便计算基于(hkl)晶面的晶区尺寸。

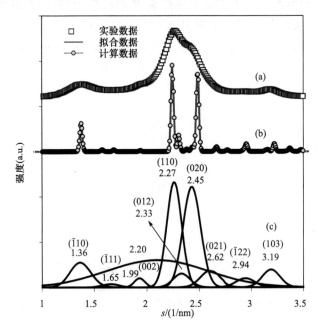

图 4.50　分峰法计算纤维素结晶度和晶区大小[85]

3) 晶胞参数

晶胞参数 (unit cell parameters)可以通过二维广角 X 射线衍射图经过简单的方法计算得到。一个(hkl)晶面的晶面距离可以通过式(4-15)计算得到。

$$d_{(h,k,l)} = 1/s \qquad (4-15)$$

$$s = 2\sin\theta/\lambda \qquad (4-16)$$

式中：θ 为 Bragg 线衍角；λ 为 X 射线波长。对于立方晶系，晶面距离和晶胞常数的关系较简单，晶胞常数 a 可以通过任意一个(hkl)晶面的晶面距离由式(4-17)计算得到。纤维素具有多种晶体结构，最常见的包括纤维素 I_α、纤维素 I_β 和纤维素 II 晶体。纤维素 I_α 属于三斜晶系，而纤维素 I_β 和纤维素 II 属于单斜晶系。纤维素经过湿法纺丝后得到纤维素 II，其晶胞参数可以通过式(4-18)计算得到。

$$d_{(h,k,l)} = \frac{a}{\sqrt{h^2 + k^2 + l^2}} \tag{4-17}$$

$$d_{(h,k,l)} = \left[\frac{(h^2/a^2) + (l^2/c^2) - (2hl/ac)\cos\beta}{\sin^2\beta} + \frac{k^2}{b^2} \right]^{-1/2} \tag{4-18}$$

式中：h，k，l 为 Miller 系数；a，b，c 为晶胞常数；β 为晶轴 a 和晶轴 c 的夹角。

4) 二维同步辐射源 X 射线衍射谱

在高速电场中，电子高速运动会发出 X 射线，其能量远远超过一般 X 射线。由此可以把这种 X 射线引入到广角 X 射线衍射仪和小角 X 射线散射仪辐射源，达到瞬时完成样品测量以及高分辨率的目的。于是出现了同步辐射源(synchrotron radiation) 广角 X 射线衍射和同步辐射源小角 X 射线散射。一种由纤维素溶解于预冷到 $-5 \sim -8$℃的 9.5%(质量分数)NaOH/4.5%(质量分数)硫脲水溶液并通过湿法纺丝制备的新型纤维丝(S4)[85, 86]。采用同步辐射源的广角 X 射线衍射研究了这种新纤维在不同成型阶段的结构变化。图 4.51 示出经过不同程度拉伸取向的纤维素纤维的二维同步辐射源 X 射线衍射谱 (synchrotron wide-angle X-ray diffraction)。S1、S2、S3 和 S4 依次表示经过纺丝机第一辊、第二辊、第三辊和加热辊的纤维。衍射弧与取向度有关，一般随取向程度的增加，弧变短、变窄。X 射线衍射结果指出，新纤维的凝固过程首先再生并形成纤维素 II 型的(1$\bar{1}$0)晶面，然后它的(110)/(020)晶面进一步取向。刚从 10% H_2SO_4/15% Na_2SO_4 凝固浴再生的初生纤维只在赤道方向上对应于(110)/(020)晶面(衍射矢量 s 处于 2.2～2.5/nm)的位置显示宽的特征衍射弧，而在 s 处于 1.36/nm 处纤维素 II 晶型特有的(110)晶面衍射弧非常微弱。从图 4.51 中可以看出，在初生态的纤维中纤维素超分子的有序结构并没有完成，即纤维素 II 晶型的(1$\bar{1}$0)晶面已经形成，然而并没有形成三维结构的空间取向。随着纤维的进一步拉伸和凝固再生过程的进行，以及水洗、增塑等处理后，(110)/(020)晶面的特征衍射弧明显变窄且更加清晰，揭示这种纤维的取向程度逐渐增加。由此得出，该体系所得到的新型纤维素纤维的 Hermans 的取向因子($\bar{P}_{2,g}$)依次为 0.50(S1)、0.55(S2)、0.58(S3)和 0.60(S4)，它小于黏胶纤维(0.68)，因为它只是小型中试品而黏胶丝是工业产品。图 4.52 示出新型纤维素丝和黏胶丝两种纤维的二维同步辐射源 WAXD 图谱，它们仅显示出纤维素 II 型的衍射峰。图 4.52 中，(a)、(b)和(c)分别代表新型纤维素纤维 SU-3、SU-4-i 和商业黏胶纤维的 WAXD 图谱。它们都显示出较清晰且短的弧，反映出一定程度的取向，而且商业黏胶丝的取向度明显高于实验产品 SU-3 和 SU-4-i。然而，未拉伸取向的原始纤维素的 X 射线衍射图则显示完整的同心圆环，如图 4.52(a)所示。

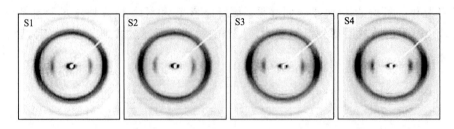

图 4.51　不同程度拉伸取向的纤维素丝的二维同步辐射源 X 射线衍射谱[85]

S1、S2、S3 和 S4 依次表示经过纺丝机第一辊、第二辊、第三辊和加热辊的纤维

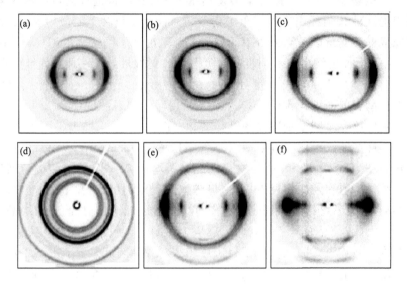

图 4.52　不同纤维素纤维的二维同步辐射源 X 射线衍射谱[86]

(a)SU-3 纤维；(b)SU-4-i 纤维；(c)商业黏胶纤维；(d)棉短绒浆(纤维素 I)；(e)黏胶丝 1；(f)强力丝 2

3. 小角 X 射线散射法[87~92]

对于高聚物亚微观结构，即尺寸在数十埃乃至上千埃以下的结构时，需要采用小角 X 射线散射(small-angle X-ray scattering, SAXS)方法研究。X 射线小角散射是在靠近原光束附近很小角度内电子对 X 射线的漫散射现象，也就是在倒易点阵原点附近处电子对 X 射线相干散射现象。小角散射花样、强度分布与散射体的原子组成以及是否结晶无关，仅与散射体的形状、大小分布以及它与周围介质电子云密度差有关。可见，小角散射的实质是由体系内电子云密度的起伏引起的。

1) 小角 X 射线散射的基本原理

图 4.53 示出产生小角散射的典型胶体粒子体系。其中，图 4.53(a)是粒子形状相同、大小均一稀疏分散随机取向的稀薄体系。在该体系中，每个粒子内部均具有均匀的电子密度且各粒子的电子密度均相同，即体系中没有电子密度起伏；同

时,粒子本身尺寸与粒子间距离相比要小得多,故可以忽略粒子间的相互作用,整个体系的散射强度为每个粒子散射强度的简单加和。图 4.53(b)是粒子形状相同、大小均一,各粒子均具有相同的电子密度且随机取向的稠密体系。粒子本身尺寸与粒子间距离可比,故不能忽略粒子间的相互作用。整个体系的散射强度为各粒子本身的散射强度与粒间散射干涉作用的加和。图 4.53(c)是粒子形状相同、大小不均一的稀薄体系。在该体系中,各粒子随机取向且具有相同的电子密度,粒子尺寸与粒间距离相比要小得多,故粒间的干涉作用可以忽略。图 4.53(d)是粒子形状相同、大小不均一的稠密体系。在这一体系中,它与(c)不同之处在于粒间的干涉作用不能忽略。图 4.53(a′)、(b′)、(c′)和(d′)是它们的互补体系,即空白处不是聚合物。由于图 4.53 中(a)-(a′)～(d)-(d′)是互补关系,故它们的小角 X 射线散射效果是相同的。它们在高聚物体系中的空洞(微孔)或与其大小、形状相同的粒子,具有同样的散射图谱。此外,尚有电子密度不均匀体系和具有长周期结构的体系,后者是结晶聚合物常见的结构。图 4.54 示出高聚物典型小角散射强度(I)曲线,其中曲线(a)为对应于理想体系;(b)为多层次结构体系;(c)为多分散性体系,即不均一体系 SAXS 散射强度实验曲线是凹面曲线[图 4.54(c)]。对于稠密体系除了考虑每个粒子(或微孔)的散射外,还必须考虑粒子间相互干涉的影响,因而实验曲线产生极大部分[图 4.54(d)和(e)],有长周期存在的纤维小角散射曲线常属此类型。

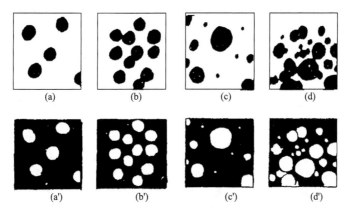

图 4.53　产生小角散射的典型胶体粒子体系

2) 小角散射强度公式

对于 N 个具有形状相同、大小均一的稀薄体系的粒子,如果体系中的粒子全部任意排列,则散射函数取其平均值,总的散射强度为

$$I(s) = I_e n^2 N \exp\left(-\frac{4\pi^2 \varepsilon^2 R_g^2}{3\lambda^2}\right) \tag{4-19}$$

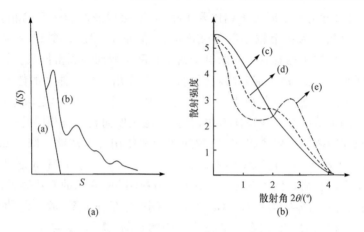

图 4.54　高聚物典型小角散射强度曲线

式中:R_g 为体系的旋转半径。式(4-19)即为 Guinier 近似式,它是小角散射的基本公式。式(4-19)给出小角散射强度 I 与散射角 ε(弧度)的关系。式(4-19)等号两边取对数,得

$$\lg I(s) = \lg I_e n^2 N - \left(\frac{4\pi^2 R_g{}^2}{3\lambda^2}\lg e\right)\varepsilon^2 \qquad (4-20)$$

若由实验得出不同散射角的 $I(s)$,则可在半对数坐标上由 $\lg I(s)$ 对 ε^2 作图。若它们为直线关系,则由斜率求得 R_g 值。此外,也可以用 $\lg I(s)$ 对散射矢量 $s^2 = (2\sin\theta / \lambda)$ 作图求取 R_g 值。

　　图 4.55(a)和(b)示出聚合物典型 SAXS 散射图。其中图 4.55(a)为未取向聚合物的 SAXS 图;图 4.55(b)为取向纤维的 SAXS 图[2]。SAXS 花样通常有连续和不连续两种类型。在连续的场合,散射强度随散射角连续变化,不出现极大值。

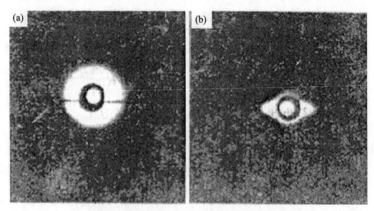

图 4.55　聚合物典型 SAXS 散射图[2]

(a)未取向聚合物的 SAXS 图;(b)取向纤维的 SAXS 图

当试样无取向时,图形是圆形对称的,而取向试样的图形是非圆形对称的。结晶高聚物的散射图形是不连续的,即在某一散射角处出现强度最大值,当它没有取向时图形变为圆环,有取向时变为圆弧、平行线或斑点等。高聚物的长周期(L)的大小可由 Bragg 公式进行计算:

$$2L\sin\theta = n\lambda \tag{4-21}$$

式中:n 为反射级数。当 $\theta \to 0$ 时,式(4-21)可以写成:

$$L\varepsilon = n\lambda \quad (2\sin\theta = \varepsilon) \tag{4-22}$$

小角 X 射线衍射图赤道方向的条形峰可以用来估算聚合物的纤维长度。因为赤道方向的条形峰一般是由聚合物试样中平行于聚合物链方向的纤维结构衍射形成的。除此之外,聚合物中与链方向平行的纤维结构的空隙也导致赤道方向的条形峰。由于聚合物中密度差决定小角 X 射线衍射强度,聚合物中的空隙与其临近聚合物具有最大的密度差,也就提供最大的 X 射线衍射强度。聚合物中与链方向平行的纤维结构的空隙将导致极其强的赤道方向的条形峰。平行于聚合物链的聚合物纤维结构(和空隙)通常容易出现在聚合物拉伸的试样中。如果长周期为 L 的纤维(空隙)完全处于纤维方向,赤道方向的条形峰的峰宽在倒数空间里将与射线矢量($s = 2\sin\theta/\lambda$)无关;如果纤维(空隙)的长度不一致,也不是完全处于纤维方向,那么纤维(空隙)的长度和取向将决定赤道方向的条形峰的分布(图 4.56)。

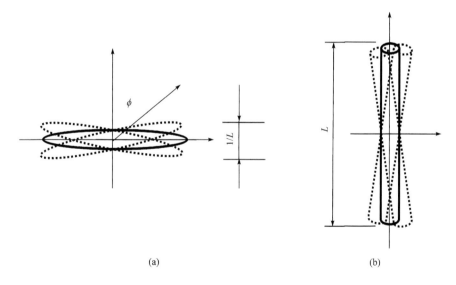

(a)　　　　　　　　　　　　　　　　　　(b)

图 4.56　真实空间(b)中纤维(空隙)的长度和取向与倒数空间中(a)的
赤道方向的条形峰的分布

在小角 X 射线衍射图赤道方向的条形中,方位角变动范围(azimuthal angular spread)B_{obs} 与射线矢量(s)之间的关系可以通过式(4-23)来描述。

$$B_{obs} = \frac{1}{Ls} + B_\phi \qquad\qquad (4-23)$$

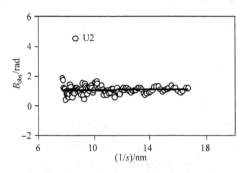

图 4.57　新型再生纤维素纤维的
小角 X 射线衍射图赤道方向的
条形峰的 B_{obs} 与 $1/s$ 的关系

式中：B_ϕ 为纤维（空隙）非取向的分布；L 为纤维的平均周期长度。图 4.57 示出新型再生纤维素纤维的小角 X 射线衍射图赤道方向条形峰的 B_{obs} 与 $1/s$ 的关系。在图 4.57 中，再生纤维素的赤道方向的条形峰主要是由于空隙导致的，通过线性拟合可求得空隙的长度和取向。

3）小角 X 射线散射表征结构

小角 X 射线散射图（SAXS）可以用来分析高分子尺寸的较大范围（$1\times 10^0 \sim 1\times 10^2$ nm）的结构、晶区与非晶区结构、微结构形状与取向等。通过相关函数（correlation function）可以精确地计算聚合物的晶区与非晶区间隔长度，即薄片长周期（lamella long period）。晶区与非晶区间隔长度也可用式（4-24）简单地估计，它可以用于比较简单的小角 X 射线衍射图。

$$L = 1/s \qquad\qquad (4-24)$$

二维同步辐射源 SAXS 可以更快速和清晰地得到高分子材料微结构信息。一种纤维素溶于 NaOH/尿素水溶液（低温）中进行湿法纺丝后，得到新型再生纤维素纤维。它的典型二维同步辐射源小角 X 射线散射图如图 4.58(c) 所示。纬线方向的峰宽而强，显示再生纤维素纤维中含有垂直于纤维方向的晶区与非晶区间隔层面结构。同时，图 4.58 也示出新型再生纤维素丝在不同拉伸取向过程得到的丝以及商业黏胶丝的二维同步辐射源 SAXS 图谱[44]。这些再生纤维素丝的 SAXS 图谱都显示出较尖锐和拉长的赤道条纹，以及相对弱和短的子午线峰，表明有取向结构存在。图 4.58(a)～(c) 是在不同拉伸辊上取下的纤维素丝，而且其拉伸程度依次增加。结果表明，随拉伸取向程度的增加，赤道线方向的条纹变尖锐、变长。同时，新型再生纤维素丝的 SAXS 图谱与商业黏胶丝存在一些差别。通常，条纹的产生是由纤维中的微孔结构引起，而且与纤维的取向程度密切相关。拉长了的赤道条纹显示纤维中存在针状孔洞，并且它沿着纤维轴平行排列；短的子午线条纹显示存在由纤维素结晶区和非晶区组成的周期性层状结构。通过中试纺丝设备得到的纤维素丝随拉伸程度的增大，它们的力学性能也增加。最后从干燥辊得到的再生纤维素丝 [图 4.58 (c)、(d) 和 (e)] 具有相对高的强度（18 ～ 21 cN/tex）和一定的断裂伸长率（2%～18%）。纤维素丝 U-8-I 和 U-9-I 是由工业级试剂制备出的新型纤维素丝。纤维的层面结构的长周期可以通过式(4-24)简单地估计。图 4.59 示出小角 X 射线衍射图纬线方向的线衍强度(I)与线衍变量(s)的关系。图 4.59 中的峰值被 X 射线光束阻塞(beam stopper)截止,这说明峰值将出现在 $s<0.01/nm$ 的位置。由图 4.59 并按照式(4-24)计算得出这种新型纤维素纤维的晶区与非晶区间隔长度(L)将大于 100 nm。

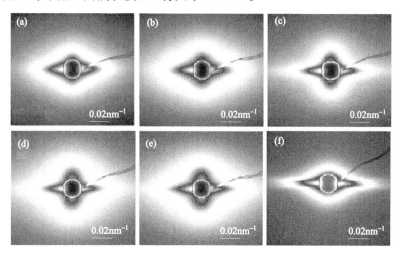

图 4.58　新型再生纤维素丝在不同拉伸取向过程得到的丝
以及商业黏胶丝的二维同步辐射源 SAXS 图谱[44]

(a)U-7-I;(b)U-7-II;(c)U-7-III;(d)U-8-I;(e)U-9-I;(f)商业黏胶丝

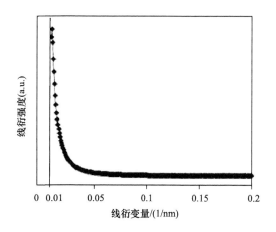

图 4.59　小角 X 射线衍射图纬线方向的线衍强度(I)
与线衍变量(s)的关系

小角 X 散射可以用来测量刚性链圆柱体截面的半径(R_g)。刚性圆柱体可以是聚合物中在分子间作用力下由分子链形成的微结构,也可以是高分子中外力作用下产生的空隙。刚性链圆柱体的截面直径($2R_g$)可以根据 Guinier 近似式确定：

$$qI(q) \approx \exp(-R_g^2 q^2/2) \tag{4-25}$$

其中

$$q = 2\pi s$$

式中：s 为散射矢量；I 为散射强度，简化后得

$$\ln(qI(q)) = -\frac{R_g^2 q^2}{2} + \text{const.} \tag{4-26}$$

由 $\ln qI(q)$ 对 q^2 作图，线性拟合即可求得刚性链圆柱体截面的半径。图 4.60 示出未交联海藻酸钠胶体 SAXS 数据分析的截面 Guinier 图[93]。结果表明，未交联的海藻酸钠胶体 LoG_{230}、InG_{155} 和 HiG_{160} 分子链的 R_g 分别为 4.6Å、3.5Å 和 3.1Å。

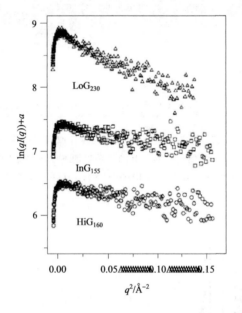

图 4.60　未交联海藻酸钠胶体 SAXS 数据分析的截面 Guinier 图[93]

4.2.4　显微技术

1. 透射电子显微镜

透射电子显微镜（transmission electron microscope，TEM）的结构包括照明系统、成像系统、观察和记录系统。照明系统由电子枪和聚光镜组成。电子枪相当于光镜中的光源，由阴极、阳极、栅极组成，其作用是发射具有一定能量的电子，这些电子经聚光镜（即电磁透镜）进一步汇聚为具有一定能量和一定直径的电子束。成像系统由物镜、中间镜和投影镜组成。物镜位于样品下方，对成像质量具有决定性作用。观察和记录系统包括观察室、荧光屏和照相底片暗盒等。图 4.61 示出透

射电子显微镜装置的示意图。

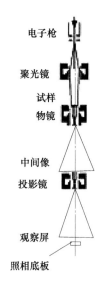

透射电子显微镜的样品很薄,为超薄切片。当
电子束打在样品上时,电子易透过,透过的电子称
为透射电子;有的电子碰到原子核就透不过而被散
射,而且运动方向和速度发生变化,这些电子被称
为是散射电子。透射电子显微镜是利用透射电子
和部分散射电子成像,其像显示出不同的明暗程
度,即衬度。成像的衬度主要有振幅衬度和相位衬
度,而振幅衬度主要包括散射衬度和衍射衬度。散
射衬度是非晶态形成衬度的主要原因,而衍射衬度
是晶体样品的主要衬度。高分辨电子显微像给出
的是相位衬度。

图 4.61　透射电子显微镜
装置的示意图

透射电子显微镜可以观察非晶态和晶态高聚
物的形态与结构、微米级以下粒子的形态和尺寸、
分子量较大的高聚物分子尺寸和形状以及纳米粒
子尺寸及剥离和插层形状等。图 4.62 示出壳聚糖纳米级晶须和聚己内酯悬浮液
中甲壳素晶须的透射电子显微镜(TEM)照片[94]。如图 4.62 所示,该晶须在悬液
中呈二维纳米状态,并形成刚性网络结构。由它们制备的这种复合膜中,聚己内酯
是基体,壳聚糖晶须具有增强作用,因而大大提高基体物质的力学性能和耐热性。

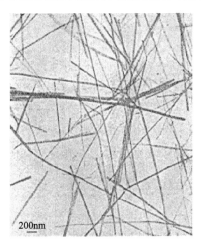

200nm

图 4.62　甲壳素晶须/聚己内酯共混物的 TEM 照片[94]

TEM 可以直接地观察插层和剥离结构的高分子/黏土复合材料的聚集态结
构。一种用蒙脱土(MMT)和大豆分离蛋白(SPI)制备出的 SPI/MMT 纳米复合
材料(MS)是用单螺杆挤出机混合挤出后再在 140 ℃和 20 MPa 下模压成型得到

的。试片中 MMT 含量(质量分数)分别为 8%、16%和 24%的编号为 MS-8、MS-16 和 MS-24。用 TEM 可以直接地观测 SPI/MMT 试片微观结构,如图 4.63 所示[67]。MS-8 试片中剥离的硅酸盐片层在无规分布在蛋白质基质中,片层厚度约为 1 nm,长度约为 30 nm[图 4.63(a)]。这充分证明 MS-8 试片中 MMT 的结构属于高度剥离型。对于 MS-16 试片[图 4.63(b)],SPI 分子插层进入绝大多数的层状 MMT 晶体,d 值约为 6 nm。与此同时,MMT 颗粒在蛋白质基质中出现了一定程度的团聚。当 MMT 含量达到 24%(质量分数),MS-24 试片中的这种团聚现象变得更加明显,蛋白质和 MMT 之间甚至发生了相分离[图 4.63(c)]。

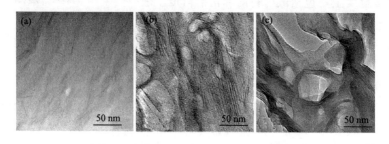

图 4.63 　蛋白质塑料 SPI/MMT 的 TEM 照片[67]
(a)MS-8;(b)MS-16;(c)MS-24

　　TEM 可以直接地观察高分子胶束的形貌变化[95]。羟乙基纤维素(HEC)是一种水溶性的纤维素衍生物。其具有良好的生物相容性和生物可降解特性。将其与丙烯酸通过自由基接枝共聚得到一种接枝共聚物(HEC-g-PAA),该衍生物具有pH 依赖和敏感特性,能在水中通过自组装形成胶束。该胶束随着环境的 pH 变化,其形貌发生变化。图 4.64 示出 HEC 接枝共聚物胶束在不同 pH 环境下的TEM 照片。图 4.64(a)示出 CAA-1 胶束在酸性介质的形貌,它们均为完整的核壳球形。图 4.64(b)是 4.64(a)的放大图。由于 HEC 与聚丙烯酸(PAA)的链刚性不同,该胶束的核和壳的形貌不同。在 pH 1.3 时,由于 PAA 与 HEA 的链相互

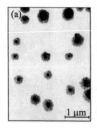 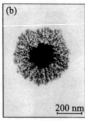 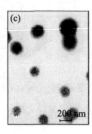 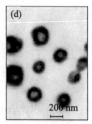 

图 4.64 　羟乙基纤维素接枝共聚物胶束在不同 pH 环境下的 TEM 照片[95]
(a)在 pH 1.3 条件下形成的胶束 CAA-1;(b)(a)的放大图;(c)在 pH 1.3 条件下形成的胶束 CAA-2;
(d)通过交联和透析的中空球 CAA-2;(e)在 pH 1.3 条件下,通过调整交联度和 PAA 比例的胶束 CAA-2

缠结,胶束的核更致密,然而仅仅由 HEC 组成的核则相对松散。随着 PAA 含量的增加,胶束(CAA-2)呈现更清晰的核和壳结构,该核所占的体积比例更大,如图 4.64(c)所示。经交联后的胶束 CAA-2 则形成具有明显核壳结构的中空球,如图 4.64(d)所示。由于 HEC 和交联的 PAA 链是亲水性很强的高分子,通过交联的中空球的壳容易溶胀而塌陷,导致中空球变成尺寸更小的球,如图 4.64(d)所示。因此,TEM 照片表明了 HEC-*g*-PAA 自组装的过程,并指出通过控制环境的 pH,可使它从胶束变到中空球,然后再转变成实心球。

2. 扫描电子显微镜

扫描电子显微镜(scanning electron microscope, SEM)的基本装置示意图如图 4.65 所示,主要包括电子光学系统、样品室、信号处理与显示系统和真空系统四个部分。电子光学系统主要由电子枪、电磁透镜和扫描线圈组成。由电子光学系统产生的电子束与样品表面相互作用产生不同的信号(如二次电子、背散射电子)。信号处理与显示系统则对这些信号进行收集、处理,最后在显像管上成像或用记录仪记录。对于不同的信号必须采用各种相应的信号检测器。二次电子检测器是扫描电子显微镜最基本的检测器,它是一种闪烁体-光导管-光电倍增管复合结构形式。扫描电子显微镜的成像是用二次电子和背散射电子成像。其图像是按一定时间、空间顺序逐点扫描形成的,并在镜体外的显像管上显示出来。二次电子像是扫

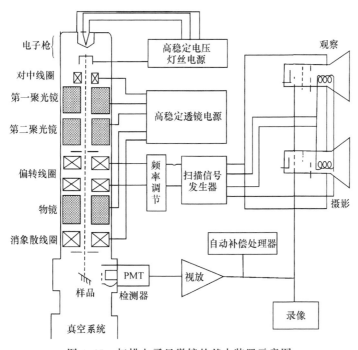

图 4.65 扫描电子显微镜的基本装置示意图

描电子显微镜中应用最广泛、分辨率最高的一种图像。它们的成像过程为：由电子枪发射出电子束，并在电压的加速下射向样品，途中经物镜再次汇聚成很小的斑点聚焦。样品表面上的入射电子与样品相互作用，并激发出二次电子。二次电子收集极将各方向发射的二次电子汇集，经加速电极加速后射到闪烁体上转变成光信号，然后通过光电倍增管及视频放大器，在荧光屏上呈现出明暗程度不同的二次电子图像。

扫描电子显微镜的衬度主要有两种：①表面形貌衬度。二次电子发射量的多少取决于样品表面起伏的状况，尖棱、小粒子和坑穴边缘对二次电子产率有较大的贡献。②原子序数衬度。二次电子发射量的多少也取决于元素的原子序数，序数高的元素产生的二次电子多。因此，对于都是由 C、H 等元素组成的高分子材料而言，为了增加二次电子的发射量，需要在样品表面溅射一层很薄的重金属。SEM 样品的一般制样过程是：干燥、粘贴、喷金、观察。由于天然高分子材料大多数都是由低原子序数的 C、H、O 和 N 等元素组成的，而且绝大多数是绝缘材料，所以需要在样品表面喷镀一层导电层，一般采用金、铂或碳等。

扫描电子显微镜可以观测天然高分子及其改性材料的表面和内部结构和形态、微球和微纤维的表面形貌和尺寸、共混高聚物的多相态结构。图 4.66 示出电纺再生蚕丝形貌的 SEM 照片[96]。在图 4.66 中，从左到右逐渐放大（放大倍数依次为：1000、5000、35 000），而且从上到下纺丝液的浓度从 5% 增加到 19.5%。SEM 结果表明，原丝的浓度对再生蚕丝的纤维直径大小起着重要作用。当丝浓度小于 5% 时，在任何电场和纺丝距离下都不能形成纤维。当丝浓度为 8% 时，可形成带有珠滴的不规整的分叉纤维，直径小于 30 nm。当浓度超过 12% 时，不论何种电场和纺距都可以得到较好的纤维；但是在浓度为 19.5% 时，则所得纤维的平均直径比低浓度电纺的纤维大得多（图 4.66 最底部照片）。图 4.67 示出 N-甲基化壳聚糖微球［NMC-g，(a)］及其包药微球［NMF-g，(b)］的 SEM 照片[97]。这些微球经喷金后存放 28 天再用扫描电子显微镜观察。可以看

图 4.66　电纺再生蚕丝形貌的
SEM 照片[96]

电场为 4kV/cm；纺丝距离 5cm；纺丝液浓度
从上到下为 5% 到 19.5%

出,它们的表面很圆滑,其平均直径为 $2 \sim 5 \mu m$,而且包药(氧氟沙星)微球的直径略大于未包药的。

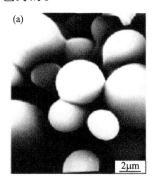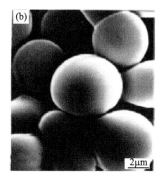

图 4.67　N-甲基化壳聚糖微球[NMC-g,(a)]和其包药微球[NMF-g,(b)]的 SEM 照片[97]

用 SEM 表征由壳聚糖和聚乙二醇共混液通过电纺丝的材料结构和形貌示于图 4.68 中[98]。可以看出,2% 的壳聚糖乙酸溶液和 3% 的聚乙二醇溶液按照质量比为 90∶10 混合液经电纺丝后的纤维具有很好形貌。该电纺丝纤维可作为造骨细胞的培养载体,它具有良好的细胞相容性,可作为细胞的培养骨架。

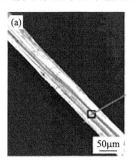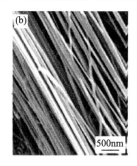

图 4.68　(a)壳聚糖和聚乙二醇共混液通过电纺丝的 SEM 照片
(b)是其放大图[98]

3. 原子力显微镜

原子力显微镜(AFM)是将一个对微弱力极敏感的微悬臂一端固定,另一端有一个微小的针尖,其尖端原子与样品表面原子间存在极微弱的排斥力($1 \times 10^{-8} \sim 1 \times 10^{-6}$ N),利用光学检测法或隧道电流检测法,通过测量针尖与样品表面原子间的作用力获得样品表面形貌的三维信息。当针尖接近样品时,将受到力的作用使悬臂发生偏转或振幅改变。悬臂的这种变化经检测系统检测后转变成电信号传递给反馈系统和成像系统,记录扫描过程中一系列探针变化可获得样品表面信息图像。原子力显微镜主要由检测系统、扫描系统和反馈控制系统组成,其结构示于图 4.69 中[2]。悬臂的偏转或振幅改变可以通过光反射法、光干涉法、隧道电流法、电

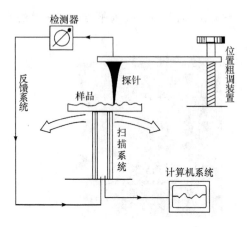

图 4.69　原子力显微镜的结构示意图[2]

容检测法等检测。目前，AFM 系统中常用的是激光反射检测系统，由探针、激光发生器和光检测器组成。探针由悬臂和悬臂末端的针尖组成，悬臂的背面镀一层金属以达到镜面反射。在接触式 AFM 中 V 形悬臂是常见的一种类型。共振式 AFM 中则由单晶硅组成，探针末端的针尖一般呈金字塔形或圆锥形，针尖的曲率半径与 AFM 分辨率直接有关。原子力显微镜的成像模式可分为"接触模式"、"非接触模式"和"共振模式"三种[99]。接触模式（con-tact mode）是指探针与试样相互接触，相互作用力位于 F-S 曲线的斥力区。非接触模式（non-contact mode）是指原子力显微镜的探针与试样保持一定的空间距离，相互作用力位于 F-S 曲线的引力区。共振模式（tapping mode）是指悬臂在 z 方向驱动共振，并记录 z 方向扫描器的移动而成像，适用于易形变的软质样品。共振模式可有效防止样品对针尖的黏滞现象和针尖对样品的损坏，并能得到真实反映形貌的图像，而且能保证样品检测的重现性。

　　在 AFM 基本操作系统的基础上，通过改变探针、成像模式或针尖与样品间的作用力可测量样品的多种性质。目前，AFM 已有多种形式，主要有：①侧向力显微镜（lateral force microscopy，LFM）。测量悬臂受到水平方向的力（摩擦力）而发生的偏转运动，通过记录偏转程度获得样品表面摩擦力分布图像及凝聚形态。②扫描黏弹性显微镜（scanning viscoelasticity microscopy，SVM）。在扫描器 z 方向上加正弦振动（应变），悬臂受反作用力也产生周期振动（应力），从而测量样品表面的模量，评价样品表面的黏弹性。③磁力显微镜（magnetic force microscopy，MFM）。其探针针尖包裹一层铁磁性材料，检测样品与针尖间磁场诱导的悬臂共振频率的变化，研究样品表面的空间磁场分布，可以用作研究表面磁场分布情况。④静电力显微镜（electrostatic force microscopy，EFM）。其探针带有电荷，用于研究表面电荷载体密度的空间变化。⑤化学力显微镜（chemical force microscopy，CFM）。其针尖表面用特殊的官能团修饰，通过检测针尖上功能基团和样品表面基团之间黏滞力的差别，研究黏性、润滑、高分子表面基团的性质和分布，以及生物体系中的键合识别作用等。其他还有诸如激光力显微镜（LFM）、表面电位显微镜（SEPM）、力调制显微镜（FMM）和相检测显微镜（PDM）等。此外还有采用金刚石针尖的金属悬臂的纳米压痕技术（nanoindenta-tion）和纳米加工技术（nanolithography）。

　　原子力显微镜的分辨率包括侧向分辨率和垂直分辨率。图像的侧向分辨率取决于采集图像的步宽和针尖形状。针尖影响主要表现在两个方面：针尖曲率半径和针尖侧面角[100]。曲率半径决定最高侧向分辨率，而探针的侧面角决定最高表面比率特征（high aspect ratio feature）的探测能力。通常，针尖曲率半径越小，则越能分辨精细结构。样品的陡峭面分辨程度取决于针尖的侧面角大小。侧面角越小，分辨陡峭样品表面的能力就越强。AFM 的垂直分辨率与针尖无关，而主要受噪声影响。此外，它还与扫描器分辨率和数值记录像素等因素有关。

　　原子力显微镜可以用于精确地观察高聚物的表面形貌、颗粒三维尺寸、大分子单链及其伸展状态、纳米粒子形态和尺寸等，其测量尺寸可达纳米级。图 4.70 示出不同含量的玉米淀粉（HACS）和果胶组成的涂料表面的三维 AFM 图像[101]。AFM 扫描是对样品在丁醇中以浇铸模式进行中完成的。从图 4.70 中可以看出，这些共混膜都具有均一的表面形貌，而且反映表面起伏程度的 z 均值随 HACS 含量的增加而增大。许多疾病是由于蛋白质错误折叠导致的。因此，研究蛋白质的折叠变化过程是很重要的。该变化过程可以通过微小纤维蛋白的聚集来表征。AFM 可用于研究细小纤维的聚集过程[102]。图 4.71 示出叙利亚鼠蛋白质（Syrian hamster prion protein，H1）聚集过程的 AFM 照片。这些照片包括新鲜 H1 溶液（a）和在摇床中结晶 48h 后样品（b,c）的 AFM 照片。新鲜的 H1 溶液显示出表面光滑，厚度为 1.5 nm，长度为 100 nm 的稀薄原细纤丝，如图（a）所示。图 4.71 中存在一些长度超过 800 nm 的微纤维，可能由一些短的微纤维卷曲形成，表明这些

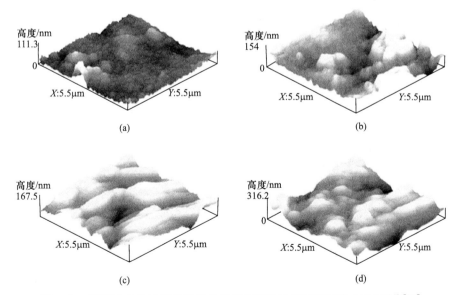

图 4.70　不同含量的玉米淀粉和果胶组成的涂料表面的三维 AFM 图像[101]

（a）100％果胶；（b）90％果胶/10％玉米淀粉；（c）50％果胶/50％玉米淀粉；（d）25％果胶 75％玉米淀粉

微纤维具有一定的弹性。同时,这些微纤维可由 β-折叠的蛋白质单链聚集而成。然而 48 h 后,微纤维聚集体变为厚度 3 nm,长度超过 800 nm 的聚集态,如图 4.71 (b)和(c)所示。AFM 和 TEM 也用于研究 DNA 与磷酸胆碱嵌段共聚物的形貌。磷酸胆碱功能基(phosphorylcholine,PC)存在于自然界的细胞膜中,而且基于 PC 功能基的高分子具有亲水性特性,可作为生物相容性好的 DNA 载体材料。因此,研究 DNA 与磷酸胆碱嵌段共聚物的结构和形貌可以帮助寻找合适的基因载体[103]。将嵌段共聚物的稀溶液滴在铜网上,用滤纸吸干水分,在空气中干燥,然

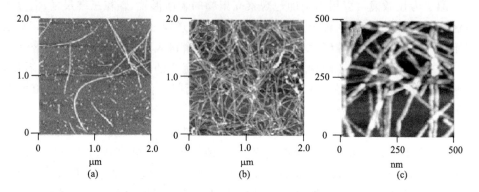

图 4.71　叙利亚鼠蛋白质聚集过程的 AFM 照片[102]

(a)新鲜的 H1 蛋白立即稀释 50 倍;(b)制备好的溶液储存 2 d;(c)(b)的放大图
(a)和(b)的扫描速度为 1 Hz,面积为 2μm×2μm;(c)扫描速度为 2 Hz,
扫描视野尺寸为 500nm×500nm

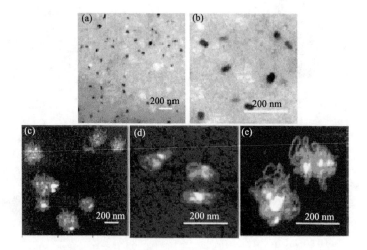

图 4.72　DNA 与磷酸胆碱嵌段共聚物 DMA₆₀ MPC₃₀ 的 TEM(上)和 AFM(下)照片[103]

TEM 照片[(a)和(b)]:单体/核苷的物质的量比为 2∶1,AFM 照片[(c)、(d)和(e)]($z=10$ nm),其中,(a)和(c)照片的观察面积为 1.5 μm×1.5μm,(b)、(d)和(e)的扫描视野尺寸为 500 nm×500 nm

后再在高真空度条件下观察得到其 TEM 照片。将嵌段共聚物的稀溶液滴在云母片上直接观察得到 AFM 的结果。嵌段共聚物中的 MPC 具有高度亲水性,使其在水溶液中呈现舒展状态,因此,AFM 的观察结果反映了嵌段共聚物在溶液中的形貌,而 TEM 的观察结果则反映了嵌段共聚物的聚集体形貌。图 4.72 示出 DNA 与磷酸胆碱嵌段共聚物 $DMA_{60}MPC_{30}$ 的 TEM 和 AFM 照片。该共聚物中 DNA 的嵌段数为60,而 MPC 段的数目为 30,由 TEM 图看出,它们是尺寸为:长(52 ± 12)nm,宽(32 ± 8)nm($n = 100$)的短棒。AFM 照片显示,$DMA_{60}MPC_{30}$ 的聚集态形貌主要为花形结构、部分呈块状结构,块状结构的尺寸为:长(163 ± 57)nm,宽(129 ± 51)nm($n = 41$),如图 4.72(c)和(d)所示。因此,通过 TEM 和 AFM 的结果能够很好地反映出天然高分子从松散的溶液状态到紧密聚集体的形貌变化过程。

4.2.5　电子自旋共振谱

1. 原理和方法

电子自旋共振(electron spin resonance,ESR)又称电子顺磁共振(electron paramagnetic resonance,EPR),是 1945 年发展起来的一种新技术[104]。它可用于检测和研究具有未成对电子的化合物,主要有自由基和过渡金属元素中某些价态的化合物。因此,ESR 谱是记录在外磁场内分子的未成对电子自旋能级间跃迁的技术,它可用于研究自由基引发或其他引发的聚合过程、高聚物降解和氧化过程、大分子迁移以及聚集态结构中的链段和分子运动等。

分子中的电子除了绕原子核做轨道运动外,还不停地做自旋运动。做轨道运动时产生轨道角动量和轨道磁矩,而自旋运动则产生自旋角动量和自旋磁矩。在一般情况下,由于电子的轨道磁矩比自旋磁矩小得多,因而分子的磁矩主要由各电子的自旋磁矩贡献。只有在同一轨道上具有未成对电子的化合物如自由基才具有顺磁性,才能作为 ESR 的研究对象。根据量子力学原理,电子的自旋磁矩在 z 方向的分量为

$$\mu_z = -g\beta M_s \qquad (4-27)$$

式中:g 为一个无量纲的因子,称为"g 因子",自由电子 g 因子的数值 $g_e = 2.002\ 319$;β 为磁矩的最小单位,称为"玻尔磁子",其值为 0.9273×10^{-20} erg[①]/$Gs^{[②]}$。M_s 可取 $\pm 1/2$ 两个值。一个未成对电子在外磁场 H 中,可以处在两个不同的能级上,即 Zeeman 能级。如果在垂直于外磁场 H 的方向上加上频率为 ν 的电磁波,而且 ν 和 H 满足下列关系:

$$\Delta E = h\nu = g\beta H \qquad (4-28)$$

---

① 　$1erg = 10^{-7}J$,下同。

② 　$1Gs = 10^{-4}T$,下同。

式中:ΔE 为电子在两状态间跃迁的能量;h 为 Planck 常量;ν 为射频波的频率。由此,一部分低能级的电子会吸收电磁波的能量跃迁到高能级上去,这就是电子自旋共振吸收现象。实现共振吸收可以通过改变电磁波频率或改变磁场强度两个途径,然而一般采用固定电磁波频率改变磁场强度这一途径。

电子自旋共振条件应该满足方程(4－28),此处 H 表示一个未成对电子所受的各种磁场的矢量和,包含了电子受到外加静磁场和其他附加磁场的作用。第一种附加磁场是自旋电子本身的轨道运动所产生的磁场。将这种自旋-轨道的相互作用局部磁场的作用纳入 g 因子中,这样共振吸收条件就变为

$$\Delta E = h\nu = g\beta H_r \qquad (4-29)$$

其中 H_r 不再是一个未成对电子受的总磁场,而是共振吸收时外加的静磁场。因此,g 因子在本质上反映了局部磁场的特征,它是一个能够提供分子结构信息的重要参数。实验表明,自由基的 g 值与 g_e 十分接近,因为它的轨道磁矩贡献小,有时不到 1%。

当电子不仅绕其轴且绕其轨道移动时,除了自旋以外,电子还可以具有附加角动量(也称作轨道角动量)。置于外磁场(H_0)中具有自旋量子数 $M_s=1/2$ 的电子仅具有两种取向[图 4.73(a)]:① 与磁场同向(平行取向,较低能态);② 与磁场反向(反平行取向,较高能态)。按平行取向的电子能从微波-频率源吸收能量(ΔE)且能在一定条件下产生电子自旋共振,进入反平行取向,即电子的 Zeeman 裂分。这种吸收的能量以 ESR 谱图的形式记录[图 4.73(b)和(c)]。此外,较高能量的电子经常要回到较低的能态。两种无辐射过程在高能电子失去(弛豫)能量中起着重要作用:①自旋-晶格弛豫过程,在该过程中能量差(ΔE)传递到(同一分子或另外分子上的)相邻原子上;②自旋-自旋弛豫过程,在该过程中 ΔE 传递到相邻的原子上。这两种弛豫过程的速率分别取决于自旋-晶格弛豫过程的半衰期(T_1)(通称自旋-晶格弛豫时间,s)和自旋-自旋弛豫过程的半衰期(T_2)(通称自旋-自旋弛豫时间,s)。T_1 可由迅速除去入射的微波源后观测信号回到平衡强度的时间来决定,T_2 按式(4－30)由线宽计算:

$$\frac{1}{T_2} = \frac{g\beta\Delta H_{1/2}}{\hbar} \quad (\text{s}^{-1}) \qquad (4-30)$$

式中:g 为 g 因子,无量纲;h 为常数 Bohr 磁子,$\hbar = h\,/\,2\pi$;$\Delta H_{1/2}$ 为吸收峰最大值半高的两点间线宽(G)。弛豫时间(Δt)与线宽($\Delta H_{1/2}$)和频率变化($\Delta\nu$)之间具有以下关系(测不准原理):

$$\Delta E\Delta t \approx h/2\pi \approx 常数 \qquad (4-31)$$

或

$$\Delta\nu\Delta t \approx h/2\pi \approx 常数 \qquad (4-32)$$

或

$$g\beta\Delta H_{1/2}\Delta t \approx h/2\pi \approx 常数 \qquad (4-33)$$

式(4-33)的一般规律是:①若 Δt 小,则 $\Delta \nu$ 大(快速弛豫),在 ESR 谱上呈现宽吸收线;②若 Δt 大,则 $\Delta \nu$ 小(缓慢弛豫),在 ESR 谱上呈现窄吸收线。

在分析 ESR 光谱时必须考虑它的四个特征:①线的形状;②线的强度;③线的位置;④线的裂分。ESR 线的形状通常用与 Lorentz 和 Gauss 谱线的形状相比来描述。这两种线的特征可测量参数如表 4.9 所示。ESR 线的强度意味着信号的总高度,它是共振试样吸收的全部能量。ESR 线的强度即吸收曲线下的面积,每一个 ESR 信号下的面积与试样(每克、每毫升或每毫米长度的试样)中未成对自旋的数目成比例。

表 4.9　由 Lorentz 和 Gauss 谱线表征的 ESR 测量参数[81,105]

参　数	Lorentz 谱线	Gauss 谱线
半高峰宽	$\Delta H_{1/2}$	$\Delta H_{1/2}$
峰间线宽	$\Delta H_{PP}=\dfrac{H_{1/2}}{\sqrt{3}}$	$\Delta H_{PP}=\left(\dfrac{2}{\ln 2}\right)^{1/2}\dfrac{\Delta H_{1/2}}{2}$
峰幅	$A=\dfrac{2}{\pi\Delta H_{1/2}}$	$A=\left(\dfrac{\ln 2}{\pi}\right)^{1/2}\dfrac{2}{\Delta H_{1/2}}$
峰间幅度	$B=\dfrac{3\sqrt 3}{\pi}\dfrac{1}{(\Delta H_{1/2})^2}$	$B=\left(\dfrac{2}{e\pi}\right)^{1/2}\dfrac{2\ln 2}{(\Delta H_{1/2})^2}$
正部分的峰幅	$C=A\left(\dfrac{2}{\Delta H_{1/2}}\right)$	$C=A\left[\dfrac{16e^{3/2}\ln 2}{(\Delta H_{1/2})^2}\right]$
负部分的峰幅	$D=-A\left(\dfrac{8}{\Delta H_{1/2}}\right)$	$D=-A\left(\dfrac{8\ln 2}{\Delta H_{1/2}}\right)$

具有未成对电子的体系置于磁场中引起电子能级数目增加的现象叫做裂分。将未成对电子放在磁场中,能级的数目从 $1(E=E_0)$ 增加到 2 (图 4.73)。若有一个磁核(如质子、^{1}H)在未成对电子附近,则电子的磁矩将受核的磁矩的取向所影响。这种相互作用的结果使每一磁能级裂分为若干亚能级(图 4.74)。这种电子和磁核的相互作用称为超精细相互作用。该能级裂分称为超精细裂分。超精细裂分的亚能级数目与核磁矩的可能取向数相同。超精细裂分常数(ΔH)是光谱中两条超精细线间的距离(图 4.74),用高斯(Gs) 度量。电子自旋标记(spin label)和电子自旋探针(spin probe)这两种技术用于研究稳定的氮氧自由基,如 4-羟基-2,2,6,6-四甲基哌啶(TEMPOL)。电子自旋标记方法是将氮氧自由基用化学的方法键合到高分子链的某一部位,因此可以较直接地研究高分子链的结构和运动情况。自旋标记是一种涉及不同的氮氧基与抗磁聚合物(即不含有未成对电子,也不给出 ESR 谱图)的共价键结合的技术。由此,测量稳定氮氧基 ESR 谱图的线宽可得到分子跃迁的信息。电子

自旋探针方法是将稳定的自由基-氮氧自由基混入被研究的聚合物体系中,通过氮氧自由基旋转状态的变化间接地获得高分子链运动的信息。自旋探针技术应用于研究混合于聚合物(不形成化学键)中的不同氮氧自由基和它们在聚合物松弛和跃迁过程中的扰动,应用此技术时聚合物矩阵中的氮氧自由基浓度为 $10\sim100$ mg/L。

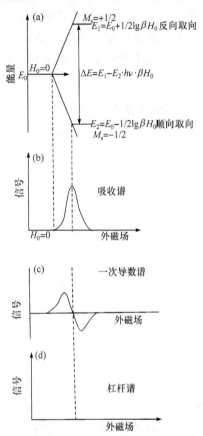

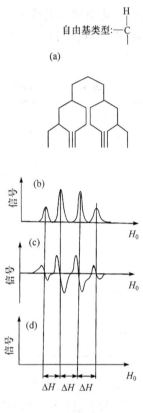

图 4.73　未成对电子在磁场(H_0)中,磁场中电子自旋的能量裂分(Zeeman 分裂)(a),ESR 吸收曲线谱(b),ESR 的一次导数曲线(c)和 ESR 杠杆谱(d)[105]

图 4.74　含 3 个等性质子的自由基的自旋能级图(a),ESR 吸收谱(b),ESR 一次导数谱(c),ESR 杠杆谱(d)

相邻二杆之间的 ΔH 是超精细分裂常数杆长度正比于多峰的强度[105]

2. 结构表征

ESR 能够有效地检测聚合物聚集态的分子运动和微观结构,从而进一步描述某一组分的化学环境。可以采用两种方法将 TEMPOL 混入高分子材料中,即将它混入或键合在大分子链上。一种改性的天然高分子材料是将 TEMPOL 以标记形式键合到大分子上,它在聚氨酯(PU)及其与苄基淀粉(BS)反应时加入,由此制备出相应的材料 PU_L 以及半互穿网络聚合物 $UBS20_L$ 和 $UBS50_L$,它们分别含

20％和 50％苄基淀粉(BS)。图 4.75 示出试膜 PU_L、$UBS20_L$ 和 $UBS50_L$ 在不同温度下的 ESR 谱图[106]。可以看出,在低温下它们都显示典型较宽的粉末谱,表明探针 TEMPOL 转动得非常缓慢。随温度的增加,分子运动自由度也增加,ESR 谱越来越接近探针在溶液中的尖锐对称谱。谱线外侧最大分离度($2A_{zz}$)是非常灵敏的光谱参数,常用 $2A_{zz}$(单位:Gs)的变化表征聚合物体系分子运动随温度变化的情况。T_{50Gs} 是指 $2A_{zz}$ 等于 50 Gs 时对应的温度,它反映分子链受热而引起的链段运动,因此直接与聚合物的 T_g 相对应。试膜 PU_L、$UBS20_L$ 和 $UBS50_L$ 的 $2A_{zz}$ 随温度的变化关系示于图 4.76 中。

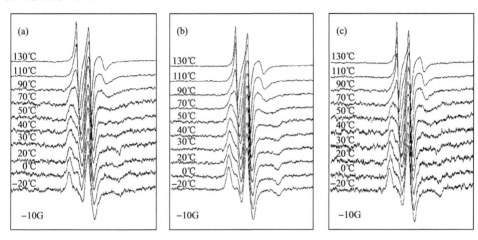

图 4.75　试膜 PU_L(a)、$UBS20_L$(b)和 $UBS50_L$(c)在 $-20\sim130$℃ 范围的 ESR 谱图[106]

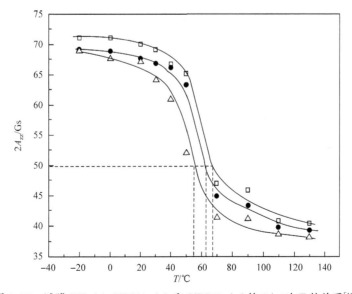

图 4.76　试膜 PU_L(□)、$UBS20_L$(●) 和 $UBS50_L$(△)的 $2A_{zz}$ 对 T 的关系[106]

从图 4.76 中可以得到它们的 T_{50Gs} 分别为 67℃、62℃ 和 55℃，此时的 T_{50Gs} 对应于 PU 组分的玻璃化转变温度。可以看出，T_{50Gs} 随着 BS 的引入及其含量的提高而下降，表明 PU 分子链上的 TEMPOL 旋转变得更容易。这是由于 BS 的加入降低了 PU 网络的交联密度，PU 分子链上的 TEMPOL 具有更大的自由体积。这一结果与它们的 DSC 和 DMTA 结果相一致。用顺磁物质的 ESR 谱描述聚合物分子运动的优点在于没有其他干扰重叠信号的出现。因此，这种探针技术可以用来检测天然高分子聚集态中分子间的相互作用、分子运动、链段尺寸等。

ESR 技术已用于研究菜豆蛋白（*Phaseolus vulgaris* L. protein）的热诱导聚集行为[107]。在两种 pH 条件下，分别用一种顺磁探针 3-[（2-isothiocyanoethyl)carbamoyl]-proxyl 键接到原始菜豆蛋白质和加热熟化的菜豆蛋白质中提取的赖氨酸残基上，所得的 ESR 谱图如图 4.77 所示。图 4.77 最上方的谱线为纯顺磁探针的 ESR 曲线，显示出尖锐的对称峰，它是典型氮氧自由基的三线 ESR 谱图。图 4.77(a) 和（b）分别为原始菜豆蛋白质在 pH 为 6.5 和 12 时的 ESR 谱线；图 4.77(c) 和（d）分别为熟化后的菜豆蛋白质在 pH 为 6.5 和 8.5 时的 ESR 谱线。结果表明，后者在加热和 pH 改变的条件下，它们的碱基发生解离，蛋白质的亚单元发

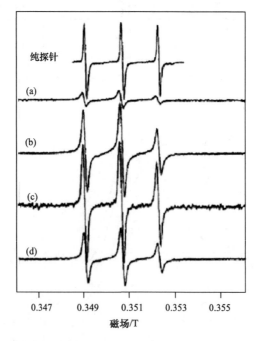

图 4.77　原始菜豆和熟菜豆蛋白质用顺磁探针标记的 ESR 谱图[107]

(a)和(b)分别为原始菜豆蛋白质在 pH 为 6.5 和 12 时的谱线；(c)和(d)分别为熟化后
菜豆蛋白质在 pH 为 6.5 和 8.5 时的谱线；图最上方为纯探针 ESR 谱线

生重组,并形成分子量更高的聚集体。因而,与原蛋白不同,加热后的蛋白质(c)和(d)谱线变宽。它表明变性蛋白亚单元解离后重组的聚集体的 ESR 探针的流动性减弱,这反映残留赖氨酸的利用度减小。

参　考　文　献

1　何曼君,陈维孝,董西侠. 高分子物理. 上海:复旦大学出版社,1990

2　殷敬华, 莫志深. 现代高分子物理学. 北京:科学出版社, 2001

3　崔福斋,冯庆玲. 生物材料学. 北京:科学出版社,1997

4　Zhang L, Guo J, Zhou J et al. J Appl Polym Sci, 2000, 77：610～616

5　Salem L, Can J. Biochem Physiol, 1962, 40：1287～1293

6　李庆国. 分子生物物理学. 北京:高等教育出版社,1992

7　Gardner K H, Blackwell J. ACS Symposium Series. In：Arthur Jr J C Ed. American Chemical Society：Washington, DC, 1974. 42～55

8　Gardner K H, Blackwell J. Biopolymers, 1974, 13：1975～2001

9　Sarko A, Muggi R. Macromolecules, 1974, 7：486～494

10　Kondo T, Sawatari C, Manley R St J, Gray D G. Macromolecules, 1994, 27：210～215

11　Kondo T. J Polym Sci, Part B：Polym Phys, 1994, 32：1229～1236

12　Kondo T, Miyamoto T. Polymer, 1998, 39：1123～1127

13　Hinterstoisser B, Salmen L. Vibrational Spectroscopy, 2000, 22：111～118

14　蒋挺大. 甲壳素. 北京:化学工业出版社, 2003

15　陶慰孙,李惟,姜涌明. 蛋白质分子基础. 第二版. 北京:高等教育出版社,2002

16　Brander L, Tooze J. Introduction to protein structure, New York：Carland Publishing Inc, 1991. 3～30

17　申洋文,徐辉碧,庞代文. 化学生物学与生物技术. 北京:科学出版社,2005

18　Ko T P, Ng J D, McPherson A. Plant Physiol, 1993, 101：729～744

19　Ko T P, Ng J D, McPherson A. Acta Crystallog Sect D, 2000, 56：411～420

20　Adachi M, Takenaka Y, Gidamis A B, Mikami B, Utsumi S. J Mol Biol, 2001, 305：291～305

21　Maruyama1 N, Adachi1 M, Takahashi K et al. Eur J Biochem, 2001, 268：3595～3604

22　江明,府寿宽. 高分子科学的近代论题. 上海:复旦大学出版社,1998

23　Kaufaman H S, Falcetta J J. Introduction to Pollymer Science and Technology：An SPE Textbook. New York：John Wiley & Sons, 1977, 13～15

24　莫志深,张宏放. 晶体聚合物结构和 X 射线衍射. 北京:科学出版社,2003

25　Ziegler G R, Creek J A, Runt J. Biomacromolecules, 2005, 6：1547～1554

26　Sarko A. Recent X-ray crystallographic studies of celluloses. In：Young R A, Rowell R M eds. Cellulose-structure, modification and hydrolysis. New York：John Wiley & Sons, 1986. 29～49

27　Isogai A, Usuda M, Kato T, Uryu T, Atalla R H. Macromolecules, 1989, 22：3168～3172

28　Klemm D, Heublein B, Fink H P et al. Angew Chem Int Ed, 2005, 44：3358～3393

29　Kolpak K J, Blackwell J. Macromolecules, 1976, 9：273～278

30　高洁,汤烈贵. 纤维素科学. 北京:科学出版社,1999

31　Neus Anglès M, Dufresne A. Macromolecules, 2000, 33：8344～8353

32　Wada M, Nishiyama Y, Langan P. Macromolecules, 2006, 39：2947～2952

33　Oo stergetel G T, van Bruggen E F. Carbohydr Polym, 1993, 21：7～12

34　Buleon A, Colonna P, Planchot V et al. Inter J Biolog Macromol, 1998, 23: 85~112

35　Wu H C H, Sarko A. Carbohydr Res, 1978, 61: 7~25

36　Rappenecker G, Zugenmaier P. Carbohydr Res, 1981, 89: 11~19

37　Godet M C, Bizot H, Buléon A. Carbohydr Polym, 1995, 27: 47~52

38　Galinsky G, Burxhard W. Macromolecules, 1997, 30: 4445~4453

39　Merta J, Torkkeli M, Ikonen T et al. Macromolecules, 2001, 34: 2937~2946

40　Millane R P, Hendxixson T L, Morris V J, Caims P. Oxford. U. K.: Pergamon Press, 1992. 531

41　Chanzy H D, Grosrenaud A, Joseleau J P, Dube M, Marchessault R H. Biopolymers, 1982, 21: 301~309

42　Yui T, Ogawa K, Sarko A. Carbohydr Res, 1992, 229: 41~55

43　Takahashi Y, Kumano T. Macromolecules, 2004, 37: 4860~4864

44　Cai J, Zhang L, Chu B et al. Adv Mater, 2007, 19:821~825

45　Togawa E, Kondo T. J Polym Sci, Part B: Polym Phys,1999, 37: 451~459

46　Yamagishi T, Fukuda T, Miyamoto T et al. Liq Cryst, 1991, 10: 467~473

47　Guo J, Gray D. Macromolecules, 1989, 22: 2082~2086

48　Werbowyj R S, Gray D G. Mol Cryst Liq Cryst, 1976, 34: 97~103

49　Arrighi V, Cowie J M G, Vaqueiro P, Prior K A. Macromolecules, 2002, 35: 7354~7360

50　Chanzy H, Peguy A, Chaunis S, Monzie P. J Polym Sci, Polym Phys Ed ,1980, 18: 1137~1144

51　Wang L, Huang Y. Macromolecules, 2002, 35: 3111~3116

52　Zhao W, Kloczkowski A, Mark J. Chem Mater, 1998, 10: 784~793

53　Araki J, Kuga S. Langmuir, 2001, 17: 4493~4496

54　Carvalho A J F, Job A E, Alves N et al. Carbohydrate Polymers, 2003, 53: 95~99

55　Lu Y, Weng L, Zhang L. Biomacromolecules, 2004, 5: 1046~1051

56　Lu Y, Zhang L. Polymer, 2002, 43: 3979~3986

57　Klug W S, Cummings M R. Concepts of Genetics 5th edition. Prentice Hall, 1997. 101

58　张俐娜, 薛奇, 莫志深, 金熹高. 高分子物理近代研究方法, 武汉:武汉大学出版社, 2003

59　Koenig J L. Chemical Microstructure of Polymer Chains. New York: John Wiley & Sons, 1980

60　薛奇. 高分子结构研究中的光谱方法. 北京:高等教育出版社, 1995

61　沈德言. 红外光谱法在高分子研究中的应用. 北京:科学出版社, 1982

62　朱善农. 高分子材料的剖析. 北京:科学出版社, 1988

63　Siesler H W, Holland-Moritz K. Infrared and Raman Spectroscopy of Polymers. New York: Marcel Dekker INC Press, 1980

64　Bower D I, Maddams W F. The Vibrational Spectroscopy of Polymers. New York: Cambridge Press, 1989

65　Hinterstoisser B, Akerholm M, Salmén L. Biomacromolecules, 2003, 4: 1232~1237

66　Kontturi E, Thüne P C, Niemantsverdriet J. W. Langmui, 2003, 19: 5735~5741

67　Chen P, Zhang L. Biomacromolecules, 2006, 7: 1700~1706

68　Johnston C T, Premachandra G S. Langmuir, 2001, 17: 3712~3718

69　Ras R H A, Johnston C T, Franses E I et al. Langmuir, 2003, 19: 4295~4302

70　Ray S S, Okamoto K, Okamoto M. Macromolecules, 2003, 36: 2355~2367

71　Chen X, Knight D P, Shao Z, Vollrath F. Biochemistry, 2002, 41: 14944~14950

72　Yamaguchi Y, Nge T T, Takemura A et al. Biomacromolecules, 2005, 6：1941~1947

73　Deslandes Y, Marchessault R H, Sarko A. Macromolecules, 1980, 13：1466~1471

74　Saito H, Annu R. NMR Spectrosa, 1995, 31：157~170

75　Charlesby A. Radiat Phys Chem, 1992, 39：45~51

76　蒋子江. 化学世界, 1995, 11：563~565

77　Knörgen M, Arndt K F, Richter S et al. J Mole Struc, 2000, 554：69~79

78　杨玉良, 胡汉杰. 高分子物理. 北京：化学工业出版社, 2001

79　Demco D E, Blümich B. Curr Opion Solid State Mater Sci, 2001, 5：195~202

80　Horii F, Hirai A, Kitamaru R. Macromolecules, 1987, 20：2117~2120

81　拉贝克 J F. 高分子科学实验方法-物理原理与应用. 北京：科学出版社, 1987

82　Heux L, Brugnerotto J, Desbrières J, Versali M F, Rinaudo M. Biomacromolecules, 2000, 1：746~751

83　Alexander L E. X-Ray Diffraction Methods in Polymer Science. New York：Wiley Interscience, 1969

84　Chen X, Burger C, Wan F, Zhang J, Rong L, Cai J, Zhang L, Hsiao B S, Chu B. Biomacromolecules, 2007, in press

85　Chen X, Burger C, Fang D, Ruan D, Zhang L, Hsiao B, Chu B. Polymer, 2006, 47：2839~2848

86　Ruan D, Zhang L, Lue A, Zhou J, Chen H, Chen X, Chu B, Kondo T. Macromol Rapid Commun, 2006, 27：1495~1500

87　Mo Z S, Meng Q B, Feng J H et al. Polym Int, 1993, 32：53~60

88　Cheolmin Park, Claudio De Rosa et al. Macromolecules, 2000, 33：7931~7938

89　莫志深, 陈宜宜. 高分子通报, 1990, 3：178~183

90　Glatter O, Kratky O. Small Angle X-Ray Scattering. New York：Academic Press, 1982

91　Xia Z Y, Sue H J et al. Macromolecules, 2000, 33：8746~8755

92　Strobl G R, Schneider M. J Polym Sci, Part B：Polym Phys Ed, 1980, 18：1343~1359

93　Stokke B T, Draget K I, Kajiwara K et al. Macromolecules, 2000, 33：1853~1863

94　Morin A, Dufresne A. Macromolecules, 2002, 35：2190~2199

95　Dou H, Jiang M, Peng H, Chen D, Hong Y. Angew Chem Int Ed, 2003, 42：1516~1519

96　Sukigara S, Gandhi M, Ayutsede J et al. Polymer, 2003, 44：5721~5727

97　Peng X, Zhang L. Langmuir, 2005, 21：1091~1095

98　Bhattaraia N, Edmondsona D, Veiseha O, Matsenb F A et al. Biomaterials, 2005, 26：6176~6184

99　屈小中, 史燚, 金熹高. 功能高分子学报, 1999, 2：218~224

100　Zhang W K, Zou S, Wang C et al. J Phys Chem B, 2000, 104：10258~10264

101　Dimantov A, Dimantov E, Shimoni E. Food Hydrocollids, 2004, 18：29~37

102　Petty S A, Adalsteinsson T, Decatur S M. Biochemistry, 2005, 44：4720~4726

103　Chim Y T A, Lam J K W, Ma Y, Armes S P, Lewis A L, Roberts C J, Stolnik S, Tendler S J B, Davies M C. Langmuir, 2005, 21：3591~3598

104　Zavoisky E K. J Phys, 1945, 9：245

105　Rabek J F. Experimental Methods in Polymer Chemistry：Physical Principles and Applications. New York：John Wiley & Sons, 1980

106　Cao X, Zhang L. J Polym Sci, Part B：Polym Phys, 2005, 43：603~615

107　Carbonaro M, Nicoli S, Musci G. J Agric Food Chem, 1999, 47：2188~2192

第5章 天然高分子材料的性能和功能

迄今为止,在成千上万种高聚物中,由于受性能和功能的局限,仅 1% 种高分子材料具有应用价值。高聚物作为材料必须具备一定的力学性能、耐热性、电学性能、光学性能、磁性、阻燃性、生物相容性、智能性及生物降解性等[1]。尤其对来自可再生资源的天然高分子材料即将工业化并进入市场的产品,必须十分严格地评价它们的性能和功能。大多数天然高分子都具有大量功能基(—OH、—COOH、—NH—、—NHCO⁻、—PhOH、—NH₄⁺),它们可赋予材料各种功能,如智能、可生物降解性、生物相容性以及分离功能。因此,对高分子材料性能和功能的合理评价十分重要,它直接影响新材料的应用。

5.1 力 学 性 能

高分子材料在外力作用下其尺寸、形状会发生变化,所表现的各种行为是它们的力学性能。天然高分子材料力学性能应当包括抗张强度、断裂伸长率、抗冲击强度、弹性、抗疲劳和耐水性等。

5.1.1 抗张强度和伸长率

高分子材料的破坏主要是高分子主链的化学键断裂或链间相互作用力被破坏。此外,材料本身的缺陷也使材料内部出现应力集中,因此材料的实际强度比由化学键或链间作用力估算的理论强度低 10～1000 倍。高分子材料在各种条件下的强度是其力学性能的重要指标。

力学强度表征天然高分子材料抵抗外力破坏的能力,不同的破坏力对应不同的强度指标。在规定实验温度、湿度和拉伸速度下,标准试片受拉伸应力作用而断裂所承受的最大负荷 F 与试片截面积之比称为拉伸强度,又称抗张强度(tensile strength)或断裂强度,它是高聚物材料最常用的指标之一。若拉伸长度为断裂时的最大形变,则该形变量与原始长度之比称为断裂伸长率(elongation at break)。

拉伸试验在规定温度和湿度条件下,施以拉力(F)使试样以均匀的速率拉伸直至断裂为止。拉伸试验示意图如图 5.1 所示。试片断裂前的最大应力(σ_b)和应变(ε_b),即为抗张强度和断裂伸长率,它们由式(5-1)和式(5-2)求得

$$\sigma_b = \frac{F}{b \times d} \qquad (5-1)$$

$$\varepsilon_b = \frac{l - l_0}{l_0} \times 100\% \qquad (5-2)$$

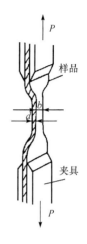

图 5.1　拉伸试验示意图

式中: b 和 d 分别为试片的宽度和厚度; l_0 和 l 分别为试片起始长度和拉伸到断裂时的长度。很多天然高分子材料都具有较高的拉伸强度和较低的断裂伸长率。再生纤维素膜和玻璃纸的 σ_b 值可达 100 MPa, 而 ε_b 值一般低于 10%。茁霉聚糖薄膜是一种透明的水溶性膜, 它的 σ_b 和 ε_b 值分别为 50 MPa 和 3%[2]。然而, 硫化天然橡胶的伸长率一般在 1000% 以上, 但 σ_b 值则较低 (17~29 MPa)。

5.1.2　应力-应变曲线

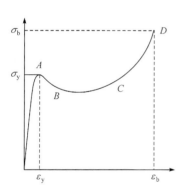

图 5.2　高聚物材料典型的
应力-应变曲线[3]

应力-应变(stress-strain)试验是研究天然高聚物材料力学性能的重要方法之一。不同高聚物具有不同的应力-应变曲线, 其典型的应力-应变曲线如图 5.2 所示[3]。整条曲线以屈服点 A 为分界点, 它可以分成两个部分: A 点以前是弹性区域, 除去应力, 材料能恢复, 不残留永久变形; A 点以后, 材料呈现塑性行为, 此时若除去应力, 材料不再恢复, 而留下永久变形。因此, 屈服点 A 所对应的应力、应变分别称为屈服应力(σ_y, 或屈服强度)和屈服应变(ε_y)。A 点以后, 材料表现出的总趋势是载荷增加不多或几乎不增加, 而形变量却增加很大。C 点以后, 材料的应力急剧增加, 最后在 D 点断裂。相应于 D 点的应力和应变分别为抗张强度(σ_b)和断裂伸长率(ε_b)。材料的杨氏模量 E 是应力-应变曲线起始部分的斜率, 它表达如下:

$$E = \Delta\sigma / \Delta\varepsilon \qquad (5-3)$$

由拉伸试验过程试片的应力随应变变化中瞬时相应的应力(σ)和应变(ε)数据作图得到应力-应变(σ-ε)曲线。σ-ε 曲线下面的面积大小可用于评价聚合物材料的韧性、脆性及弹性。通常, σ-ε 曲线下面的面积越大, 则材料的韧性越好。

按高聚物材料在拉伸过程中的屈服点、伸长率大小及其断裂情况, 大致可以分为五种类型: ①硬而脆; ②硬而韧; ③硬而强; ④软而韧; ⑤软而弱(图 5.3)[3]。脆

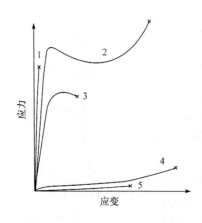

图 5.3　五种类型的应力-应变曲线[3]

1. 硬而脆；2. 硬而韧；3. 硬而强；
4. 软而韧；5. 软而弱

性断裂材料的形变是均匀的，其应变值一般低于 5％，所需断裂能较小。属于硬而脆的天然高分子材料有甲壳素等。再生纤维素膜属于硬而强的材料，它具有较高的杨氏模量和抗张强度，但它的断裂伸长率仅为 5％～10％。天然橡胶属于软而韧的类型，它的断裂强度和模量较低，没有明显的屈服点，而伸长却很大。此外，属于软而弱这一类的有天然高分子凝胶。

应力-应变曲线的形状除了由材料本身的特性决定之外，还与测定时的温度、湿度以及拉伸速率有关。通常，温度的升高或湿度的增大则天然高分子材料变得软而韧，此时强度下降而断裂伸长率增加，特别是在玻璃化转变温度前后变化尤其明显。提高拉伸速率可使高聚物模量、屈服应力和抗张强度增加，而断裂伸长率减小。因此，拉伸试验要求在恒温、恒湿和恒定拉伸速度的条件下进行。

在所报道的大量天然高分子材料中，由于受性能的局限而只有很少数的天然高分子材料有应用价值。天然高分子多半为半刚性链，其材料的柔韧性一般较差。然而，通过共混改性技术可以提高天然高分子材料的性能。由一种线形天然高分子与另一种交联聚合物网络互穿在一起可形成半互穿聚合物网络（semi-IPN）结构。这种天然高分子材料的弹性和耐水性可明显改善。图 5.4 示出由蓖麻油基聚氨酯（PU）和不同含量（20％～80％）的苄基魔芋葡甘露聚糖（B-KGM）制备的 UB 片材（semi-IPN 结构）的应力-应变曲线[4]。应力-应变曲线下面的面积表明，加入聚氨酯后，UB 材料的韧性明显提高，而且随 PU 含量的增加，该 semi-IPN 材料的韧性增大。B-KGM 和 UB-80 片材（它们的 B-KGM 含量分别为 100％ 和 80％）的 σ-ε 曲线上有明显的屈服点，而且强度较高但伸长率很小，表明它们是一种脆性塑料。然而，UB-5 和 UB-20 片材的 σ-ε 曲线则显示明显的弹性体行为，即伸长率显著增大，且无屈服点。由此表明，

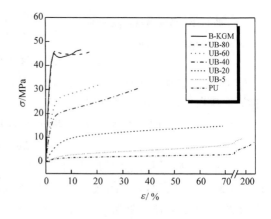

图 5.4　PU、B-KGM 和 UB 试片的应力-
应变（σ-ε）曲线[4]

通过调节 B-KGM 和 PU 的组成比,可以制备从弹性体到韧性塑料的不同材料。

蚕丝有很高的强度,这与它的内在结构紧密相关。图 5.5 左上角示出蚕丝的扫描电子显微镜(SEM)照片。蚕丝分为两层:外层以丝胶为皮;内部以丝蛋白为芯。中间的丝蛋白纤维结构紧密,使蚕丝具有优良的力学性能。蚕丝不仅具有明显的"皮芯"结构,在其内部还存在特异性的非均相结构。最近发现,从成熟活蚕体中人工匀速抽出的蚕丝,其力学性能远优于蚕茧丝。有人研究了直接从静止不动的蚕中以不同速度强制抽的丝与蚕自然吐出的丝以及蜘蛛丝的强度[5]。这些丝的应力-应变曲线示于图 5.5 中。结果表明,蜘蛛丝的强度和韧性最高(强度约为 1.38 GPa,伸长率达 33%),蚕丝的强度也很高,它们的力学性能优良。有趣的是,人工抽出的蚕丝的强度和韧性都明显优于自然吐出的丝,而且随强制抽丝速度的提高,蚕丝的强度明显增加。例如,抽丝速度为 27mm/s 的蚕丝的拉伸强度明显高于其他抽丝速度较低的丝的拉伸强度。

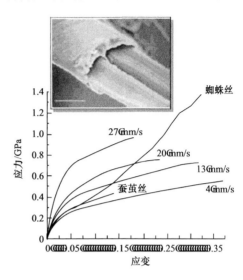

图 5.5　从蚕中以不同速度牵引的丝和蚕自然吐出的丝以及蜘蛛丝的应力-应变曲线[5]

5.1.3　冲击强度

材料的冲击强度(impact strength)是它在高速冲击下的韧性或对断裂抵抗能力的度量。它是指某一标准试样在受冲击断裂时单位面积上所需的能量,而不是通常所指的"断裂应力"。因此,冲击强度是一定几何形状的试样在特定试验条件下韧性的指标。通常采用 Izod 悬臂梁冲击试验和 Charpy 简支梁冲击试验测量冲击强度。这两种试验方法的原理都是用重锤冲击高聚物条状试样。Izod 试验是将试样的一端固定,用重锤冲击另一自由端。Charpy 试验是将条状试样两端放置于水平支撑架上,用重锤冲击其中部。

图 5.6 示出一种含少量马来酸酐的天然橡胶(NR)/丙烯腈-丁二烯橡胶(NBR)共混膜的拉伸强度和冲击强度随马来酸酐含量的变化曲线[6]。当马来酸酐含量为 0.5%~1% 时,膜可达到最大拉伸强度(4.2 MPa),然后,随着马来酸酐含量的继续增加,拉伸强度逐渐减小。当马来酸酐含量为 2% 时,该共混材料的冲击强度达到最大(10.6 J/m),这归因于马来酸酐与主链的双键发生了键合,致使强度提高。

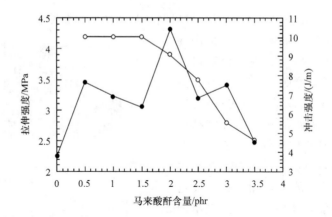

图 5.6　天然橡胶(NR)/丙烯腈-丁二烯橡胶(NBR)共混膜的拉伸强度(○)
和冲击强度(●)随马来酸酐含量的变化曲线[6]

5.1.4　抗疲劳

　　高分子材料在递增的应力作用下将发生屈服或断裂,而且在低于屈服应力或断裂应力的周期应力作用下会产生疲劳。周期应力在材料内部或其表面应力集中处引发裂纹,促使裂纹传播,从而导致材料的最终破坏。材料疲劳试验的目的是获得材料在各种条件下的"疲劳"或"疲劳极限"的应力数据。疲劳数据一般用 S-N 图表征,其中 S 是受载应力的极大值,N 是达到材料破坏的周期数,也称为疲劳寿命。应力随 N 的增加而逐渐减小,到一定的周期数时就产生"疲劳极限",即随 N 增加,最后 S-N 曲线变为水平。疲劳包括裂纹的传播,这种裂纹可能最初就存在,或者是在外加应力后产生的。当裂纹的增长使试样的横截面面积减小,以至平均应力强度增加到静态断裂所要求的数值时,试片就可能断裂。此外,动态下使用的天然橡胶制品常用龟裂疲劳试验进行评价,即将试样进行多次反复屈挠使其疲劳而产生龟裂,观察试样在一定屈挠次数下的裂口等级或裂口扩散率,或者记录试样达到一定裂口程度时的屈挠次数。

　　Demattia 加速试验方法能简单地求取从高应变至低应变的 S-N 曲线。首先测得具有不同预加伤痕(C)的一系列试样的 λ-$\lg N$(λ 为拉伸比,N 为疲劳寿命)曲线。然后,使这些曲线沿疲劳寿命轴平行移动,且与未试试样(未预加伤痕试样)的 S-N 曲线($C=C_0$,C_0 为未试试样潜在缺陷的尺寸)重叠,从而获得标准曲线。应用断裂力学可得出 λ-$\lg N$ 的理论关系式:

$$\lg N = -\beta[\lg k\lambda + \lg(\lambda^2 + 2/\lambda - 3)] + [\lg G - \lg(\beta-1) - (\beta-1)\lg C_0 - \beta \lg E]$$

$$(5-4)$$

$$\lambda = \frac{l}{l_0} \qquad (5-5)$$

式中：G 和 β 为与裂纹增长有关的材料常数；E 为弹性模量；l_0 和 l 分别为拉伸前、后试片的长度。图 5.7 示出一种未增强天然橡胶和用炭黑增强的天然橡胶 S-N 实验曲线与理论 S-N 曲线的比较[7]。可以看出，两条曲线呈现大体一致的变化趋势，只是 S-N 实验曲线在低应变区域比理论 S-N 曲线更具有向下偏移的倾向。这两种天然橡胶的 S-N 曲线都反映它们的应变随 N 的增加而减小，当达到疲劳极限时应变达最低（弹性几乎丧失），S-N 曲线变为水平。

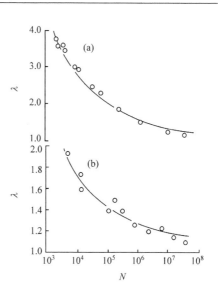

图 5.7　未增强天然橡胶[7](a)和用炭黑增强的天然橡胶(b)的 S-N 实验曲线(○)与理论 S-N 曲线(—)的比较

5.1.5　耐水性

天然高分子材料的耐水性（water resistence）是其应用的重要指标之一。测量材料耐水性的方法主要有以下几种：①吸水率。试片在水中于一定温度下浸泡一定时间，然后称量并计算试片的吸水率，吸水率越小则耐水性越好。②憎水角。将 $10\mu L$ 蒸馏水滴到试片表面，然后用接触角仪测定其接触角，即液滴表面的切线与膜表面的夹角越大则膜的疏水性越高。③防水性。将膜在水中浸泡一定时间后，测量试片浸泡前、后抗张强度的变化，并按式(5-6)计算抗水性(R_b)：

$$R_b = \sigma_{b(wet)} / \sigma_{b(dry)} \qquad (5-6)$$

式中：$\sigma_{b(wet)}$ 和 $\sigma_{b(dry)}$ 分别为试片在湿态和干态下的抗张强度。R_b 值越大表明材料的防水性越好。

图 5.8　水滴在 CUB50 膜表面 30s 后的照片[8]

一种再生纤维素膜的表面用蓖麻油基聚氨酯和苄基淀粉合成的 semi-IPN 涂料(CUB50)涂覆制备出防水膜。其力学性能和耐水性均明显改善，它们分别为：$\sigma_b = 93.2$ MPa，$\varepsilon_b = 9.6\%$，$R = 0.50$。然而，未涂覆的再生纤维素膜的 σ_b、ε_b 和 R 值依次为 65.2MPa、4.4% 和 0.24。图 5.8 示出水滴在这种 CUB50 防水膜上的照片[8]。结果显示，水珠以半球形状存在，接触角为 83°明显大于未涂覆的再生纤维素膜(64°)。结果表明,涂敷的 CUB50 膜具有良好的耐水性和疏水性。

一种用大豆分离蛋白质(SPI)、聚己内酯(PCL)和甲苯-2,4-二异氰酸酯(TDI)通过挤出反应并于 20MPa、120℃下热压 10min 制备的试片,其耐水性明显改善[9]。通过改变 SPI 在混合物中的质量分数,如 50%、55%、60%、65%、70% 和 80%,得到一系列试片,分别标记为 SPI50、SPI45、SPI40、SPI35、SPI30 和 SPI20。试片在干态和湿态下的拉伸强度和断裂伸长率由电子万能试验机根据 ISO 527 3:1995(E)标准进行测量,拉伸速率为 50 mm/min。为了评价试片的防水性,将它在 25℃下经蒸馏水浸泡 1 h 后,按上述方法测量其在湿态下的拉伸强度($\sigma_{b(wet)}$)和断裂伸长率($\varepsilon_{b(wet)}$),然后按式(5 - 7)计算试样的耐水性 R_σ:

$$R_\sigma = \sigma_{b(wet)}/\sigma_{b(dry)} \tag{5-7}$$

试片的吸水率参照 ASTM 标准 D570-98 进行测量。试样在 50℃下真空干燥24 h,称量(m_0,g),然后浸入 25℃蒸馏水中,经过 26 h 后取出,并称量(m_1,g)。其中溶于水中的水溶性残渣经蒸发、50℃下真空干燥 24 h 后称量(m_2,g)作为蛋白质损失量,按式(5 - 8)计算试样的吸水率(A_b):

$$A_b = [(m_1 - m_0 + m_2)/m_0] \times 100\% \tag{5-8}$$

表 5.1 汇集了该 SPI 系列试片在干态和湿态下的拉伸强度、断裂伸长率、吸水率以及耐水性。结果表明,用 PCL 改性后的大豆蛋白质材料显示出比纯 SPI 试片更高的 σ_b、ε_b 值以及韧性。在 PCL 完全参与反应的情况下,含 35%(质量分数)PCL 的 SPI 试片干态下具有 14.8 MPa 的拉伸强度,而且它的抗水性达 0.58。然而,仅用甘油增塑的 SPI 试片不耐水,它在水中浸泡后会劣化而无法进行测试。这表明,复合材料明显比纯蛋白材料具有较好的拉伸强度和耐水性。另外,随着 PCL 和 TDI 含量的增加,SPI 系列试片干态下的断裂伸长率增加到 52.1%。表明 PCL 和 TDI 加入到蛋白质中也明显改善了其弹性。

表 5.1　SPI 系列试片的力学性能、吸水率以及耐水性[9]

试样	$\sigma_{b(dry)}$ /MPa	$\varepsilon_{b(dry)}$ /%	$\sigma_{b(wet)}$ /MPa	$\varepsilon_{b(wet)}$ /%	R_σ	A_b /%
SPI50	12.3	52.1	4.2	35.2	0.34	14.6
SPI45	13.5	26.3	6.8	14.2	0.50	39.9
SPI40	13.8	12.2	8.2	13.6	0.60	55.7
SPI35	14.8	6.64	8.5	10.3	0.58	68.0
SPI[1]	10.0	67.6	—	—	—	—

1) 甘油增塑的 SPI 试片。

采用 20% 和 30% 的木质素磺酸酯分别与淀粉共混制备出淀粉复合膜,并且用电子辐射处理它们。然后,采用测气/液/固接触角的方法研究这些膜的疏水性。

木质素磺酸酯含量和电子辐射处理过的淀粉膜表面疏水性的影响示于图 5.9 中[10]。结果表明,增加木质素磺化盐含量和辐射处理均可增加水滴在膜上的初始接触角和最终的接触角(θ),明显改善淀粉膜的疏水性和防水性。

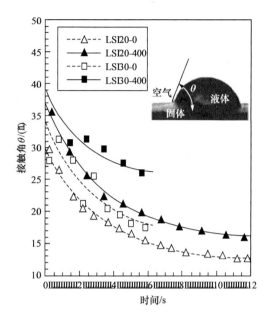

一种用聚己内酯(PCL)和环己二异氰酸酯(HDI)复合物(PCLH)改性的玉米淀粉,它经二丁基-L-酒石酸盐(DBT)增塑后压制成耐水性淀粉塑料。图 5.10 示出该改性玉米淀粉塑料的吸水率和 DBT 量随 PCLH 含量的变化曲线。由图 5.10 可见,随淀粉塑料中 PCLH 含量的增加,其吸水率降低,即耐水性提高。由此表明,聚己内酯/环己二异氰酸酯的添加有利于提高淀粉材料的耐水性[11]。

图 5.9　含 20％和 30％木质素磺酸酯的淀粉薄膜表面上水滴接触角随时间的变化[10]

▲,■ 经电子辐射处理;△,□ 未经电子辐射处理

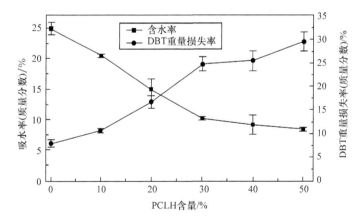

图 5.10　改性玉米淀粉塑料的吸水率和 DBT 量随 PCLH 含量的变化曲线[11]

5.2　热　性　能

材料受热引起其物理和化学性能的变化称为热性能(thermal properties)。高分子材料的热性能包括温度对力学性能的影响、玻璃化转变温度(T_g)、非晶态的

黏流温度(T_f)、结晶态的熔融温度(T_m)、热分解温度(T_d)以及材料的热稳定性、热膨胀和热传导等。高分子熔体和浓溶液受热和外力作用则表现出流变行为。一般天然高分子含有大量羟基及其他极性基团，很容易形成分子内和分子间氢键，从而引起分子链紧密堆积，并阻碍其链段和分子链运动。因此，大多数天然高分子都具有比通用合成高分子[聚氯乙烯（PVC）、聚甲基苯烯酸甲酯（PMMA）、聚苯乙烯（PS）、聚乙烯（PE）]略高的耐热性，而且通常它们也不能直接用于熔融加工。

5.2.1　天然高分子的热-力行为

1) 热转变（thermal transition）和热性能

高分子的不同运动方式，宏观上表现为不同的力学状态。在恒定应力下，高聚物的温度-形变之间的关系可以反映分子运动与温度变化的关系[12]。随着温度的升高，非晶态聚合物经历三种不同的力学状态，即玻璃态、高弹态和黏流态。由玻璃态到高弹态的转变称为玻璃化转变，对应的温度称作玻璃化转变温度，以 T_g 表示。从高弹态到黏流态的转变温度，叫做黏流温度，以 T_f 表示。图 5.11 示出非晶态高聚物的形变（ε）-温度（T）曲线[13]。当温度低于 T_g 时，大分子间的作用能远大于分子的热运动能，整个高分子链和链段运动都被冻结，此时高聚物处于僵硬的固体状态，即玻璃态。

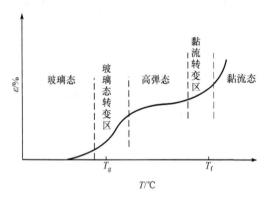

图 5.11　非晶态高聚物的形变-温度曲线[13]

当温度升高至大于 T_g 后，分子的热运动足够引起链段运动，此时的高聚物处于高弹态。温度进一步升高，通过链段运动相继跃迁使整个大分子链移动，此时高聚物就处于黏流态。

通常采用示差扫描量热法或差热分析确定 T_g。近年，动态力学分析仪显示出对高分子材料中分子运动的表征更为灵敏。因此，也常用力学损耗角正切（tanδ）随温度变化的图谱表达 T_g。图 5.12[14] 示出蓖麻油基聚氨酯/苄基淀粉 semi-IPN 材

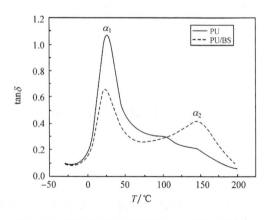

图 5.12　PU 和 PU/BS 材料的 tanδ-T 曲线[14]

料(PU/BS)的 tanδ-T 曲线。图 5.12 上的 α 松弛峰反映高分子链段运动,它对应材料的玻璃化转变。图 5.12 中实线代表 PU,而虚线代表 PU/BS 材料。PU 和 BS 的峰分别标记为 α_1 和 α_2,由此得出它们的 T_g 分别为 25℃和 150℃左右。

2) 流变性

高聚物熔体和浓溶液受到外力作用时不仅表现出黏性,还表现出弹性和塑性,即不但流动,而且伴随形变。高聚物熔体和溶液的这种性质称为流变性(rheology)或流变行为[15]。这种流变性强烈地依赖于高聚物的结构和外界条件如温度、作用力的性质、大小和时间。高分子的黏性流动不符合牛顿流体的流动规律,其黏度 η 值不是一个恒定值,而是随剪切应力和剪切速率的大小而变化,这是因为高分子的流动是通过链段的相继跃迁运动实现的[16]。

大多数天然高分子如纤维素、木质素、甲壳素、壳聚糖、蛋白质及各种多糖含有大量羟基及其他极性基团,易形成分子内和分子间氢键,从而难以熔融。因此,对它们流变行为的研究主要集中在浓溶液。图 5.13[17]示出一种经疏水性修饰的羟乙基纤维素(HMHEC)与淀粉(AM)混合物水溶液的流动曲线。它显示黏度对零切速率有强烈依赖关系以及明显的剪切变稀流变行为。图 5.14[18]示出纤维素在 N-甲基吗啉-N-氧化物(MMNO)溶液中表观黏度(η_a)的典型 Arrhenius 图。纤维素溶液的浓度(质量分数)分别为 15%、18%、20%、23%和 25%,剪切速率($\dot{\gamma}$)为 50/s。它的 η_a-T 关系为一条直线,说明它们符合 Arrhenius 关系。结果表明,15%和 18%纤维素溶液呈现一直线,说明它们的流动活化能在该温度区间未发生改变。然而,20%、23%和 25%纤维素溶液则显示两个斜率的直线,其转折点在 95℃和 100℃之间。该结果说明在浓度较高的纤维素溶液中出现了各向异性的相转变。

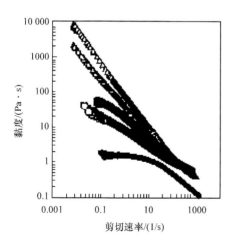

图 5.13　HMHEC 与 AM 混合物水溶液的流动曲线[17]

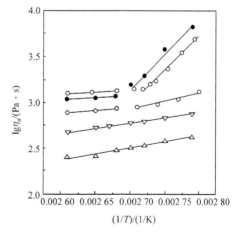

图 5.14　纤维素在 NMMO 溶液中表观黏度(η_a)的典型 Arrhenius 图[18]

3) 耐热性和热稳定性

高聚物的热稳定性[19,20]（thermal stability）是指在某一给定温度下材料抵抗由于自身的物理或化学变化引起变形、软化、尺寸改变、强度下降、其他性能降低或工作寿命明显减少等的能力。绝大多数天然高分子材料的耐热性比金属差,但比通用高分子高。高分子材料在受热过程中将发生两类变化,包括物理变化和化学变化。物理变化是指高分子材料的软化和熔融;化学变化是指各种化学反应,如环化、交联、氧化、降解等。在聚合物受热情况下,分子链开始裂解的温度称为高聚物热分解温度（T_d）。它的高低与它的化学键键能有直接关系,键能越高,高聚物的热稳定性越好。聚合物的耐热分解性常用差热分析法测量,并由半分解温度（$T_{1/2}$）和降解速度常数（k_{350}）等进行定量评价[21]。$T_{1/2}$是聚合物在真空中加热30 min后质量损失一半所需的温度;k_{350}是聚合物在350℃时的失重速率。合成聚合物如聚乙烯、聚丙烯、聚苯乙烯和聚氯乙烯的 $T_{1/2}$ 依次为 404℃、387℃、370℃和260℃,而天然高分子的 $T_{1/2}$ 一般低于它们,但略高于聚氯乙烯。图 5.15[22] 示出淀粉塑料试片的热重分析谱（TGA）。试样 GPTPS、CA1TPS 和 CA3TPS 分别用淀粉、甘油和柠檬酸（依次为 0 份、1 份、3 份）经单螺杆挤出制备。结果表明,淀粉塑料的热分解温度为 300℃,而且随着柠檬酸量的适当增加,其热分解温度从 300℃ 升至 330℃。天然高分子如纤维素、木质素、甲壳素由于它们分子内和分子间氢键很强,远远高于一般高聚物分子内和分子间的氢键能,导致它们在达到软化或熔融温度前就已热分解了。通常情况下,壳聚糖的热分解温度为 250℃左右,纤维素的热分解温度为 260～295℃,而木质素的热分解温度为 295～320℃。

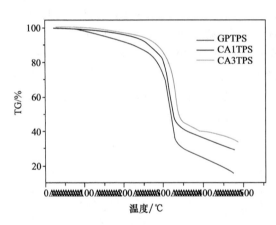

图 5.15　淀粉塑料的 TGA 图谱[22]

4) 热膨胀

高聚物的热膨胀（thermal expansion）是由温度变化引起材料尺寸和外形的变化[23]。高分子材料受热一般会发生膨胀,包括体膨胀、面膨胀和线膨胀。温度升高将导致原子或分子在其平衡位置的振动增加。因此,材料的线膨胀系数（α）取决于原子或分子间相互作用的强弱。与金属相比,高聚物的热膨胀系数较大,如天然橡胶的 α 值为 2.2×10^{-4}/K,而它的体膨胀系数为 6.70×10^{-4}/K。

5）热传导

热传导[13,24]（thermal conductivity）是指热量从物体的一部分传到另一部分，或从一个物体传到另一个相接触的物体，从而使系统内各处的温度相等。材料热传导能力的大小通常用热导率 k 表示，它由描述热传导的傅里叶定律给出：

$$q = -k \cdot \mathrm{grad}\,T \qquad\qquad (5-9)$$

式中：q 为单位面积上的热量传递速率；$\mathrm{grad}\,T$ 为温度 T 沿热传导方向上的梯度。高分子材料的热导率很小，是优良的绝热保温材料。通常，高分子材料的热导率仅为玻璃的 1/4～1/5，而金属的热导率是高分子材料的几百倍至几千倍。天然高分子的热传导能力一般低于合成的聚合物[在 0.22 W/(m·K) 左右[23]]，如天然橡胶的热导率为 0.13 W/(m·K)，棉纤维的热导率为 0.071～0.073 W/(m·K)，蚕丝纤维的热导率仅为 0.050～0.055 W/(m·K)。因此，天然高分子材料是更加优良的绝热保温材料。

5.2.2　差热分析和示差扫描量热法

差热分析（differential thermal analysis，DTA）是指在相同的程控温度变化下，测量样品与参比物之间的温差（$\Delta T = T_s - T_r$）随温度（T）的变化关系。DTA 所得到的差热曲线，即 ΔT-T 曲线中出现的差热峰或基线突变的温度对应于高聚物的转变温度或高聚物反应时的吸热或放热现象。示差扫描量热法（differential scanning calorimetry，DSC）是指在相同的程控温度变化下，用补偿器测量样品与参比物之间的温差保持为零所需热量对温度 T 的依赖关系，它在定量分析方面的性能明显优于 DTA。DSC 谱图的纵坐标为热熔变化率 dH/dT（单位：mJ/s），显示 dH/dT-T 曲线；曲线中出现的热量变化峰或基线突变相对于高聚物的转变温度。与 DTA 相比，DSC 对热效应的响应更快、更灵敏、峰的分辨率更好，更有利于定量分析。

图 5.16 示出高聚物的 DTA 曲线。DSC 曲线的模式与其相似。当温度达到玻璃化转变温度（T_g）时，样品的热容增大而需要吸收更多的热量，使基线发生位移。因此，高聚物的玻璃化转变一般都表现为基线的转折。只有当样品经受过冻结应变或退火处理时玻璃化转变才表现为一小峰。如果样品能够结晶，并且处于过冷的非晶状态，那么在 T_g 以上可以进行结晶，同时放

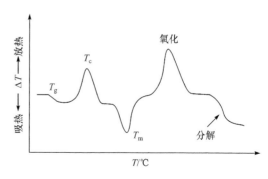

图 5.16　高聚物的 DTA 曲线

出结晶热而产生放热峰(T_c)。若进一步升温,结晶熔融吸热,出现吸热峰(T_m)。再继续升温,样品可能发生氧化、交联反应而放热,出现放热峰(T_{oxi})。最后样品发生分解、断链,出现吸热峰(T_d)。当然,高聚物样品并不是都存在上述全部物理变化和化学反应。

DSC 谱图的纵坐标表示样品放热或吸热的速率(即热流速率),由它可以测定 T_g 以及反映材料的其他热转变形为。图 5.17[25]示出大豆蛋白粉(SPI powder)和用甘油增塑的蛋白质塑料片(SL-10～SL-50)的 DSC 热谱图。其中增塑剂甘油的含量(质量分数)为 10%～50%。结果显示,甘油增塑的大豆蛋白质塑料存在两个 T_g,即 T_{g1} 和 T_{g2}。它们分别归属于材料中的甘油富相(T_{g1} 为 −28.5～−65.2℃)和蛋白质富相(T_{g2} 约为 44℃)。值得一提的是,用非密封的铝制样品皿的 DSC 结果[图 5.17(a)]显示在 100℃左右有一个吸热峰。为了弄清这些吸热峰究竟是归因于水、甘油等低分子易挥发物质的蒸发还是蛋白质的变性,采用了密封的不锈钢样品皿进行对比研究。由于密封皿阻止了挥发性物质如水的挥发,其 DSC 曲线[图 5.17(b)]上吸热峰消失。由此确定 100℃附近的吸收峰是水和挥发性物质的蒸发所致,并非蛋白质变性。同时,热重分析与红外联用仪(TGA-FT-IR)测试结果进一步证实了该结论[25]。

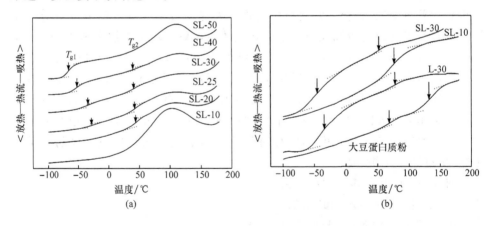

图 5.17　大豆蛋白粉和蛋白质塑料片的 DSC 热谱图[25]

(a)用铝制的样品皿;(b)用密封的不锈钢样品皿

5.2.3　热重分析

热重分析(thermogravimetry analysis,TGA)是指在程控温度下测量试样的质量对温度的依赖关系。其中联用技术和高解析 TGA 发展很快。TGA 与气相色谱联用(TGA-GC)属于间歇联用技术,该方法能够同步测量样品在热过程中质量热焓和析出气体组成的变化,有利于解析物质的组成和结构以及热分解、热降解和热合成机理方面的研究。高分辨 TGA 是传统 TGA 技术的发展,其特征是计算机根据样品裂解速率的变化自动调节加热速率以提高解析度。

升温速率快慢对 TGA 测试的结果影响很大。升温速率越快,温度滞后越大,则开始分解温度 T_i 及终止分解温度 T_f 越高,分解温度区间也越宽。对于高聚物试样,宜采用的升温速率为 $5\sim10℃/min$。TGA 测试样品的用量不宜过大,在热天平测试灵敏度之内即可。测试样品的粒度应尽量小、装填的紧密程度应适中。TGA 测试时,样品所处气氛的不同对测试结果的影响非常明显。常用气氛有空气、O_2、N_2、He、Ar、H_2、CO、Cl_2、F_2 和水蒸气等。根据测试样品的性质应选择不同材质和形状的样品皿。样品皿材质选择的原则是它对样品、中间产物和最终产物应是惰性的、不发生任何化学反应。

TGA 曲线表示加热过程中样品失重累积量,为积分型曲线。d(TG) 曲线是 TGA 曲线对温度的一阶导数,即质量变化率（dW/dT）。d(TG)曲线上出现的峰与 TGA 曲线上两个台阶间质量发生变化的部分相对应;峰的面积与样品对应的质量变化成正比;峰顶与失重变化速率最大值相对应。图 5.18[25] 示出甘油增塑的大豆蛋白试片(SL 系列)的热失重曲线(TG,a)和热失重微分曲线[d(TG),b]。通过这两组曲线可以看出,大豆蛋白质塑料试片的热失重过程主要分为三个过程:室温至 150℃是蛋白质材料中水分的挥发过程;150～250℃是甘油的挥发过程;250℃之后是蛋白质的降解过程。随着甘油含量的提高(从试片 SL-10 到 SL-50),材料的热损失增加,当温度达到 350℃时蛋白质的残余质量分

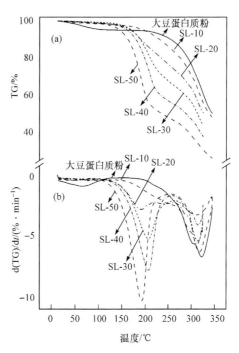

图 5.18　大豆蛋白质塑料试片的热失重曲线
(a)和热失重微分曲线(b)[25]

数为 30%～50%。d(TG)曲线的峰位置表示最大失重率。随着甘油含量从 10%(质量分数)升高到 40%,图 5.18 中对应于甘油挥发的最大失重率温度从 191℃上升到 207℃。当甘油含量进一步增加到 50%(质量分数)时,最大失重率又重新回落到 192℃。这种变化趋势表明,在不同甘油含量的大豆蛋白质塑料试片中,蛋白质与甘油的相互作用力不同。

5.2.4　动态力学热分析

动态力学热分析(dynamic mechanical thermal analysis，DMTA)，是指在程控温度下，测量材料在振动负荷下动态模量和力学损耗与温度的关系。它主要是测定材料在一定条件(温度、频率、应变或应变水平、气氛与湿度等)下的硬度与阻尼以及它们随温度、频率或时间的变化，并获得与材料的结构、分子运动、加工与应用有关的特征参数。高聚物动态力学试验的方法很多。按照振动模式，可分为四大类：自由衰减振动法、强迫共振法、强迫非共振法和声波传播法。目前应用最广的是强迫非共振型的动态力学热分析仪。它是强迫试片以设定频率振动，测定试片在振动中的应力与应变幅值以及应力与应变之间的相位差。然后，按上述定义直接计算储能模量、损耗模量、动态黏度、动态黏度异相位成分和损耗角正切等参数。其中，适合测试固体的称为动态力学分析仪；适合测量流体的则称为动态流变仪。

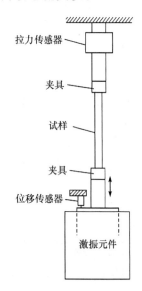

强迫非共振型动态力学测试的模式分为拉伸、单向压缩、单悬臂梁弯曲、双悬臂梁弯曲、三点弯曲、夹心剪切、扭转、S 形弯曲、平行板扭转。对于薄膜和纤维样品一般采用拉伸模式。图 5.19 显示出拉伸模式的 DMTA 装置示意图。DMTA 技术通常提供储能模量(G'或 E')、损耗模量(G''或 E'')以及力学损耗角正切(tanδ)三个重要参数。它由拉力传感器、试样、夹具、位移传感器和激振元件组成，是目前应用较广的 DMTA 仪的主要组成部分。其主要原理是在选定的频率与应变作用下，测定试片的动态力学性能随温度的变化。由测量的位移幅值、载荷幅值和它们之间的相位角以及仪器常数按照式(5-10)～式(5-15)计算出 E'、E''和 tanδ，由此得到 E'-T、E''-T 和 tanδ-T 谱图。

在交变的应力、应变作用下，高聚物发生滞后现象和力学损耗，称为动态黏弹性和动态力学性质。力学损耗是指高聚物材料的机械能量转变为热量的部分；模量表示材料抵抗变形的能力。在交变应力作用下，

图 5.19　拉伸模式的 DMTA 装置示意图

材料的复数模量 E^* 可表达为

$$E^* = \frac{\sigma_0}{\varepsilon_0}\mathrm{e}^{\mathrm{i}\delta} = \frac{\sigma_0}{\varepsilon_0}(\cos\delta + \mathrm{i}\sin\delta) = E' + \mathrm{i}E'' \qquad (5-10)$$

式中：δ 为应变落后于应力的相位角；i 为虚数。由此，E' 和 E'' 可表达如下：

图中标注：拉力传感器、夹具、试样、夹具、位移传感器、激振元件

$$E' = \frac{\sigma_0}{\varepsilon_0}\cos\delta \qquad (5-11)$$

$$E'' = \frac{\sigma_0}{\varepsilon_0}\sin\delta \qquad (5-12)$$

$$\tan\delta = \frac{E''}{E'} \qquad (5-13)$$

应力和应变幅值有以下关系：

$$\varepsilon_0 = K_\varepsilon D_0 \qquad (5-14)$$

$$\sigma_0 = K_\sigma F_0 \qquad (5-15)$$

式中：D_0、K_ε、F_0 和 K_σ 分别为测量的位移幅值、应变常数、负荷幅值和应力常数。$\tan\delta$ 为损耗角正切，或称力学损耗因子。该值反映高聚物的内耗，δ 越大意味着高聚物分子链段在运动时受到的内摩擦阻力越大，链段的运动越跟不上外力的变化，即滞后较严重。高聚物内耗的大小与分子本身的结构有关，一般柔性分子滞后较大，而刚性分子滞后较小。高聚物分子上具有体积较大或极性的取代基时，会产生较大的内耗，因为这些基团可以增加运动时的内摩擦。内耗的大小与温度也有关，在远远低于 T_g 的温度下，高聚物受外力作用后形变很少，内耗很小。当温度升高，链段开始运动，摩擦阻力大，内耗也增大。温度高于 T_g 时，链段运动自由，内耗也减小。

温度扫描模式是固定频率下测定储能模量及损耗模量随温度的变化，是高聚物材料研究中最常用的模式。图 5.20 示出典型无定形高聚物的 DMTA 曲线[26]。它也示出了高聚物的三种力学状态，即玻璃态、高弹态、黏流态。储能模量两个突变处的温度分别对应高聚物的玻璃化转变温度（T_g）和黏流温度（T_f）。DMTA 的 $\tan\delta$-T 曲线中 α 松弛峰，可视为玻璃化转变，反映分子链段开始运动的温度。在玻璃态区域中出

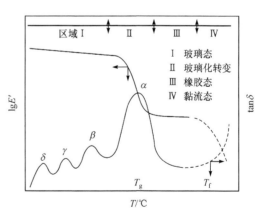

图 5.20 典型无定形高聚物的 DMA 曲线[26]

现 β，γ，δ 三个次级转变，它们分别对应于侧基和端基运动、键角振动和曲轴运动。对于部分结晶的高聚物，其每一个转变可能出现两个内耗峰，通常在其晶区和非晶区产生的内耗峰对应的 α，β，γ，δ 转变下方加注脚标"c"表示晶区，加注脚标"a"表示非晶区。通常，由 E' 突变处的切线交点或 E'' 和 $\tan\delta$ 峰顶所对应的温度作为 T_g。由于 E'' 峰不太明显，因此常用 $\tan\delta$ 峰顶对应的温度（T_α）表征 T_g，但它比 DSC 的

$T_g(\text{mid})$ 结果偏高[26]。DMTA 和 DSC 测定得到 T_g 的差别主要是由于 DMA 是动态测试而 DSC 是静态测试。需要指出的是,由 E' 突变处的切线交点得到的 T_g 与 DSC 结果最接近,但不适宜用于表征某一组分含量较少的高聚物共混体系。

　　DMTA 可用于研究天然高分子材料的硬度及模量变化、玻璃化转变温度和分子运动以及相容性等。通常 $\tan\delta\text{-}T$ 曲线的形状、位置及高度可以反映高分子材料的组成、结构、分子运动、分子间相互作用大小以及共混材料的相容性。由不同分子量($M_w = 4.42\times10^4\sim33.74\times10^4$)的苄基魔芋葡甘露聚糖(B-KGM)与蓖麻油基聚氨酯预聚物(PU)通过溶液流延法制备出一系列半互穿聚合物网络(semi-IPN)材料(UB-7~UB-0)。用 DMTA 表征这些材料的 E' 和 $\tan\delta$ 随温度变化的热谱图示于 5.21 中[27]。在图 5.21 中,相应于 PU 组分的 T_g 约为 14℃,而相应于 B-KGM 组分的 T_g 为 170℃左右。这些 $E'\text{-}T$ 和 $\tan\delta\text{-}T$ 曲线结果表明,随 B-KGM 分子量的减小,两组分的 α 松弛峰彼此靠近。例如,B-KGM 分子量较小的 UB-5 试样的两个 T_g 分别为 24℃ 和 129℃,并且随着分子量的减小,相应于 B-KGM 的 $\tan\delta$ 峰的强度逐渐降低,甚至对于分子量最小的 UB-7 试片变为一个含有肩峰的较宽峰。结果表明,PU 和 B-KGM 之间的相容性随 B-KGM 分子量的降低而提高。

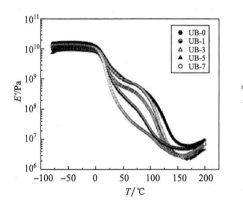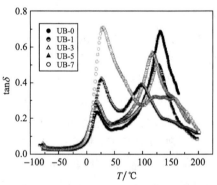

图 5.21　含不同分子量 B-KGM 的 UB 试片的 $E'\text{-}T$ 和 $\tan\delta\text{-}T$ 曲线[27]

5.2.5　流变分析法

　　测定高聚物流体的动态力学行为则采用流变仪(rheometer)。流变学(rheology)是研究材料流动与形变的科学。材料形变的程度即应变,它表示为相对于形变之前物质的位移。应力、应变和剪切速率是研究高分子材料流动与变形过程的三个重要的物理参数。常见的流变仪有旋转式流变仪、同轴圆筒流变仪、毛细管流变仪、缝隙口模流变仪、拉伸流变仪和小振幅动态流变仪等。图 5.22 示出高级流变扩展系统（ARES）的同轴圆筒流变仪主件结构。ARES 装置主要包括传感器子系统、马达子系统、环境控制器、控制计算机等四个主要部分，依温度控制循环系统的不同又可以选择加热炉或浴槽系统。运用外接计算机进行参数设置，然后将命令传达到控制计算机，从而调控各个子系统运行。同时，通过温度控制和信号回馈，以实现各种数据和信号的收集。同轴圆筒流变仪的同轴圆筒由内筒、外筒和转轴组成。主要用于低黏度液体、聚合物溶液、溶胶、胶乳和凝胶的流变性能的测定。测量时，高分子液体充满在两个圆筒间的环形空间内，即相当于流体在窄缝隙中流动。它的优点是：当内、外筒间隙很小时，被测流体各个部分的剪切速率接近均一，而且同轴圆筒流变仪容易校准，且改正量较小。主要缺点是：对于很黏的聚合物熔体装料困难，并且圆筒旋转时在聚合物中产生的法向应力会使聚合物沿着内筒轴往上爬，即产生 Weissenberg 效应。对于牛顿流体计算黏度的公式如下：

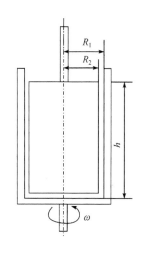

图 5.22　高级流变扩展系统（ARES）的同轴圆筒流变仪主体结构示意图

$$\eta = \frac{M}{4\pi h\omega}\left(\frac{1}{R_2^2} - \frac{1}{R_1^2}\right) = \frac{\sigma_x}{\dot{\gamma}_x} \qquad (5-16)$$

$$\sigma_x = \frac{M}{2\pi R_x^2 h} \qquad (R_2 \leqslant R_x \leqslant R_1) \qquad (5-17)$$

$$\dot{\gamma}_x = \frac{2\omega R_1^2 R_2^2}{R_x^2(R_1^2 - R_2^2)} \qquad (5-18)$$

式中：M 为转矩；ω 为角频率；R_2 和 R_1 分别为内、外筒的半径；h 为内筒长度；R_x 为介于 R_1 和 R_2 之间的任一半径。为了得到正确的黏度数据，必须对同轴圆筒流变仪进行末端改正。内筒末端的流体，对圆筒的旋转产生附加的阻力还导致一个附加的转矩。为此测得的表观长度要比内筒的实际长度长。因此，应考虑采用 $h + h_0$ 进行改正：

$$\eta = \frac{M}{4\pi\omega(h + h_0)}\left(\frac{1}{R_2^2} - \frac{1}{R_1^2}\right) \qquad (5-19)$$

式中：h_0 为改正长度，它可以通过改变 h，并外推至 h 为零的方法估算，或者用已知黏度的液体进行标定。以高级流变扩展系统（ARES）为例，在稳态和瞬态测量中，剪切速率为 $\mathrm{d}\dot{\gamma}/\mathrm{d}t$，稳态剪切黏度 η 的关系表达式如下：

$$\eta = \frac{\sigma}{\mathrm{d}\dot{\gamma}/\mathrm{d}t} \qquad (5-20)$$

在动态测量中,储能模量(G')、损耗模量(G'')、复数模量(G^*)和损耗角正切($\tan\delta$)分别表达为

$$G'=\cos\delta\left(\frac{\sigma}{\gamma}\right),\quad G''=\sin\delta\left(\frac{\sigma}{\gamma}\right) \tag{5-21}$$

$$G^*=\sqrt{(G')^2+(G'')^2} \tag{5-22}$$

$$\tan\delta=\frac{G''}{G'} \tag{5-23}$$

式中:δ 为相位角,即应力与应变矢量的相位移;σ 为应力;$\dot{\gamma}$ 为应变。通常,在剪切应力作用下 G' 反映高分子溶液的弹性行为,而 G'' 则反映其黏性行为。通常,高分子溶液在液态时,$G''>G'$;在凝胶态时,$G'>G''$。

根据凝胶理论[28],对于聚合物凝胶(包括物理或化学凝胶),已建立适用于体系的零剪切黏度 η_0 和凝胶转变附近的平衡模量 G_e 的 3 个标度方程:

$$\eta_0 \propto \in^{-\gamma} \qquad (p<p_g) \tag{5-24}$$

$$G'(\omega)\sim G''(\omega)\propto\omega^n \qquad (p=p_g) \tag{5-25}$$

$$G_e \propto \in^z \qquad (p>p_g) \tag{5-26}$$

式中:$\in=|p-p_g|/p_g$,为凝胶变量(p)距溶液-凝胶(sol-gel)转变点(p_g)的相对距离。有很多参数可以表示凝胶变量(p),包括体系在凝胶过程中的交联度、浓度、时间以及温度等。高分子水凝胶的溶液-凝胶的转变一般总采用比较简单的标准来确定凝胶化过程中的凝胶点。例如,用试样的凝胶信号突然超过背景噪音或 G' 突然超过某一预定的临界值定义为凝胶点[29]。在由时间延长而导致体系凝胶化行为中,传统方法是将 G' 与 G'' 的交点($G'=G''$)定义为凝胶点。图 5.23 示出用流

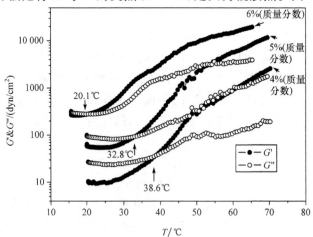

图 5.23　纤维素在 NaOH/硫脲水溶液中的 G'-T 和 G''-T 曲线[30]

(升温速度为 2℃/min;1dyn$=10^{-5}$N)

变仪测得的不同浓度纤维素浓溶液的 G' 和 G'' 与温度(T)曲线[30]。纤维素溶解在
6%(质量分数)NaOH/5%(质量分数)硫脲水溶液(冷冻-融化的溶解法)中制备出
透明的溶液,其浓度为 4%～6%(质量分数)。这种纤维素溶液加热会发生凝胶
化,可由 G'-T 和 G''-T 曲线的交点确定其凝胶化温度。当固定凝胶化时间为
5 min 时,随温度的升高 G' 值急剧增大,并且超过 G'' 值。由此得出,4%(质量分
数)、5%(质量分数)和 6%(质量分数)纤维素溶液的凝胶转化温度分别为 20.1℃、
32.8℃和 38.6℃。

　　Chambon 和 Winter[31]提出,通过体系的动态力学谱来确定高分子化学凝胶
的凝胶点。当体系的 G' 与 G'' 满足以下方程时,定义为凝胶点。

$$G'(\omega) \sim G''(\omega) \propto \omega^n \quad (0 < n < 1) \tag{5-27}$$

$$\tan\delta = G''/G' = \tan(n\pi/2) \tag{5-28}$$

式中:n 为弛豫指数。当 n 值为 1 时,体系呈现黏性行为;当 n 值为 0 时,体系呈现
弹性行为。在凝胶点时,G' 和 G'' 都与 ω^n 成标度关系,从而可知 G'' 和 G' 的比值(即
$\tan\delta$)不依赖频率变化。对于物理凝胶,观测临界凝胶行为的低频必须是在测量
的时间标度短于弛豫时间下。

　　Winter-Chambon 标度定律已用于确定不少天然高分子及其衍生物溶液的凝
胶点。图 5.24[32]示出乙酰化魔芋葡甘露聚糖(Ac1)水溶液(质量分数为 2.0%)在
不同角频率下的损耗角正切($\tan\delta$)对时间(t)的依赖关系。临界凝胶化时间(t_{cr})相
应于这些不同频率下曲线的一个公共点,在此处 $\tan\delta$ 保持常数,与频率无关。由
图 5.24 看出,不同频率的 $\tan\delta$ 曲线的频率不依赖性出现在时间为 35min 处。由
此得出,该溶液的凝胶点和弛豫指数(n)分别为 35min 和 0.24。此外,一种乙基羟

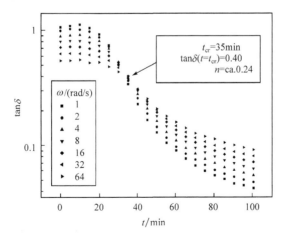

图 5.24　乙酰化魔芋葡甘露聚糖水溶液(质量分数为 2.0%)
在不同角频率下的 $\tan\delta$ 对时间 t 的依赖关系[32]

乙基纤维素(EHEC)溶于十二烷基磺酸钠(SDS)溶液中制备出 EHEC/SDS 溶液。图 5.25[33]示出这种溶液在不同频率下的 tanδ 对温度的依赖关系。图 5.25 中右上图为表观黏弹指数 n' 和 n''(相应于 G'-$\omega^{n'}$ 和 G''-$\omega^{n''}$ 关系)的温度依赖关系,而左下图为凝胶点温度下的动态模量频率谱。在不同频率下分别由 tanδ 对温度的依赖关系曲线和 n' 及 n'' 的温度谱线的交点可得到 t_{er} 值。实验结果指出,该溶液的凝胶化温度为 36℃,而且由两种方法,即不同频率的 tanδ 热谱线交点和 n' 与 n'' 线交点(n'=n''=n),得到的凝胶化温度相同。同时,在凝胶化温度处的 G' 和 G'' 曲线变得彼此平行。高分子浓溶液的储能模量对频率的依赖关系随温度的变化而改变,同时反映其溶液-凝胶转变。甲基纤维素水溶液显示热致凝胶行为,并且由它的甲基导致疏水作用造成链聚集和缠结。图 5.26[34]示出甲基纤维素溶液(浓度为 49.0g/L)在不同温度下的储能模量(G')对角频率(ω)的依赖关系。图 5.26 中可分为两个区:在 25℃以下,该溶液显示出液体行为,其 G' 与低频范围内 ω 的关系近似遵循 G'-ω 关系;在 25℃以上,所有的 G' 曲线在低频区呈现出一个清楚的平台,表明存在长的弛豫结构,随温度的增加这些平台的高度上升,而且每个平台的宽度也明显扩展。在高温下 G'-ω 变为斜率为零的直线,即该溶液已凝胶化。

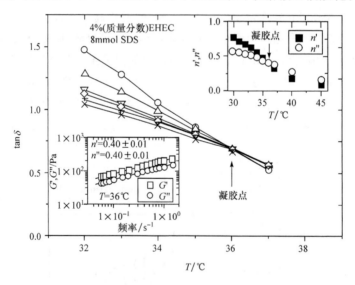

图 5.25　乙基羟乙基纤维素/十二烷基磺酸钠溶液在不同频率下的 tanδ 对温度 T 的依赖关系[33]
—□— ω=0.09s^{-1};—○— ω=0.1s^{-1};—△— ω=0.3s^{-1};—▽— ω=0.6s^{-1};
—◇— ω=0.7s^{-1};—|— ω=0.8s^{-1};—×— ω=1.0s^{-1}

　　一种纤维素新溶剂已用于研究纤维素浓溶液的流变行为。将 7g NaOH 和 12g 尿素溶解于 81g 蒸馏水中,然后预冷至−12℃,再加入一定量的纤维素并在室温下剧烈搅拌 5min 得到透明的溶液。图 5.27[35]示出 4%(质量分数)纤维素溶液

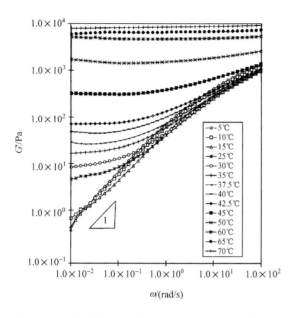

图 5.26 甲基纤维素溶液(49.0 g/L)在不同温度下的
G' 对 ω 的依赖关系[34]

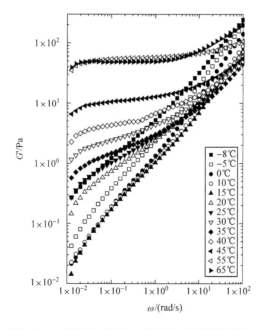

图 5.27 4%纤维素溶液在不同温度下储能模量(G')
与角频率(ω)的依赖关系[35]

在不同温度下储能模量(G')与角频率(ω)的依赖关系。在0～15℃时,纤维素溶液显示出液体行为。在低频区,该溶液的G'与ω的关系近似遵循G'-ω。当温度高于20℃时,G'曲线在低频区显示一个平台,并且该平台随温度的增加而升高并逐渐变得平缓,表现出一定的频率无关性。随着纤维素溶液温度的进一步升高,到55℃时,G'曲线的平台十分明显,而且平台高度明显增加,同时平台宽度扩大,表现出较大频率范围内的频率无关性。由此表明,此时稳定的凝胶网络结构已经形成。纤维素溶液在升高温度时表现出弹性行为,这是由于纤维素分子的自缔合引起分子缠结和链间相互作用。当温度继续升高达65℃时,纤维素溶液凝胶化,同时也伴随着相分离引起G'值略微下降。升高温度破坏了纤维素溶剂化结构,导致纤维素和溶剂分子间的氢键强度减弱,同时使纤维素本身的分子间和分子内氢键强度增加,从而增加纤维素链的自缔合趋势,引起纤维素链的聚集和缠结。有趣的是,低于0℃时,在整个频率范围内,G'值随着温度的降低明显增加并呈现频率相关性。这说明溶液中的纤维素链在低温变僵硬,并具有更强的相互作用,从而导致纤维素链的聚集和缠结,引起模量增大。图5.28[35]示出该纤维素溶液在不同温度下的凝胶化时间和凝胶点(G_{gel})分别对温度的依赖关系。随着温度从0℃降低到－8℃,纤维素溶液的凝胶化时间从191.3h急剧降低到1.6h。当温度从0℃增加到15℃,凝胶化时间也从191.3h降低到38h。若进一步升高温度,凝胶化时间迅速变短。当温度高于45℃时,纤维素溶液在测试前就已经发生凝胶化。纤维素在NaOH/尿素水溶液中的凝胶化行为对温度十分敏感,并且会发生热致和冷致凝胶行为。然而,当温度为0～5℃时,该纤维素溶液可以存放较长时间(1周),仍然保持液态。因此,这种复杂的天然高分子溶液体系表现出独特的凝胶化行为。

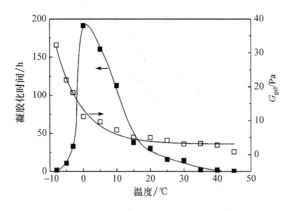

图5.28　4%纤维素溶液在不同温度下的凝胶化时间
和凝胶点(G_{gel})分别对温度的依赖关系[35]
■ 凝胶化时间;□ 凝胶化点

天然高分子溶液的流变行为也受介质的影响。图 5.29[36] 示出一种细菌多糖
(*Klebsiella polysaccharide* ATCC 12657)的乙酰化衍生物分别在水和 NaCl 水溶
液中的 G'-T 和 G''-T 曲线。该多糖浓度为 5g/L,测试温度为 5℃,应变为 10%。
结果示出,该多糖在水中 G' 和 G'' 曲线变化符合黏性液体的特点,且未发生相转变。
然而,在 NaCl 水溶液中,当温度低于凝胶转变点时该溶液却显示凝胶特征,即
$G'>G''$,而且接近于无频率依赖性(出现凝胶点)。由此表明,在过量的盐存在下,
会促使该多糖物理凝胶的形成。

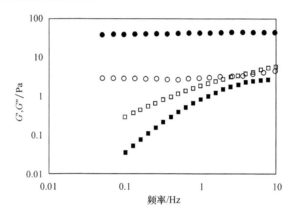

图 5.29　模量作为频率函数的多糖流变学行为[36]

实心符号为 G';空心符号为 G''

多糖浓度为 5g/L,在水中(■,□)以及在 0.25mol·L^{-1}NaCl 水溶液中(●,○)的溶液

5.3　生物降解性

材料通过自然界微生物作用而分解称为生物降解(biodegradation)。生物降
解性(biodegradability)是指材料在特定环境条件下被微生物侵蚀或代谢引起其结
构变化、性能劣化的各种行为。真正的生物可降解高分子应当被微生物完全分解
成单体、二氧化碳和水。目前,各国对生物降解性高分子的定义虽然略有不同,但
一般都认为在生态环境中,细菌、真菌等微生物及其酶以高聚物为营养源,使其结
构、形态破坏,最终分解为水、二氧化碳和其他小分子的过程为生物降解。因此,生
物降解的严格定义应当是:材料在微生物作用下,通过代谢和生物量转化,由高分
子量物质变为低分子量物质,最终产物为水、二氧化碳和有机化合物或无机分
子[37]。因此,一般天然高分子都具有生物可降解性,但是改性后的天然高分子材
料的生物降解性也随着发生变化,必须对它们进行重新评价。

国际标准化组织(ISO)和美国材料测试协会(ASTM)已对生物降解性试验制

定了相应的标准试验法[38]。生物降解试验一般在海水、土壤、活性污泥、生活废水、堆肥等生物环境中进行,在这些环境中微生物种类繁多,有利于生物降解。生物降解性的评价主要通过降解过程中 CO_2 释放量;材料的强度、分子量和质量的降低和消失;观察微生物的侵蚀以及检测降解产物等。

5.3.1　生物降解过程 CO_2 释放量

高分子材料生物降解中 CO_2 释放可按照培养基试验法进行。将试膜(或片材)用大量潮湿土壤包围后放入 2000 mL 玻璃容器中,然后置于含氧的密闭箱或大型干燥器(2500 mL 以上)中在28℃下培养。同时,0.7% 的 $Ba(OH)_2$ 作为 CO_2 吸收剂一并放入此干燥器内。未放试膜的土壤作为空白试验。滴定剂为 0.09 mol/L 草酸水溶液,每隔 1～3 天滴定一次,根据草酸的消耗量计算 CO_2 释放量($CO_{2\,EXP}$)。CO_2 的理论释放量($CO_{2\,THE}$)由以下嗜氧生物降解化学方程式计算[39]或由元素分析结果估算。

$$C_nH_aO_bN_c+\left(n+\frac{a}{4}-\frac{b}{2}-\frac{3c}{4}\right)O_2 \longrightarrow nCO_2+\left(\frac{a}{2}-\frac{3c}{2}\right)H_2O+cNH_3$$

$$(5-29)$$

由此,材料生物降解的程度(R)可由式(5-30)得[40]

$$R=\frac{CO_{2EXP}}{CO_{2THE}}\times100\%$$

$$(5-30)$$

更为有效的检测 CO_2 释放量的是按照国际标准 ISO846-1997 在固体培养基中进行生物降解试验。培养基的组成和含量可配置为:0.7 g/L KH_2PO_4、1.0 g/L NH_4NO_3、0.002 g/L $FeSO_4 \cdot 7H_2O$、0.002 g/L $ZnSO_4 \cdot 7H_2O$ 和 0.005 g/L NaCl,用 0.01 mol/L NaOH 水溶液调整到 pH 为 6.0～6.5。该培养基先在高压釜中于 120℃灭菌 20 min,然后在液面加入 15% 琼脂,并倒入培养皿中。将试膜灭菌后放在培养基上,然后把菌丝体悬浮液(0.2 mL/clish,106 Pores/mL)均匀分散在试膜表面。该培养皿连同盛有 0.05 mol/L $Ba(OH)_2$ 溶液的 50 mL 烧杯一起置于 2500 mL 干燥器中密封,并在 30℃下培养 28 天以上。用 0.025 mol/mL 草酸溶液滴定得到 $CO_{2\,EXP}$,并分别由式(5-29)和式(5-30)计算理论释放量和材料的生物

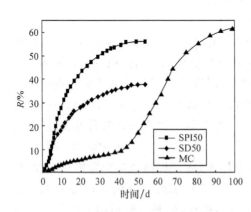

图 5.30　经聚己内酯改性的大豆蛋白塑料(SPI50)、大豆渣蛋白塑料(SD50)和 MC 在培养基中的降解程度与降解时间的关系曲线[9]

降解程度。该试验中混合真菌孢子悬浮液的制备十分重要,真菌可选用黑曲霉菌、绳状青霉菌、球毛壳菌、木霉绿菌、出芽短梗霉菌等。此外,CO_2 释放实验应当同时进行作为标准物的微晶纤维素(MC)的测量,当它的降解程度超过 60% 时,则视为结果有效。图 5.30 示出经聚己内酯改性的大豆蛋白塑料(SPI50)、大豆渣蛋白塑料(SD50)和 MC 在培养基中的降解程度与降解时间的关系曲线[9]。其中微晶纤维素粉的降解已达 60%,表明该生物降解试验是有效的。

天然高分子经微生物完全降解后,其 CO_2 转化率一般为 60%~70%,其余部分则作为微生物碳源而消耗掉。图 5.31 示出甲壳素、壳聚糖及其戊二醛交联凝胶在含有酪生青霉(*Penicillium caseicolum*)菌培养液生物降解中 CO_2 释放量与理论值之比随降解时间的变化曲线[41]。甲壳素降解 8 天后,其降解程度达最高值(~70%),其余 20%~30% 为生物量转化。壳聚糖及其交联凝胶的降解则相对较缓慢,而且随交联度的增加,交联壳聚糖凝胶的生物降解速度降低。

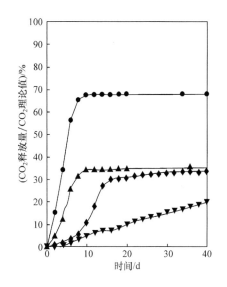

图 5.31　甲壳素、壳聚糖及其戊二醛交联凝胶在含有酪生青霉(*Penicillium caseicolum*)菌培养液生物降解中 CO_2 释放量与理论值之比随降解时间的变化曲线[41]

(●)甲壳素;(▲)壳聚糖;(◆)壳聚糖-2/5 戊二醛交联凝胶;(▼)壳聚糖-4/5 戊二醛交联凝胶

5.3.2　生物降解半衰期

天然高分子材料试片(8 cm×8 cm)夹在尼龙网内埋入土壤 15 cm 以下深处或置于培养基中,在一定的温度(25~30℃)、湿度和 pH 下进行生物降解试验约 2 个月可研究其降解过程动力学。在微生物作用下,高分子材料降解一半所需要的时间称为生物降解半衰期。试片埋入土壤中后每隔 3~5 天取出残留试片测量失重率(W_{loss},%),并在双对数坐标上以 W_{loss} 对掩埋时间(t,d)作图。按式(5-31)和式(5-32)计算生物降解半衰期($t_{1/2}$)和降解速率常数 k[40]:

$$lgW_{loss} = Klgt - A \qquad (5-31)$$
$$lgt_{1/2} = (1.7 + A)/k \qquad (5-32)$$

式中:A 为系数。图 5.32 示出一种用苄基魔芋葡苷露聚糖和蓖麻油基聚氨酯(B-KGM/PU)合成的 semi-IPN 涂料涂覆的再生纤维素防水膜 UBC-40 在土壤中降解动力学曲线,即重量损失随降解时间变化的关系曲线[42]。对应失重为 50% 的时间作为降解半衰期,由图 5.32 得出它的 $t_{1/2}$ 为 45 天。同时,由直线外推到重量损失为 100%,得到该材料完全降解的时间为 69 天,降解速率常数 k 为 1.49。

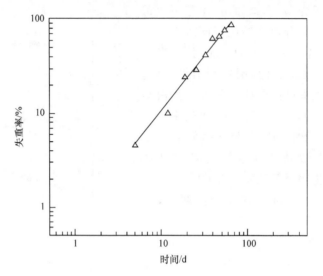

图 5.32　用 B-KGM/PU 合成的 semi-IPN 涂料涂敷的再生纤维素防水膜(UBC-40)
在土壤中降解的重量损失与时间的关系曲线[42]

　　用大豆分离蛋白(SPI)与甲苯二异氰酸酯(TDI)和聚己内酯(PCL)反应挤出制备的蛋白质塑料具有较好的力学性能和耐水性。图 5.33 示出土埋法试验中试片的失重率与时间的关系及其双对数图[9]。降解过程明显分为两个阶段:第一个

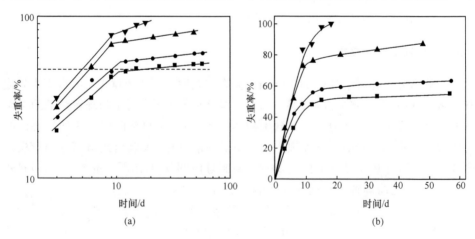

图 5.33　PCL 改性的 SPI 复合材料土埋试验中失重率(W_{loss})与降解时间(t)的关系曲线[9]
(a)对数坐标;(b)常用坐标
■ SPI50;● SPI40;▲ SPI30;▼ SPI20

阶段为 0～12 天,SPI 试片快速降解;12 天以后降解速率减慢。土埋的材料降解到 12 天时,各试片的失重率大致符合其中 SPI 组分的含量,因此可以将第一阶段的降解主要归结为 SPI 的降解。此后的降解速度明显变慢,它归结为 TDI 和 PCL 合成的聚氨酯(PU)组分及其与 SPI 基体交联部分的降解。由图 5.33 看出,SPI20 能在 18 天完全降解。SPI50 在土埋 15 天时降解率才达到 50%,此处的降解时间可视为它的降解半衰期($t_{1/2}$)。其他试片的半衰期可通过图 5.33 中的虚线与降解曲线的交点所对应的时间得出。可以看出,SPI 系列试片的降解半衰期均在 15 天以内,并且随着 SPI 含量的增加,材料的降解半衰期缩短。

5.3.3　生物降解过程的物性变化

1. 降解过程分子量的变化

为了测定生物高分子材料在生物降解过程分子量的变化,首先应该进行降解物的提取和分离。高聚物材料在生物降解过程中分子量随降解时间的变化一般采用尺寸排除色谱、黏度法以及静态和动态光散射法测定。动态光散射作一种微观方法,不仅可以表征高聚物构象及其分布、粒子尺寸及其分布,还可以用于研究高聚物降解的过程及机理。图 5.34 示出动态光散射法测定在培养液生物降解过程中聚 ε-己内酯(PCL)纳米粒子的酶降解的线宽分布 $G(\Gamma)$ 与降解时间的关系曲线[43]。线宽(Γ)反映粒子大小,$G(\Gamma)$ 表示粒子浓度。随着降解时间的增长,PCL 的线宽分布峰面积逐渐下降。该峰面积与粒子散射强度成比例,即反映 PCL 的浓度变化。由图 5.34 中的 PCL 线宽分布转换为流体力学半径分布 $f(R_h)$(图 5.35)[43]。结果表明,PCL 粒子的粒径不随时间而变化,仅随浓度下降。由此说明,PCL 粒子在降解过程中,只是大分子的数量在不断地下降而分子尺寸不变。

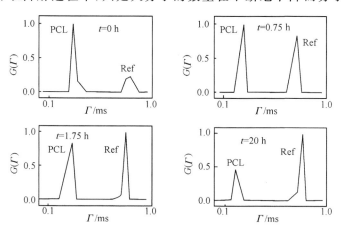

图 5.34　PCL 纳米粒子的线宽分布 $G(\Gamma)$ 与降解时间(t)的关系曲线[43]

PCL 和脂肪酶的浓度分别为 $3.13 \times 10^{-6} \text{g/mL}$ 和 $2.69 \times 10^{-8} \text{g/mL}$

因此,PCL 的酶解过程可以描述为该粒子一个一个地被酶降解掉,没有中间状态。

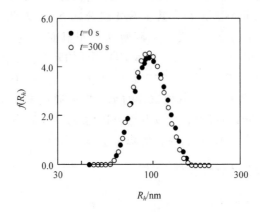

图 5.35　PCL 纳米粒子酶降解前、后的流体力学半径(R_h)的分布曲线 $f(R_h)$[43]

　　此外,如何有效地分离和纯化高分子材料经微生物降解后的产物对评价降解产物分子量的变化很重要。通常,先用水和有机溶剂分别提取水溶性和水不溶性的高分子降解产物,反复提取 3 次,每次 10~20 min。提取物经超离心和色谱柱分离、过滤、浓缩、干燥后进行分子量及其分布测定,同时做空白试验进行校正。由分子量对降解时间作图得出分子量变化曲线,由此分析其降解速度及机理。

　　2. 降解过程微生物侵蚀的观测

　　微生物侵蚀天然高分子材料表面及内部会引起材料的结构、形貌和透光性发生变化。经土埋、堆肥或培养基中培养后,降解材料表面受侵蚀而产生空洞、菌丝体附着物,它们可以通过扫描电子显微镜(SEM)观察并拍照。图 5.36 示出四种纤维素膜在土壤中降解 22 天后的 SEM 照片[44]。这些膜是用蓖麻油基氨酯预聚物分别与壳聚糖、硝化纤维素和桐油合成半互穿聚合物网络(semi-IPN)涂料,并用它们涂覆再生纤维素膜(涂层厚度为 1~1.5 μm)制得防水膜,其编号依次为:RCCH、RCNC 和 RCES,纯纤维素膜为 RC。土埋降解后膜表面有明显的空洞并附着菌丝体,说明发生了生物降解。结果表明,这些膜被微生物侵蚀程度依次为:RC>RCNC>RCCH>RCES。此外,对某些透明的薄膜材料也可以用紫外分光光度计或一般光度计测定其透光率的变化。通过这些测试结果比较材料降解前、后的变化,由此得出它们被微生物侵蚀的可能性和降解程度等信息。

　　3. 降解过程性能的变化

　　高聚物材料经生物降解后的力学性能、电学性质等发生变化主要是由于微生物在其表面生长,由此产生代谢物分别导致其强度、湿度和 pH 改变。同时,微生物侵蚀常形成电离导电通路。测量天然高分子材料降解前、后表面电导率和体积电导率的变化,以及它们随时间变化的曲线可以分析其降解过程及机理。此外,高聚物材料降解后,其力学性能尤其是拉伸强度将下降。通过拉力试验测量材料的拉伸强度和断裂伸长率随降解时间的变化,由此可以分析生物降解速度和过程[40]。

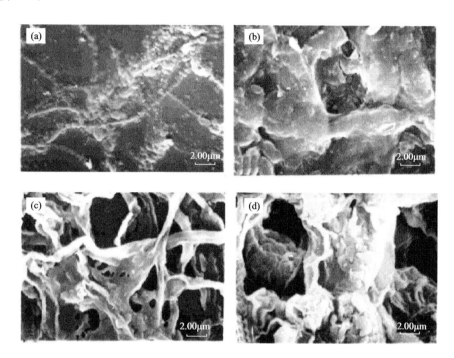

图 5.36　四种膜在土壤中降解 22 天后的 SEM 照片[44]
(a)RC;(b)RCNC;(c)RCCH;(d)RCES

未硫化的天然橡胶能够受微生物作用,如放线菌在橡胶薄膜上生育的同时能逐步侵蚀橡胶。琼脂培养板上的橡胶薄膜在放线菌的作用下能够产生生物分解,培养一个半月质量损失可达 52%[45]。据报道,采用失重法以及蛋白质含量分析可以测定天然橡胶的生物降解性。一种以天然橡胶制的乳胶手套为碳源,在各种细菌存在下的培养基中进行生物降解试验,其结果示于图 5.37 中[46]。培养基中的细菌分别为链霉菌 1D-L*-M100(S. griseus 1D-L*-M100)、乙酸钙不动杆菌(A. calcoaceticus)和黄单孢菌(Xanthomonas sp.)。结果指出,随降解时间的增加,材料的质量急剧减少,而蛋白质含量却明显增加。降解 10 周后其质量仅为 11% ~ 18%,而蛋白质含量增至 850 μg/mL,说明发生了天然橡胶的降解并伴随细菌繁殖。由此表明,在链霉菌 1D-L+-M100、乙酸钙不动杆菌和黄单孢菌作用下,交联的天然橡胶已经被细菌侵蚀而发生降解,同时这些细菌则迅速繁殖、增长,引起蛋白质浓度增加。

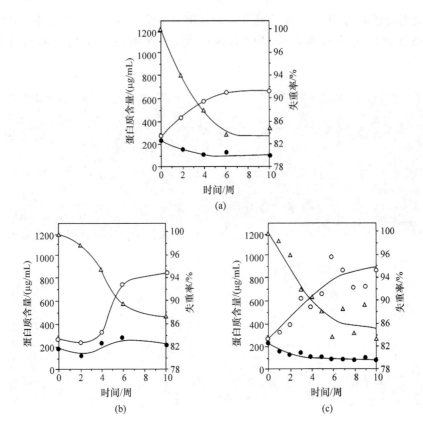

图 5.37　交联天然橡胶在降解中的失重率和蛋白质含量随时间的变化曲线[46]

(a)链霉菌 1D-L*-M100(*S. griseus* 1D-L+-M100);

(b)乙酸钙不动杆菌(*A. calcoaceticus*);(c)黄单孢菌(*Xanthomonas* sp.)

△ 失重率;○ 存在天然橡胶;● 不存在天然橡胶

5.3.4　降解产物分析

高聚物材料经过完全或大部分降解后的低分子量有机化合物可以通过红外光谱、气相色谱、液相色谱以及核磁共振谱等方法鉴定。首先从材料降解的环境(如土壤、培养基)中分离提取出含有降解产物的介质,然后分别用水和有机溶剂提取 3 次以上,每次 10~20 min。提取物依次经超离心分离、过滤、浓缩、干燥后进行表征,同时做空白试验进行对照。

一种用蓖麻油基聚氨酯预聚物分别与壳聚糖、硝化纤维素和桐油合成的半互穿聚合物网络(semi-IPN)涂料涂覆再生纤维素膜制得防水膜,其编号依次为 RCCH、RCNC 和 RCES,纯纤维素膜为 RC。通过它们在琼脂培养基中的生物降解性试验得到的残留物经提取和分离后分析其降解产物。IR 图谱表明三种涂层膜的降解产物都在 1040 cm^{-1} 处出现新峰,它归属于苯醚,而且峰强度随降解时间的加长而增加。同时,RCNC 和 RCCH 膜的降解碎片在 925 cm^{-1} 和 920 cm^{-1} 出现新吸收峰,可归结为它们中的硝化纤维素和壳聚糖降解产生了葡萄糖衍生物。图 5.38 示出这四种纤维素膜降解产物的高效液相色谱(HPLC)[44]。可以看出,RC 膜的降解产物主要是纤维素分解的葡萄糖,而三种涂覆膜的中间产物除葡萄糖外还有 IPN 涂料层的降解物(在 24~26 min 处的宽峰)。图 5.36 已示出这些膜表面明显被微生物侵蚀,而产生大量空洞和菌丝体。由此得出,细菌首先侵蚀这些涂覆膜的表面,并且分解和破坏 IPN 涂料层。随后,它们进入纤维素主体且迅速代谢,导致材料完全生物降解变为小分子。

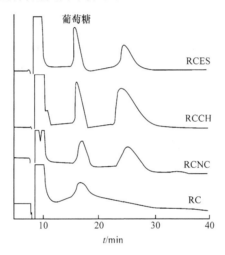

图 5.38　再生纤维素防水膜在琼脂培养基中于 30℃生物
降解 28 天后低分子产物的 HPLC[44]

5.4　生物相容性

　　生物相容性也称生物适应性和生物可接受性,是指材料在宿主的特定环境和部位与宿主直接或间接接触时所产生相互反应的能力[47]。生物相容性材料在生物体内处于动态变化过程中,它应当能耐受宿主各系统作用而保持相对稳定,不被排斥和破坏其生物性质。天然高分子本身来源于动物、植物和微生物,并且具有与生物体内某些大分子类似的结构,因此它们一般都具有一定的生物相容性。生物相容性是现阶段评价生物材料最重要的指标之一。

5.4.1　生物相容性评价

　　生物材料与人体接触或植入人体后对宿主的影响是一个非常复杂的过程,这些作用过程主要包括组织反应、血液反应和免疫反应[48]。同时,由于材料与机体之间的相互作用,它们各自的功能和性质也会受到不同程度的影响。这种影响不仅能使生物材料的物理性质和化学性质遭到破坏,更重要的是对机体造成各种危害。图 5.39 示出各种生物相容性反应。通常,这些反应大部分由聚合物材料加工过程中残留的可溶性低分子物质如引发剂、催化剂、添加剂及中间产物、单体等以及吸附在材料表面的微生物引起。它们将对机体产生毒性、炎症、致突变、致畸、致癌作用,以及形成血栓等。

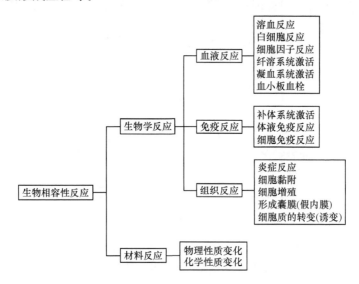

图 5.39　生物相容性反应[48]

　　生物医用材料的生物相容性按使用过程不同分为两大类:本体相容性和界面相容性。前者也称为力学相容性,要求植入材料具有与人体组织相适应或匹配的力学性能;后者包括血液相容性和组织相容性,侧重于材料的表面性质。若按材料与人体的接触部位不同,材料的生物相容性又可分为组织相容性和血液相容性两类。组织相容性要求生物材料植体内后与组织及细胞接触不产生不良反应,特别是不能诱发组织畸变和基因改变;同时,植入体周围的组织也不能对材料产生强烈的腐蚀作用和排斥反应。因此,一般要求材料无抗原性、无诱变性、无致癌性、无致畸性、无抑制细胞生长性、细胞激活性和细胞黏附性等。血液相容性是心血管系统用生物医学材料必须考虑的一项重要指标,要求制造人造心脏、人造血管、人造心血管的辅助装置及各种进入或置留血管内与血液直接接触的导管、功能性支架等医用装置的生物医用材料必须具备良好的抗凝血性、抗血小板血栓形成性、抗血溶性、抗白细胞减少性、抗补体系统亢进性、抗血浆蛋白吸附性和抗细胞因子吸附性等。生物医学材料安全性评价主要是采用医疗器械生物学评价体系，即世界标准化组织（ISO）制定的 10993 系列标准。它是由 ISO 194 技术委员会研制的，其总题目是医疗装置生物学评价。表 5.2 列出该标准的医疗装置生物相容性评价试验指南。

表 5.2　医疗装置生物学评价试验指南（ISO 10993.1992）

装置分类中接触部位对应的接触时间分级：A. 一时接触（≤24 h）；B. 短、中期接触（24 h 至 30 天）；C. 长期接触（30 天以上）。

接触部位	部位	A/B/C	细胞毒性试验	致敏试验	刺激或皮内反应试验	全身急性毒性试验	亚慢性亚急性毒性试验	遗传毒性试验	植入试验	血液相容性试验	慢性毒性试验	致癌性试验	生殖与发育毒性试验	生物降解试验
			基本评价的生物学试验								补充评价的生物学试验			
表皮接触	皮肤	A	＋	＋	＋									
		B	＋	＋	＋									
		C	＋	＋	＋									
	黏膜	A	＋	＋	＋									
		B	＋	＋	＋									
		C	＋	＋	＋		＋	＋						
	损伤表面	A	＋	＋	＋									
		B	＋	＋	＋									
		C	＋	＋	＋		＋	＋						
体外与体内接触	血路间接	A	＋	＋	＋	＋				＋				
		B	＋	＋	＋	＋				＋				
		C	＋	＋		＋	＋	＋		＋	＋	＋		
	组织/骨/牙	A	＋	＋										
		B	＋	＋				＋	＋					
		C	＋	＋				＋	＋				＋	
	循环血液	A	＋	＋	＋	＋				＋				
		B	＋	＋	＋	＋				＋				
		C	＋	＋	＋	＋	＋	＋		＋	＋			
体内植入	组织骨	A	＋	＋										
		B	＋	＋				＋	＋					
		C	＋	＋				＋	＋				＋	
	血液	A	＋	＋	＋				＋	＋				
		B	＋	＋	＋				＋	＋				
		C	＋	＋	＋	＋	＋	＋	＋	＋	＋	＋		

注："＋"为必须选择的项目。

　　我国在 ISO 系列标准的基础上并参考美国和日本的标准,由此建立了 GB/T 16886 系列标准。目前,我国生物医用材料和医疗器械的生物学评价试验选择按 GB/T16886.1-1997 进行。其评价内容主要有 16 项,包括溶血试验评价、细胞毒性试验评价、急性全身毒性评价、过敏试验评价、刺激试验评价、植入试验评价、热源试验评价、血液相容性试验评价、皮内反应试验评价、生物降解试验评价、遗传毒性试验评价、致癌性试验评价、生殖和发育毒性试验评价、亚急性毒性试验评价、慢性毒性试验评价和药物动力学试验评价。

5.4.2　生物相容性试验方法

　　1. 细胞培养法

　　细胞培养法(cytotoxicity test,也称为细胞毒性试验)是检测材料毒性的常用手段,具有简便、敏感性高、节约资源、缩短生物材料研究周期等优点。目前,细胞毒性试验主要集中在材料对细胞的生长、附着、增殖及代谢功能的影响方面,并以存活的有功能的细胞或(和)细胞生长增殖情况作为材料的生物相容性评价指标。根据细胞和材料之间有无间质可以将细胞毒性试验方法分为直接法和间接法两类。

　　1) 直接法[47,49]

　　生物材料中含有一些易溶出物质如原料单体、低分子聚合物、催化剂、溶剂、稳定剂等是引起炎症反应和组织反应的主要原因。为此可以采用浸出液法研究溶出物的细胞毒性。将试样投入培养液或蒸馏水中,在适当条件下进行浸泡,制备出含有溶出物的浸液,然后将浸提液加在含有细胞的培养皿或试管中继续培养,观察溶出物对细胞形貌和增殖的影响以评价材料生物相容性的好坏。细胞形貌通常由光学显微镜或电子显微镜观察,细胞的相对增殖度(relative growth rate,RGR)则采用四噻唑氮蓝(MTT)比色法进行评估计算。在进行 MTT 法测试时,先将含细胞的培养基用 MTT 试剂染色,后用联酶检测仪测其光密度值(OD 值),则细胞的相对增值度可计算如下:

$$RGR＝(受试组 OD 值/阴性对照组 OD 值)×100\%　　　　(5-33)$$

　　根据计算得到 RGR 值,材料的毒性等级可按如下标准分级:RGR≥100% 为 0 级(无毒,合格);80%≤RGR<100% 为 1 级(轻微毒,合格);60%≤RGR<80% 为 2 级(中毒,不合格);30%≤RGR<60% 为 3 级(严重毒,不合格);0≤RGR<30% 为 4 级(不合格)。有人采用直接法研究了氧化肝糖交联的胶原质膜的细胞相容性[50]。他们将各种交联度的胶原质膜浸泡于不含牛胎血清(FBS)的 DMEM 中以获取浸提液,然后在浸提液中加入 2%FBS 和一定量的 L-谷氨酸盐及 HEPES 缓冲溶液,并将其转移到培植有人纤维原细胞的细胞培植基上。此培养基中的细胞已经培养了 48h,细胞密度为 32 000 个/cm^2。细胞继续培养 48h 后,采用 MTT 比色法检测细胞的相对增殖度。MTT 评估结果示于图 5.40 中,结果表明未经硼

氢化钠还原处理的 SA、WA 和 SD 的 RGR 值均小于 80%，表现出较大的细胞毒性；极弱交联的两个样品 wD 和 wA 则具有较好的细胞相容性（~100%），表明交联的引入不利于细胞在胶原质膜上的黏附和增殖。

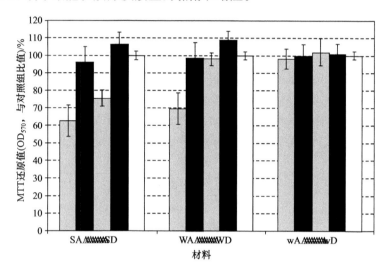

图 5.40　强交联胶原质（SA）和强交联变性胶原质（SD）、弱交联胶原质（WA）和弱交联变性胶原质（WA）及极弱交联胶原质（wA）和极弱交联变性胶原质（wD）的 MTT 试验结果[50]

▨交联后未经硼氢化钠还原；■交联经硼氢化钠还原；□空白样

　　细胞直接放在生物材料上进行细胞培养是直接法中又一种重要的生物相容性试验方法，也称直接接触法。当有毒性物质释放时，通过细胞形态变化和数量增减检测细胞毒性程度，同时可以直接观察细胞在材料表面贴附的情况。通常，"材料生物相容性好"是指细胞容易贴壁且能迅速繁殖生长。因此，可以根据直接法细胞培养的结果推测材料植入人体后与机体细胞的反应。例如，采用直接接触法，以 Petri 培养皿为空白（control），研究戊二醛交联明胶（GTG）、神经生长因子（NGF）接枝 GTG（GEN）以及用神经生长因子 NGF 浸泡过的 GTG（GN）的细胞毒性[51]。将试样裁剪成尺寸与培养板孔孔径相匹配的小圆片，用 70% 乙醇和紫外灭菌消毒后在 PBS 溶液中充分浸泡，置于 24 孔组织培养板孔中，将密度为 5×10^5 个/cm^2 的施沃恩（Schwann）细胞与含有 10% 牛胎血清和 10% 抗生素/抗菌剂的 DMEM 细胞培养液混合后加入到板孔中。它们在 37℃，5% CO_2 培养箱中培养一定时间后，黏附在材料上的细胞用含 10% 甲醛的 PBS 溶液固定 24h，用乙醇脱水并在临界点干燥箱（CPD）中干燥后喷金，用扫描电子显微镜观察材料对细胞形貌的影响。材料生物相容性的定量评价则通过细胞总蛋白质含量、乳酸脱氢酶（LDH）渗漏量和 MTT 比色法进行。测量细胞总蛋白质含量时，用 0.5mol/L NaOH 在 37℃下将细胞消化 18h，取含细胞的稀培养媒质，依次加入缩二脲、福林和 Cioalteu's 苯

酚试剂染色后,用紫外分光光度计测试,蛋白质含量根据标准曲线获取。进行
LDH 渗漏量测试时,取一定量含细胞的培养介质,用 LDH 试剂染色后在生化分
析仪上检测 LDH 渗漏量。图 5.41 示出 Schwann 细胞在这些材料上分别培养 1
天、3 天和 7 天后总蛋白质含量(a)和 LDH 渗漏量(b)测试结果。与 GN 和 GTG
相比,GEN 膜具有最高的总蛋白质含量,表明 NGF 的引入可以有效提高 GTG 膜
的细胞黏附性。尽管如此,随着接触时间的增加,GEN 膜总蛋白含量增量与其他
两种材料并未表现出显著差异,说明 NGF 的引入并不能促进细胞在 GTG 膜上的
生长。LDH 会因细胞破坏而释放到培养基质中,因此检测基质中 LDH 的含量是
评价材料生物相容性时检测细胞毒性的一种比较灵敏的方法。培养期从 1 天到 7
天,LDH 含量在三个试验组中都比较低并表现出一种比较稳定的释放,其中 GEN

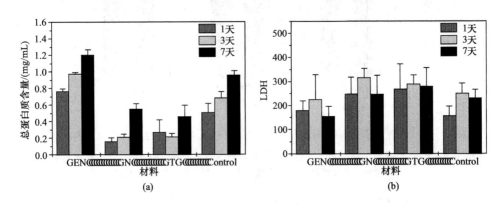

图 5.41　细胞总蛋白质含量(a)和 LDH 渗漏量(b)测试结果[51]

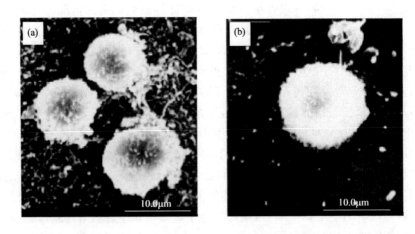

图 5.42　细胞在含少量蛋白质(a)和不含蛋白质的纤维素膜上生长的形貌(b)[52]

测试组释放量最少，表明 GTG 材料不管有没有接枝 NGF，其细胞毒性都比较低。采用直接接触法可以研究纤维素与大豆蛋白共混膜的细胞相容性[52]。图 5.42 示出培植在纤维素/蛋白质共混膜上绿猴肾脏细胞（Vero-E6）繁殖的形貌。结果表明，这种细胞在含或不含大豆蛋白的纤维素共混膜上都能很好地生长，而且在含有蛋白质的纤维素膜上细胞进行了比较明显的增殖分化。由此说明纤维素/大豆蛋白共混膜具有较好的生物相容性。

2）间接法

最典型的间接法是由 Dubecco 于 1952 年提出的琼脂覆盖法。将含有培养液和约 2%中性红活体染料的琼脂层平铺在有单层细胞（L929 细胞，ISO 标准推荐用细胞系）的培养皿中，然后在凝胶化的琼脂层上放入阴性对照材料（如聚乙烯材料）、阳性对照材料（如含有二乙酸二丁基锡的 PVC 材料）和试样进行细胞培养。经过一定培养期后，在显微镜下观察材料周围和材料下脱色区范围及脱色区内细胞溶解的情况。通常，材料细胞毒性的大小用"反应指标"，即 $R=Z/L$ 来评价。其中 Z 为脱色区域指标，L 为细胞溶解指标，两者的评定准则分别示于表 5.3 和表 5.4 中。试验标准为在阴性样品周围和下面的细胞单层达到标准的反应为：$R=0/0$，阳性样品达到标准的反应为：$R=2/2$。试样毒性评价标准为：$R=0/0$ 时为 0级，即无细胞毒性；$R=1/1$ 时为 1 级，即轻度细胞毒性；$R=2/2\sim3/3$ 为 2 级，即中度细胞毒性；$R=4/4\sim5/5$ 时为 3 级，即重度细胞毒性。琼脂覆盖法的优点在于其适用于各种不同形态的材料，但其敏感性受试样溶出物在琼脂糖层上扩散程度的影响。另一种分子滤过法是在细胞单层上覆盖一层丙烯酸盐制成的微孔滤膜，将试样材料放在滤膜上，使其毒性成分通过滤膜作用于膜下的细胞。然后在显微镜下检查滤膜，含单层细胞的膜片染色为深蓝色，没有细胞的滤膜用于观察试验材料可能对滤膜产生的影响。由于滤膜孔径较小（0.45μm），该方法适合评价毒性成分分子量小的材料相容性。

表 5.3　脱色区指标 Z

区域指标 Z	区域内脱色情况
0	材料下和周围未观察到脱色区
1	脱色区域限于样品下
2	从样品扩散，脱色区<5 mm
3	从样品扩散，脱色区<10 mm
4	从样品扩散，脱色区>10 mm，但未布满整个培养皿
5	脱色区布满整个培养皿

表 5.4　细胞溶解指标 L

细胞溶解指标 L	脱色区域内细胞溶解情况
0	未观察到细胞溶解现象
1	脱色区内细胞溶解达 20%
2	脱色区内细胞溶解为 20%～40%
3	脱色区内细胞落解为 40%～60%
4	脱色区内细胞溶解为 60%～80%
5	脱色区内细胞溶解在 80%以上

2. 植入试验方法[50]

植入试验(implantation test)是评价生物材料与其周围组织相容性的一种重要方法,通过该试验可以从宏观和微观水平评价组织的局部反应。该方法是将生物材料植入动物的合适部位(皮下、肌肉或骨),观察一定时期后,评价材料对活体组织的局部毒性作用。主要通过病理切片、染色,利用光学显微镜观察组织的变化。根据材料使用部位的具体要求可以进行皮下组织植入试验、肌肉植入试验或骨内植入试验。材料植入试验依观察期的长短分为亚慢性(短期不超过90 天)和慢性(90 天以上,如植入后 180 天、360 天)两种。皮下组织植入试验时将材料埋植于皮下结缔组织内,适用于短期观察局部生物学反应的材料;肌肉植入试验则是将表面光滑平整、具有一定大小形状的样品植入动物背部深层肌肉,定期采集标本和周围组织,用肉眼及显微镜观察接触部位的组织反应;骨植入试验可以测定植入部位骨组织的生物反应,同时也可以用于测定同种材料不同表面状态和结构的生物学反应,或者评价治疗方法和材料改良效果。以Dutch 奶山羊为模型动物,可以研究淀粉/乙基乙烯醇/羟基磷灰石(SEVA-C-HA)复合生物材料在生物体内的组织反应问题[53]。将材料植入山羊股骨,经 6周和 12 周观察期后取出,迅速置于 Karnovsky 定影液(含 2%仲甲醛和 2.5%戊二醛的 0.1mol/L 四甲二砷酸缓冲溶液,pH=7.4)中于 4℃下保存 1 周。所得试样用乙醇脱水后包埋于聚甲基丙烯酸甲酯中。所有样品未脱石灰质的部分用组织学钻石锯沿骨经度方向切成厚度为 10 μm 的薄片,然后用甲基蓝和碱性洋红染色,试样形貌在光学显微镜下进行观察。图 5.43 示出这种复合生物材料植入 Dutch 奶山羊股骨后材料周围组织的响应情况。结果表明,材料植入 6 周后,SEVA-C-HA 与周围骨组织表现出良好的接触性。植入 12 周后,材料周围的骨组织都表现出大面积的骨重塑行为,新骨形成,同时材料与旧骨间仍保持一定的接触,这表明该淀粉基材料具有良好的组织响应性。

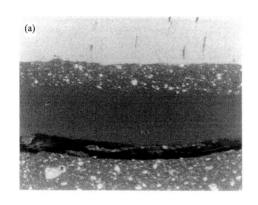
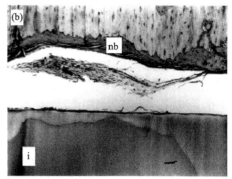

图 5.43　SEVA-C-HA 植入 12 周后植入体与骨组织的结合性背散射显微镜照片(a)
和 SEVA-C-HA 植入 12 周后植入体周围骨组织生长情况光学显微镜照片(b)[53]

nb 为新生骨;i 为植入体

3. 血液相容性试验方法

血液相容性(haemocompability)可以简单地定义为允许某种材料或仪器在与血液接触的情况下起作用而不引起有害反应的性能。对材料血液相容性的评价可以从血栓形成、凝血、血小板以及血液学的其他方面进行。血液相容性评价试验方法主要包括体内外血栓形成的试验、体内外凝血时间和蛋白吸附试验、血小板黏附试验以及体外溶血试验、白细胞和网织红细胞计数试验和补体激活试验。其中溶血试验是最常用的试验,采用分光光度计法测试。溶血率(hemolysis ratio,HR)反映了血液与材料接触到设定时间后,红细胞的破坏程度,即

$$HR = (AS - AN)/(AP - AN) \times 100\% \qquad (5-34)$$

式中:AS 为全血与样品接触设定时间后血液的相对吸光度;AP 为阳性对照物的相对吸光度;AN 为阴性对照物的相对吸光度。有人采用该方法研究了纤维素/甲壳素复合材料的溶血性能。将一系列甲壳素含量不同的材料与血液接触 15min 后,其溶血率均在 3.5% 左右,符合生物材料的溶血实验标准(<5%),表明这种纤维素及其共混膜基本上不会对红细胞产生破坏作用[54]。

通常,由于与血液接触材料的血液相容性主要由血浆蛋白的吸附以及血小板的激活决定,人们对材料血液相容性的研究多半采用血小板黏附试验和蛋白质吸附进行评价[1]。采用血小板吸附试验,已研究了血小板在壳聚糖基表面活性聚合物上的黏附性[55]。从不含阿司匹林的供体获取全血,置于装有 1mL 3.8% 柠檬酸钠的注射器中。全血在 1500 r/min 下离心,取上层富血小板血浆(PRP)。然后将受试材料和聚乙烯(PE)空白对照物在装有 500 μL PRP 的 24 孔板浸泡 1 h 后,移除 PRP。样品表面用磷酸盐缓冲液(PBS)清洗三次除去未黏附的血小板,经 1% 仲甲醛固定后,血小板用 CD41a FITC 染色。然后在荧光共聚焦显微镜或扫描电

子显微镜下观察样品表面的血小板黏附情况,血小板的吸附性直接采用列举法进行计数。血小板聚集数则等于发生聚集的血小板总聚集像素面积与该区域单个血小板的像素面积之比。图 5.44 示出血小板分别在壳聚糖(chitosan)、NH_4OH 活化壳聚糖(chitosan-NH_4OH)、环己烷活化壳聚糖(chitosan-Hex)和 5-甲酸基-2-呋喃磺酸活化壳聚糖(FFS)表面上的黏附数(a)和聚集数(b)情况。与带正电的壳聚糖表面相比,血小板在经活化处理的壳聚糖表面的黏附性和聚集性要小得多。有趣的是,尽管显中性的 chitosan+NH_4OH 具有与带正电的 chitosan-Hex 相当的血小板黏附性,但血小板在前者上的聚集数要高于后者。在这四种材料中,带负电的 FFS 表面具有最低的血小板黏附性,并且血小板在它的上面几乎不发生聚集。结果表明,活化基引入壳聚糖可以大大提高壳聚糖的抗凝血性和防止由于血小板聚集而形成血栓的能力。

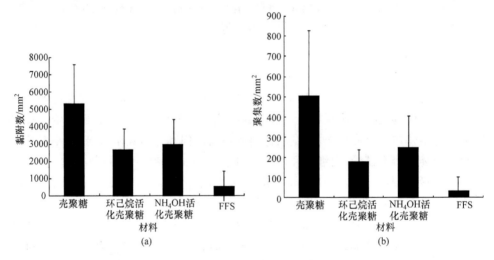

图 5.44　血小板在受试壳聚糖基材料上的黏附数(a)和聚集数(b)[55]

采用体外蛋白质吸附试验,也可以有效地预测生物材料的血液相容性。该方法通常由 I^{125} 标记蛋白来对材料表面蛋白吸附进行定量评估。标记蛋白质的比活度应当大于 $3×10^7$ cmp/mg,标记蛋白质溶液中游离碘的含量小于 3%,标记蛋白质在 48h 内放射性碘脱落量小于 2%。当蛋白质进行吸附试验时,受试样品必须先在 PBS 中储存 24 h 以获得类生理环境下的材料表面,然后将材料置于具有合适组成比的标记蛋白和未标记蛋白质的混合液中,在静态条件下吸附指定时间(如 1 h)后终止吸附,样品用缓冲溶液 PBS 洗涤 3 次,在放射免疫 γ 计数器上测定样品和标记蛋白质母液的放射活性,平行测定 3~5 次。表面蛋白的吸附浓度由式(5-35)计算:

$$C_{sur} = A_{sur}C_{sol}/A_{sol}S_{sur} \qquad (5-35)$$

式中：A_{sur} 和 A_{sol} 分别为样品表面和标记蛋白质母液的计数平均值；C_{sol} 为标记蛋白质母液浓度；S_{sur} 为样品表面积。此方法可用于研究牛纤维蛋白原在羧甲基壳聚糖（OCMCS）、壳聚糖（CS）分子、聚丙烯酸（PAA）表面接枝处理聚乙烯基对苯二酸酯（PET）表面的吸附[56]。图 5.45 示出牛纤维蛋白原在聚乙烯基对苯二酸酯 PET、聚丙烯酸表面接枝处理聚乙烯基对苯二酸酯（PET-g-PAA）、壳聚糖表面固定化 PET-g-PAA（PET-CS）以及羧甲基壳聚糖表面固定化 PET-g-PAA（PET-OCMCS）材料表面的吸附情况。与 PET 表面相比，经接枝处理的其他三种表面对蛋白质的吸附力明显下降，蛋白质在 PET-OCMCS 表面的吸附浓度仅为 4.85 $\mu g/cm^2$。由此表明，当这些材料植入生物体内后，材料表面 OCMCS 的存在大大提高了材料的血液相容性，能有效抑制凝血现象的发生。

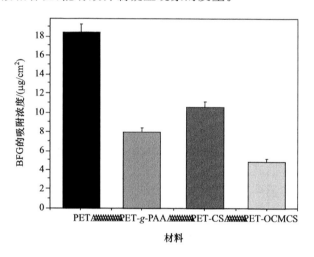

图 5.45　牛纤维蛋白原在 PET、PET-g-PAA、PET-CS
和 PET-OCMCS 表面的吸附情况[56]

5.4.3　生物相容性天然高分子材料

天然高分子及其改性材料具有良好的生物相容性和生物可降解性，是具有应用前景的生物材料。甲壳素、壳聚糖、胶原蛋白、纤维蛋白以及纤维素衍生物中，有些已应用于药物控制系统、外科手术缝合线、医用抗黏剂、骨折固定材料、组织工程支撑材料、组织隔离膜及人工皮肤等方面。

1. 甲壳素、壳聚糖

甲壳素是节肢动物角质内的主要结构多糖，因此它与基质蛋白及结缔组织成分间存在多重相互作用。壳聚糖（CS）具有较小的客体反应性、良好的抗菌性以及形状可塑性和成孔性等。壳聚糖（聚阳离子）能与阴离子糖胺聚糖（GAG）、蛋白聚糖、DNA 及其他荷负电的大分子产生 pH 响应性静电相互作用。壳聚糖寡糖对巨噬细胞具有刺激作用,而壳聚糖和甲壳素都是噬中性粒细胞的化学引诱剂。因此,壳聚糖在关节、骨及脊椎等组织结构和功能的重建以及药物控制释放等领域的应用很引人注目。图 5.46 示出用于组织工程的壳聚糖支架的处理过程[57]。图 5.46 表明,壳聚糖支架及其与其他材料的复合支架既可通过壳聚糖溶液的原位凝胶化制备,也可通过溶液的冻干和湿纺制备。这里示出一种制备壳聚糖多孔支架的新方法是以由计算机控制的具有多个配药头的四轴机械系统为平台,配制一定浓度的壳聚糖乙酸溶液装入该系统后再从配药头喷出,用 NaOH 中和乙酸,便可沉淀出凝胶状壳聚糖线,将凝胶状壳聚糖线团冻干后可制备成多孔支架材料。图 5.47 示出壳聚糖作为支架的制备过程及制备得到的壳聚糖多孔支架[58]。为了满足某些特殊要求如多孔性和高强度等,壳聚糖还可与其他生物材料如羟基磷灰石、透明质酸、磷酸钙、海藻酸、聚乳酸和转化生长因子等经冻干形成复合材料。若负载有转化生长因子 TGF-β1 的多孔胶原质/CS/GAG 支架,则它能通过 TGF-β1 的控制释放来促进软骨再生。同时,胶原质中壳聚糖的加入可有效提高支架的力学性能,并通过抑制胶原酶的作用而提高胶原质网络的稳定性[59]。

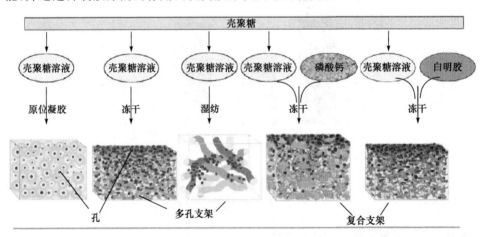

图 5.46　壳聚糖在组织工程领域的应用图示[57]

图 5.47　壳聚糖支架的制备过程(a),壳聚糖支架(湿态)(b),冻干后的壳聚糖支架(c)[58]

　　尽管壳聚糖和甲壳素不具有骨诱导能力,但它们与羟基磷灰石的复合物却能表现出较好的骨诱导性质。最近,有人开发了一种壳聚糖/羟基磷灰石双层复合材料。他们采用体外细胞培植技术,研究了山羊骨髓基质细胞(GBMCs)在该材料上的黏附、形貌及分化行为。图 5.48(a)示出 GBMCs 在壳聚糖层上培养 28 天后,细胞在材料上表现出良好的分布并能保持其原来的形貌。利用荧光 dsDNA 定量检测盒检测 GBMCs 在羟基磷灰石层上培养 3 天和 17 天后 DNA 含量的变化情况,如图 5.48(b)所示。随着培养时间的延长,DNA 的含量迅速提高,表明细胞数量明显增加。由此表明细胞在该层上具有良好的分化能力[60]。

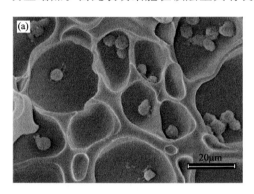
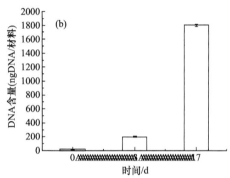

图 5.48　GBMCs 在壳聚糖层上培养 28 天后的 SEM 照片(a)和培植
在磷灰石层上 GBMCs 的 DNA 含量随时间的变化过程(b)[60]

2. 纤维素

　　人们已经对纤维素及其衍生物(羧甲基纤维素、纤维素硫酸酯等)的生物相容性进行了大量研究,它们在生物体内和生物体外仅表现出轻微的客体和煽动性响应。因此,纤维素基材料已经应用于血液透析膜,生物传感器中的扩散控制膜和酶固定化载体、药物及药物释放支架的土层材料、生物体外空心纤维灌注系统及细胞扩充表面等领域。在纤维素及其衍生物上引入少量阴离子基团或沉积活性钙可以有效提高纤维素基生物材料的组织相容性。将再生纤维素无纺布在饱和 $Ca(OH)_2$ 溶液中进行活化处理,并涂覆磷酸钙涂层后,进行软骨细胞培植试验。1 周后,细胞用荧光双乙酸盐(FDA)和碘化丙啶(PI)标记并在反转显微镜下观察。表 5.5 列出不同方式处理的纤维素支架的细胞相容性。结果示出,与未经处理的纤维素相比(细胞活性 80.4%),细胞在磷酸钙涂覆后的纤维素支架上的活性可达 98.9%。由此表明,活性钙沉积处理后的纤维素具有良好的生物相容性[61]。

表 5.5　经不同方式处理后,纤维素支架的细胞相容性[61]

样品	细胞活性/%	细胞密度
未处理纤维素	80.4	中
Ca(OH)$_2$ 处理	98.7	高
Ca^{2+} 活化处理后涂覆磷酸钙	98.9	高

　　纤维素类材料虽然具有骨传导性质但却不具备本质的骨诱导性质,它们不能诱导新骨在外骨质位置的形成。将纤维素与成骨细胞结合起来有望开发具有成骨性质的骨替代品。将纤维素表面用氨丙基三乙基硅氧烷(APTES)和琥珀酰亚胺基马来吲哚丙酸酯(SMP)修饰后,可接枝具有生物活性的 RGD 多肽分子。有人采用比色法和 MTT 法分别研究了成骨细胞在该材料上的黏附和增殖行为。图 5.49 示出纤维素材料在含成骨细胞的培养液中经过 1h 和 3h 的浸渍后,成骨细胞在未处理(virgin)和接枝纤维素(RGDC)基底上的黏附性(a)及细胞在未处理和接枝纤维素 RGDC 基底上的增殖性(b),DO 为检测光密度值。与未经处理的纤维素相比,接枝纤维素具有更高的成骨细胞黏附性。尽管细胞的增殖速度在 1 天、3 天、6 天时并未表现出明显的增长,但当时间超过 9 天后,增长速度明显提高。结果表明,纤维素接枝生物活性 RGD 分子后,生物相容性有显著提高,当该材料植入生物体后,成骨细胞在其上良好的增殖黏附能力将使纤维素支架具有骨诱导性质[62]。

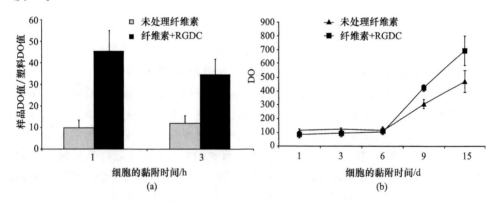

图 5.49　经过 1h 和 3h 的浸渍后,成骨细胞在未处理(virgin)和接枝纤维素(RGDC)基底上的黏附性(a)及细胞在未处理和接枝纤维素基底上的增殖性(b)[62]

　　最近,细菌纤维素(BC)已应用到组织工程导管(TEBV)领域。图 5.50(a)示出细菌纤维素表皮具有由纳米原纤精细网络组成的不对称结构,它具有与颈动脉相似的应力-应变响应特性,这些特征使细菌纤维素有可能作为细胞外基质

(ECM)胶原质网络的仿生替代支架。图 5.50(b)示出培植在细菌纤维素基底上的牛软骨细胞。试验结果表明,细菌纤维素对牛软骨细胞具有良好的黏附性并促进细胞增殖和迁移。在该基底上,当细胞培养 2 周后,其内向生长可达 40 μm[63]。上述结果表明细菌纤维素具有较好的生物相容性。

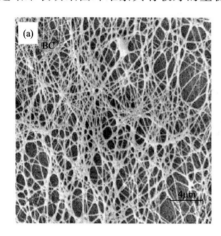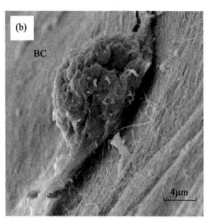

图 5.50　细菌纤维素纤维的精细网络结构(a)和黏附在纤维素基底上的牛软骨细胞(b)[63]

3. 胶原质

胶原支架具有优良的生物相容性和生物可降解性,而且无毒性、无抗决定基因性,适合细胞生长的孔径。另外,它还具有优异的可塑性和作为细胞生长模板的稳定性等特征,可应用于生物材料领域,特别是骨组织工程。胶原质是目前应用最为广泛的骨移植体之一,同时也可用作止血剂和骨传导试剂等。胶原纤维能够与细胞外基质(ECM)中其他成分形成具有优异结构和功能的复合体。图 5.51 示出体外合成的 I 型胶原质(Coll)和 I 型胶原质/软骨素硫酸盐(Coll-CS)的人工冠状阀。这种冠状阀具有与天然心脏阀膜相似的组织结构。免疫组织化学分析表明,加入软骨素硫酸盐可以有效地提高瓣膜细胞的生物活性并增强组织重塑功能[64]。

利用各种化学修饰方法引入负电荷也能提高胶原质的表面反应活性。负电荷的引入使胶原质能溶解在中性 pH 环境中,从而扩展了其在生物医药领域的应用范围。由于胶原质的力学强度和硬度比较差,在骨组织工程应用中一般将胶原质与其他材料如羟基磷酸钙(HA)、骨形态发生蛋白(BMP)和骨形成先驱体等进行复合,以得到力学性能较好的纳米复合材料。其中商品名分别为 Collgraft、Bio-Oss 和 Healos 的是较为成功的可应用于临床的胶原质基骨接枝产品。此外,将骨胶原质与羟基磷灰石(HA)复合形成的复合材料作为骨接枝体也已应用于先天或后天形成的骨缺陷处理。图 5.52(a)示出成骨细胞在该复合材料上培植 11 天后出现高度增殖现象并部分覆盖在材料表面上。标准细胞毒性试验过程中未出现细胞凋亡现象。成骨细胞能穿过复合材料迁移到材料下表面,并呈现出一种多边形形状紧紧黏附在 HA 颗粒和胶原质纤维上[图 5.52(b)]。结果表明,这种接枝体具有良好的骨传导和骨诱导能力[65]。

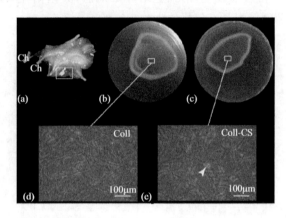

图 5.51　猪冠状阀膜(a)、胶原质阀膜(b)和胶原质/软骨素硫酸盐阀膜的总体形貌(c);
培植有猪冠状阀间质细胞和皮内细胞的胶原质阀膜(d)及胶原质/软骨素硫酸盐阀膜(e)
类似组织结构的相差显微镜照片[64]

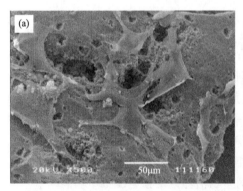
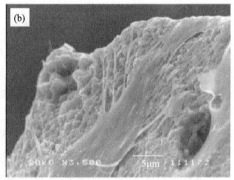

图 5.52　成骨细胞在骨胶原质/羟基磷灰石(HA)复合材料上培植 11 天后,覆盖在复合
材料表面的多边形成骨细胞(a)和成骨细胞表现出胞质放射紧紧黏附在 HA 表面(b)[65]

4. 明胶

明胶(gelatin)是胶原质的衍生产物,通过不同的制备方法可以得到两类在生理学 pH 下具有不同等电点的明胶,即荷负电酸性明胶和荷正电碱性明胶。这些特性使明胶能与带有相反电荷的生物分子发生静电相互作用而形成多离子复合物。明胶载体网络的各种形式可构建用于药物控释的材料[66]。通过形成多离子复合物,明胶载体能吸附蛋白质、质体 DNA 等带电生物大分子。明胶也

常用于构建支架材料,但由于不同组织的结构和重建过程不同,对营养、代谢的要求也不同,单纯的明胶支架并不能满足大部分组织修复的要求,因而常用于组织修复的多半为明胶复合材料。到目前为止,已开发的明胶基复合支架材料有明胶/壳聚糖、明胶/透明质酸、明胶/N-异丙基丙烯酰胺/无纺布、明胶/硅氧烷及明胶/磷酸钙等。这些复合材料在细胞培养、人工皮肤、骨修复、软骨再生等方面有应用前景。

　　骨髓间充质干细胞(MSC)在较高的细胞密度下可以分化为软骨细胞,并分泌软骨细胞外基质。若将明胶支架与 MSC 复合,形成支架/细胞结构物,则可用于修复关节软骨。将明胶支架置于 TNF-3 介质中体外培养 MSC 时,当支架中植入 MSC 的密度为$(6\sim12)\times10^6$ 个/mL 能有效分泌细胞外基质,此时表现为较高的糖胺聚糖(GAGs)/DNA 比率。将明胶/MSC 结构物植入兔股骨中,4 周后,将样骨取出并用 10% 的中性缓冲福尔马林溶液固定,固定完成后样品用外科脱钙液脱去矿物质,包埋切片,然后用甲苯氨蓝(TB)和改进型马氏苯胺蓝(MBA)染色,在光学显微镜下观察。图 5.53 示出明胶/MSC 复合材料植入兔股骨后对骨缺损组织的修复情况。当植入 4 周后,90% 的缺损组织被新生骨组织与软骨组织替代,周围骨组织未出现任何骨质溶解现象,大多数的植入材料能被有效再吸收。由此表明,该结构物显示出高的组织相容性,能有效促进骨质生长[67]。

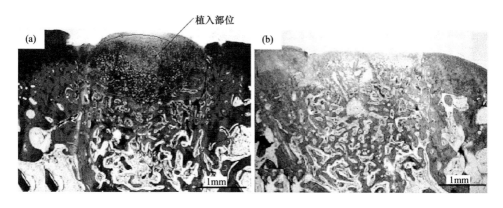

图 5.53　明胶/MSC 复合材料植入兔股骨后对骨缺损组织的修复情况[67]
(a)植入时和(b)植入 4 周后骨组织的显微镜形貌照片

　　胶原具有与明胶、壳聚糖相似的骨传导性及生物降解性,可用于骨修复,但这些天然高分子不同于生物玻璃(bioglass、A-WGC)。后者具有骨诱导性,在生理条件下能自发形成磷灰石表面层,在材料与组织间起结构上的连接作用。生物材料表面的 Si—OH 基团或是植入材料释放到体液中的 Ca^{2+} 的协同作用将有利于材料的骨整合。因此,天然高分子与这些无机材料的混杂将提高骨组织的修复能力。有人将 3-(环氧丙烷丙基)三甲氧基硅烷(GPSM)与明胶、$Ca(NO_3)_2$ 混合形成凝胶后用缓冲溶液浸泡,冻干法得到孔隙率可调的含钙离子的明胶/GPSM 复合支架。图 5.54 示出明胶/GPMS 复合支架在模拟体液(SBF)溶液中浸泡 3 天后的截面形貌(a)和类造骨细胞 ME3C3-E1 在该复合支架上培植 3 周后形成的富钙微球和胶原质纤维(b)。可以看出,在 SBF 中浸泡 3 天后,在含钙离子的支架的整个内孔壁上都有磷灰石沉积,而无钙盐的支架,即使在 SBF 中浸泡 14 天也未见磷灰石沉积。将类造骨细胞(ME3C3-E1)在该支架上培植 3 周后,图 5.54(b)示出沉积有磷灰石的复合支架上形成大量的富钙微球和胶原质纤维,而未沉积磷灰石的支架未出现此现象,表明磷灰石的存在大大促进了细胞的增殖和分化[68]。

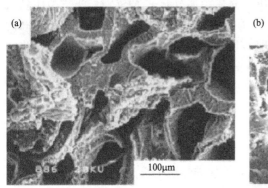
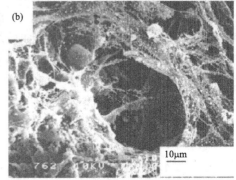

图 5.54　明胶/GPSM 复合支架在 SBF 溶液中浸泡 3 天后它的截面形貌(a)和类造骨
细胞(ME3C3-E1)在复合支架上培植 3 周后形成的富钙微球和胶原质纤维(b)[68]

5.5　膜分离功能

　　膜分离技术在海水淡化、食品加工、生物医用、回收有价值物质以及废水处理等方面的应用已越来越广泛。膜材料是分离科学与技术的关键。长期以来,大部分膜材料都是合成聚合物,它们在废弃后不可降解而造成环境污染。天然高分子一般具有亲水性、耐 γ 射线、安全性以及废弃后可生物降解性,而且通过溶液流延浇铸法以及改变凝固条件可制备出不同孔径和分离功能的多孔膜。同时,它们废弃后埋在地下可生物降解掉,从而显示其优势。具有传质、渗透和分离功能的膜英文用"membrane"表示,而一般的膜则用"film"。分离膜按其孔径大小和用途可以分为透析膜、电渗析膜、微孔膜和超滤膜等。图 5.55 示出各种多孔渗透膜的大体孔径范围和它们对溶质的分子量截留区段。

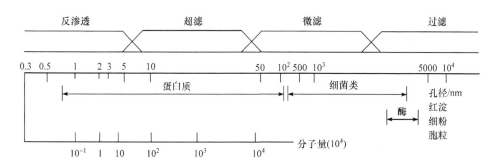

图 5.55　各种渗透膜的大体孔径范围和它们对溶质的分子量截留区段

5.5.1　天然高分子分离膜

1. 透析膜

透析膜(dialysis membrane)的孔径范围在 10 nm 以下,主要是通过溶液扩散除去低分子量的物质。再生纤维素透析膜主要用于人工肾除去血液中代谢废物,如尿素、肌酸酐、重金属、阿司匹林等。将醋酸纤维素与不同分子量的聚乙二醇(PEG)混合溶解在乙酸溶液中,采用流延成膜法制备出一种不对称透析膜[69]。该膜具有渗透性和一定的生物相容性。它不仅能从血液中快速分离尿毒症毒素,而且能有效防止血液中蛋白质的析出。当加入的 PEG 含量小于 5% 时,其对尿素的透析性能随 PEG 含量的增加而加强,当加入的 PEG 含量大于 10% 时,则随 PEG 含量的增加而减弱。在 PEG 含量一定的情况下,较低分子量的 PEG 更有利于提高膜对尿素的透析能力。此外,再生纤维素膜也可用作蛋白质溶液透析、细菌培养液透析以及水溶液脱盐。

2. 超滤膜

超滤膜(ultrafiltration membrane)的孔径一般为 10~30 nm,能截留分子量为 500 以上的分子。超滤膜技术作为新型分离纯化手段,已广泛应用于工业和生物工程领域,常用于处理工业废水以及纯化、浓缩蛋白质、酶、核酸及多糖等高分子溶液。目前,常用的超滤膜主要有醋酸纤维素膜(CA)和聚砜膜(PSF)。天然高分子如壳聚糖/甲壳素和纤维素也是理想的超滤膜材料。甲壳素溶解于二甲基乙酰胺/N-甲基-2-吡咯烷酮/氯化锂混合溶液中,以异丙醇为凝固浴,再经水或甲醇(乙醇)水溶液处理、干燥,可得到抗张强度高的超滤膜。这种膜对尿素、肌酸肝、维生素 B_{12} 的透过性良好,其透过率分别为 2.8×10^{-6} cm^2/s、1.8×10^{-6} cm^2/s 和 2.8×10^{-7} cm^2/s。壳聚糖(CS)螯合亚氨基双乙酸盐再配位铜离子后制成的超滤膜可以有效地纯化二肽。将多孔不锈钢支撑管内壁 TiO$_2$ 烧结层作基底构建 CS 的 FIP 超滤膜。该膜于低离子强度下对牛血清蛋白(BSA)的截留率达 90%,而且其截留和透过性可以通过 pH 和离子强度调控,而 CS 的分子量对此影响不大,膜还可以再生[70,71]。最近,有人成功地制备了一种共价键合固定 DNA 的壳聚糖超滤手性分离膜。在制备过程中,先将壳聚糖溶解于 2.1%(质量分数)的乙酸溶液中,并在溶液中加入不同分子量的聚乙二醇作为成孔剂,通过流延法制备壳聚糖膜。壳聚糖膜在室温下干燥后用 4.0%(质量分数)NaOH 溶液中和膜中残留乙酸,膜中的聚乙二醇分子及残留盐用超纯水清洗除净。将经过上述方式处理后得到的壳聚糖膜在 $K_2[PtCl_4]$ 水溶液中充分活化,然后置于 DNA 浓度为 1000 mg/kg 的缓冲溶液中浸泡 24h 即可制备 DNA 固定壳聚糖膜,溶液温度和 pH 分别为 25℃ 和 7.4。超滤实验表明,当膜孔径小于 6.4 nm(分子截留量<67 000)时,该膜对 D-苯基丙氨酸具有良好的透过性;当膜孔径大于 6.4 nm(分子截留量>67 000)时,则对 L-苯基丙氨酸表现出良好的透过性,这说明通过对膜孔径的调节,DNA 固定壳聚糖膜能对苯基丙氨酸对映体进行有效的手性分离[72]。

3. 微孔膜

微孔膜(microporous membrane)的孔径一般为 20～1500 nm,它通过筛分可分离过滤各种大分子,甚至是病毒大分子,同时也可以分离浓缩大分子物质及生物制品。一种用纤维素在铜氨溶液中制备的微孔膜(benberg microporous membrane,BMM),可以筛分分离各种病毒大分子,它具有多层结构,能有效地分离病毒(病毒尺寸 20～200 nm),如 B 型肝炎病毒(HBV)、艾滋病毒等。通常,采用孔径小于30 nm 的 BMM 膜从血浆中分离 B 型肝炎病毒时,血浆中的大分子物质如血浆因子 IgM 和因子 VIII 也会被膜所诱捕并有可能遭到破坏。为此,有报道采用孔径为 50 nm 的 BMM 膜对血浆进行双重过滤以便有效分离 HBV 或其他与输血相关联的病毒,而不影响血浆中的其他组分[73]。

4. 电渗析膜

电渗析膜(electrodialysis membrane)是电渗析分离技术的主要部分。在电场中依靠电位差迫使离子通过膜,从而除去溶液中的离子。它们主要应用于精细化学工业、染料工业、冶金工业、食品工业、生物工程、医药工业等领域的特种分离、环保工程、资源回收、有机电解、食品的脱盐浓缩等。电渗技术中常采用阴、阳离子交换膜。天然高分子类电渗析膜主要有纤维素衍生物如纤维素乙酸酯和纤维素硫酸酯等。苯妥英是一种能与白蛋白高度结合的毒性药物。用纤维素三乙酸酯膜结合电渗技术可以有效地将游离苯妥英从人血清中分离出来,其分离效率为 0.22 mL/h,是透析法(0.12 mL/h)的 2 倍。与经典透析方法相比,电渗透析液中苯妥英具有更高的回收率,它从盐溶液或 4% 白蛋白盐溶液中的回收率分别可达 42% 和30%,而采用经典透析技术则分别只有 24% 和 6%。以天然高分子膜为基础的电渗析技术将成为血液透析中除去离子型药物的有效方法[74]。

5. 其他膜

天然高分子材料还可用作亲和膜、纳滤膜、气体分离膜、环境响应膜及离子交换膜等。壳聚糖分子含有大量的羟基,它可以和蛋白质中的氨基结合,因此可用壳聚糖为基材与聚醚共混制备亲和膜。该膜可以根据分离环境的 pH 来调整膜孔径的大小,在 0.1 MPa 压力下,对牛血清蛋白的截留率大于 90%,通量为 3~4.5 mL/(cm² · h);当膜孔径在 10~50 nm 时,该膜对发酵产物十二烷基二元酸中的蛋白质的截留率大于 95%[71]。

纳滤(NF)是能截留透过超滤膜的分子量较小的有机物而透析被反渗透所截留的无机盐的一种压力驱动型分离技术。壳聚糖可与聚丙烯腈形成复合超滤膜,壳聚糖层的形成使聚丙烯腈基膜的孔径减小,截留分子量的范围变窄。壳聚糖的氨基可与聚丙烯腈水解形成的羧酸基键合,因此利用戊二醛进行交联可以提高膜的稳定性并可降低截留的分子量。随着戊二醛浓度的提高,它的疏水性也提高,膜的纯水透过率和溶胀度降低从而对盐和糖的截留率提高。戊二醛浓度为0.08%~0.2%、交联时间为 1 h 时,膜截留的分子量从未交联的 1500 降低到 600,并且膜的稳定性随戊二醛浓度的增大而提高。该膜具有良好的抗溶剂性,pH 适用范围宽,适用于回收有机溶剂和处理含有微量有机溶剂的废气[75]。

5.5.2 膜的孔径测量方法

高分子膜的孔径尺寸和形状、孔径分布以及对溶剂的选择性等特征对膜的应用者和生产者是十分重要的。很多方法已用于测定膜的孔径及其分布,主要包括流速法[76~77]、电镜法(EM)[78~80]、溶质传输法[81~83]、压泡法(BP)[84]、水银浸润法(MI)、染色技术[85]、氚化标记水和气相吸附法等。其中最常用的方法是流速法(water permeability)、电镜法(electronic microscopy)和溶质传输法(molecular transport)。

1. 流速法

用流速法测定膜孔径的基本理论依据是 Poiseuille 定律:

$$r = \left(\frac{k8\eta dQ}{P_r pA} \right)^{1/2} \qquad (5-36)$$

式中:k 为弯曲率因子;d 为膜厚度;Q 为流体流量;η 为流体的绝对黏度;d 为膜厚度;P_r 为孔隙率;p 为压力;A 为膜面积。由此,可以采用膜渗透计测定流体通过膜的流速,并且按照下列公式计算膜平均孔半径(r_f)[76,77]:

$$r_f = \left[\frac{k8\eta d (\mathrm{d}v/\mathrm{d}t)_i}{P_r \Delta p_i A} \right]^{1/2} \qquad (5-37)$$

$$k = 3.1 \times (1 - P_r^2)^{1/2} \qquad (5-38)$$

$$P_r = 1 - \frac{m}{1.5\pi R^2 d} \tag{5-39}$$

式中:k 为膜孔径三维无规分布的维数;η 为流体的绝对黏度;d 为膜厚度;$(\mathrm{d}v/\mathrm{d}t)_i$ 为测量毛细管液柱高度差为 ΔH_i 时的体积流速;Δp_i 为液柱压差;P_r 为膜孔隙率;m 为干膜质量;R 为湿膜半径。然而,采用微相分离法制备的再生纤维素微孔膜是一种不对称孔的多层结构,其孔道包括直通孔、半闭孔和闭孔[86]。若分别以 P_t、P_s 及 P_i 分别表示直通孔、半闭孔和闭孔的孔隙率,则它们的总孔隙率 $P_r = P_t + P_s + P_i$。用流速法测定平均孔半径时,考虑到体积流速仅与 P_t 有关,因此,微相分离法制备的膜平均孔半径计算公式为[87]:

$$\bar{r}_f = \left[\frac{8\eta d(\mathrm{d}v/\mathrm{d}t)_i}{P_r \Delta p_i S}\right]^{1/2} \times \left(1.02 \times \frac{P_r}{P_t}\right)^{1/2} \quad (0.4 < P_r < 0.7) \tag{5-40}$$

式中:S 为湿膜有效面积。

采用膜渗透计按流速法测定了一种再生纤维素多孔膜的平均孔半径 r_f。基于流速法测定的膜孔径尺寸和水流通量(J)在实际应用中通常被用来作为膜材料的分离参数。表 5.6 示出再生纤维素膜的 P_r、$2r_f$、J 值和物理性质[88]。不同凝固剂制备再生膜的 $2r_f$ 值为 25.7~56.8 nm,它们远小于分别通过扫描电子显微镜(SEM)和原子力显微镜(AFM)观测到的 $2r_e$ 和 $2r_a$ 值。通常情况下,膜的 $2r_e$ 值是 $2r_f$ 值的 6~10 倍。$2r_e$ 反映的仅仅是膜的表观平均孔径,而 $2r_f$ 则是渗透过程中膜的有效孔径。膜的有效孔径由膜截面内微孔的分布和形状(闭孔、半闭孔以及开孔)决定。通常用溶液浇铸的多孔膜的平均孔隙率为 81%~87%,而且随凝固剂的改变而变化很小。J 值一般与孔隙率和膜内形成的微孔数量有关。由流速法测得的 $2r_f$ 和 J 值与由 SEM 照片和 AFM 图像得到的 $2r_e$ 和 $2r_a$ 变化趋势相一致[88]。

表 5.6　各种再生纤维素膜的孔隙率(P_r),孔径($2r_f$)、水渗透系数(J)和物理性质[88]

样品	$P_r/\%$	$2r_f/\mathrm{nm}$	$J/[\mathrm{mL}/(\mathrm{h}\cdot\mathrm{m}^2\cdot\mathrm{mmHg})]$	σ_b/MPa		$\varepsilon_b/\%$		$T_r/\%$	
				干	湿	干	湿	干	湿
RC-HSO	87	30.6	41.50	90.8	15.1	17.1	30.6	87.4	80.0
RC-HAc	85	31.2	39.46	94.0	24.7	10.5	32.8	84.2	75.6
RC-HNa	86	34.8	50.34	94.9	20.0	14.0	22.6	88.2	82.0
RC-NaSO	84	38.1	46.42	98.1	24.9	10.8	29.6	87.2	80.0
RC-NHSO	85	32.3	42.86	93.0	19.3	10.1	27.9	81.4	70.3
RC-HO	85	34.4	42.87	70.6	11.9	4.00	14.5	73.8	59.2
RC-ET	86	56.8	198.5	56.9	10.5	3.56	13.9	85.2	78.5
RC-AC	81	25.7	32.76	79.2	11.5	5.10	29.7	73.8	57.8

注:1mmHg=1.333 22×10² Pa。

用流速法测量再生纤维素/大豆蛋白(SPI)共混膜的孔径随蛋白质含量变化的结果示于图 5.56 中[89]。结果示出,膜孔径随 SPI 含量的增加而增大,它们的 $2r_f$ 为 42.4～78.6 nm,远远小于相应的 $2r_e$(200～2000 nm)。用 NaOH 处理过的共混膜(CS2-n)的 $2r_f$ 稍大于未处理膜(CS1-n)的 $2r_f$,这种孔径差异可归结为在 NaOH 处理过程中 SPI 被部分水解从而引起膜孔径的增大。

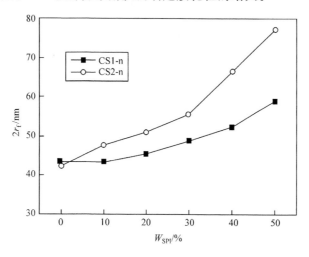

图 5.56　纤维素共混膜 CS1-n 和 CS2-n 孔径尺寸
与大豆蛋白(SPI)含量关系的流速法表征结果[89]

2. 电镜法

用电镜观察法可以直接得到膜形貌的直观信息,从而了解膜表面孔的形状和尺寸、孔径分布、孔密度、表面孔隙率以及断面结构等。但是,用透射电子显微镜(TEM)和扫描电子显微镜(SEM)观测时,必须注意膜试样的制备。首先要将湿膜小心地迅速冷冻干燥,以防止原有的结构坍塌,通常采用冷冻干燥法或 CO_2 临界点干燥方法。为观察膜的断面结构,先要在液氮温度下迅速折断,然后再垂直固定在样品架上。可用 1.5 mol/L NaOH/0.65 mol/L 硫脲水溶液经过低温冷冻-解冻过程制得纤维素透明溶液,再经流延法制备出一种纤维素多孔膜。采用 $(NH_4)_2SO_4$ 水溶液作为凝固剂,膜的孔尺寸与凝固剂浓度有关。图 5.57 示出在室温下分别于 1%(质量分数)、3%(质量分数)和 10%(质量分数)$(NH_4)_2SO_4$ 水溶液中凝固 5 min 得到的再生纤维素微孔膜 RCN-c1、RCN-c2 和 RCN-c10 的表面和断面的 SEM 图像[90]。试膜 RCN-c10 的表面孔径分布示于图 5.58 中[90]。可以看出,膜的孔径显示较窄的高斯分布特征。图 5.57 上部照片示出纤维素微孔膜的表面显示交织网眼状均匀多孔结构。然而,这些膜的内部(图 5.57 下部照片)为相对小的孔径尺寸。采用图像处理系统将孔洞近似为圆孔,由此计算出膜的表观平

均孔径 $2r_e$。纤维素膜 RCN-c1、RCN-c2 和 RCN-c10 的表面和内部 $2r_e$ 值依次为 514 nm、366 nm、312 nm 和 214 nm、187 nm、195 nm。结果指出,膜孔尺寸随凝固剂浓度的降低而增大。这是因为低浓度时凝固不完全导致纤维素凝胶粒子具有较大的自由空间从而形成较大的孔洞。

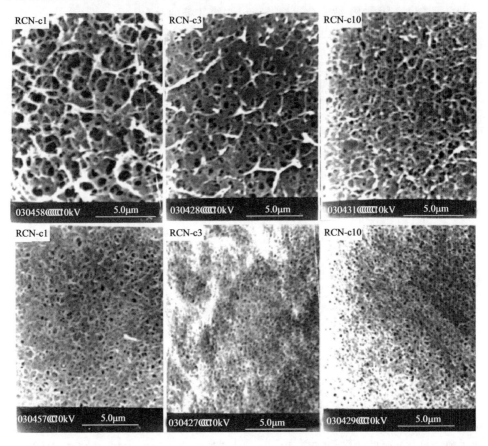

图 5.57　再生纤维素微孔膜的表面(上)和断面(下)的 SEM 图像[90]

采用 TEM 测量膜结构前,试样则需要经过包埋,而且切片的厚度通常不能超过 50 nm。此外,由电镜测量到的孔径可选用椭圆形、圆形和直通圆柱形的孔模型,并假设孔在膜表面是均匀随机分布的。于是可以分别得到孔径分布函数 $N(r)$ 和电镜图像中被孔截断的测试线长度 x 的分布函数 $F(x)$ 之间的理论方程。对于椭圆形孔,可表达为[91]:

$$N_e(r) = -\frac{4}{\pi \Phi_e} \frac{d(F(x)/x)}{dx} \qquad (5-41)$$

对于圆形孔:

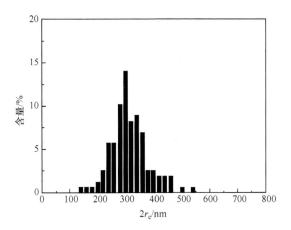

图 5.58 RCN-c10 膜表面的孔径分布[90]

$$N_s(r) = -\frac{4}{\pi}\frac{d(F(x)/x)}{dx} \qquad (5-42)$$

对于直通圆柱形孔：

$$F(x) = x\int_{x/2}^{\infty}\frac{N(r)}{(4r^2 - x^2)^{1/2}}dr \qquad (5-43)$$

式中：Φ_e 为形状因子。图 5.59 示出了由不同模型和方法得到的再生纤维素膜的孔径分布情况[92]。

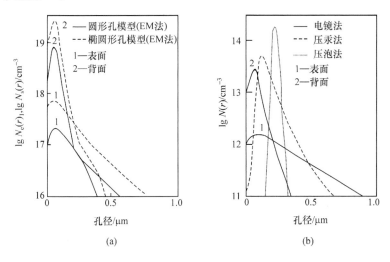

图 5.59 再生纤维素膜的孔径分布[92]

(a)圆形孔模型及椭圆形孔模型；(b)直通形圆柱孔模型

采用微相分离法从铜氨溶液中制备的再生纤维素膜的形状因子为 0.32,比较适合用椭圆形孔模型分析。尽管 $N_e(r)$ 的峰值要高于 $N_s(r)$ 的峰值,然而如果将 $N_e(r)$ 曲线沿 Y 轴负方向平移 $lg\Phi_e$ 则可得到 $N_s(r)$ 曲线。从椭圆形孔模型和圆形孔模型得到的结果都可以看出,再生纤维素表面的平均孔径和孔径分布要大于或宽于背面。图 5.59(b) 示出在直通的圆柱形孔模型基础上电镜法(EM)、压汞法(MI)和压泡法(BP)得到的 $N(r)$ 结果的比较。电镜法提供了关于膜表面和背面的两条 $N(r)$ 曲线。除了 $N(r)$ 的绝对值与测量方法有关外,所有的 $N(r)$ 均具有相似的 r 值范围。由压汞法测得 $N(r)$ 曲线的宽度介于从 EM 法获得的两根 $N(r)$ 之间,图 5.59 中 $N(r)$ 曲线之间的差异可能源于孔形状及不同方法最小孔径测量范围的差异。为了进一步研究膜的三维精细结构以及内层的孔径分布,可以采用超薄切片技术,将膜包埋在环氧树脂或丙烯酸树脂内,沿着与膜表面平行的方向将其切成厚度仅为 $0.1 \sim 1.0$ μm 的超薄部分,在电镜下分别观察每一超薄层的孔径及其分布情况[92,93]。

原子力显微镜(AFM)因其分辨率高、所需试样量少,制备简单且不存在电子束对试样的损伤,已成为研究微孔膜结构方面的重要工具之一。利用 AFM 测量膜孔径时,一般先测量同一膜在不同区域内的 AFM 图像,然后由微孔的谱线轮廓计算膜的孔径。将 AFM 图像按孔径以升序的方式排列后,按下式计算中值秩(mediun ranks)[26]:

$$中值秩 = \frac{j-0.3}{n+0.4} \times 100 \tag{5-44}$$

其指某一次测量结果在所有测量结果中所占的权重,式中 j 为按升序排列时图像对应的序号,n 为测量所得图像总数。若孔径大小呈对数正态分布,则以孔径大小对中间值分类值在对数正态概率坐标上作图将得到膜的累计孔径分布图。从图中即可算出膜的平均孔径(r_a)和标准偏差(σ_p)。图 5.60 示出再生纤维素多孔膜 RC-HNa 表面和背面的 AFM 图像[88]。膜的这两个面均表现出相对均匀的多孔结构。

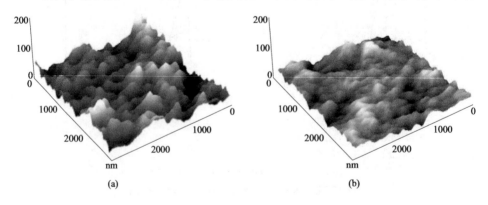

图 5.60　RC-HNa 膜表面(a)和背面(b)的 AFM 图像[88]

这种 RC 膜表面粗糙程度的差异可归结于凝固剂-纤维素溶液界面和玻璃板-纤维素溶液界面之间不同的相互作用。为了便于比较,图 5.61 示出膜 RC-HNa 表面和背面的对数正态孔径分布和累积孔径分布曲线[88]。它与 SEM 照片观察的结果相似,膜背面的孔径尺寸要小于表面的孔径值。膜表面大约有 50％的微孔直径小于 135 nm,而背面则高达 70％的微孔直径小于 135 nm。

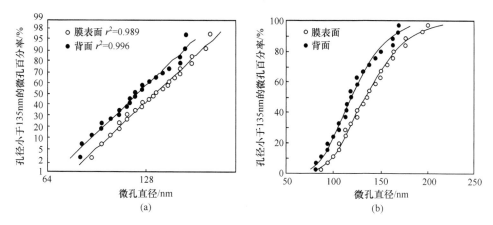

图 5.61　AFM 测量 RC-HNa 膜表面和背面的对数正态孔径分布(a)和累积孔径分布(b)曲线[88]

3. 溶质传输法

溶质传输法主要是用已知粒径大小的溶质按照过滤法测量膜的孔径。一般以截留率大于 90％时所对应的分子量为截留分子量。溶质分离参数(f)按式(5-45)计算:

$$f = (1 - \frac{c_p}{c_f}) \times 100\% \qquad (5-45)$$

式中:c_p 为渗透后溶液中溶质的浓度;c_f 为原溶液中溶质的浓度。这里,浓度极化对分离过程的影响可以忽略。当溶质分离参数对溶剂粒子直径在对数正态概率坐标上作图时,将产生一条直线[81]。$f = 50\%$ 处对应的粒子直径即为平均溶质粒子尺寸(μ_p),而通过 $f = 84.13\%$ 和 $f = 50\%$ 分别对应的溶质粒子直径的比值可以计算出粒子尺寸的标准偏差(σ_p)。一般可以忽略溶质分离参数对溶剂分子和孔径之间空间的和流体力学的相互作用的依赖关系[95,96],溶质平均尺寸和标准偏差可认为是等同膜的平均孔径及其标准偏差。膜的孔径分布可由概率密度函数表达为[97]:

$$\frac{df(d_p)}{dd_p} = \frac{1}{d_p \ln\sigma_p \sqrt{2\pi}} \exp\left[-\frac{(\ln d_p - \ln\mu_p)^2}{2(\ln\sigma_p)^2} \right] \qquad (5-46)$$

式中:d_p 为孔径。

4. 水银压入法[97]

水银压入法(mercury intrusion，MI)是利用外力克服汞的表面张力，将汞压入膜孔中。孔径 r 越小，所需外力 p 越大。外力与孔半径的关系可用式(5-47)表达：

$$pr = 2\gamma\cos\theta \qquad (5-47)$$

式中：p 为压力；γ 为汞的表面张力；θ 为汞与膜的接触角；r 为孔的半径。实际测量中，只需要记录在不同外力 p 下压入汞的量，便可得到孔半径为 r 的孔的孔体积。扫描式压汞仪可以在连续增压的情况下记录汞的压入量，从而得到孔体积-外力累积曲线。

如果将式(5-47)微分，可得：

$$p\mathrm{d}r + r\mathrm{d}p = 0 \qquad (5-48)$$

若以 $D_v(r)$ 表示单位孔半径间隔的孔体积，即

$$D_v(r) = \mathrm{d}V/\mathrm{d}r \qquad (5-49)$$

于是，由式(5-46)和式(5-47)可得

$$D_v(r) = \frac{p}{r} \times \frac{\mathrm{d}V}{\mathrm{d}p} \qquad (5-50)$$

这样可将孔体积分布的积分曲线转化为微分曲线。其中 $D_v(r)$ 称为孔体积分布函数。微分曲线的二阶导数为 0 处($\mathrm{d}V/\mathrm{d}r=0$)，对应于微分曲线的极大值，此值所对应的 r 值即为平均半径。若膜的孔径分布有时比较宽，而汞压仪又无法测到 1.8 nm 以下的孔(由于外力的限制)，这时无法用 $\mathrm{d}V/\mathrm{d}r=0$ 来确定平均孔径。通常可用积分曲线的 $V/2$ 处所对应的 r 来代表平均孔径。

最近，有人利用压汞计对两种壳聚糖膜(大孔和微孔)的孔体积分布进行了表征。这两种膜分别以硅土粒子(尺寸：40~63 μm)和聚乙二醇($M_w = 35\,000$)为成孔剂，用 3.0%(质量分数)壳聚糖/1.0%(质量分数)水溶液经流延法制备而成。图 5.62 示出在 -70℃ 下冻干所得壳聚糖大孔膜和微孔膜的孔体积分布结果[98]。结果表明，两种膜均表现出一种不均匀的孔径分布，以硅土粒子为成孔剂的大孔膜平均孔半径约为 50 μm，而以聚乙二醇为成孔剂的微孔膜平均孔半径约为 2 μm。

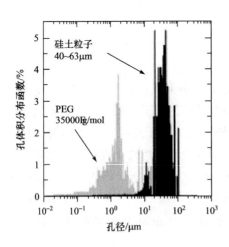

图 5.62　壳聚糖大孔膜(硅土粒子)和微孔膜(聚乙二醇)的孔体积分布[98]

5. 压泡法[84]

压泡法(bubble pressure，BP)是通过记录使一种液体通过水溶胀高分子膜所需的压力而测量膜的孔径和孔分布。测量时选用两种不相容液体 A 和 B，这两种液体对膜的湿润能力要有明显差异。由于两种液体间的界面张力比较低，这种方法能在只施加较小外力 p 的情况下测量非常小的孔径(0.5～1 nm)，孔径按Cantor方程计算：

$$p = \frac{2\gamma}{r} \tag{5-51}$$

式中：p 为压力；γ 为界面张力；r 为孔径。

图 5.63 示出压泡法测量膜孔分布的基本原理：假设液体 B 能渗透进孔径 $r >$ $2\gamma/P_1$(r_1 和 r_3)的孔，而不能进入 $r < 2\gamma/P_1$(r_2、r_4、r_5 和 r_6)的孔。当所有孔被液体 B 充满时，穿过试膜的液体流量 J 与外力成比例关系。由此得到流量与外力的关系如图 5.64 所示。通常，液体通过孔径为 r_i 的孔的流量可用 Hagen-Poiseuille方程描述：

$$J_i = \frac{\pi N_i r_i^4 p_i}{8\mu\Delta x} \tag{5-52}$$

式中：N_i 为孔径为 r_i 的孔数目；p_i 为将液体压入孔径为 r_i 的孔所需外力；μ 为液体黏度；Δx 为膜厚度。将式(5-51)代入式(5-52)，得

$$N_i = \frac{\mu\Delta x}{2\pi\gamma^4} p_i J_i \tag{5-53}$$

式中：γ 为液体界面张力。单位膜面积上的孔面积 A_i 可按式(5-54)计算：

$$A_i = \pi N_i r_i^2 \tag{5-54}$$

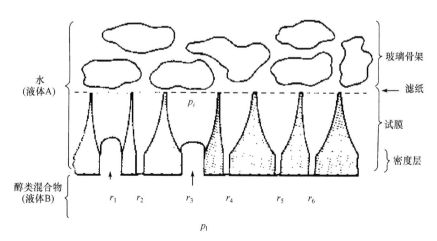

图 5.63　压泡法测量膜孔分布的基本原理图[84]

压泡法的最小检测孔径与界面张力有关,以低界面张力的混合液作为渗透液体 B 时可测量孔径范围为 2~5 nm。常用的液体对有蒸馏水/异丁醇饱和水溶液(γ = 1.7 dye/cm)、蒸馏水/异丁醇/甲醇的水混合液(5:1:4,体积比)(γ = 0.8 dye/cm)和蒸馏水/异丁醇/甲醇的水混合液(15:7:25,体积比)(γ = 0.35 dye/cm)等。然而,这种方法不能用于测量孔径大于 10~40 nm 的大孔径及其分布。

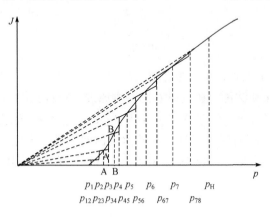

图 5.64　流量与外力的关系[84]

参 考 文 献

1　张俐娜,薛奇,莫志深,金熹高. 高分子物理近代研究方法. 武汉:武汉大学出版社,2003

2　Miyamoto T, Akaike T, Nishinari K. New developments in natural polymers. Tokyo:CMC Press, 2003. 79~82

3　马德柱,何平笙,徐种德等. 高聚物的结构与性能. 北京:科学出版社,1999

4　Lu Y, Zhang L. Polymer, 2002, 43:3979~3986

5　Shao Z, Vollrath F. Nature, 418, 2002, 741

6　Mounir A, Darwish N A, Shehata A. Polym Adv Technol, 2004, 15:209~213

7　深崛美英. 弹性体疲劳寿命的预测. 橡胶译丛, 1986, 4:67~76

8　Cao X, Deng R, Zhang L. Ind Eng Chem Res, 2006, 45:4193~4199

9　Deng R, Chen Y, Zhang L et al. Polym Degrad Stab, 2006, 19:2189~2197

10　Lepifre S, Froment M, Cazaux F, Houot S, Lourdin D, Coqueret, Lapierre C, Baumberger S. Biomacromolecules, 2004, 5:1678~1686

11　Wu Q, Sakabe H, Isobe S. Polymer, 2003, 44:3901~3908

12　何曼君,陈维孝,董西侠. 高分子物理. 上海:复旦大学出版社,1991

13　高俊刚,李源勋. 高分子材料. 北京:化学工业出版社,2002

14　Cao X, Zhang L. Biomacromolecules, 2005, 6:671~677

15　Nielson L E. Polymer Rheology. New York : Marcel Dekker, 1977

16　吴其晔,巫静安. 高分子材料流变学. 北京:高等教育出版社,2002

17　Song T, Goh S H, Lee S Y. Macromolecules, 2002, 35:4113~4122

18　Kim S O, Shin W J, Cho H, Kim B C, Chung I J. Polymer, 1999, 40：6443～6450

19　Brikales N M. Characterization of Polymers. Wiley Interscience. 1971

20　Hawhins W L. Polymer Stabilization. Wiley Interscience. 1972

21　顾雪蓉, 陆云. 高分子科学基础. 北京：化学工业出版社, 2003

22　Yu J G, Wang N, Ma X F. Starch/Stärke, 2005, 57：494～504

23　张留成, 瞿雄伟, 丁会利等, 高分子材料基础. 北京：化学工业出版社, 2002

24　李斌才, 高聚物的结构和物理性质. 北京：科学出版社, 1989

25　Chen P, Zhang L. Macromol Biosci, 2005, 5：237～245

26　Mark H F, James N M. Polymer Characterization, Blackie, 1993

27　Lu Y, Zhang L, Zhang X et al. Polymer, 2003, 44：6689～6696

28　Izuka A, Winter H H, Hashimoto T. Macromolecules, 1992, 25：2422～2428

29　Kavanagh G M. Prog Polym Sci, 1998, 23：533～562

30　Weng L, Zhang L, Ruan D et al. Langmuir, 2004, 20：2086～2093

31　Chambon F, Winter H H. J. Rheol, 1987, 31：683～697

32　Gao S J, Nishinari K. Biomarcmolecules, 2004, 5：175～185

33　Kjoniksen A L, Nystroem B, Lindman B. Mcromolecules, 1998, 31：1852～1858

34　Li L, Thangamathesvaran P M, Yue C Y, Tam K C et al. Langmuir, 2001, 17：8062～8068

35　Cai J, Zhang L. Biomacromolecules, 2006, 7：183～189

36　Guetta O, Milas M, Rinaudo M. Biomacromolecules, 2003, 4：1372～1379

37　Larry R K, William J J. Environ Sci Technol, 1992, 26：193～198

38　Sawada H. Polym Degrad Stabil, 1998, 59：365～370

39　Steinbüchel A, Schmack G. Environ Polym Degrad, 1995, 3：243～258.

40　Zhang L, Liu H, Du Y et al. Ind Eng Chem Res, 1996, 35：4682～4685

41　Yamamoto H, Amaike M. Macromolecules, 1997, 30：3936～3937

42　Lu Y, Zhang L, Xiao P. Polym Degrad Stab, 2004, 86：51～57

43　Wu C, Gan Z. Polymer, 1998, 39：4429～4431

44　Zhang L, Zhou J, Huang J et al. Ind Eng Chem Res, 1999, 38：4284～4289

45　戈进杰. 生物降解高分子材料及其应用. 北京：化学工业出版社, 2002, 204～205

46　Bode H B, Kerkhoff K, Jendrossek D. Biomacromolecules, 2001, 2：295～303

47　张超武, 杨海波. 生物材料概论. 北京：化学工业出版社, 2005

48　俞耀庭, 张兴栋. 生物医用材料. 天津：天津大学出版社, 2000

49　李玉宝. 生物医学材料. 北京：化学工业出版社, 2003

50　Rousseau C F, Gagnieu C H. Biomaterials, 2002, 23：1503～1510

51　Chen P R, Chen M H, Sun J S, Chen M H, Tsai C C, Lin F H. Biomaterials, 2004, 25：5667～5673

52　Chen Y, Zhang L N, Gu J M, Liu J. J Membr Sci, 2004, 241：393～402

53　Mendes S C, Reis R L, Bovell Y P, Cunha A M, van Blitterswijk C A, de Bruijn J D. Biomaterials, 2001, 22：2057～2064

54　郑化, 杜予民, 周金平, 张俐娜. 高分子学报, 2002, 4：525～529

55　Sagnella S, Mai-Ngam K. Colloids and Surfaces B：Biointerfaces, 2005, 42：147～155

56　Zhu A P, Chen T. Colloids and Surfaces B：Biointerfaces, 2006, 50：120～125

57　Geng L, Feng W, Hutmacher D W, Wong Y, Loh H, Fuh J Y H. Rapid Prototyping J, 2005, 11：

90～97

58　Martino A D, Sittinger M, Risbuda M V. Biomaterials, 2005, 26: 5983～5990

59　Lee J E, Kim K E, Kwon I C, Ahn H J, Lee S H, Cho H, Kim H J, Seong S C, Lee M C. Biomaterials, 2004, 25: 4163～4173

60　Oliveira J M, Rodrigues M T, Silva S S, Malafaya P B, Gomes M E, Viegas C A, Dias I R, Azevedo J T, Manoa J F, Reis R L. Biomaterials, 2006, 27: 6123～6137

61　Müllera F A, Müllera L, Hofmanna I, Greila P, Wenzelb M M, Staudenmaier R. Biomaterials, 2006, 27: 3955～3963

62　De Taillac L B, Porté Durrieu M C, Labrugèreb C H, Bareille R, Amédée J, Baquey C H. Composites Science and Technology, 2004, 64: 827～837

63　Svensson A, Nicklasson E, Harraha T, Panilaitis B, Kaplan D L, Brittberg M, Gatenholm P. Biomaterials, 2005, 26: 419～431

64　Flanagan T C, Wilkins B, Black A, Jockenhoevel S, Smith T J, Pandit A S. Biomaterials, 2006, 27: 2233～2246

65　Rodrigues C V M, Serricella P, Linhares A B R, Guerdes R M, Borojevic R, Rossie M A, Duarte M E L, Farina M. Biomaterials, 2003, 24: 4987～4997

66　Young S, Wong M, Tabata Y, Mikos A G. J. Control. Release, 2005, 109: 256～274

67　Ponticiello M S, Schinagl R M, Kadiyala S, Barry F P. J Biomed Mater Res Part A, 2000, 52: 246～255

68　Ren L, Tsuru K, Hayakawa S, Osaka A. Biomaterials, 2002, 23: 4765～4773

69　Idris A, Yet L K. J Membr Sci, 2006, 280: 920～927

70　Wang X W, Spencer H G. J Appl Polym Sci, 1998, 67: 513～519

71　郎雪梅, 侯有军, 赵建青. 化工进展, 2005, 24: 737～742

72　Matsuoka Y, Kanda N, Lee Y M, Higuchi A. J Membr Sci, 2006, 280: 116～123

73　Sekiguchi S, Ito K, Kobayashi M, Ikeda H, Manabe S, Tsurumi T, Ishikawa G, Satani M, Yamaguchi K. Transfusion Science, 1990, 11: 211～216

74　Pirot F, Faivre V, Bourhis Y, Aulagner G, Falson F J. Membr Sci, 2002, 207: 265～272

75　Musale D A, Kmar A. Separation and Purification Technology, 2000, 21: 27～38

76　Yang G, Zhang L. J Membr Sci, 1996, 114: 149～155

77　张俐娜, 杨光, 钟文德. 膜分离科学与技术, 1992, 12: 59～63

78　Manabe S I, Kamata Y, Iijima H, Kamide K. Polym J, 1987, 19: 391～404

79　Zeman L, Denanlt L. J. Membr Sci, 1992, 71: 221～231

80　Vivier H, Pons M N, Portala J F. J Membr Sci, 1989, 46: 81～91

81　Michaels A S. Sep Sci Technol, 1980, 15: 1305～1322

82　Kassotis J, Shmidt J, Hodgins L T, Gregor H P. J Membr Sci, 1985, 22: 61～76

83　Aimar P, Meireles M, Sanchez V. J Membr Sci, 1990, 54: 321～338

84　Nakao S J. Membr Sci, 1994, 96: 131～165

85　Sakai K J. Membr Sci, 1988, 37: 101～112

86　Hirasaki T, Sato T, Tsuboi T, Nakano H, Noda T, Kono A, Yamaguchi K, Imada K, Yamamoto N, Murakami H, Manabe S I. J Membr Sci, 1995, 106: 123～129

87　张俐娜, 杨光. 再生纤维素膜对聚苯乙烯的截留性, 应用化学, 1991, 8: 17～21

88　Mao Y, Zhou J P, Cai J, Zhang L N. J Membr Sci, 2006, 279: 246~255

89　Chen Y, Zhang L N, Gu J M, Liu J. J Membr Sci, 2004, 241: 393~402

90　Ruan D, Zhang L N, Mao Y, Zeng M, Li X B. J Membr Sci, 2004, 241: 265~274

91　Manabe S, Shigemoto Y, Kamide K. Polym J, 1985, 17: 775~785

92　Manabe S, Kamata Y, Iijima H, Kamide K. Polym J, 1987, 19: 391~404

93　Kamide K, Manabe S. Polym J, 1989, 21: 241~252

94　Lipson C, Sheth N J. Statistical Design and Analysis of Engineering Experiments. New York: McGraw-Hill, 1973. 18

95　Cooper A R, Van Derveer D S. Sep Sci Technol, 1979, 14: 551~556

96　Ishiguro M, Matsuura T, Detellier C. Sep Sci Technol, 1996, 31: 545~556

97　黄文强, 李晨曦. 吸附分离材料. 北京: 化学工业出版社, 2005: 37~38

98　Clasen C, Wilhelms T, Kulicke W M, Biomacromolecules, 2006, 7: 3210~3222

第6章 天然高分子材料改性

天然高分子多半都不具备合成聚合物的高强度、弹性、耐水性能和黏弹性能，因此必须对它们进行改性后才有广泛的应用价值。它们主要通过溶解-再生、共混、掺杂、分子组装、衍生化、接枝、共聚、互穿聚合物网络（IPN）等手段进行改性，制备出具有近似合成聚合物性能的新材料。天然高分子一般含有大量功能基团（—COOH、—OH、—NH—、—NHCO、—PhOH、—NH$_4^+$），可以通过化学、物理方法改性成为新材料。此外，它们作为生物质也可以通过化学、物理及生物技术降解成单体或齐聚物用作能源以及化工原料[1~3]。由这些可再生资源得到的高分子新材料不仅原料来源丰富、不受石油资源逐渐枯竭的威胁，而且它们一般具有生物可降解性、生物相容性及安全性，属环境友好材料。

6.1 化 学 修 饰

天然高分子来源丰富且种类繁多，然而迄今能在工业上作为材料的种类却很少。其主要原因是大多数天然高分子含有大量羟基及其他极性基团，易形成分子内和分子间氢键，使其难以溶解和熔融加工，同时也因缺乏优良的耐水性和柔韧性，从而限制了它们的应用。利用天然高分子分子链上的羟基、氨基及其他活性基团进行各种化学修饰，如酯化、醚化、氧化、交联及接枝共聚，不仅可以改善它们的加工和使用性能，还可以引入一些新功能基或侧链而得到新的功能材料。天然高分子通过改性后得到的各种产物已用于食品、造纸、纺织、医药、化工等领域，主要用作增稠剂、稳定剂、添加剂、上浆剂、处理剂、絮凝剂、药物及药物辅料、黏合剂、涂料、薄膜及塑料等。

6.1.1 酯化反应

酯化反应（esterification）是指醇和羧酸或含氧无机酸生成酯和水。酯化反应是可逆的，它的逆反应是水解反应。在酯化反应中，通常由羧酸提供羟基（羧酸跟有些叔醇酯化时，羟基由叔醇提供）。首先羧酸的羰基质子化，使羰基碳原子带有更多的正电荷，容易与醇发生亲核加成，然后质子转移，消除水，再消除质子，就形成酯。广义的酯化反应包括醇与酰氯或酸酐、卤代物与羧酸钠盐以及酯交换反应等。天然聚多糖作为多元醇（羟基）化合物，其分子链上的羟基均为极性基团，在强酸（包括无机酸和有机酸）溶液中，它们可以被亲核基团或亲核化合物所取代而发生亲核取代反应,生成相应的无机酸酯和有机酸酯。

纤维素分子链中每个葡萄糖单元上有三个活泼的羟基,即一个伯羟基和两个仲羟基。因此,它可以发生与羟基相关的各种化学反应。通常,伯羟基的反应能力比仲羟基的高。纤维素的可及度(accessibility)是指反应试剂抵达纤维素羟基的难易程度,因此是化学反应的重要因素。在多相反应中,反应试剂多半只能渗透到纤维素的无定形区而不能进入致密的结晶区,因此无定形区也成为可及区[4]。理论上,纤维素可与所有的无机酸和有机酸反应,产生一取代、二取代和三取代的酯。图 6.1 示出常见的纤维素酯化学反应的几种合成途径[5]。纤维素与无机酸的反应属于亲核取代反应,而纤维素与有机酸的反应实质上为亲核加成反应。用酸催化的方法可促进纤维素酯化反应的进行。首先一个质子加到羧基电负性的氧上,使这个基团的碳原子更具正电性,故而有利于亲核醇分子的进攻。纤维素的酯化反应是一个典型的平衡反应,通过除去反应所生成的水,可以控制反应朝酯化方向进行,从而抑制其逆反应(皂化反应)。

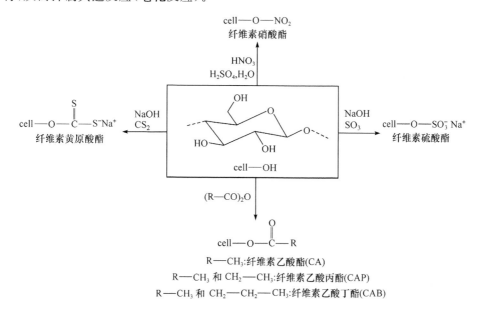

图 6.1 常见的纤维素酯化学反应的几种合成途径[5]

通过纤维素与有机酸、酸酐或酰氯反应制得纤维素酯,最常见的方法是纤维素与酸酐的酯化,其中最重要的是纤维素乙酸酯及其有关的混合酯(纤维素乙酸丙酯、乙酸丁酯等)。迄今,最主要的纤维素无机酸酯有纤维素硝酸酯、纤维素黄原酸酯、纤维素硫酸酯和磷酸酯。纤维素硫酸酯水溶性衍生物具有极好的流变和凝胶化性质,可作为膜材料、阴离子聚电解质和生物活性聚合物[6]。纤维素的硫酸酯化反应可以通过纤维素酯、醚以及运用保护性基团而进行选择性取代反应(图 6.2)。

由此看出,在选择性取代反应中纤维素亚硝酸酯和三甲基硅醚的硫酸酯化主要发生在这些功能基所取代的位置,而其乙酸酯、三氟乙酸酯、三苯甲基衍生物的硫酸酯化则主要发生在自由羟基上。

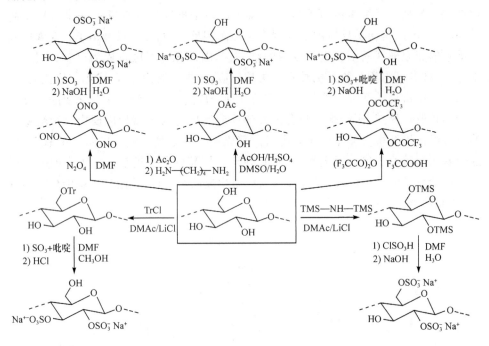

图 6.2　纤维素硫酸酯化的位置选择性取代[6]

取代度是评价衍生化反应的重要指标之一。纤维素的取代度可用取代度(DS)和摩尔取代度(MS)表示。取代度是指纤维素每个脱水葡萄糖单元上平均有多少个 OH 基被取代,其值小于或等于 3。摩尔取代度 MS 表示包含侧链在内的每个脱水葡萄糖单元所含醚基的总数,其值可以大于 3,并常用来描述羟烷基纤维素的取代程度。纤维素硫酸酯衍生物的取代度(DS)表示每个葡萄糖基环上取代的硫酸酯基团的平均数目。DS 值可以通过元素分析测定试样中硫元素的含量(S%),然后按改进的 Schoniger 式[7]计算:

$$DS = (162 \times S\%)/(32 - 102 \times S\%) \qquad (6-1)$$

同时,DS 也可以通过化学分析方法或高解析核磁共振波谱(NMR)的化学位移及峰面积计算,而且 NMR 还可以确定衍生化反应发生的位置。图 6.3 示出纤维素、纤维素乙酸酯(DS=1.5 和 3.0)和纤维素三乙酸酯的液体 ^{13}C NMR 谱图[6]。在化学位移为 50～110 ppm 时,纤维素三乙酸酯(DS=3.0)和纤维素同样都显示 6 个信号峰,但其 C-2、C-3 和 C-6 的信号向低场位移,而 C-1、C-4 和 C-5 的信号则向高场位移。对于部分取代的纤维素乙酸酯(DS=1.5),每个 C 原子都裂解成两个信号峰,尤其 C-1 和 C-6 的裂分最为清晰。由于 C-1 与 C-2 相邻,它反映了 C-2 的取代情况,由此可以根据 C-1 的裂分计算 C-2 的取代度。

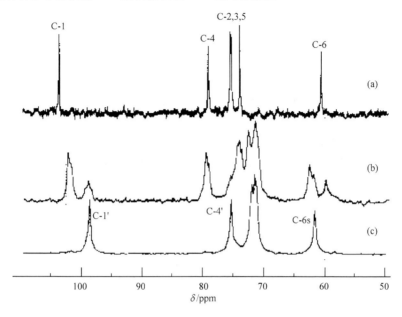

图 6.3　纤维素(a)、纤维素乙酸酯(DS＝1.5 和 3.0)(b)和纤维素三乙酸酯(c)的
液体¹³C NMR 谱图[6]

淀粉分子上的羟基被无机酸或有机酸酯化后得到淀粉无机酸酯和有机酸酯。根据取代剂不同,可获得多种酯化淀粉,工业上应用较广的有乙酸酯淀粉和磷酸酯淀粉。制备乙酸酯淀粉的酯化剂主要有乙酸酐、乙酸乙烯、乙酸、氯化乙烯、烯酮等。低取代度乙酸酯一般在碱性条件下的非均相水悬浮液中由淀粉(St—OH)与乙酸酐按如下反应制得

$$St—OH+(CH_3—CO)_2O \xrightarrow{NaOH} St—O—C—CH_3+CH_3COONa \qquad (6-2)$$

在取代度低的乙酸酯化淀粉的制备过程中,无论使用乙酸酐还是乙酸乙烯进行酯化,均需以碱作催化剂,并不断地加入它以中和反应过程中产生的大量乙酸,维持体系的碱性。常用的碱催化剂为氢氧化钠和碳酸钠,也可用镁/氢氧化镁作为 pH 调节剂制备低取代度的酯化淀粉(镁/氢氧化镁只需一次性加入)。随着取代度的提高(DS＞1.7),乙酸酯化淀粉显示出良好的热塑性和疏水性。

磷酸酯淀粉一般采用正磷酸盐、三聚磷酸盐和偏磷酸盐等制备。淀粉分子上葡萄糖残基 C-2 和 C-6 位置上的羟基容易与磷酸作用而酯化。淀粉与磷酸盐反应,一般生成单淀粉磷酸酯,方程式如下:

$$St—OH+NaH_2PO_4 \longrightarrow NaHPO_4—St+H_2O \qquad (6-3)$$

　　双淀粉磷酸酯是指一个淀粉分子中的两个羟基或两个淀粉分子中各一个羟基被同一个正磷酸盐分子酯化的产物。淀粉磷酸酯化的反应温度一般控制在 140～150℃,在这一过程中至少有三个反应在同时进行,即磷酸化、热降解以及反应产物交联生成双淀粉磷酸酯[8]。图 6.4 示出反应体系 pH 对磷酸酯淀粉产物分子量的影响。当反应液 pH 在 2.3～3.0 时,产物的分子量较小,表明热降解反应占主导地位;当反应液 pH 在 8.5～10.0 时,产物的分子量较大,表明酯交联反应占主导地位。随着取代度的提高,磷酸酯淀粉产物糊化温度降低。当取代度达 0.05 左右时,淀粉在冷水中就可以溶胀,且糊液透明,显示出高分子电解质特有的高黏度和结构黏性;当取代度达 0.01 时,淀粉糊不易老化。生产高取代度酯化淀粉,可采用加热法将淀粉糊化,然后再进行酰化反应。淀粉糊化后,其结晶区被破坏,酯化剂容易进入淀粉内部,使糊化淀粉比颗粒淀粉更容易被酰化,并且试剂反应速率也较大。在水体系中反应制得的酯化淀粉取代度一般都比较低,然而加入碳酸钾作为催化剂可以提高取代度,最高能达到 1.1[9]。酸酐或酰氯与淀粉反应经常选用有机溶剂为反应介质制备酯化淀粉,常用的溶剂有吡啶、甲苯、二甲亚砜、二甲基甲酰胺等。通常,淀粉分子上羟基参与酰化反应的活性顺序为:C-2＞C-6＞C-3。

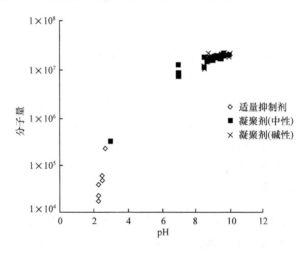

图 6.4　反应体系 pH 对磷酸酯淀粉产物
分子量的影响[8]

　　甲壳素和壳聚糖的糖残基上的羟基能与无机酸以及多种有机酸的衍生物如酸酐、酰卤(主要是酰氯)等发生 O-酰化反应,形成它们的无机酸酯和有机酸酯[10,11]。壳聚糖分子链上的氨基也可以与酸酐和酰卤发生 N-酰化反应,生成酰胺。通常,C-6 位羟基的反应活性比 C-3 位羟基的大,而氨基活性又比一级羟基的活性大。酰化产物的生成与反应的溶剂、酰化试剂的结构及催化剂等因素有关。甲壳素因较强的分子内和分子间氢键、结构紧密,酰化反应很难进行,一般用酸酐作酰化试剂,相应的酸作为反应介质,在催化剂催化和低温下进行。常用的催化剂有氯化氢、甲磺酸、高氯酸等,用甲磺酸和高氯酸作催化剂,甲壳素主链降解较小。在 N-酰化反应中,使用甲醇和乙醇,或使用甲醇和甲酰胺的混合介质,可使反应速率最大。如果用有机非质子溶剂,高膨胀度的壳聚糖在室温下 3min 即可完全酰化。壳聚糖的酰化反应比甲壳素容易,一般不用催化剂,反应介质常用甲醇或乙醇。

壳聚糖硫酸酯的结构与肝素相似,并且具有较高的抗凝血活性、抗免疫活性等[12]。甲壳素和壳聚糖的硫酸酯化试剂主要有浓硫酸、氯磺酸、二氧化硫、三氧化硫等,反应一般在非均相中进行。由于浓硫酸用于酯化引起严重降解,因此一般利用 SO_3 与一些有机胺的络合物如 SO_3—吡啶、SO_3—N,N-二甲基甲酰胺(DMF)等在有机溶剂如 DMF、二甲亚砜(DMSO)中反应。通常采用氯磺酸制备—SO_3,首先以甲酰胺为反应介质,制备氯磺酸-甲酰胺磺化试剂。图 6.5 示出一种壳聚糖 O-硫酸酯衍生物的合成路线[13]。其制备方法是:1.0g β-壳聚糖溶解在 50 mL 2% 的乙酸水溶液中,然后加入 50 mL 甲醇得到壳聚糖溶液;3.0 g 2,3-乙烯丙醛溶解在 30 mL 甲醇中,然后滴加到壳聚糖溶液中,25℃搅拌反应 12h 后将混合液用 300 mL 甲醇沉淀并搅拌过夜。产物经离心分离、透析和冷冻干燥后,用 40% NaOH 在 100℃处理 2h,然后用甲醇沉淀,再经透析和冷冻干燥得到 N-(2,3-二羟基)丙

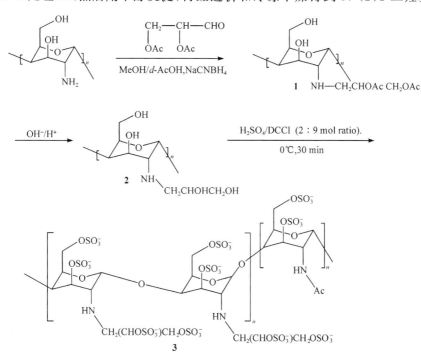

图 6.5　壳聚糖 O-硫酸酯衍生物的合成路线[13]

基壳聚糖衍生物。所得壳聚糖衍生物 1.5 g 溶解在 50 mL DMF/2 mL 乙酸混合溶液中,在 0℃下滴加入 10 mL 硫酸和 N,N'-二双环己基含碳二酰亚胺(DCCI)并搅拌反应 30min,然后在室温下继续反应 6h 甚至更长。最后得到壳聚糖 O-硫酸酯衍生物。

β-甲壳素的分子链为平行链堆积结构,可与羧酸酐形成嵌入式复合物,其羟基可以通过一种主-客体反应而乙酰化,并保持主体的晶体结构[14]。将 β-甲壳素-乙酸酐复合物在 105℃下加热 10min,β-甲壳素的取代度达到 0.4;加热 60min 左右,其取代度达到 1.0,并且只在 C-6 位发生位置选择性取代反应。当取代度达到 1.0后,β-甲壳素与酸酐不再形成复合物。图 6.6 示出无水 β-甲壳素(a)、β-甲壳素-乙酸酐复合物(b)、105℃反应 10min 后的乙酰化 β-甲壳素(c)和 105℃反应 2h 后的乙酰化 β-甲壳素(d)的 X 射线衍射图谱和赤道线剖面图。结果表明,β-甲壳素在这种主-客体乙酰化反应中仍保持其晶体结构,其(010)平面为单峰,并向大角度漂移,而其他衍射平面[(100)、($1\bar{1}0$)和(002)]则变化很小。由于甲壳素与酸酐近距离的分子接触,导致酰化反应可在 β-甲壳素晶体中均匀地进行。利用这一反应特性,可用于控制甲壳素的络合能力并制备选择性酯化的衍生物。

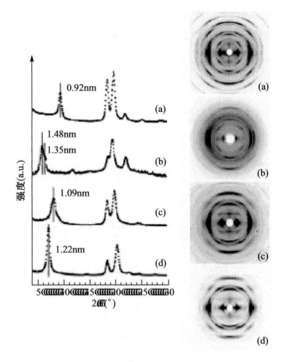

图 6.6　甲壳素及其乙酰化产物的 X 射线衍射图谱和赤道线剖面图[14]

(a)无水 β-甲壳素;(b)β-甲壳素-乙酸酐复合物;(c)105℃反应 10min 后的乙酰化 β-甲壳素;
(d)105℃反应 2h 后的乙酰化 β-甲壳素

6.1.2 醚化反应

醚化反应(etherification)是指化合物羟基或氨基等活性基团与烷基化试剂发生的一类反应。目前,商业上重要的纤维素醚都是由多相生产法在异相条件下进行的。图6.7示出主要商业纤维素醚产品的合成途径[5]。它们的醚化反应通常以碱纤维素作为原料,其基本原理基于以下三个经典的有机化学反应[4]。

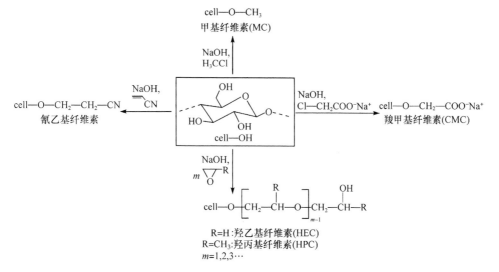

图6.7 主要商业纤维素醚产品的合成途径[5]

(1) Williamson 醚化反应

$$cell—OH+NaOH+RX \longrightarrow cell—OR+NaX+H_2O \qquad (6-4)$$

式中:R 为烷基;X 为 Cl,Br。甲基纤维素、乙基纤维素和羧甲基纤维素按此机理制备。纤维素甲基化采取气/固相反应体系,反应温度为 70～120℃,产物采取热水絮凝的方法纯化。乙基纤维素的制备需要较高的温度(100～130℃)、高压(100～400psi①)和较高的碱浓度。羧甲基纤维素的制备则采用固-固反应,并加入大量的有机溶剂作稀释剂,反应温度为 50～80℃。

(2) 碱催化烷氧基作用

$$cell—OH+ H_2C \overset{}{\underset{O}{\diagup}} CH—R \xrightarrow{NaOH} cell—OCH_2—\underset{OH}{\overset{|}{C}}H—R \qquad (6-5)$$

羟乙基纤维素、羟丙基纤维素和羟丁基纤维素按此机理制备。反应体系为悬浮液,反应温度为 30～90℃,并加入大量有机稀释剂。

① 1psi=6.894 76kPa,下同。

（3）当一个活化的乙烯基化合物与纤维素羟基在一起则发生碱催化加成反应，即 Michael 加成反应

$$\text{cell—OH} + \text{H}_2\text{C}＝\text{CH—Y} \xrightarrow{\text{NaOH}} \text{cell—OCH}_2\text{CH}_2\text{—Y} \qquad (6-6)$$

最典型的反应为丙烯腈与碱纤维素反应生成氰乙基纤维素。该反应对温度敏感，一般在较温和条件（50℃）和低碱浓度下进行。

在纤维素的羟烷基化反应中，由于取代基含有 OH 基，活性中心的数目没有减少，因此理论上可以无限制地醚化形成侧链。纤维素醚的取代度（包括 DS 和 MS）可以通过化学[15]、气相色谱[16]以及核磁共振（NMR）[17, 18]等方法测量。气相色谱-质谱（GC/MS）联用测定纤维素醚的取代度，要求试样先用强酸水解得到单糖产物，NaBH₄ 还原后在吡啶溶剂中用乙酸酐对自由羟基进行全乙酰化后测量。核磁共振由于受到纤维素醚溶解度、取代度大小、取代基分布等因素的影响，直接测量纤维素醚的取代度及取代基的分布仍受到限制。最近报道了一种改进的方法[17, 18]：它将纤维素醚试样在乙酸酐/吡啶混合溶液加热回流得到自由羟基被全乙酰化的纤维素醚，然后对这种乙酰化的纤维素醚进行液体 ¹H 和 ¹³C NMR 测量。乙酰化纤维素醚在大多数有机溶剂中都具有极好的溶解性，由此可以准确地测定纤维素醚及其混合醚的取代度和取代基分布。图 6.8 示出甲基纤维素（MC）和该试样乙酰化后在氘代二甲亚砜（DMSO-d_6）的 ¹³C NMR 谱图[19]。在乙酰化甲基纤维素的 ¹³C NMR 谱图中，位于 20.1ppm 和 20.4ppm 处的双峰为纤维素脱水葡萄糖（AGU）单元上的乙酰甲基 C 的化学位移。C-6 位的甲氧基 C 可以根据取代基的不同分别归属如下：70.1ppm 为甲基取代；62.5ppm 为乙酰基取代。C-1 的化学位移反映了邻位 C-2 的取代情况，即 101.8ppm 为甲基取代，99.0ppm 为乙酰基取代。甲氧基的甲基 C 被分解为一组四重峰（57.9～59.8ppm）。位于 168.9ppm、169.4ppm、169.9ppm 的三重峰可归结为羰基 C 的化学位移，并分别反映 AGU 单元上 2 位、3 位和 6 位的取代情况。由此计算出 MC 在 2 位、3 位和 6 位上的取代度依次为 0.66、0.44 和 0.59，总取代度为 1.69。该 MC 试样经全水解、乙酰化后进行 GC/MS 测试，计算得出 2 位、3 位和 6 位上的取代度分别为 0.65、0.42 和 0.56，总取代度为 1.63。两种方法所得结果完全一致，同时证明纤维素在 NaOH/尿素水溶液中的均相甲基化为非选择性取代反应。选择性取代是指在一个分子中，化学反应优先在一个或几个位置发生。纤维素的选择性取代对于纤维素更高级的功能化和更好地了解纤维素的分子内和分子间氢键结构非常重要。三苯基氯甲烷主要与纤维素链 AGU 单元 C-6 位的伯羟基反应。同时，在氯化氢气体的作用下也容易去保护。因此，以三苯甲基纤维素（trityl-cell）为中间体可制备 2,3 位选择性取代的甲基纤维素（2,3-O-MC）[20]。图 6.9 示出 2,3-O-甲基纤维素（DS=1.61）的 ¹³C NMR 谱图，并标出各峰的归属。在图 6.9 中没有发现位移为 72 ppm

处的 C_{6s} 峰,说明 6 位上的羟基被三苯甲基完全保护而未取代。同时,根据 C_1 和 C_{1s} 以及 C_4 和 C_{4s} 的峰面积计算得到 AGU 单元上 C-2 和 C-3 位上羟基的取代度分别为 0.94 和 0.67。

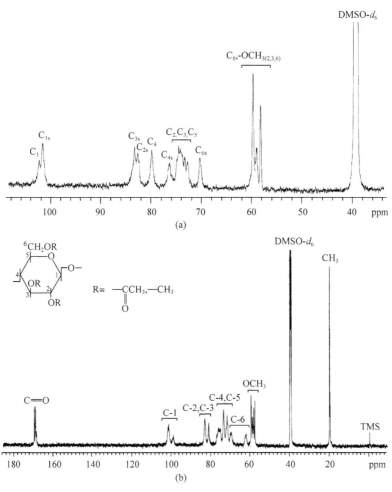

图 6.8　MC 和乙酰化 MC 在 DMSO-d_6 的 ^{13}C NMR 谱图[19]
测试温度分别为 30℃(a)和 75℃(b)

淀粉与烷基化试剂反应得到醚化淀粉。主要的醚化试剂有环氧丙烷、环氧乙烷、甲基氯、乙基氯、丙烯氯和氯乙酸等,主要产品有羟乙基淀粉、羟丙基淀粉、羧甲基淀粉和磷酸酯淀粉。由于淀粉粒在水中的溶胀以及糊化,纯水体系只适合制备低取代度(<0.1)的醚化淀粉。若要提高醚化淀粉的取代度,则需要限制醚化介质中水的含量,一般水的含量控制在 10% 左右。合成甲基丙烯酸甲酯醚化淀粉时,以比例为 1∶1 的水/异丙醇为反应介质,在 55 ℃下反应 20h 达到最大醚化程度,

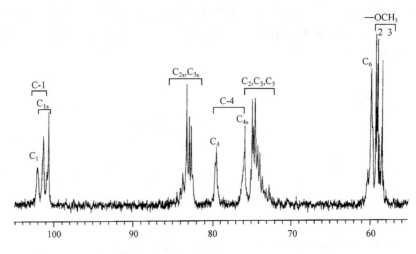

图 6.9　2,3-*O*-甲基纤维素(DS=1.61)的 ^{13}C NMR 谱图[20]

溶剂为氘代二甲亚砜(DMSO-d_6),测试温度为 80℃

并且醚化程度先随氢氧化钠浓度的提高而提高,达到一最大值后下降[21]。用一氯乙酸钠作为醚化剂与淀粉反应制备羧甲基淀粉时,最好采用异丙醇和叔丁醇为溶剂;水的含量为 10%;反应温度为 50~55℃;淀粉浓度为 4%~8%。当投料按理论取代度为 2.5 时能制备得到取代度为 1.4 的衍生物,它溶于冷水,并且这种低温反应可以避免淀粉的降解和糊化[22]。对于制备疏水性热塑性淀粉,可用 NaOH 作为催化剂,在二甲亚砜(DMSO)体系中合成高取代度的羟烷基淀粉,其取代度可达 0.5~2[23]。

羟乙基甲壳素由碱化甲壳素与环氧乙烷或氯乙醇在碱性介质中反应得到。由于乙酰氨基和氨基的存在,甲壳素和壳聚糖在发生 *O*-烃基化的同时还可能发生 *N*-烷基化反应。壳聚糖的游离氨基可与水合甲醛发生缩合反应,形成 *N*-羟甲基壳聚糖。将粉状壳聚糖分散在 *N*-甲基-2-吡咯烷酮中,室温搅拌 12h,然后加入 NaOH 和碘甲烷组成的混合溶液,并加入 NaI 调节反应介质中的碘含量。反应过程用 N$_2$ 保护于 36℃左右搅拌反应 3h 可得到水溶性碘化 *N*-三甲基壳聚糖季铵盐。作为一种高分子季铵盐,壳聚糖季铵盐可作为阳离子表面活性剂、金属离子的捕集剂、离子交换剂、絮凝剂、抗菌素以及相转移催化反应的催化剂等[10, 11]。

6.1.3　接枝共聚合

接枝共聚合(graft copolymeriztion)反应是指两种不同的聚合物分子通过主链与支链的化学键接形成聚合物的一类反应[24]。高聚物在引发剂的作用下形成初级自由基,初级自由基再和单体反应生成自由基单体,进一步通过链增长反应得到连接在高聚物分子上的侧链,即接枝共聚物。接枝共聚产物一般都是接枝聚合物和均聚物的混合物,理想的接枝产物应得到较高的接枝效率,使均聚物的量减少到最低程度。评价接枝共聚反应的三个基本参数表示如下:

$$单体转化率(\%) = \frac{(抽提前产物的质量-原料的质量)}{加入单体的质量} \times 100 \qquad (6-7)$$

$$接枝率(\%) = \frac{(抽提后产物的质量-原料的质量)}{原料的质量} \times 100 \qquad (6-8)$$

$$接枝效率(\%) = \frac{(抽提后产物的质量-原料的质量)}{(抽提前产物的质量-原料的质量)} \times 100 \qquad (6-9)$$

天然高分子接枝共聚的关键是单体发生聚合反应,生成高分子链,并经共价键接枝到天然高分子的链上。常用的接枝单体有丙烯酸、丙烯腈、丙烯酰胺、甲基丙烯酸甲酯、丁二烯、苯乙烯、乙酸乙烯酯及各种环氧化合物等。天然高分子接枝共聚物的主要合成方法包括自由基聚合、离子型共聚及缩聚与开环聚合。自由基的形成可以通过引发剂的链转移反应,能量辐射或机械应力等物理手段,以及采用氧化还原体系或引发剂的化学活化法。大分子自由基的产生可借助各种化学方法、光、高能辐射和等离子体辐射等,利用能量引发天然高分子的接枝。化学引发方法简单、易操作,但是反应过程中化学试剂往往会残留在反应产物中,给后处理带来许多麻烦。物理引发的优点在于引发效率高,最终产品中无残留引发剂,后处理比较简单。

大多数纤维素接枝共聚首先在纤维素基体上形成自由基,然后与单体反应而生成接枝共聚物。纤维素主链上的自由基位点可以由化学方法和光辐射法产生[25, 26]。氧化还原法是引发纤维素与乙烯基类单体接枝共聚最常见的方法。其引发体系通常由氧化剂和还原剂两种物质组成,但也有由三种物质或兼备氧化和还原性质的一种物质组成。单组分体系主要有铈(IV)盐、钒(V)盐、锰(III)盐、高锰酸钾和过硫酸盐。丙烯腈、丙烯酰胺、丙烯酸酯、甲基丙烯酸酯等烯类单体都通过铈(IV)盐引发接枝到纤维素上。高锰酸钾引发体系可以用于丙烯腈与纤维素、丙烯腈与木质纤维素、丙烯酰胺与纤维素等的接枝共聚反应。双组分体系主要有 $H_2O_2 + Fe^{2+}$、$H_2O_2 +$ 纤维素黄原酸酯。$H_2O_2 + Fe^{2+}$ 体系常用于纤维素与乙烯基单体的接枝。$H_2O_2 +$ 纤维素黄原酸酯体系是将纤维素先经 NaOH 溶液处理,然后加入 CS_2 使反应至一定酯化度形成纤维素黄原酸酯,后者经水洗、中和后与丙烯腈等单体在 H_2O_2 和酸存在下发生接枝反应。由于纤维素黄原酸酯是制造粘胶纤维的中间产物,因而有可能将接枝共聚反应作为生产粘胶纤维的一个工艺部分。纤维素的接枝共聚反应在多相介质中进行,反应主要发生在纤维素的表面及其无定形区,并且受到纤维素材料的微细结构和实验方法以及反应条件所制约,反应可控性和产物的均匀性都比较差[27, 28]。所以,用传统自由基聚合方法合成的纤维素接枝共聚物在复合材料应用中缺乏好的相容性和界面活性[29]。活性聚合可以克服传统自由基聚合的一些缺点,它是基于"接枝到"(grafting-to)的技术,可合成预定分子量和窄分布的纤维素接枝共聚物。然而,由于受到空间位阻的影响,其反应速率和接枝率较低,而且反应条件苛刻[30]。可逆加成-分裂链转移(RAFT)聚合是另一种比活性聚合更有效的合成纤维素接枝共聚物的方法,其聚合能力高、可对产品性能进行有效控制、适用的乙烯基单体多并对反应条件要求不高。近年,运用RAFT技术已成功地将不同的乙烯基单体接枝到棉纤维表面。图6.10示出纤维素接枝聚苯乙烯共聚物的RAFT合成路线[31]。首先在无水四氢呋喃和吡啶中把预处理过的纤维素和2-氯-2-苯乙酰氯混合(纤维素羟基、2-氯-2-苯乙酰氯、吡啶按物质的量比1∶3∶6),在60℃下反应24h得到衍生物(纤维素-CPAC),然后在无水四氢呋喃,苯基镁氯化物和二硫化碳反应得到中间体。中间体和纤维素-CPAC在无水四氢呋喃中于80℃下反应得到衍生物(纤维素-CTA),最后纤维素-CTA与苯乙烯聚合制得纤维素接枝聚苯乙烯。按照反应条件的不同,产物的接枝率为10%~30%,静态接触角约为130°,表明它们具有明显的疏水性。

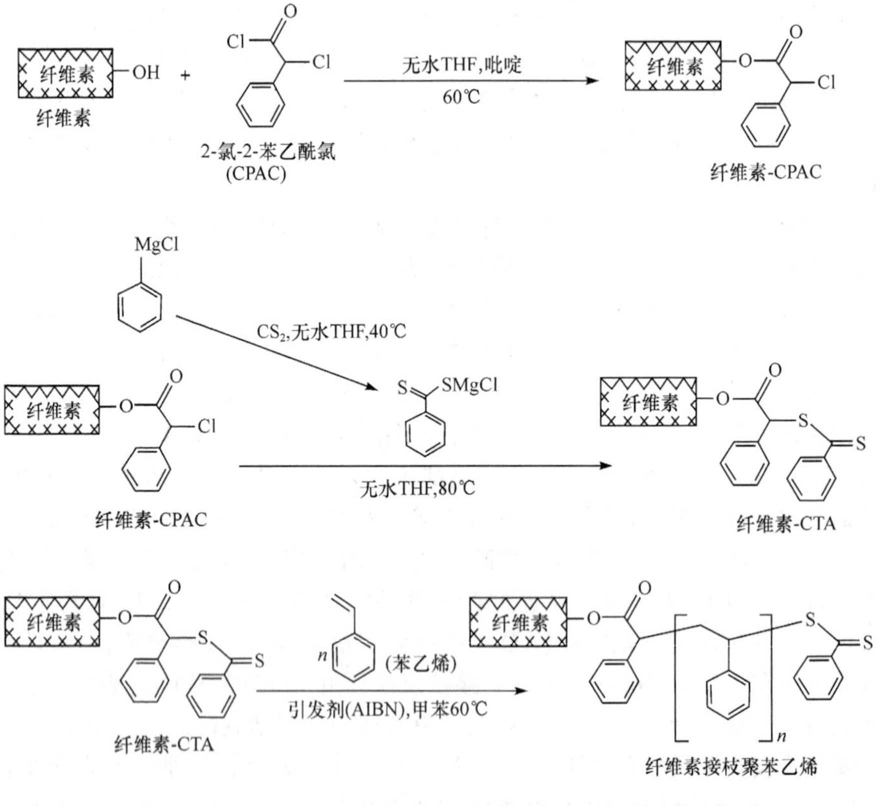

图6.10　纤维素接枝聚苯乙烯共聚物的可逆加成-分裂链转移(RAFT)合成路线[31]

　　淀粉接枝共聚的自由基引发方法常用化学引发,其引发体系包括铈盐体系、高锰酸钾体系、过氧化氢体系和过硫酸盐体系。其中,高价铈盐(Ce^{4+})引发体系应用较广、接枝效率较高,常用的有硝酸铈铵等。Ce^{4+}首先和淀粉 C-2 和 C-3 位羟基形成配位络合物,然后引起 C-2 和 C-3 的碳-碳键断裂,其中一个羟基被氧化成醛基,并在相邻的碳原子上形成自由基。同时,Ce^{4+}还原成 Ce^{3+},自由基再和单体反应后生成接枝共聚物(图 6.11)。在没有单体存在下,淀粉自由基进一步氧化成二醛,自由基随之消失。用 Ce^{4+}作引发剂可使淀粉与丙烯腈接枝共聚制得淀粉丙烯腈共聚物,由此制备高吸水性树脂。此外,丙烯酸甲酯(MA)也很容易通过 Ce^{4+}引发接枝到淀粉颗粒或糊化淀粉上,可以制得含 $40\%\sim75\%$ 的聚丙烯酸甲酯(PMA)的淀粉接枝共聚物[32]。通过改变 Ce^{4+}和淀粉的比例,可以控制接枝 PMA 的分子量,得到分子量为 $2\times10^5\sim10\times10^5$ 的接枝分子链[33]。丙烯酸、甲基丙烯酸甲酯、丙烯酸乙酯、丁酯、乙酸乙烯、丙烯酰胺等都可以通过铈盐引发接枝到淀粉分子链上。为降低成本,在 Ce^{4+}引发剂中加入 $S_2O_8^{2-}$,使 Ce^{4+}引发后生成的 Ce^{3+} 再由 $S_2O_8^{2-}$ 氧化成 Ce^{4+},实现潜在的 Ce^{4+}—Ce^{3+}—Ce^{4+} 的多次循环使用,以便得到 Ce^{4+}引发的高接枝率以及减少 Ce^{4+}用量。在淀粉本体中添加 ε-己内酯单体,以辛酸锡、异丙基氧化铝或三乙基铝为催化剂可以使 ε-己内酯开环聚合得到淀粉接枝聚己内酯(PCL)。以辛酸锡为催化剂时,仅有 $4\%\sim14\%$ 的 PCL 以羧酸酯的形式接枝到淀粉上;以异丙基氧化铝为催化剂,约有 20% 的 PCL 被接枝到淀粉上;以三乙基铝为催化剂时,PCL 的接枝效率达到 90%,此时淀粉和聚己内酯两相间具有很好的界面黏附。将淀粉溶解在 DMSO 中,加入异氰酸酯封端的 PCL,氮气氛、$100℃$ 下反应 3h 反应可得到产率为 89% 的 PCL 接枝淀粉[34]。

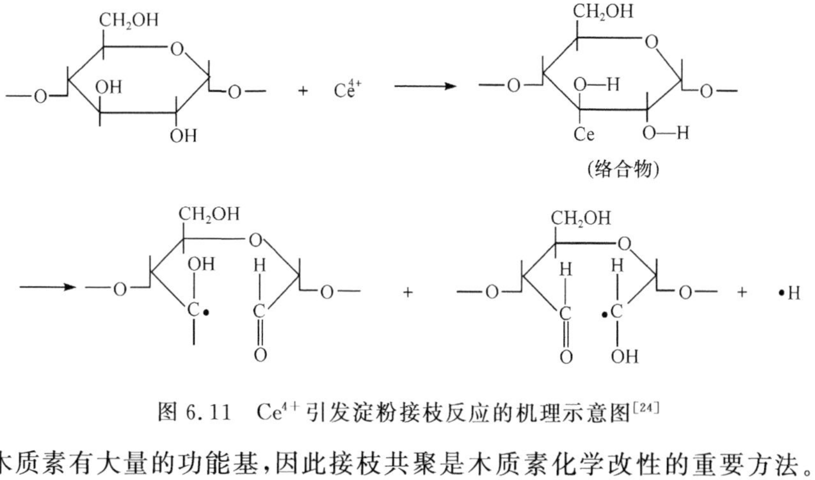

图 6.11　Ce^{4+}引发淀粉接枝反应的机理示意图[24]

木质素有大量的功能基,因此接枝共聚是木质素化学改性的重要方法。甲基丙烯酸甲酯与木质素通过自由基引发得到的接枝共聚物比聚甲基丙烯酸甲酯均聚物具有更高的强度、模量和热稳定性,其中木质素的含量约可达到 11%(质量分数)。木质素的接枝共聚通常采用化学反应、辐射引发和酶促反应三种方式。前两者可以应用于反应挤出工艺及原位反应增容。将木质素分散于氮气保护的有机溶剂或含有 CaCl₂ 和 H₂O₂ 的水/有机溶剂体系,通过 CaCl₂ 和 H₂O₂ 反应生成的活性游离氯从木质素基质上夺取氢而形成大分子自由基,由此引发木质素与 1-乙烯基苯的接枝共聚反应,其产率超过 90%[35~37]。木质素接枝后由原来的亲水性转变为憎水性,并且变为一种热塑性材料。然而在很多情况下,木质素对接枝反应具有抑制作用。例如,木质素上的酚羟基对甲基丙烯酸甲酯自由基聚合具有抑制作用,但对木质素进行酯化改性后可以消除这种作用[38]。通过模压或挤压的方法将苯乙烯和木质素进行接枝共聚反应,可得到淡黄色、半透明、组分均匀的苯乙烯接枝木质素薄膜,其中木质素含量可以达到 52%(质量分数)。苯乙烯的引入改变了木质素的表面活性,该共聚物可用作热塑性塑料、表面活性材料和密封胶。

甲壳素和壳聚糖的接枝共聚反应以化学法为主。它用硝酸铈铵或硫酸铈铵作为催化剂,乙烯基单体如丙烯酰胺和丙烯酸可接枝共聚到粉状甲壳素上,接枝率分别达到 240% 和 200%,并且接枝共聚物的溶解性明显改善[39]。以硝基苯和氯化锡作催化剂,苯乙烯在溶胀状态与碘代甲壳素发生阳离子型接枝共聚,在 10℃ 条件下反应 5h,接枝率可达到 800%,其中接枝率高于 100% 的产物能溶于质子型极性溶剂如 5% LiCl/N,N-二甲基乙酰胺(DMAc)中[40]。图 6.12 示出壳聚糖接枝甲基丙烯酸甲酯的反应路线[41]。将高度脱乙酰壳聚糖进行氯乙酰化得到三氯乙

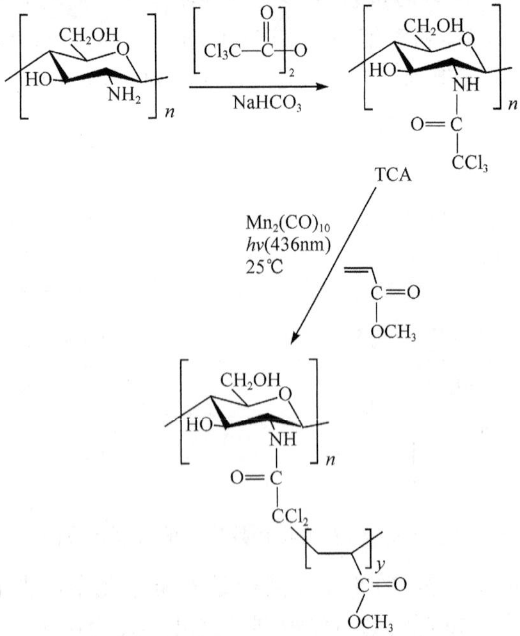

图 6.12　三氯乙酰-碳酰锰 Mn₂(CO)₁₀ 共引发壳聚糖
接枝聚甲基丙烯酸甲酯的反应路线[41]

酰壳聚糖(TCA),然后以三氯乙酰-碳酰锰 $Mn_2(CO)_{10}$ 作为氧化还原引发剂将聚甲基丙烯酸甲酯接枝到壳聚糖上,其接枝率可高达 600%。此外,^{60}Co 的 γ 射线照射法和用低压汞灯产生的紫外线照射法可用于甲壳素和壳聚糖的接枝共聚反应。

蛋白质分子的侧链上含有氨基、羧基、巯基、咪唑基、酚基、吲哚基、呱基和甲硫基等活性功能基,由此可以通过化学基团的引入和除去对其进行化学修饰。用化学方法引发烯类单体与蛋白质接枝,常用的引发体系有三类[2]:①高价金属离子及还原剂组成的氧化还原引发体系;②非金属化合物组成的氧化还原引发体系;③光敏剂引发体系。用于蛋白质接枝改性的单体很多,如环氧乙烷、氯乙烯、丁二烯、苯乙烯、乙酸乙烯酯、丙烯腈、丙烯酰胺、丙烯酸酯、甲基丙烯酸酯、己内酰胺等不饱和单体。据报道,通过重组 DNA 的方法和接枝聚乙二醇二丙烯酸酯可制备一种人造蛋白质,随后由含丙烯酸酯的单体引发光聚合反应得到蛋白质接枝聚乙二醇水凝胶[42]。图 6.13 示出人体纤维原细胞在蛋白质接枝聚乙二醇水凝胶上的移植情况。移植的第 3 天,尽管水凝胶仍为高度交联的状态,人体纤维原细胞已开始生长并表现出三维伸展和分支的形貌;5~7 天后,由于水凝胶开始水解,人体纤维原细胞的生长加速;10~14 天后,水凝胶完全水解,细胞形成了一个球形团簇,其尺寸远大于移植的初始阶段。这种蛋白质接枝聚乙二醇水凝胶是一种新颖的多级生物模仿混合材料,可望作为促进伤口愈合和组织再生的植入组织应用于临床医学。

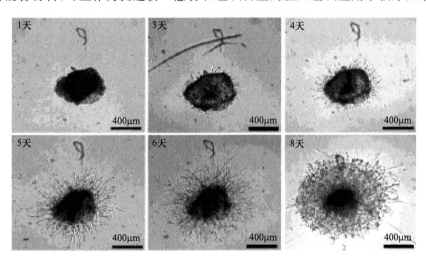

图 6.13　人体纤维原细胞在蛋白质接枝聚乙二醇水凝胶上的移植[42]

在天然橡胶的分子链中,每个异戊二烯链节都含有一个双键。在这些双键的碳原子上可以进行加成反应,其主链上的其他碳原子则都是 α-碳原子,可以脱氢产生自由基,从而接枝单体[43]。作为接枝天然橡胶的单体主要是烯类单体,如甲基丙烯酸甲酯、苯乙烯、丙烯腈、乙酸乙烯酯、丙烯酸、丙烯酸甲酯、丙烯酸乙酯、丙烯酰胺等。常用的引发剂体系包括过氧化苯甲酰、偶氮二异丁腈、叔丁基过氧化物、二羟基过氧化环己烷、过氧化异丙苯和过氧酸盐等。在氧化还原性引发剂的引发下,天然橡胶与亲水性乙烯单体二甲基丙烯酸乙酯进行乳液共聚合生成天然橡胶接枝共聚物[44]。目前,甲基丙烯酸甲酯与天然橡胶的接枝共聚物(天甲胶,MG)已经商品化。接枝天然橡胶具有改善耐屈挠龟裂及动态疲劳性能、抗冲击性强、模流动性好、有较大自补性和黏着性好的特性,它主要用于制造抗冲击的坚韧制品、无内胎轮胎内衬气密层以及胶黏剂等。

6.1.4　交联反应

交联(cross linking)反应是指高分子链之间通过双或多功能基的小分子以化学键联结成三维空间网状大分子的化学反应。交联度常用于评价交联反应的程度。交联度的增加一般导致材料的强度和硬度增加。交联度是指交联网络的密度,通常用相邻两个交联点之间链的平均分子量(M_c)来表示。M_c 越小则交联度越大。也可用交联点密度表征大分子的交联情况,它定义为交联的结构单元占总结构单元的分数,即每一结构单元的交联概率。交联度可以通过溶胀度测定、力学性质测定以及核磁共振波谱等方法计算。然而,不同方法测定的结果存在较大差异。

采用溶胀平衡法测定高分子材料的交联度是一种较为简便的方法。先用溶剂抽提去掉试样中可溶性物质,然后将预先准确称量的试样置于其不良溶剂中,在25 °C 溶胀,直至达到溶胀平衡后取出并用滤纸吸干其表面的液体并称量。高聚物的交联密度根据式(6 - 10)[45]计算:

$$\frac{\nu_c}{V_0}(\text{mol/cm}^3) = \frac{-2\,[\,v + \chi v^2 + \ln(1-v)\,]}{V_1(2v^{1/3} - v)} \tag{6 - 10}$$

式中:ν_c 为交联链的有效摩尔数;V_1 为不良溶剂的摩尔体积;χ 为高分子和不良溶剂间相互作用参数;v 为干态的高聚物在其溶胀态中的体积分数($v = V_0/V$),V_0 为干态高聚物的体积,V 为达到溶胀平衡后的高聚物的体积。不良溶剂与高聚物之间的相互作用参数 χ 可以通过测量高聚物试样在一系列不同温度条件下的溶胀性,然后由温度(T)对高分子在溶胀体中的体积分数(v)作图,根据式(6 - 11)[46]求取 χ:

$$\frac{\text{d}\ln v}{\text{d}\ln T} = \frac{-3\chi(1-v)}{5(1-\chi)} \tag{6 - 11}$$

式中:T 为热力学温度,K。试样在不同温度下的密度可用比重瓶测量。

淀粉的醇羟基与具有二元或多元官能团的化合物反应形成二醚键或二酯键,使两个或两个以上的淀粉分子交叉连接在一起,形成多维空间网状结构,称为交联淀粉。经常使用的交联剂有三氯氧磷、偏磷酸三钠、甲醛、丙烯醛、环氧氯丙烷等,其中淀粉与环氧氯丙烷、甲醛和丙烯醛的反应为醚交联反应,而它与三氯氧磷、偏磷酸三钠的反应则为酯交联反应。醛类交联是最先使用、应用最多的一类交联剂,低浓度的质子(H⁺)对甲醛的交联反应有催化作用,这与 H^+ 降低羰基的电子浓度有关。当在 pH 高于 7.5 时,这类反应将被抑制,因此,反应必须在酸性条件下进行。通常,两种交联剂的混合使用可以提高淀粉的交联度。比如,单独使用三偏磷酸钠时磷的含量不超过 0.04%,而将三偏磷酸钠和三聚磷酸钠混合使用时其含量可以达到 0.4%,使交联度大大增加。淀粉与环氧丙烷反应得到羟丙基淀粉,再用三偏磷酸钠与之进行交联,得到的产物与那些没有经过环氧丙烷预反应的相比,取代度增加,磷含量增大,交联度将增大[47]。

纤维素的交联反应主要是通过相邻纤维素链上—OH 基的烷基化反应以醚键的方式交联,形成三维网状结构的大分子。纤维素产生化学交联的主要途径有[4]:①通过化学或引发形成的纤维素大分子基团的再结合;②纤维素阴离子衍生物通过金属阳离子(二价或二价以上)交联;③通过纤维素吸附巯基化合物形成二硫桥的氧化交联;④纤维素的羟基与异氰酸酯反应形成氨酯键;⑤与多聚羧酸反应的酯化交联;⑥与多官能团醚化剂反应的醚化交联。醚化交联反应包括醛类与纤维素的缩醛反应、N-羟甲基化合物与纤维素的交联反应以及纤维素中的羟基与含环氧基和亚胺环基的多官能团化合物的开环反应。所用的交联剂主要有甲醛、乙二醛、高级脂族二醛、二羟甲基脲、环脲衍生物、三氮杂苯类化合物等。能与纤维素发生开环反应的多官能化合物包括乙烯亚胺基化合物如三氮杂环丙烯膦化氧、环氧化物等。通过交联反应,可以改变纤维和织物的性质,提高纤维素的抗皱性、耐久烫性、黏弹性、湿稳定性以及纤维的强度。目前,对人造丝和棉纱织物的处理通常使用脲类交联剂,织物以 60～100 m/min 的速度通过交联剂溶液,然后在 100～130℃干燥固化即可。

甲壳素和壳聚糖可由双官能团的醛、酸酐、环氧化合物、氰化物等进行交联得到网状结构的产物。常用的醛类交联剂有戊二醛、甲醛、乙二醛等,反应可在室温进行,反应速率较快。它们的交联反应可在均相和非均相体系中进行,pH 范围较宽,主要是醛基和氨基生成席夫碱,其次是羟基与羟基的反应[10, 11]。一些天然的二元和三元有机羧酸如琥珀酸、苹果酸、酒石酸和柠檬酸等可与壳聚糖分子上的氨基发生化学反应(图 6.14),由此形成聚阳离子、聚阴离子或聚两性电解质交联壳聚糖纳米粒子[48]。其制备方法如下:将羧酸溶解在水中,然后用 0.1mol/L 的氢氧化钠调节其 pH 到 6.5。添加水溶性的含碳二酰亚胺后,控制温度在 4℃,在搅拌的条件下使反应进行 30min,然后使其与壳聚糖水溶液混合,在室温下搅拌 24h后,用蒸馏水透析后冷冻干燥得到交联壳聚糖纳米粒子。

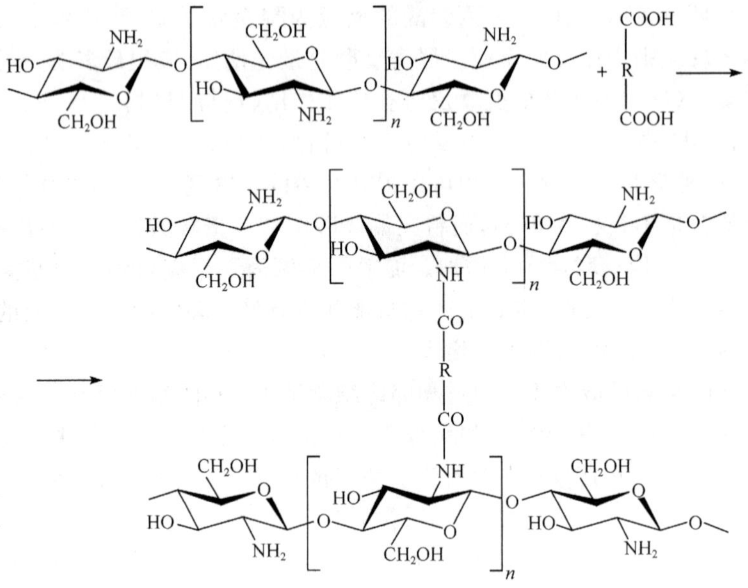

图 6.14　天然多元有机羧酸对壳聚糖的化学交联[48]

　　海藻酸盐化学交联的交联剂有己二酸二酰肼、聚乙二醇二胺和赖氨酸等,它们通过氨基和羧基的脱水缩合反应形成酰胺键,从而得到稳定的共价交联水凝胶。这种水凝胶无色透明、含水率高、柔软,经冷冻干燥后呈层状结构,吸水后变得透明。由于制备方法简单,海藻酸-聚赖氨酸-海藻酸(APA)交联膜和微胶囊已被广泛研究,并用于活体细胞或细菌的包埋[49]。京尼平(Genipin)是由栀子果提取的一种葡萄糖苷配基化合物,其毒性比戊二醛低 5000～10 000 倍。它可作为交联剂制备共价交联的海藻酸-壳聚糖复合物微胶囊[50]。图 6.15 示出京尼平交联的海藻酸-壳聚糖微胶囊的分子结构。制备方法是将海藻酸钠溶液(15 mg/mL)滴加到 CaCl$_2$ 水溶液(11 mg/mL)中并搅拌溶液,再生得到 Ca-海藻酸微囊球。然后,Ca-海藻酸微囊球在壳聚糖(10 mg/mL)和 CaCl$_2$(11 mg/mL)混合水溶液中浸泡 30min 得到海藻酸-壳聚糖微胶囊。最后,海藻酸-壳聚糖微胶囊浸泡在京尼平水溶液中交联即得京尼平交联的海藻酸-壳聚糖微胶囊。这种微胶囊以海藻酸为核,以京尼平交联的壳聚糖膜为壳,壳的厚度约为 37μm。

　　蛋白质含有许多活性基团,易于发生交联反应,还有自身存在二硫键交联。用于蛋白化学交联的主要交联剂有甲醛、乙醛、戊二醛、甘油醛等[51～53]。用醛类交联时,由于生成的醛亚胺中的碳-氮双键与碳-碳双键形成共轭体系的稳定结构,从而可以提高材料的疏水性。采用戊二醛与大豆蛋白(SPI)中的赖氨酸和组氨酸的 ε-氨基残基反应,使其发生分子内和分子间交联[54]。交联反应可以增加蛋白质膜的耐水性、内聚力、刚性、力学性能和承载性能。

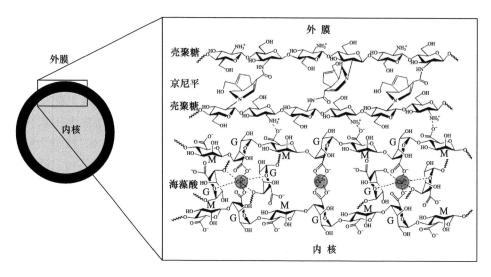

图 6.15　京尼平交联的海藻酸-壳聚糖微胶囊的分子结构示意图[50]

6.1.5　氧化反应

氧化(oxidation)反应是指天然高分子结构单元上的活性羟基和氨基容易被氧化试剂氧化,从而在分子链上引入羰基、羧基或酮基。氧化反应的机理很复杂,氧化剂不同,反应介质的 pH 不同,氧化机理与氧化产物也不同。氧化剂的种类很多,按照氧化反应的介质可以大致分为以下几类:①酸性介质氧化剂,如硝酸、过氧化氢、高锰酸钾、卤氧酸等;②碱性介质氧化剂,如碱性次卤酸盐、碱性高锰酸钾、碱性过氧化物、碱性过硫酸盐等;③中性介质氧化剂,如溴、碘等。

天然高分子的氧化可分为选择性氧化和非选择性氧化[4, 55]。以高锰酸钾为氧化剂氧化淀粉,氧化反应主要发生在淀粉无定形区的 C-6 上,把伯羟基氧化为醛基,而仲羟基不受影响,碳链不断开。然而,高碘酸氧化一般只发生在 C-2—C-3 上,促使 C-2—C-3 键断裂,得到双醛淀粉。H_2O_2 在碱性条件下可以使 C-6 上的伯羟基氧化成羧基。淀粉氧化主要发生在 C-2 和 C-3 位仲醇羟基上,生成羰基或羧基,并且葡萄糖开环。体系的 pH 对该反应有显著的影响。在酸性介质中,次氯酸钠很快变成氯,氯与淀粉分子的羟基反应形成次氯酸酯和氯化氢,酯再分解成一个酮基和一分子的氯化氢;在碱性条件下,形成带负电荷的淀粉盐离子,空气中的氧也能使淀粉分解及氧化。在中性、微酸性或微碱性条件下,次氯酸盐主要是非解离态,这种次氯酸(盐)能产生淀粉次氯酸酯和水,酯分解产生氧化物和氯化氢。通常,酸性条件下醛基含量比碱性条件下的高,这是由于淀粉生成了缩醛、半缩醛。碱性条件下羧基含量比酸性条件下的高。次氯酸钠浓度的提高可以增加氧化淀粉中羧基和羰基的含量。然而,当次氯酸钠浓度相同时,马铃薯淀粉氧化物的羰基含量最高,而玉米淀粉的羰基含量较低[56]。

　　氧化纤维素衍生物的重复结构单元存在 7 种不同的形式(图 6.16)[6]。某些试剂可使纤维素发生特定位置和形式的氧化,即选择性氧化。例如,用高碘酸盐氧化得到 2,3-二醛纤维素(Ⅵ 型)、用亚氯酸物质氧化得到 2,3-二羧酸纤维素(Ⅶ型)和用 N_2O_4 氧化主要得到 6-羧酸纤维素(Ⅱ 型)。纤维素的大多数氧化反应是非选择性的,在纤维素脱水葡萄糖单元的不同位置上引入羰基和羧基,并引起分子链的断裂。纸浆漂白过程中常使用次氯酸钠和过氧化氢作为漂白剂,粘胶纤维生产中的碱纤维素在空气中氧化降解,所发生的氧化都属于非选择性氧化。通过电纺丝、脱乙酰以及氧化的方法可以制备氧化纤维素超细纤维[57]。其方法是将乙酰基含量为 39.8％的纤维素乙酸酯(CA)溶解在丙酮/水(85∶15,体积比)的混合水溶液中,然后在电纺丝装置上纺丝得到 CA 超细纤维。图 6.17 示出这种电纺丝装置。CA 超细纤维在 0.5 mol/L KOH/乙醇溶液中脱乙酰得到纤维素超细纤维,最后用 HNO_3/H_3PO_4-$NaNO_2$ 或 HNO_3/H_2SO_4-$NaNO_2$ 溶液氧化即得到氧化纤维素超细纤维。图 6.18 示出 CA 纤维、纤维素纤维以及氧化纤维素超细纤维的(SEM)照片。可以看出,纤维素纤维用 HNO_3/H_3PO_4-$NaNO_2$ 混合溶液氧化后的超细结构基本不变,纤维的平均直径仅仅由 3.94 μm 减少至 3.67 μm。该氧化纤维素衍生物的产率为 86.7％,羧基含量为 16.8％。由于氧化破坏了纤维素分子链之间的氢键作用,氧化纤维素超细纤维的结晶度较低,它在盐水溶液中的溶胀度约为 230％。由于良好的生物相容性,这种氧化纤维素超细纤维可望用作无纺布。

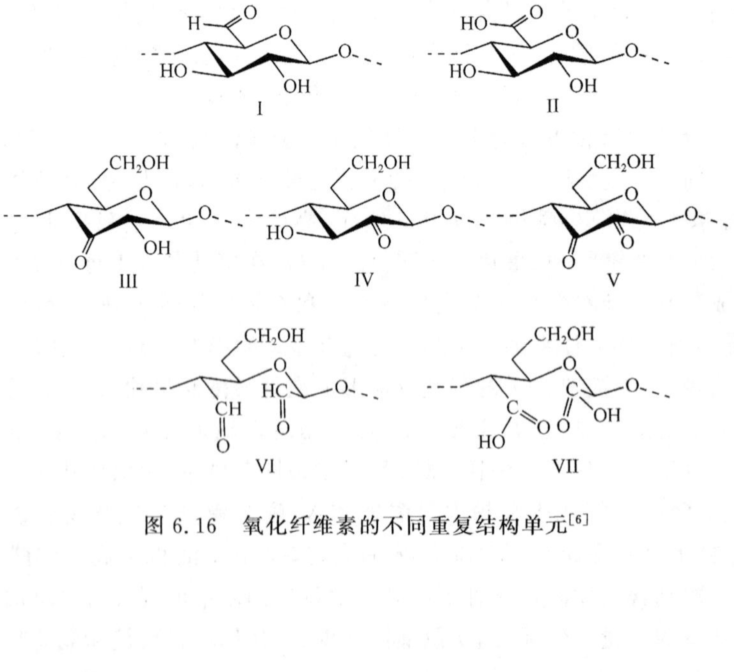

图 6.16　氧化纤维素的不同重复结构单元[6]

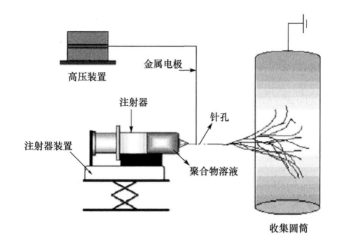

图 6.17　电纺丝装置[57]

图 6.18　超细纤维的 SEM 照片[57]

(a)CA 纤维;(b)纤维素纤维;(c)由 HNO₃/H₃PO₄-NaNO₂ 氧化得到的氧化纤维素超细纤维;

(d)由 HNO₃/H₂SO₄-NaNO₂ 氧化得到的氧化纤维素超细纤维

　　甲壳素和壳聚糖的每个糖残基上的羟基和氨基都容易被氧化[10, 11]。壳聚糖的氧化会造成脱氨基,糖环由吡喃环变成呋喃环。甲壳素的氧化多半在一级羟基上进行,C-6 位被氧化成羧基,使甲壳素成为氧化甲壳素。当以高碘酸钠氧化甲壳素时,由于 C-2 上连接的是乙酰氨基,C-2 和 C-3 之间的共价键不易断裂,主要是在非还原末端 C-3 和 C-4 之间的共价键发生断裂。若以 NO₂ 为氧化剂,则主要在甲壳素的 C-6 位羟基上发生氧化,同时伴随 C-3—C-4 键氧化裂解形成醛基。次氯酸盐溶液能导致甲壳素的 C-1—C-2 和 C-2—C-3 键断裂,链端的 C-1 可被氧化成羧基。目前,甲壳素的氧化已成为在甲壳素主链上引入新功能团的重要方法。

6.2　物　理　改　性

6.2.1　共混改性

聚合物共混(blend)是指两种或两种以上的聚合物经物理或化学方法混合而形成新的高分子体系。因此,共混改性可以充分利用现有的合成聚合物或天然高分子通过较简便的方法得到更好或更独特的新材料。共混相容性是指聚合物之间混合的程度。聚合物之间的相容性是选择适宜共混方法的重要依据,也是决定共混物形态结构和性能的关键因素。提高高聚物复合体系中相容性的方法通常是引入增容剂、使组分间发生接枝、嵌段或交联等化学反应,甚至构筑 IPN 结构、添加能使两相发生亲和的多种类型共聚物。此外,引入氢键等的相互作用也能导致体系由不相容向相容的转变。在共混体系中加入能起增容作用的接枝共聚物和嵌段共聚物这一类非反应型增容剂提高其相容性。对于两个不相容的聚合物 A 和 B,可以加入 A 与 B 的接枝共聚物(A-g-B)或者 A 与 B 的嵌段共聚物(A-b-B),依靠其大分子结构中同时含有与共混组分中 A 和 B 相同的或相容作用强的聚合物链来改善 A 与 B 的相容性。通过化学反应可以提高原组分间的相容性,常见的反应基团有马来酸酐、环氧基和氧氮杂茂戊环等。在共混体系中加入一些交联剂或偶联剂等低分子增容剂,也可以通过化学反应而提高相容性。大豆蛋白质与聚己内酯之间的相容性很差,但在共混体系中加入一定量的马来酸酐后,通过挤出反应则能大大提高体系的相容性并制备出耐水性蛋白塑料[58]。此外,混合过程中通过一些物理方法如强剪切、辐射处理等产生物理交联也是一种有效的增容方法[59]。

两种材料的共混相容性是决定它们能否共混的重要数据。评价共混相容性的方法主要有扫描电子显微镜(SEM)、透射电子显微镜(TEM)、透光率、示差扫描量热法(DSC)、动态力学分析(DMTA)、红外光谱(IR)等方法。当两种高分子材料具有较好或一定程度的相容性时,其共混材料会表现出一些特性。例如,电镜照片呈现材料的表面和截面较为均匀的形貌;光学透过率相对较高;两种材料的玻璃化转变温度(T_g)向彼此靠近;在红外光谱上呈现新的分子间氢键、离子键或静电作用的谱带变化。

高分子共混改性的方法有机械共混、流体共混、共聚-共混和互穿网络(IPN)技术等四种[60]。其中,共聚-共混是一种化学共混方法,包括接枝共聚-共混和嵌段共聚-共混。机械共混是指聚合物及配合组分在混合设备如高速混合机、双辊开炼机、密炼机及螺杆挤出机中均匀混合,可分为物理共混和反应-机械共混。物理共混是将高聚物及配合组分通过机械作用混合均匀,而反应-机械共混是在机械剪切场的作用下,发生某些化学反应及聚合物化学结构的变化。将不同种高分子浓溶液或熔融体通过机械共混制备共混材料是最广泛应用的方法。淀粉以颗粒或糊化形式与合成高分子或其他天然高分子通过机械共混可制备一系列性能优良的材料。用双螺杆塑化淀粉以后得到热塑性淀粉(TPS),采用一步法直接与低密度聚乙烯(LDPE)通过螺杆共混挤出技术得到性能较好的共混膜[61]。图 6.19 示出制备 PE/TPS 共混材料的一步挤出系统。在未加入增容剂的情况下,即使 TPS 含量很高,共混膜的断裂伸长率和模量也接近纯 PE 膜。当共混膜中 TPS 含量为 27%时,PE/TPS 共混膜保持了相对于 PE 塑料 96%的断裂伸长率和 100%的模量;当 TPS 含量增加到 45%时,PE/TPS 依然保持 94%的断裂伸长率和 76%的模量。当 TPS 中甘油含量为 36%时,共混膜还表现出很好的抗水性。同时,TPS 和 PE 相近的折光指数使该共混膜在所有组分比例范围内都具有很好的透光性,也反映它们的相容性较好。

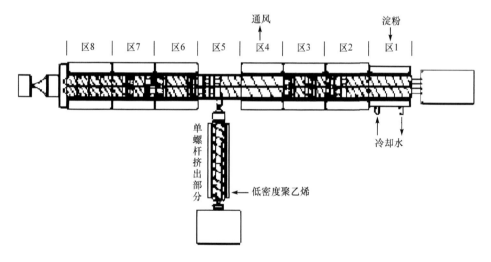

图 6.19　制备 PE/TPS 共混材料的一步挤出系统[61]

　　流体共混包括溶液共混和乳液共混。溶液共混是将各聚合物组分溶解于共同溶剂中,再除去溶剂而得到共混聚合物;乳液共混是将不同聚合物的乳液配合剂的悬浮液均匀混合后再沉析而从而得到共混聚合物。纤维素与聚乙烯醇(PVA)在 LiCl/DMAc 中通过溶液共混可以制得各种不同组分的共混膜[62]。纤维素/PVA 共混膜具有非常好的透光性,可以初步认为这两种共混物具有非常好的相容性。这种共混膜的 DSC 曲线指出,随着纤维素含量的增加,PVA 的结晶度急剧降低,当纤维素的含量达到 70%时,PVA 在共混膜中几乎为非结晶态。

　　利用两种高分子的溶解性相差很大这一特点,可以用它们共混制备出具有规整微区结构的新材料。三甲基硅烷纤维素(TMSC)在酸性条件下易水解成纤维素以及纤维素与聚苯乙烯(PS)溶解性差异较大,可由 TMSC/PS 共混膜构建一种以纤维素为基底的纤维素表面微区结构[63]。图 6.20 示出了 TMSC/PS 共混膜(共混比为 2∶1)、TMSC/PS 共混膜酸水解后得到的纤维素/PS 共混膜以及经甲苯溶解去除 PS 后留下的纤维素膜的 AFM 图片。可以看出,纤维素表面微区的宽度为 2～3 μm、长度为 2～15 μm、高度为 12 nm。通过调节初始 TMSC/PS 共混膜中组分间的比例,可以方便地改变纤维素微区的尺寸。

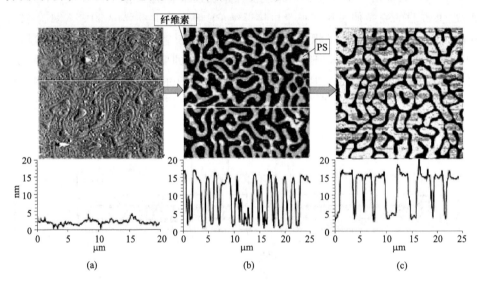

图 6.20　TMSC/PS 共混膜(共混比为 2∶1)(a),TMSC/PS 共混膜酸水解后得到的纤维素/PS 共混膜(b)以及经甲苯溶解去除 PS 后留下的纤维素膜(c)的 AFM 图片[63]

　　淀粉/聚己内酯(PCL)共混体系通常以甘油、水为增塑剂,用挤出注塑制备。PCL 的加入导致淀粉性能明显提高[64]。当淀粉基质处于玻璃态时,加入 PCL 会降低材料的杨氏模量,但可以提高冲击强度;当淀粉基质处于橡胶态时,加入 PCL 可以提高杨氏模量(淀粉基质所处状态与淀粉塑化程度有关)。即使 PCL 的加入量很低(10%),无论淀粉基质处于何种状态,体系尺寸稳定性和材料耐水性都有明显改善。但是,在 PCL/淀粉材料中存在两相,界面间仅靠氢键作用很难得到力学性能很理想的材料。除了模量的提高,其他性能都随淀粉的加入而下降[65]。目前已经商业化的淀粉基塑料 Mater-Bi 是由淀粉和 PCL 共混制得的,它以甘油作增塑剂。它们具有很高的稳定性,其力学性能与聚乙烯(PE)材料相近,通过反应挤出制备的材料可用来制造装少量物品的塑料袋[66, 67]。Mater-Bi 材料在水中及堆肥、有氧和厌氧条件下的生物降解性研究结果表明,它具有生物可降解性[68]。在有氧条件下,细菌对该材料进行生物降解的过程中,淀粉和 PCL 的比例始终保持不变(54∶46);在厌氧条件下,细菌则主要对淀粉起作用。因此,它们是一类较好的可生物降解的材料。

甲壳素和壳聚糖具有良好的成膜性、吸附性、透气性、成纤性、吸湿性和保湿性以及特殊的生物医学功能。它们在溶液中与聚乙烯醇[69]、聚乙二醇[70]、聚丙交酯共聚己内酯[71]、聚碳酸酯[72, 73]和聚丙交酯[74]等合成高分子共混可制备出具有良好组织相容性和细胞相容性的生物材料。胶原蛋白(collagen,COL)是一种伤口愈合药物,而 N,O-羧甲基壳聚糖(NOCC)可刺激纤维原细胞的迁移,将这两种高分子溶液共混可以得到一种新型的伤口敷料[75],并且机械性能得到一定程度的加强。其制备方法是将 COL(1%)和 NOCC(0.5%)分别溶解在 0.01mol/L 的乙酸水溶液中,将这两种溶液按体积比 1∶1 共混并将共混液的 pH 调至 3,然后在共混液中加入硫酸软骨素(chondroitin sulfate,CS)或非细胞真皮组织(acellular dermal matrix,ADM),最后将共混液倒入塑料模具中冷冻干燥得到多孔的海绵状材料 NOCC/CS/COL 和 NOCC/ADM/COL。这三种共混敷料包扎的伤口愈合都明显要快于纯胶原蛋白敷料,21 天后基本痊愈。此外,壳聚糖与聚丙烯酸共混膜可作为燃料电池的质子交换膜[76]。壳聚糖和聚丙烯酸均为典型的高分子聚电解质,两者之间至少存在三种形式的离子相互作用和氢键,由此制备的聚电解质复合膜不溶于水,也不会在水溶液中过度溶胀。聚电解质共混膜具有高的离子交换容量、高的质子传导率、低的甲醇渗透性以及合适的热稳定性和机械性能,是一种理想的甲醇燃料电池质子交换膜。

利用低分子量的聚酯或聚醚也可以增塑木质素材料,并得到力学性能优良的共混材料[77]。将木质素衍生物与脂肪族聚酯共混,聚酯作为增塑剂能够有效地提高材料的伸长率,并且共混组分间具有很好的相容性。将烷基化和丙烯酸化木质素与低玻璃化转变温度(T_g)聚合物共混得到相容性材料,其中低 T_g 聚合物作为增塑剂[78]。低 T_g 聚合物含量的增加导致共混材料强度的降低,但其伸长率增加。添加这些低 T_g 聚合物后,使纯木质素脆性材料呈现出弹性体特征的应力-应变(σ-$\Delta\varepsilon$)曲线,将这些低 T_g 聚合物进行组合后与木质素共混,可在一定程度上控制材料强度和伸长率之间的平衡,满足使用要求。图 6.21 示出低 T_g 聚合物(聚己二酸亚丁酯、聚乙二醇、聚戊二酸丁酯)混合物增塑的乙基甲基化木质素(高分子量级分)材料的应力-应变(σ-$\Delta\varepsilon$)曲线。随着低 T_g 聚合物混合物含量的增加,共混改性木质素材料出现了弹性体特征。其中,20%聚乙二醇(PEG)/20%聚己二酸亚丁酯(PBA)的混合物可以明显改善木质素材料的伸长率及韧性,并比用 40%聚乙二醇增塑的木质素材料强度高出 1 倍。

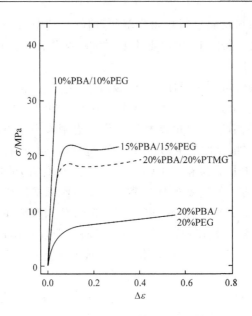

图 6.21 低 T_g 聚合物混合物增塑的乙基甲基化木质素材料的
应力-应变(σ-$\Delta\varepsilon$)曲线[78]

PBA 为聚己二酸亚丁酯;PEG 为聚乙二醇;PTMG 为聚戊二酸丁酯

6.2.2 互穿聚合物网络

互穿聚合物网络(IPN)是一种以化学法制备物理共混物的方法。它是由两种

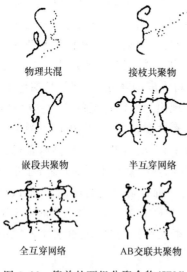

物理共混　　　接枝共聚物

嵌段共聚物　　半互穿网络

全互穿网络　　AB交联共聚物

图 6.22 简单的两组分聚合物(IPN)
共混材料的结构示意图[80]

或两种以上交联聚合物通过网络的互相贯穿、缠结而成的聚合物共混物,这些网络中至少有一种网络是在其他线形高分子或网络存在下独立合成或交联的[79]。图 6.22 是几种简单的两组分聚合物(IPN)共混材料的结构示意图[80]。IPN 按构成组分的性质可以分为全-IPN 和 semi-IPN。前者的所有组分都为网络高聚物;后者含有线性或非交联的高聚物组分。多网络组分的 IPN 按合成方法分为序列 IPN 和同步 IPN。序列 IPN 是指在某一种高聚物组分交联网络形成后另一组分单体在网络间溶胀且原位聚合形成第二种网络;同步 IPN 则是所有组分的单体混合后通过不同的引发条件使单体各自聚合交联形成互相穿透

的两种以上的网络结构。IPN 是一类新型的聚合物共混物和新的共混改性技术。由于互穿聚合物网络复合材料表现出比单一高分子组分更优良的力学性能,因此 IPN 技术对天然高分子的改性很有应用前景。由于天然高分子已经是一种大分子,它只能存在于合成高分子产生的网路中,即为 semi-IPN 结构材料。

通过溶液凝固/本体聚合(solution coagulation / bulk polymerization)的方法可以制备纤维素/合成高分子 IPN 材料。其方法是将乙烯类单体作为凝固剂或浸渍剂进入纤维素凝胶中,然后通过原位聚合分别得到纤维素与聚(2-羟乙基甲基丙烯酸)(PHEMA)、聚(N-乙烯基吡咯烷酮)(PVP)和 N-乙烯基吡咯烷酮-甲基丙烯酸缩水甘油酯共聚物[P(VP-co-GMA)]的 semi-IPN 材料[81, 82]。以 9% LiCl/DMAc 为均相反应介质,可以制备聚(N,N-二甲基丙烯酰胺)(DMAm)分别与纤维素和甲壳素的 semi-IPN 材料[83]。图 6.23 示出纤维素的含量以及温度对 semi-IPN 材料储能模量的影响。在纤维素的体积比为 1.5(即纤维素的质量分数为 25%)时,semi-IPN 的储能模量是纯 DMAm 材料的 6 倍,这种增强作用可归因于纤维素分子在 LiCl/DMAc 溶剂中刚性的链构象以及它与 DMAm 分子强的氢键相互作用。随着温度的升高,材料的储能模量下降,表明纤维素与 DMAm 的分子间氢键被破坏。这种 semi-IPN 材料在热分解过程中表现为单一热失重台阶,表明纤维素与 DMAm 没有明显的相分离。

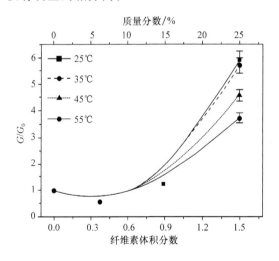

图 6.23 纤维素的含量以及温度对 semi-IPN
材料储能模量的影响[83]

利用聚氨酯与天然高分子及其衍生物合成 IPN 材料不仅可以改善天然高分子的耐水性和柔韧性,而且可以保持其生物降解性[84]。将二苯基甲烷二异氰酸酯

(MDI)熔融后加入蓖麻油反应制备出聚氨酯(PU)预聚物。然后将 PU 预聚物和苄基淀粉(BS)分别溶于二甲基甲酰胺(DMF)中制备溶液。这两种溶液混合后[BS 含量为 5%～70%(质量分数)],再加入扩链剂 1,4-丁二醇,然后流延成膜,并在 60 ℃下干燥 12h,由此制备出透明的 PU/BS semi-IPN 材料[85, 86]。这种材料具有优良的力学性能、耐水性、透光性和热稳定性,而且材料性能与 BS 的分子量密切相关。图 6.24 示出 PU/BS 膜材料的抗张强度(σ_b)和断裂伸长率(ε_b)对 BS 分子量的关系。显然,随分子量的降低其力学性能明显改善。当 BS 分子量为5.70×10^5 时,该膜的抗张强度、断裂伸长率和透光率分别达到 15.5 MPa、183%和79.8%($\lambda=500$ nm)。这种 IPN 技术也可用于木质素及其衍生物的改性。用1.4%～5.5%(质量分数)的硝化木质素、MDI、交联剂(三羟甲基丙烷)以及 NCO/OH 物质的量比 1.20 进行反应制备出接枝-IPN 网络结构聚氨酯材料[87]。实验结果表明,材料的抗张强度和伸长率都显著提高。图 6.25 示出 IPN 材料中木质素硝酸酯含量对应力-应变(σ_b-ε_b)曲线的影响。可以看出,添加木质素后材料都没有出现明显的应力屈服点,说明复合材料具有比纯聚氨酯更好的韧性。在引入2.8%(质量分数)硝化木质素使材料的拉伸强度和断裂伸长率分别提高 3 倍和 1.5 倍时其强度也高于纯聚氨酯。这是由于硝化木质素与聚氨酯分子上—NCO 发生接枝反应,形成以硝化木质素为中心接有多个聚氨酯或其网络的大星形网络结构,该结构中聚氨酯分子及其网络之间相互缠结和穿透,对强度和伸长率的同时提高起重要作用。

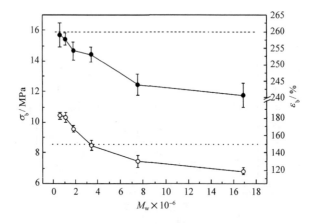

图 6.24　PU/BS 膜材料的抗张强度(σ_b,●)和
断裂伸长率(ε_b,○)对 BS 分子量的关系[85]
虚线代表 PU 膜材料的抗张强度和断裂伸长率

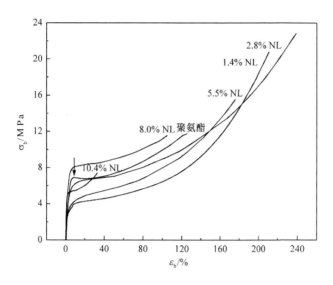

图 6.25 不同硝化木质素含量(质量分数)与聚氨酯形成
接枝-IPN 结构材料的应力-应变曲线[87]

6.2.3 其他物理改性方法

对于天然高分子本身,可以借助热、机械力、物理场等物理手段对其进行改性。通过这些方法处理的天然高分子,不含化学试剂的残留,并可降低成本。淀粉的物理改性技术主要包括湿热处理技术、挤压技术和超微粉碎技术。将淀粉在高温的湿热环境中加热较长时间,可使淀粉的晶型发生变化,由此导致其凝胶性质、糊化行为、膨胀行为、糊液透明度发生变化。挤压技术是指物料经预处理(粉碎、调湿、混合)后,经机械作用通过模具以形成一定形状和组织状态的产品。反应挤出(reactive extrusion)是指把螺杆和料筒组成的塑化挤压系统作为连续化反应器,使欲反应的混合物在熔融挤出过程中同时完成指定的化学反应[88]。它是用于淀粉改性与加工的一种新技术。图 6.26 示出了一套典型的用于淀粉改性的反应挤出系统[89]。它利用挤出机处理高黏度聚合物的独特功能,对挤出机螺杆、螺筒上的各个区段进行独立的温度控制、物料停留时间控制和剪切强度控制,使物料在各个区段传输过程中,完成固体输送、增压熔融、物料混合、熔体加压、化学反应、排除副产物和未反应单体、熔体输送和泵出成型等一系列化工基本单元操作。因此,它是理想的高黏度物料熔态反应方法。反应挤出一般采用螺杆挤出机作反应器。超微粉碎技术是指采用物理(机械、气流)的方法,克服颗粒的内聚力,使物料粉碎,粒度达到 $10\mu m$ 以下从而引起物料性质的变化,其机理是机械力化学反应。淀粉的超微粉碎技术所需的设备有超音速气流粉碎设备、挤压糊化机、胶体磨、热风干燥机、回旋筛、分级机、包装机等。典型的工艺流程为:淀粉乳→热水处理→预糊化(高温高压挤压)→超微化→冷却→超微粉→附聚→湿化→加热或流动混合使之附聚→干燥冷却→分级→易分散、流动良好的产品。淀粉加热处理是为了使淀粉改性成为能在冷水中溶解的预糊化淀粉。目前,常用挤压技术来代替淀粉的预糊化。

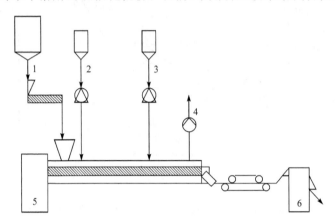

图 6.26　典型的用于淀粉改性的反应挤出系统[89]

1. 淀粉进料器;2,3. 计量泵;4. 真空泵;5. 双螺杆挤出机;6. 造粒机

　　用物理方法改变蛋白质功能特性的方法有机械处理、挤压、加热、冷冻和声波等。这些方法可以改变蛋白质的高级结构和分子间聚集方式,一般不涉及蛋白质的一级结构,其实质是控制条件下蛋白质的定向变形。蛋白质粉末或浓缩物彻底干磨后会产生小粒子和大表面的粉末,与未研磨的蛋白质试样相比,它们的吸水性、溶解度、脂肪吸收和起泡性都得到改进,并使其乳化能力明显提高。热处理对蛋白质的吸水性、吸油性、起泡性和泡沫稳定性无显著影响,但其黏度、耐热性和保水性都有明显提高。

　　纤维素也可借助机械方法、高能电子辐射、微波和超声波、蒸气爆破技术等物理方法进行预处理和改性。高压蒸气爆破技术是近年发展较快、低成本、无污染的新技术。高压蒸气爆破处理纤维素的原理是:纤维素先受到水的膨润,然后密闭在容器里进行高温加热形成压力,最后让这个压力在瞬间释放,从而导致纤维素超分子结构被破坏,致使分子内氢键被破坏。被蒸气爆破在 1.0～4.9 MPa 下进行,温度为 183～252℃。纤维素经高压蒸气爆破处理 15～300 s,然后将纤维素冷却到室温,水洗、干燥后制备出碱溶性纤维素,它的分子量较低时可溶于 9%NaOH 水溶液[90]。高压蒸气爆破不仅使纤维素分子内氢键断裂、聚合度(DP)降低,而且纤维素的同分异构体之间发生互相转变。纤维素的同分异构体对温和蒸气爆破条件的敏感度依次为:纤维素 I>纤维素 III>纤维素 II。经剧烈蒸气爆破处理,可以观察到纤维素 II 达到最低 DP,没有完全转化为同分异构体[91]。然而,纤维素 III 在同样剧烈处理条件下的情况则不同,其同分异构体几乎完全转化为纤维素 I。经蒸气爆破处理的纤维素 I 和纤维素 III 的溶解性显著增加,但纤维素 II 增加较少。软木浆、硬木浆经蒸气爆破处理后,在 8%～10%(质量分数)的 NaOH 水溶液中溶解度大为提高。但是这种方法对棉短绒浆基本无效,其溶解度低于 25%。

6.3　复　合　材　料

天然高分子本身结构多样,分子内活性基团可选择性大,它们可作为基底材料与其他合成高分子、天然高分子或无机纳米粒子制备复合材料。同时,天然高分子也可作为增强组分与其他高聚物基底构成复合材料。

6.3.1　填充增强材料

天然高分子如纤维素、淀粉和木质素等可作为填充材料添加到合成高分子或其他天然高分子中,由此制得结构与性能增强的复合高分子材料。众所周知,天然纤维素纤维可直接用作橡胶、塑料的填充增强材料。与玻璃纤维相比,天然纤维的相对密度小(1.5 左右),价格低(0.22～1.10 美元/kg),能耗低[92]。天然纤维素(纤维素 I)中,与链轴平行的结晶区的弹性模量 E_1 高达 138GPa,这与高弹性模量的合成纤维相媲美。天然植物纤维素的最大杨氏模量值高达 128 GPa,高于金属铝的 70 GPa 和玻璃纤维的 76 GPa。它的最大拉伸强度约为 17.8 GPa,是钢铁的 7 倍[93]。天然纤维素经活化预处理后可溶解在 LiCl/DMAc 中,而未经活化处理的天然纤维素则不能溶解在该溶剂中。利用这种溶解性的差异,可以将天然纤维素纤维引入到纤维素本体中而制备具有优良机械性能和热性能的全纤维素复合材料。图 6.27 和图 6.28 分别示出全纤维素复合材料、苎麻纤维以及纤维素本体材料的应力-应变曲线和动态储能模量随温度的关系。可见,经单轴增强的全纤维素材料 25℃时的拉伸强度为 480 MPa,300℃时的动态储能模量高达 30 GPa,这与传统的玻璃纤维增强复合材料相当。高的弹性模量和拉伸强度使天然纤维可望部分取代玻璃纤维制备复合材料。自 20 世纪 90 年代以来,天然纤维在许多领域开始取代玻璃纤维,如大麻/环氧树脂、亚麻/聚丙烯、苎麻/聚丙烯等。

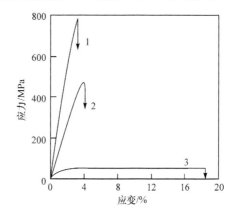

图 6.27　全纤维素复合材料、苎麻纤维以及纤维素本体材料的应力-应变曲线[93]

1. 苎麻纤维;2. 全纤维素复合材料;
3. 纤维素本体材料

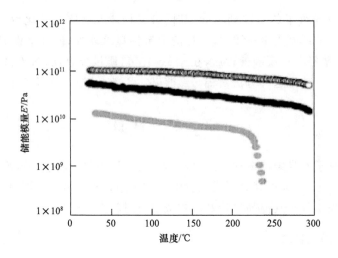

图 6.28　全纤维素复合材料、苎麻纤维以及纤维素本体材料的
动态储能模量随温度的依赖关系[93]
○苎麻纤维；●全纤维素复合材料；●纤维素本体材料

　　印第安草纤维经过一定的表面处理可增强大豆蛋白塑料[94]。将 70∶30 的大豆粉/甘油混合物在双螺杆挤出机中混合塑化,挤出槽的 6 个可控温度区分别设置为 95℃、105℃、115℃、125℃、130℃和 130℃。挤出物按 50∶50 的比例与聚酰胺酯再次混合以 100 r/min 的速度挤出。然后将 10% NaOH 溶液处理 4h 后的该草纤维与大豆粉/聚酰胺酯共混物混合挤出造粒。在 130℃下用注塑法把增强大豆蛋白塑料颗粒制成塑料片材。该草纤维增强材料的力学性能比不含草纤维的大豆蛋白塑料显著提高,其拉伸强度和弯曲强度分别达到 16 MPa 和 28 MPa 左右,而弹性模量也提高到 2.2 GPa 左右。NaOH 溶液浓度和处理时间对该草纤维的表面修饰及其在蛋白质材料中的增强作用影响很大。经过碱处理,该草纤维表面的半纤维素和木质素被溶解掉,也就是纤维间的粘接能力减弱,使纤维在大豆蛋白基体中更均匀分散,从而提高纤维的增强效率。同时,碱液的处理也使纤维表面羟基的数目增加,使纤维和大豆蛋白质拥有更好的相容性。图 6.29 示出印第安草纤维增强片材拉伸断面的 ESEM 照片。从图 6.29 中可以看出,未经过处理的纤维分布不均匀,而经过碱处理的纤维均匀地分散在蛋白质基质中。
　　木质素是一种优良的填充增强材料,它已广泛用于橡胶、聚烯烃等材料的改性[95]。木质素既有芳香环刚性的基本结构又有柔顺侧链、既有众多反应活性基团又有较大比表面积的微细颗粒状亚高分子物质,因而替代炭黑而广泛作为补强剂填充改性橡胶。木质素的羟基和橡胶中共轭双键的 π 电子云能形成氢键,还可以与橡胶发生接枝、交联等反应,从而起到增强的作用。木质素填充橡胶,主要通过工艺改良和化学改性解决木质素在橡胶基质中的分散,同时利用木质素分子的反应活性构筑树脂-树脂、树脂-橡胶及橡胶交联的多重网络结构。相同类型的木质素,在橡胶基质中分布的颗粒尺度越小,与橡胶的相容性就越高,则化学作用越多、补强作用越明显。通常采用共沉淀、干混、湿混工艺将木质素填充橡胶,借助搅拌和射流装置,产生一定的剪切力细化木质素颗粒,同时借助水等小分子抑制木质素粒子间氢键导致黏结。通过动态热处理、羟甲基化等技术,可以实现木质素粒子在纳米尺度的分散,在橡胶中的相尺寸达到 $100\sim300\ nm$。将木质素进行甲醛改性后,降低了由酚羟基引起的木质素分子自聚形成的超分子微粒,提高粒子与橡胶基质的表面亲和力并促进了分散,而且还增强了木质素本体的强度。

图 6.29　印第安草纤维增强片材拉伸断面的 ESEM 照片[94]
(a)未处理的纤维;(b)5%碱处理 2h;(c)10%碱处理 2h;(d)10%碱处理 4h

6.3.2　纳米复合材料

纳米粒子具备与宏观颗粒不同的特殊体积效应、表面界面效应和宏观量子隧道效应等,从而表现出独特的光、电、磁和化学特性,由此为制备高性能、多功能复合材料开辟了新途径。纳米复合材料是指分散相的尺度进入纳米量级($1\sim100\ nm$)的聚合物合金,它兼具无机和有机材料的特点,并通过两者之间的偶合作用产生出许多优异的性能。

通过加入无机纳米粒子可以增强天然高分子及其衍生物的性能和功能。蒙脱土(montmorillonite,MMT)是黏土的主要成分,是一种天然的纳米材料。以水为介质,通过溶液插层方法可制备具有高度剥离结构或插层结构的大豆蛋白(SPI)/

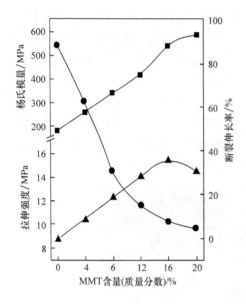

图 6.30　MMT 含量对 SPI/MMT 塑料
力学性能的影响[96]

▲拉伸强度；■杨氏模量；●断裂伸长率

MMT 纳米复合塑料[96]。SPI/MMT 纳米复合物粉末和试片的结构对 MMT 的含量有很强的依赖性。如图 6.30 所示，随着 MMT 含量从 0%（质量分数）上升至 24%（质量分数），试片的杨氏模量（E）从 180.2 MPa 提高到 587.6 MPa，拉伸强度（σ_b）在 MMT 含量为 16%（质量分数）时达到最大（15.43 MPa）。但是当 MMT 含量达到 20%（质量分数）时，σ_b 下降为 14.48 MPa。用蒙脱土和烷基季铵盐取代蒙脱土通过熔融共混制备得到淀粉/蒙脱土生物可降解热塑性复合材料[97]。由于淀粉和蒙脱土硅酸盐层相界面上极性的匹配以及相互作用，两者形成插层结构。这种复合材料比淀粉/有机黏土以及纯热塑性淀粉具有更好的拉伸强度、动态力学性能、热稳定性和水气阻透性。同时，仅向淀粉中加入 5%（质量分数）的蒙脱土即可显著提高材料的性能。同时，可用蒙脱土增强甘油增塑制备热塑性淀粉塑料[98]。当蒙脱土含量从 0 增加到 30%（质量分数）时，淀粉复合材料的拉伸强度和模量分别达到 27 MPa 和 207 MPa。同时，蒙脱土的加入还抑制了热塑性淀粉的回生结晶效应。与传统的甘油增塑热塑性淀粉相比，该复合材料具有更好的热稳定性和抗水性。纤维素乙酸酯与有机黏土复合，添加 15%～40% 三乙基柠檬酸酯（TEC）作为增塑剂，通过双螺杆熔融插层可制备出力学性能和水蒸气阻碍性能良好的纳米复合塑料[99]。该塑料的弯曲强度和弯曲模量可分别达到 118 MPa 和 5.8 GPa，而拉伸强度和拉伸模量分别达到 120 MPa 和 6.0 GPa。

　　许多天然高分子本身含有较高的结晶区，如纤维素、淀粉、甲壳素等，它们可以通过盐酸或硫酸降解得到形状各异的纳米级微晶（nanocrystal）或晶须（whisker）等。纳米微晶和晶须与一般无机纳米增强材料相比，具有可再生、来源广泛、耗能低、成本低、密度低等特点，并且表面有许多功能基可以参加接枝反应[100]。晶须状的纤维素微纤存在于植物组织结构中，在基因导向下形成近乎完美的结晶结构使植物（相当于一种复合材料）具有相当大的轴向物理性能。"微晶纤维素"（microcrystal cellulose，MCC）若为棒状粒子则称为纤维素晶须，它是一类在可控条件下生长的高纯度单晶纤维[101]。MCC 不溶于普通溶剂，一般在水溶液中形成稳定的胶体悬浮液。图 6.31 示出几类不同原料制得的纤维素晶须悬浮液的 TEM

照片。对于棉纤维素晶须(a)，其长度和侧序维度分别约为 200nm 和 0.5nm；动物纤维素(tunicin)晶须的长度和侧序维度则分别达到 1.2nm 和 1.5nm。纤维素晶须可作为增强相制备复合材料[102~104]，若向聚合物基底引入纤维素晶须获得新的微米甚至纳米复合材料。这种纤维素复合材料的性质与两组分性质(晶须和聚合物)、组分形态、界面结合力等密切相关。纤维素晶须可以分别与聚(β-羟基辛酸酯)(PHO)、淀粉、丝蛋白、醋酸纤维素丁酸酯、苯乙烯-丁基丙酸酯共聚物[Poly(S-co-BuA)]、聚氯乙烯、水性环氧树脂、聚氧化乙烯等共混制备复合物。

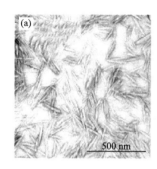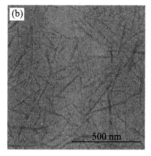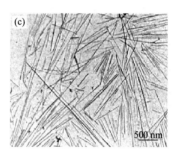

图 6.31　不同原料制得的纤维素晶须悬浮液的 TEM 照片[101]
(a)棉花纤维素晶须；(b)甜菜纤维素晶须；(c)动物纤维素(tunicin)晶须

通过盐酸或硫酸在一定条件下降解玉米淀粉得到淀粉微晶，淀粉微晶呈碟状，厚度为 6~8 nm，长度为 40~60 nm，宽度为 15~30 nm[105]。将淀粉微晶悬浊液与天然橡胶乳液混合后流延成膜。图 6.32 示出天然橡胶及其与淀粉微晶复合膜的

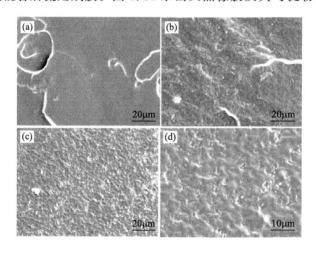

图 6.32　天然橡胶及其与淀粉微晶复合膜的截面 SEM 照片
(a)天然橡胶；(b)天然橡胶中加入 5%(质量分数)淀粉微晶；
(c)，(d)天然橡胶中加入 30%(质量分数)淀粉微晶[105]

截面 SEM 照片。淀粉微晶在天然橡胶基质中均匀分布，这也是材料能具有良好
力学性能的关键。广角 X 射线衍射结果显示，流延过程并没有影响淀粉微晶的结
晶度，而且淀粉微晶的加入使得材料对甲苯的溶胀性降低，对水的溶胀性升高。淀
粉微晶的加入，不但增强了材料的力学性能，而且也降低材料的水蒸气和氧气透
过性。

　　甲壳素晶须可用于增强大豆分离蛋白塑料[106]。首先将甲壳素进行预处理：
在 5%KOH 溶液中煮沸搅拌 6h 以除去其中的蛋白质，得到的悬浮液室温下搅拌
过夜，经过滤后用蒸馏水洗净。然后用含有 0.3 mol/L 乙酸钠缓冲溶液的 17 g/L
$NaClO_2$ 水溶液在 80℃下漂白 6h 后，加入 5% KOH 继续搅拌 48h 以除去剩余蛋
白质。经过预处理的甲壳素按照每克甲壳素对应 30 mL 3 mol/L HCL 的比例加
入盐酸，煮沸搅拌 90min 后用蒸馏水洗涤、离心 3 次后得到的产物。它经过流水透
析 2h 后在蒸馏水中透析至 pH 为 4，超声处理后即得到甲壳素晶须悬浮液。其
中，甲壳素晶须的长度约为 500 nm，直径约为 50 nm。将所得甲壳素晶须悬浮液
与大豆分离蛋白混合均匀后冷冻干燥，加入 30% 甘油作为增塑剂，它们在 140℃、
20 MPa 下热压 10min 制得厚度约为 0.4 mm 的片材。图 6.33 示出大豆蛋白质片
材（GSPI）和壳聚糖纳米晶须增强的大豆蛋白质片材的应力-应变曲线。甲壳素晶
须的加入使材料的拉伸强度增大，断裂伸长率下降。同时，该材料的耐水性比未加
晶须的纯大豆蛋白质塑料明显提高。当片材中甲壳素晶须含量为 20% 时，大豆蛋
白质片材的杨氏模量和拉伸强度分别达到 158 MPa 和 8.4 MPa。这种增强作用

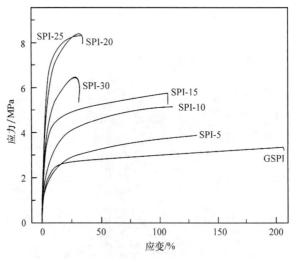

图 6.33　大豆蛋白质片材（GSPI）和壳聚糖纳米晶
须增强的大豆蛋白质片材（SPI-系列，数字表示
晶须的含量，%）的应力-应变曲线[106]

是因为晶须与晶须之间以及晶须与大豆分离蛋白基质之间通过分子间氢键形成了三维网络结构。

6.3.3　表面涂覆的复合材料

为了改善天然高分子材料表面的亲水性,可以对以天然高分子为基底的材料进行表面涂覆,由此制得具有良好防水性、力学性能优良的生物可降解材料。再生纤维素膜(RC)具有水敏感性,在水中易溶胀而影响其应用,利用互穿聚合物网络(IPN)涂料对纤维素的表面复合改性可以提高膜的防水性、平整性、透光性和力学性能等。利用聚氨酯/苄基魔芋葡苷聚糖(PU/B-KGM)[107]、聚氨酯/硝化纤维素(PU/NC)[108]、聚氨酯/苄基淀粉(PU/BS)[109]等 semi-IPN 涂料超薄涂覆再生纤维素膜表面,已制得一系列防水性、力学性能及光学透过性优良的生物降解膜。采用PU/B-KGM semi-IPN 涂料涂覆再生纤维素膜,涂层厚度仅为 $0.6\mu m$。涂覆膜在干态和湿态的拉伸强度、断裂伸长率、抗水性、热稳定性和透光性均高于纯纤维素膜。当 B-KGM 在涂料层中的含量由 5%(质量分数)增加到 80%(质量分数)时,涂覆膜的强度和模量明显提高,生物降解速率也随 B-KGM 含量的增加而增加。尤其当 B-KGM 含量高于 60%(质量分数)时,所得涂覆膜可以完全降解。由 PU/B-KGM semi-IPN 涂料涂覆纤维素膜制备的防水膜具有优良的界面粘接力,不仅使光学性能提高,而且使再生纤维素膜同时得到增强和增韧[107]。图 6.34 示出用聚氨酯和硝化纤维素 semi-IPN 涂料涂覆的再生纤维素膜截面氮元素的二维分布(NK)和二次电子成像(SE)图[108]。其中,NK 图示出涂料中的氮元素分布在涂覆膜的截面,并且从两侧到中间逐渐减少;SE 图示出膜截面的两边较明亮,它代表凸出部分,这部分由 IPN 涂料层和它渗透到纤维素膜边界区域并且与纤维素作用使

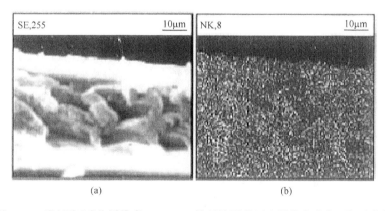

图 6.34　聚氨酯/硝化纤维素 semi-IPN 涂料涂覆的再生纤维素膜截面氮元素的
二维分布(NK,a)和二次电子成像图(SE,b)[108]

其固化。（厚度为 6μm）。然而，截面的中间较暗，表明它是下凹部分，这是由于纤维素膜本身干燥过程收缩的结果。由此表明，涂料中的聚氨酯预聚物在与硝化纤维素形成 semi-IPN 的同时，渗透到再生纤维素膜中并与纤维素分子形成共享网络结构，牢固的界面黏结使复合材料具有良好的力学性能和防水性。然而，用硝化纤维素涂覆的玻璃纸一放入水中，其涂料层立即剥离开。此外，苄基淀粉是一种很脆的材料。然而，将它与蓖麻油基聚氨酯预聚物反应可制备防水性涂料[109]。将一定量的 PU 预聚物与 0～70%（质量分数）的苄基淀粉（BS）分别溶解在 DMF 中，然后混合得到固含量为 2%（质量分数）的涂料 semi-IPN 溶液。然后，将再生纤维素膜放入该混合溶液中浸泡 10s 后取出，并置于烘箱中于 60℃固化 5 min 后得到涂覆的纤维素防水膜。对于用纯 PU 涂覆的 RC 膜需要在同样的条件下经 80 min 后才能固化，这说明 BS 的加入能够加速聚氨酯的固化。图 6.35 示出这种 semi-IPN 涂料涂敷的再生纤维素膜 CUB20 界面结构的 TEM 照片。在图 6.35 中，中间厚度大约为 0.4 μm 的深色区域为 PU/BS semi-IPN 涂料层，其上方和下方分别是环氧树脂层和再生纤维素膜基底。由于 PU 预聚物向纤维素基体渗透而造成该区域的组分结构发生变化，导致涂层和纤维素基体之间的界面比较模糊，存在厚度约为 0.1 μm 的过渡层，它属于 PU 预聚物与纤维素反应形成的共享聚氨酯网络层。RC 膜和 CUB 膜在干、湿态下的拉伸强度（σ_b）、断裂伸长率（ε_b）及其抗水性（R）汇于表 6.1 中。干态下，涂敷膜的 σ_b 值明显大于 RC 膜（65 MPa），并且随着 BS 含量的增加而提高，到含量为 70%（质量分数）时达到最大值（102.3 MPa）。同时，涂覆

图 6.35　苄基淀粉涂敷的纤维素 semi-IPN 涂料膜
CUB20 界面结构的 TEM 照片[109]

膜的 ε_b 也高于 RC 膜。由此可见,涂覆膜由于纤维素和涂层组分之间共享网络及氢键的作用而呈现出较高的拉伸强度和韧性。值得注意的是,当 BS 含量较高时,CUB 膜的拉伸强度和断裂伸长率同时得到提高。湿态下涂覆膜的 σ_b 远远高于 RC 膜,甚至高达 2 倍以上,而 ε_b 值基本不变。涂覆膜 CUB0~CUB60 的抗水性较好(0.41~0.53),明显高于 RC 膜(0.24)。由此表明,采用由蓖麻油基聚氨酯预聚物和天然高分子衍生物组成的 semi-IPN 涂料涂覆再生纤维素膜或其他亲水性膜或制品可明显改善材料的防水性和力学性能,并且赋予材料很好的透光性和生物可降解性,而且这种 semi-IPN 涂料具有固化速度快、界面黏结牢固的特点,即使长期浸泡在水中也不会剥离开。

表 6.1　纤维素膜和涂敷膜的拉伸强度(σ_b)、断裂伸长率(ε_b)及其抗水性(R)[109]

试样	$\sigma_{b(dry)}$/MPa	$\varepsilon_{b(dry)}$/%	$\sigma_{b(wet)}$/MPa	$\varepsilon_{b(wet)}$/%	R_σ
RC	65.2	4.40	15.4	17.63	0.24
CUB0	67.0	7.92	33.1	16.30	0.49
CUB10	72.6	9.10	36.9	17.9	0.51
CUB20	76.6	6.07	40.3	14.6	0.53
CUB30	77.7	6.78	32.9	14.4	0.42
CUB40	81.4	6.67	33.6	20.3	0.41
CUB50	93.2	9.60	47.1	19.6	0.50
CUB60	101.8	13.99	42.9	24.6	0.42
CUB70	102.3	12.05	35.4	25.9	0.35

参 考 文 献

1　张俐娜. 天然高分子改性材料及应用. 北京:化学工业出版社,2006

2　胡玉洁. 天然高分子材料改性与应用. 北京:化学工业出版社,2003

3　戈进杰. 生物降解高分子材料及其应用. 北京:化学工业出版社,2002

4　高杰,汤烈贵. 纤维素科学. 北京:科学出版社,1999

5　Klemm D, Heublein B, Fink H-P, Bohn A. Angew Chem Int Ed, 2005, 44: 3358~3393

6　Klemm D, Philipp B, Heinze T, Heinze U, Wagenknecht W. Comprehensive Cellulose Chemistry, WILEY-VCH Verlag Gmbh, 1998

7　Schoniger W. Microchimica Acta, 1956, 869~876

8　Meiczinger M, Dencs J, Marton G, Dencs B. Ind Eng Chem Res, 2005, 44: 9581~9585

9　Mormann W, Al-Higari M. Starch/Stärke, 2004, 56: 118~121

10　蒋挺大. 壳聚糖. 北京:化学工业出版社,2001

11　蒋挺大. 甲壳素. 北京:化学工业出版社,2003

12　Jayakumar R, New N, Tokura S, Tamura H. Int J Biol Macromol, 2006, in press (doi:10.1016/j.ijbiomac.2006.06.021)

13　Youn R G, Ryual R S, Doung J H, Uk J B. Macromol Symp, 2004, 216: 47~54

14　Youshifuji A, Noishiki Y, Wada M, Heux L, Kuga S. Biomacromolecules, 2006, in press（bm060516w）

15　许东生. 纤维素衍生物. 北京:化学工业出版社,2003

16　Lee D S, Perlin A S. Carbohydr Res, 1982, 106: 1~19

17　Tezuka Y, Imai K, Oshima M, Chiba T. Macromolecules, 1987, 20: 2413~2418

18　Tezuka Y, Imai K, Oshima M, Chiba T. Polymer, 1989, 30: 2288~2291

19　Zhou J, Zhang L, Deng Q, Wu X. J Polym Sci, Part A: Polym Chem, 2004, 42: 5911~5920

20　Liu H, Zhang L, Takaragi A, Miyamoto T. Cellulose, 1997, 4: 321~327

21　Bayazeed A, Farag S, Shaarawy S, Hebeish A. Starch/Stärke, 1998, 50: 89~93

22　Yao J, Chen W, Manurung R M, Ganzeveld K J, Heeres H. Starch/Stärke, 2004, 56: 100~107

23　Bohrisch J, Vorwerg W, Radosta S. Starch/Stärke, 2004, 56: 322~329

24　孙载坚, 周普, 刘启澄等. 接枝共聚合. 北京:化学工业出版社,1992

25　Stannett V T, Hopfenberg H B. In: Cellulose and Cellulose Derivatives. 2nd ed. Bikales N M, Segal L Eds. New York: Wiley-Interscience, 1971. 907~936

26　Hebish A, Guthrie J T. The Chemistry and Technology of Cellulosic Copolymers. New York: Springer-Verlag, 1981

27　McDowall D J, Gupta B S, Stannett V T. Prog Polym Sci, 1984, 10: 1~50

28　Stannett V T. In: Graft Copolymerization of Lignocellulosic Fibers; ACS Symposium Series 187. Washington, DC: American Chemical Society, 1982. 3~20

29　Carlmark A, Malmström E. Biomacromolecules, 2003, 4: 1740~1745

30　Clarmark A, Malmstrom E. J Am Chem Soc, 2002, 124: 900~901

31　Roy D, Guthrie J T, Perrier S. Macromolecules, 2005, 38: 10363~10372

32　Henderson A M. J Appl Polym Sci, 1982, 27: 4115~4135

33　Gurruchaga M, Goni I, Vazquez B, Valero M, Guzman G M. Macromolecules, 1992, 25: 3009~3014

34　Mani R, Tang J, Bhattacharya M. Macromol Rapid Commun, 1998, 19: 283~286

35　Meister J J, Patil D R. Macromolecules, 1985, 18: 1559~1564

36　Meister J J, Chen M. Macromolecules, 1991, 24: 6843~6848

37　Chen M, Gunnells D W, Gardner D J, Milstein O, Gersonde R, Feine H J, Huttermann A, Frund R, Ludemann H D, Meister J J. Macromolecules, 1996, 29: 1389~1398

38　Cunha C D, Deffieux A, Fontanille M. J Appl Polym Sci, 1992, 44: 1205~1212

39　Ren L, Miura Y, Nishi N, Tokura S. Carbohydr Polym, 1993, 21: 23~27

40　Kurita K, Inoue S, Yamamura K, Yoshino H, Ishii S, Nishimura S. Macromolecules, 1992, 25: 3791~3794

41　Jenkins D W, Hudson S M. Macromolecules, 2002, 35:3413~3419

42　Halstenberg S, Panitch A, Rizzi S, Hall H, Hubbell J A. Biomacromolecules, 2002, 3: 710~723

43　杜宫本, 何森泉, 宋玉铢. 高分子材料科学与工程,1996,12: 8~13

44　Kangwansupamonkon W, Gilbert R G, Kiatkamjornwong S. Macromol Chem Phys, 2005, 206: 2450~2460

45　Yoshida H, Mörck R, Kringstad K P, Hatakeyama H. J Appl Polym Sci, 1987, 34: 1187~1198

46　Flory P J, Rehner J. J Chem Phys, 1943, 11: 521~526

47 Wattanachant S, Muhammad K, Hashim D M, Rahman R A. Food Chemistry, 2003, 80: 463~471

48 Bodnar M, Hartmann J F, Borbely J. Biomacromolecules, 2005, 6: 2521~2527

49 Lim F, Sun A M. Science, 1980, 210: 908~910

50 Chen H, Ouyang W, Lawuyi B, Prakash S. Biomacromolecules, 2006, 7: 2091~2098

51 Brother G H, McKinney L L. Ind Eng Chem, 1940, 32: 1002~1006

52 Oswa R, Walsh T P. J Agric Food Chem, 1993, 41: 704~707

53 Marquie C, Tessier A M, Aymard C, Guilbert S. J Agric Food Chem, 1997, 45: 922~926

54 Park S K, Bae D H, Rhee K C. J Am Oil Chem Soc, 2000, 77: 879~883

55 Wurzburg O B. Converted Starches, In Modified Starches: Properties and Uses. Boca Raton, FL: CRC Press, 1986

56 Kuakpetoon D, Wang Y. Starch/Stärke, 2001, 53: 211~218

57 Son W K, Youk J H, Park W H. Biomacromolecules, 2004, 5: 197~201

58 John J, Bhattacharya M. Polym Int, 1999, 48: 1165~1172.

59 Liu P, Zhai M, Wu J. Radia Phys Chem, 2001, 61:149~153

60 赵素合. 聚合物加工工程. 北京: 中国轻工业出版社, 2001

61 Rodrigurez F J, Ramsay B A, Favis B D. Polymer, 2003, 44: 1517~1526

62 Nishio Y, Manley R St J. Macromolecules, 1988, 21, 1270~1277

63 Kontturi E, Thüne P C, Niemantsverdriet J W. Macromolecules, 2005, 38: 10712~10720

64 Averousa L, Moroa L, Doleb P, Fringant C. Polymer, 2000, 41: 4157~4167

65 Matzinos P, Tserki V, Kontoyiannis A. Polym Degrad Stab, 2002, 7: 17~24

66 Bastioli C, Cerutti A, Guanella I, Romano G C, Tosin M. J Environ Polym Degrad, 1995, 3: 81~95

67 Bastioli C. Polym Degrad Stab, 1998, 59: 263~272

68 Scandola M, Finelli L, Sarti Mergaert J, Swings J, Ruffieux K, Wintermantel E, Boelens J, de Wilde B, MuÈller W R, SchaÈfer A, Fink A B, Bader H G. J Macromol Sci, Pure Appl Chem, 1998, A35: 589~608

69 Chuang W Y, Young T H, Yao C H, Chiu W Y. Biomaterials, 1999, 20: 1479~1487

70 Bhattarai N, Edmondson D, Veiseh O, Matsen F A, Zhang M. Biomaterials, 2005, 26: 6176~6184

71 Freier T, Montenegro R, Koh H S, Shoichet M S. Biomaterials, 2005, 26: 4624~4632

72 Sarasam A R, Madihally S V. Biomaterials, 2005, 26: 5500~5508

73 Sarasam A R, Krishnaswamy R K, Madihally S V. Biomacromolecules, 2006: 7, 1131~1138

74 Wan Y, Wu H, Yu A, Wen D. Biomacromolecules, 2006, 7: 1362~1372

75 Chen R, Wang G, Chen C, Ho H, Sheu M. Biomacromolecules, 2006, 7: 1058~1064

76 Smitha B, Sridhar S, Khan A A. Macromolecules, 2004, 37: 2233~2239

77 Li Y, Sarkanen S. Macromolecules, 2002, 35: 9707~9715

78 Li Y, Sakanen S. Macromolecules, 2005, 38: 2296~2306

79 Klempner D, Frisch H L, Frisch K C. J Polym Sci, Part A: Polym Chem, 1970, 8: 921~935

80 Paul D R, Newman S. Polymer Blends. New York: Academic Press, 1978

81 Nishio Y, Hirose N. Polymer, 1992, 33: 1519~1524

82 Miyashita Y, Nishio Y, Kimura N, Suzuki H, Iwata M. Polymer, 1996, 37: 1949~1957

83 Williamson S L, Armentrout R S, Porter R S, McCormick C L. Macromolecules, 1998, 31: 8134~8141

84 Zhang L, Zhou J, Huang J, Gong P, Zhou Q, Zheng L, Du Y. Ind Eng Chem Res, 1999, 38: 4284~

4289

85　Cao X, Zhang L. Biomacromolecules, 2005, 6: 671~677

86　Cao X, Zhang L. J Polym Sci, Part B: Polym Phys, 2005, 43: 603~615

87　Huang J, Zhang L. Polymer, 2002, 43: 2287~2294

88　Xanthos M. 反应挤出原理与实践. 金平译. 北京: 化学工业出版社, 1999

89　Xie F, Yu L, Liu H, Chen L. Starch/Stärke, 2006, 58: 131~139

90　Yamashiki T, Matsui T, Saitoh M, Okajima K, Kamide K, Sawada T. Br Polym J, 1990, 22: 73~83

91　Kamide K et al. New fibres prepared from cellulose-aqueous solution of sodium hydroxide systems. U.
　　S. Patent 4,634,470, 1987

92　鲁博, 张林文, 曾竟成等. 天然纤维复合材料. 北京: 化学工业出版社, 2005

93　Nishino T, Matsuda I, Hirao K. Macromolecules, 2004, 37: 7683~7687

94　Liu W, Mohanty A K, Askeland P, Drzal L T, Misra M. Polymer, 2004, 45: 7589~7596

95　杨军, 王迪珍, 罗东山. 合成橡胶工业, 2001, 1: 51~55

96　Chen P, Zhang L. Biomacromolecules, 2006, 7: 1700~1706

97　Park H, Lee W, Park G, Cho W, Ha C. J Mater Sci, 2003, 38: 909~915

98　Huang M, Yu J, Ma X. Polymer, 2004, 45: 7017~7023

99　Park H, Misra M, Drzal L T, Mohanty A K. Biomacromolecules, 2004, 5: 2281~2288

100　Azizi Samir M A S, Alloin F, Dufresne A. Biomacromoecules, 2005: 6, 612~626

101　Lima M, Borsali R. Macromol Rapid Comm, 2004, 25: 771~787

102　Favier V, Canova G R, CavailléJ Y, Chanzy H, Dufresne A, Gauthier C. Polym Adv Technol, 1995,
　　 6: 351~355

103　Neus Anglés M, Dufresne A. Macromolecules, 2001, 34: 2921~2931

104　Azizi Samir M A S, Alloin F, Sanchez J-Y, El Kissi N, Dufresne A. Macromolecules, 2004, 37:
　　 1386~1393

105　Angellier H, Molina-Boisseau S, Lebrun L, Dufresne A. Macromolecules, 2005, 38: 3783~3792

106　Lu Y, Weng L, Zhang L. Biomacromolecules, 2004, 5: 1046~1051

107　Lu Y, Zhang L, Xiao P. Polym Degrad Stab, 2004, 86: 51~57

108　Zhang L, Zhou Q. Ind Eng Chem Res, 1997, 36: 2651~2656

109　Cao X, Deng R, Zhang L. Ind Eng Chem Res, 2006, 45: 4193~4199